数字化管理创新系列教材

数字化工厂

蔡 敏 主编

清华大学出版社
北京

内 容 简 介

制造业是国民经济的主体,是立国之本、兴国之器、强国之基。随着工业4.0、智能制造、工业互联网等新工业战略的提出,大数据、云计算、人工智能、数字孪生等新一代信息技术风起云涌,以智能制造为主要特征的第四次工业革命轮廓初现,制造业开始进入智能制造时代。作为智能制造基础的数字化工厂引起广大实践者和研究者的关注。

本书以数字化工厂为主线,系统阐述了数字化工厂的定义、规划、建设、实施、运营和评估。

本书可以作为高等院校工业工程、智能制造、计算机等相关专业本科生和研究生的教材,也可供制造业数字化转型领域的管理和技术人员参考。

图书在版编目(CIP)数据

数字化工厂/蔡敏主编. —北京:清华大学出版社,2023.1
数字化管理创新系列教材
ISBN 978-7-302-61755-6

Ⅰ. ①数… Ⅱ. ①蔡… Ⅲ. ①工厂自动化—教材 Ⅳ. ①TP278

中国版本图书馆 CIP 数据核字(2022)第 161822 号

责任编辑:刘向威
封面设计:文 静
责任校对:焦丽丽
责任印制:朱雨萌

出版发行:清华大学出版社
  网 址:http://www.tup.com.cn,http://www.wqbook.com
  地 址:北京清华大学学研大厦 A 座 邮 编:100084
  社 总 机:010-83470000 邮 购:010-62786544
  投稿与读者服务:010-62776969,c-service@tup.tsinghua.edu.cn
  质量反馈:010-62772015,zhiliang@tup.tsinghua.edu.cn
  课件下载:http://www.tup.com.cn,010-83470236
印 装 者:三河市君旺印务有限公司
经 销:全国新华书店
开 本:185mm×260mm 印 张:19.75   字 数:480 千字
版 次:2023 年 2 月第 1 版   印 次:2023 年 2 月第 1 次印刷
印 数:1～1500
定 价:59.00 元

产品编号:087526-01

总序

FOREWORD

2003年,在习近平新时代中国特色社会主义思想的重要萌发地浙江,时任省委书记的习近平同志提出建设"数字浙江"的决策部署。在此蓝图的指引下,"数字浙江"建设蓬勃发展,数字化转型和创新成为当前社会的共识和努力方向。特别是党的十八大以来,我国加快从数字大国向数字强国迈进,以"数字产业化、产业数字化"为主线推动经济高质量发展,我国进入数字化发展新时代。

数字强国战略的实施催生出大量数字化背景下的新产业、新业态和新模式,响应数字化发展需求的人才培养结构和模式也在发生显著变化。加强数字化人才培养已成为政、产、学、研共同探讨的时代话题。高等教育更应顺应数字化发展的新要求,顺变、应变、求变,加快数字化人才培养速度、提高数字化人才培养质量,为国家和区域数字化发展提供更好的人才支撑和智力支持。数字化人才不仅包括数字化技术人才,还包括数字化管理人才。当前,得益于新工科等一系列高等教育战略的实施以及高等学校数字人才培养模式的改革创新,数字化技术的人才缺口正在逐步缩小。但相较于数字经济的快速发展,数字化管理人才的供给缺口仍然巨大,加强数字化管理人才的培养和改革迫在眉睫。

近年来,杭州电子科技大学管理学院充分发挥数字化特色明显的学科优势,努力推动数字化管理人才培养模式的改革创新。2019年,在国内率先开设"数字化工程管理"实验班,夯实信息管理与信息系统专业的数字化优势,加快工商管理专业的数字化转型,强化工业工程专业的数字化特色。当前,学院数字化管理人才培养改革创新已经取得良好的成绩:2016年,信息管理与信息系统专业成为浙江省"十三五"优势本科专业(全省唯一),2019年入选首批国家一流本科建设专业。借助数字化人才培养特色和优势,工业工程和工商管理专业分别入选首批浙江省一流本科建设专业。通过扎根数字经济管理领域的人才培养,学院校友中涌现了一批以独角兽数字企业联合创始人、创业者以及知名数字企业高管为代表的数字化管理杰出人才。

杭州电子科技大学管理学院本次组织出版的"数字化管理创新"系列教材,既是对学院前期数字化管理人才培养经验和成效的总结提炼,又为今后深化和升华数字化管理人才培养改革创新奠定了坚实的基础。该系列教材既全面剖析了技术、信息系统、知识、人力资源等数字化管理的要素与基础，又深入解析了运营管理、数字工厂、创新平台、商业模式等数字化管理的情境与模式，提供了数字化管理人才所需的较完备的知识体系建构；既在于强化系统开发、数据挖掘、数字化构建等数字化技术及其工程管理能力的培养，又着力加强数据分析、知识管理、商业模式等数字化应用及其创新能力的培养，勾勒出数字化管理人才所需的创新能力链条。

"数字化管理创新"系列教材的出版是杭州电子科技大学管理学院推进数字化管理人才培养改革过程中的一项非常重要的工作，将有助于数字化管理人才培养更加契合新时代需求和经济社会发展需要。"数字化管理创新"系列教材的出版放入当下商科人才培养改革创新的大背景中也是一件非常有意义的事情，可为高等学校开展数字化管理人才培养提供有益的经验借鉴和丰富的教材资源。

作为杭州电子科技大学管理学院的一员，我非常高兴地看到学院在数字化管理人才培养方面所取得的良好成绩，也非常乐意为数字化管理人才培养提供指导和支持。期待学院在不久的将来建设成为我国数字化管理人才培养、科学研究和社会服务的重要基地。

是为序！

中国工程院　机械与运载工程学部　院士
　　　　　　工 程 管 理 学 部

2020 年 6 月

前言

PREFACE

20世纪90年代,数字化工厂一词开始在文献中被提及。2008年德国工程师协会率先系统性地对数字化工厂进行了定义。2011年,德国首次引入工业4.0的概念,围绕工业4.0,有很多词汇得到研究者的关注,如数字化工厂、虚拟工厂、智能工厂等,并认为数字化工厂是迈向工业4.0的第一步,也是智能工厂和智能制造得以实现的基础。2015年,国务院印发《中国制造2025》行动纲领,部署全面推进实施制造强国的战略;2021年,《"十四五"智能制造发展规划》明确指出,要推进我国工业数字化、智能化转型,建设智能工厂,实现智能制造。这些战略和规划得到业界的积极响应。作为实现这些战略必经之路的数字化工厂成为专家学者们关注的重要领域和研究热点。

本书从制造业数字化转型和数字化工厂建设的角度出发,系统地阐述了数字化工厂的研究和发展现状、数字化工厂的内涵、数字化工厂的方法和技术、数字化工厂规划、数字化工厂建设、数字化工厂实施、数字化工厂运营和数字化工厂评估。

本书属于数字化管理创新系列教材,为支撑"数字化管理创新"人才培养改革和"数字化工程管理"新专业建设而编写。教材力求叙述简练、概念清晰、通俗易懂、便于自学。本书可以作为高等院校工业工程、智能制造、计算机等相关专业本科生和研究生的教材,也可供制造业数字化转型领域管理和技术人员参考。

全书共分8章。第1章主要论述制造业及智能制造的发展历程、智能制造的范式演进和技术机理、智能化时代的人才等。第2章主要论述数字化工厂的研究与发展现状、数字化工厂的内涵等。第3章论述数字化工厂的方法和技术。第4章论述数字化工厂规划,主要包括数字化工厂战略、需求分析、目标和设计等。第5章主要论述数字化工厂的建设架构、建设内容、建设阶段等。第6章论述数字化工厂实施中常见的问题、实施的框架模型和技术路线等。第7章论述数字化工厂运营的问题、运营管理系统和应用案例等。第8章论述数字化工厂的评估,包括现有相关成熟度模型与评估方法、数字化工厂成熟度模型及评估方法。

本书由杭州电子科技大学蔡敏主编,负责全书的修改及统稿。在本书的编写过程中,康正参与了资料收集、文字整理和写作工作;梁人升参与绘制第1章、第3章、第5章和第6

章的部分图表,吴淼皖参与绘制第 2 章、第 4 章和第 7 章的部分图表。

　　由于本书的内容均为当下热点问题,许多概念和含义尚不成熟,因此在编写过程中,编者参阅了大量研究性论文和行业白皮书,参考了大量企业研究报告和国内外文献资料,在此谨向原作者表示感谢。本书在编写过程中也得到德国弗劳恩霍夫学会 IAO 研究所 Hans-Peter Lentes 教授和多特蒙德工业大学汪洋的大力支持,在此表示衷心的感谢。

　　数字化工厂研究内容宽泛,学科内涵丰富,并且处于快速发展的过程之中,加之编者水平有限,书中难免有不妥之处,敬请广大同行和读者批评指正。

蔡　敏

2022 年 10 月

目录

CONTENTS

第 1 章 绪论 ………………………………………………………………………… 1

1.1 制造业的发展历程 ………………………………………………………… 1

1.2 智能制造 …………………………………………………………………… 6

　1.2.1 智能制造战略概述 ………………………………………………… 6

　1.2.2 智能制造的定义 …………………………………………………… 14

　1.2.3 智能制造的发展历程与范式演进 ………………………………… 16

　1.2.4 智能制造的技术机理 ……………………………………………… 18

　1.2.5 智能制造与数字化工厂 …………………………………………… 22

1.3 智能化时代的人才 ………………………………………………………… 22

　1.3.1 智能化时代对人的改变 …………………………………………… 22

　1.3.2 智能化时代人的作用 ……………………………………………… 25

1.4 本章小结 …………………………………………………………………… 27

第 2 章 数字化工厂概述 …………………………………………………………… 28

2.1 我国数字经济的发展 ……………………………………………………… 28

2.2 工业企业数字化转型 ……………………………………………………… 30

　2.2.1 相关概念 …………………………………………………………… 30

　2.2.2 数字化转型的内涵 ………………………………………………… 36

　2.2.3 我国工业企业数字化转型面临的挑战 …………………………… 41

2.3 数字化工厂的研究与发展现状 …………………………………………… 43

2.4 数字化工厂的内涵与系统架构 …………………………………………… 54

2.5 本章小结 …………………………………………………………………… 62

第 3 章 数字化工厂的方法和技术 ………………………………………………… 63

3.1 数字化工厂的方法 ………………………………………………………… 64

　3.1.1 信息和数据收集方法 ……………………………………………… 64

3.1.2 表示与设计方法 ··· 65

3.1.3 数学规划与分析方法 ··· 68

3.1.4 仿真方法 ··· 72

3.1.5 可视化方法 ··· 76

3.1.6 其他方法 ··· 77

3.2 数字化工厂的技术 ··· 80

3.2.1 数字化工厂的技术体系 ·· 80

3.2.2 基础性技术 ·· 81

3.2.3 支撑性技术 ·· 89

3.2.4 赋能性技术 ··· 119

3.2.5 关键技术趋势 ··· 134

3.3 本章小结 ·· 136

第 4 章 数字化工厂规划 ··· 137

4.1 数字化工厂规划概要 ·· 137

4.2 数字化工厂规划体系 ·· 138

4.2.1 现状评估 ·· 138

4.2.2 战略分析 ·· 139

4.2.3 需求分析 ·· 143

4.2.4 目标规划 ·· 144

4.2.5 整体规划蓝图 ··· 146

4.2.6 核心业务系统设计 ··· 147

4.2.7 IT 基础架构设计 ·· 153

4.2.8 标准体系设计 ··· 155

4.3 本章小结 ·· 159

第 5 章 数字化工厂建设 ··· 160

5.1 数字化工厂建设概述 ·· 160

5.1.1 建设原则 ·· 160

5.1.2 难点与问题 ·· 161

5.2 数字化工厂建设架构 ·· 162

5.2.1 数字化工厂建设应具备的核心功能要素 ······················ 164

5.2.2 基本要素 ·· 166

5.3 数字化工厂的建设内容 ··· 170

5.3.1 研发设计数字化 ·· 170

5.3.2 生产运行数字化 ·· 175

5.3.3 企业管理数字化 ·· 192

5.3.4 支撑保障数字化 ·· 198

5.4 数字化工厂的建设模式与阶段 ·· 199

5.5 数字化工厂建设应用示例 ·· 201

5.6　本章小结 ·· 205
第 6 章　数字化工厂实施 ·· 206
6.1　数字化工厂实施中的问题 ··· 206
6.2　数字化工厂实施的框架模型与技术路线 ·· 208
6.2.1　数字化工厂实施的框架模型 ·· 208
6.2.2　数字化工厂实施的技术路线 ·· 212
6.3　实施管理方法 ··· 212
6.4　本章小结 ·· 215
第 7 章　数字化工厂运营 ·· 216
7.1　数字化工厂运营的问题 ·· 216
7.2　数字化工厂的运营管理系统 ·· 218
7.2.1　制造执行系统 ·· 219
7.2.2　制造运营管理系统 ·· 239
7.2.3　从制造执行系统到制造运营系统 ·· 245
7.3　数字化工厂的运营管理框架 ·· 246
7.4　制造执行系统应用案例 ·· 249
7.4.1　MES 助推江铃汽车生产的精益化进程 ··· 249
7.4.2　MES 实现约克空调透明化生产 ·· 252
7.5　本章小结 ·· 255
第 8 章　数字化工厂评估 ·· 256
8.1　现有相关成熟度模型与评估方法 ·· 257
8.1.1　现有的相关成熟度模型 ··· 257
8.1.2　现有的相关评估方法 ··· 277
8.2　数字化工厂的成熟度模型及评估方法 ··· 279
8.2.1　成熟度模型及评估方法建立的原则 ·· 279
8.2.2　成熟度模型 ·· 280
8.2.3　成熟度要求 ·· 285
8.2.4　评估方法 ··· 295
8.3　本章小结 ·· 298
参考文献 ··· 299

第 1 章 绪　　论

回顾人类社会的前进与发展历程,每次科学与技术的聚集迸发必将带来制造业的更新与升级。随着工业 4.0、智能制造、工业互联网等新工业战略的提出,由其衍生出的新科学研究领域与大数据、云计算、人工智能、数字孪生等新一代信息通信技术之间相互交织融合,由此产生了新的科学理论与技术成果,推动着制造业跨越信息化时代向着数字化智能化网络化时代迈进。

1.1　制造业的发展历程

科学革命与技术革命统称为科技革命。一般地,我们认为科学革命是科学理论方法、知识体系、科学思维方式等发生的根本性变革,技术革命是指生产技术体系原理的重大的根本性变革。技术革命不同于科学革命,也不同于产业革命。技术革命可能带来的是科学革命,也可能带来的是产业革命。产业革命一般是指由于科学技术上的重大突破,应用在经济等领域使得国民经济的产业结构发生重大变化,生产技术取得突破进展,生产工具得以升级改进,进而使经济、社会等各方面出现崭新面貌。

科学革命、技术革命和产业革命之间是相互作用的关系。一般来讲,科学革命是技术革命的基础与理论前提,科学革命一般不会直接引发产业变革;技术革命则能够直接对生产力与生产方式产生影响,成为推动产业革命爆发的直接驱动力。当然,新的产业革命在实践的过程中遇到新的问题会催动新的科学技术的发明,进而再引发新的产业革命。

产业革命也称为工业革命,是最初发生于 18—19 世纪英、美、德、日等发达国家并迅速扩展到世界范围的机械化生产取代手工生产的革命性变革。纵观历次产业革命,每次的革命成果大都应用到制造业领域,因为制造业与人们的生产生活息息相关。它是国民经济的物质基础和产业主体,是富国强民之本,是国家科技水平和国际竞争力的重要体现。

进入 21 世纪,科技革命也有了新的内涵与特征,我们可以将其称为新科技革命。它是指以生命科技等前沿科技为基础,同时融合新一代信息通信技术,以取得具有突破性进展的新科技成就。新科技革命呈现出数字化、网络化、智能化、生态化的特点,与制造业的方方面面融合发展并形成深度协同创新的态势。制造行业在新科技革命与产业革命的推动下,将不断地转型升级,以适应人类社会的发展需要。

新科技革命可引发产业变革,驱动经济发展。这是第一次工业革命到现在的第四次工业革命都可以证明的一种历史规律。这次产业变革的过程就是产业数字化、数字产业化、各行各业用新技术来赋能的过程,最后实现由万物互联到万物智能的一种新经济业态。

现如今,我们已步入工业 4.0 时代,也即人类社会的第四次工业革命时期。制造业是伴随着人类自身的形成和发展而产生的。200 多年来,制造业经历了机械化(工业 1.0)、电气化(工业 2.0)、信息化(工业 3.0)和智能化(工业 4.0)四个发展阶段,如图 1.1 所示。

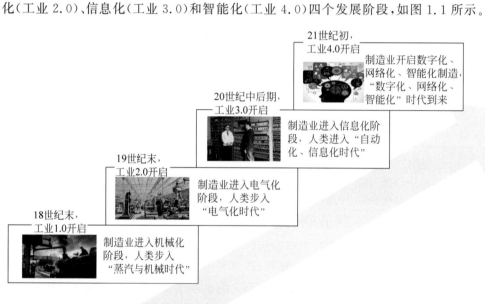

图 1.1 制造业发展历程

1. 机械化制造阶段

机械化制造阶段以 1769 年蒸汽机制造技术的问世和应用为标志,以纺织机械的革新为起点,以蒸汽动力和机器应用为特征,实现了从以工具生产到机械化大生产的转变和从工场手工业到机器大工业的转变,全面促进了各种机器制造、冶金、采矿和化工等产业的发展,带来了人类历史上的第一次工业革命。工业革命极大地促进了生产力的迅速发展,创造出了远超以前的物质财富;工业革命广泛推动了机器工厂的建立,逐渐取代了以前的家庭手工作坊和手工工场,促使资本主义生产从手工工场过渡到机器大工业工厂;工业革命使资本主义制度建立在强大的物质技术基础上,从而最终战胜了封建制度而居于统治地

2

位；工业革命加速了工业资产阶级和工业无产阶级的形成和发展，使他们成为资本主义社会最主要的两大对立阶级，社会面貌从此有了根本性改变；工业革命使欧美列强实力猛增，其发展大大加速，从此西方与东方的差距逐渐拉大，西方执世界之牛耳，稳居全球之中心，引领了人类社会的工业文明。

2．电气化制造阶段

随着第一次工业革命和资本主义的迅速发展，自然科学的研究工作呈现出空前活跃的局面，并取得了许多重大突破。19 世纪自然科学的重大突破，为资本主义进一步发展所需求的新技术革命创造了条件。这些科学技术的新成果被迅速、广泛地应用于工业生产，大大促进了资本主义经济的发展。这是近代以来科学技术的第二次大突破，工业革命进入了一个新的发展时期，即第二次工业革命时期。以电力技术为主导的第二次工业革命的兴起，标志着人类跨入了电气化时代。在这一时期，电信实业广泛发展起来。1875 年，定居美国波士顿的苏格兰人贝尔试通电话成功，爱迪生等在贝尔发明的基础上做了改进，使电话通信很快风行全球的许多国家。1877 年，美国建成了第一座电话交换台；随后，巴黎、柏林、莫斯科等地也相继成立了电话局。1888 年，德国科学家赫兹证实了电磁波的存在，利用这种电磁波，意大利人马可尼制造了无线电通信设备。1899 年，马可尼在英法两国之间发报成功；1901 年，横越大西洋发报成功。近代电信事业的发展为快速传递信息提供了方便。从此，世界各地的经济、政治和文化联系进一步加强。

这一时期的制造业以使用电气化和自动化产品为显著特征，主要有电机和电器产品、内燃机、交通工具（如汽车、机车、船舰和飞机等）、钢铁和冶金设备、石油开采和石化工业装备、电信设备等。随着产品的多样化，制造业被细分为众多不同的门类，并得到迅速发展。

3．信息化制造阶段

20 世纪 50 年代初，美国 MIT 公司研制出了世界上第一台用 APT 语言编程的数控铣床。1958 年，美国 Gerber 科学仪器公司为波音公司生产了世界上第一台用 APT 编程的平台式绘图机，从而为计算机绘图奠定了基础。随后，美国麻省理工学院 Ivan Sutherland 在其博士论文中首次提出了以计算机图形学、交互技术、分层存储符号为代表的数据结构等新思想，并论述了阴极射线管屏幕显示与光笔技术在图形输入、输出和指令执行中的作用，从而为 CAD 技术的发展和应用奠定了理论基础。

1964 年，美国通用公司推出了世界上第一个机械 CAD 系统（DAC-1）。随后，IBM 和洛克希德公司又联合开发了著名的 CAD/CAM 系统——CADAM，形成了计算机技术在制造业中的应用雏形。

20 世纪 70 年代至 80 年代中期，大量专用和通用 CAD 系统的相继问世不仅推动了二维绘图技术的实用和普及，还带动了三维 CAD 技术的发展，同时将应用范围从单一零件设计拓宽到装配、有限元分析、机构分析、工艺规划、数控编程等多个应用场合。这一时期，CAD、CAPP、CAE、CAM 等单元信息技术得到了较快发展和广泛应用。

为适应生产规模从大批量到中小批量的变化，20 世纪 60 年代出现了柔性制造的思想。20 世纪 70 年代末到 20 世纪 80 年代中期，柔性制造系统（flexible manufacturing system，FMS）得到了蓬勃发展，推动了信息技术从点到线的发展。FMS 解决了生产线的高效与自动化，但产品开发涉及企业从市场分析、设计、加工、经营管理到售后服务的各个环节。为此,1973 年美国人 Joseph Harrington 提出了计算机集成制造（computer integrated manufacturing，CIM）的思想。20 世纪 80 年代以来，计算机集成制造思想的实施手段——计算机集成制造系统（computer integrated manufacturing system，CIMS）——得到了重点研究、发展和应用，从而将信息化范围从技术领域延伸至管理领域，从单一生产线拓展到整个企业。随着 Web 技术的发展和 Internet 的广泛应用，以及企业之间的竞争从局部到全球范围的演变，制造过程也从企业内部向区域甚至全球制造方向发展，企业围墙逐渐淡化，以"网络化"为特征的制造成为信息化的主流。

20 世纪 90 年代以来，面向 21 世纪的先进制造技术得到重点研究，一些新的制造思想、哲理和方法不断涌现，如敏捷制造（agile manufacturing，AM）、并行工程（concurrent engineering，CE）、产品全生命周期管理（product lifecycle management，PLM）、虚拟制造（virtual manufacturing，VM）、电子商务（electronic commerce，EC）、供应链管理（supply chain management，SCM）、客户关系管理（customer relationship management，CRM）等。这些思想推动了计算机集成制造系统中的信息集成到过程集成、企业集成的变化，推动了制造企业向网络化、敏捷化、智能化、集成化和虚拟化的方向发展。

进入 21 世纪，经济全球化和信息化使制造业的竞争环境、发展模式及运行效率与活动空间等发生了深刻变化，世界制造业已进入新的发展阶段。信息技术及以信息技术为标志的先进制造技术正在深刻改变着传统制造业，使其日益成为新技术革命的载体和巨大推动力。世界各国普遍高度重视制造业信息化的发展，并将其作为改造传统制造业的一项重大战略来全力加以推进。发达国家为推进制造业信息化纷纷制定发展计划和战略。例如，美国政府把制造业信息化技术列入"影响美国安全和经济繁荣"的 22 项技术之一，对先进制造技术在整个国家的发展应用中进行统筹规划和管理，先后推出了"美国国家关键技术""先进制造技术计划""敏捷制造使能技术计划""下一代制造"等战略来促进其发展。

4. 智能制造阶段

智能制造阶段，也有相关学者称其为制造业智能化阶段。本阶段世界制造业的发展历程与我国的发展历程表现出一定的差异性。

1）世界制造业的智能化发展历程

世界智能制造的发展历程可以概括为三个阶段。

第一阶段为数字化制造阶段（1952—1966 年）。1952 年，MIT 公司采用真空管电路实现了三坐标铣床的数控化，标志着数字化制造的诞生；1955 年，MIT 实现了数控机床的批量制造，数字化制造技术实现商用。

第二阶段为网络化制造阶段（1967—2012 年）。1967 年，美国将多台数控机床连接成可调加工系统，成为柔性制造系统的雏形。20 世纪 70 年代至 20 世纪 80 年代，CAD 和 CAM 开始出现，在波音公司和通用公司的共同开发下实现了二者的融合，并与其他相关系统一起构建形成了计算机集成制造系统。20 世纪 90 年代，CAD/CAM 一体化三维软件大量出现，并应用到机械、航空航天等领域，形成了现代信息化制造技术体系。此时，智能制造系统概念刚被提出不久，日本和加拿大先后实现了分布智能系统控制和机器人控制等技术，智能制造逐渐在世界兴起。

第三阶段为智能制造阶段（2013 年至今）。2013 年 4 月，德国在汉诺威工业博览会上正式推出了"工业4.0"战略,旨在通过充分利用信息通信技术和信息物理系统来引导制造业的智能化转型。同年9月,美国宣布重新成立"AMP指导委员会2.0",并于2014年发布了《振兴美国先进制造业》,旨在通过创新领先和发展工业互联网来引领美国制造业在全球的主导地位。而日本则在2015年初推出了"机器人新战略",希望通过发展机器人技术来应对全球制造业变革。

2)中国制造业的智能化发展历程

中国的智能制造发展历程也可以划分为三个阶段。

第一阶段为工业化带动信息化阶段(1958—2006年)。尽管1958年中国成功研制了第一台数控机床,但是直到改革开放以后制造业信息化才真正进入正常的发展轨道。从1979年开始,高新技术产业化走上了快车道,电子工业成为优先发展行业,并将电子技术应用到机床改造、工业炉窑控制等多方面。1987年,信息技术(智能计算机系统、光电子器件及其系统集成技术等)在863计划中被列为七大重点发展领域之一。20世纪80年代末期,中华人民共和国科学技术部(以下简称"科技部")提出建设"工业智能工程",尝试探索智能制造。20世纪90年代至21世纪初,我国逐步开展了先进制造技术的推广应用和互联网建设,重点科研院所和高校连接上国际互联网,诞生了众多互联网公司和软件服务企业,覆盖全国范围的信息网络逐渐成形。

第二阶段为两化融合阶段(2007—2014年)。2007年,党的十七大提出"大力推进信息化与工业化融合,促进工业由大变强,振兴装备制造业",亦即提出"两化融合"战略,这标志着"两化融合"的开启。2010年,全国已基本实现信息化,信息产业成为国民经济的重要支撑部分。

第三阶段为信息化引领工业化阶段(2015年至今)。2015年,《国务院关于积极推进"互联网+"行动的指导意见》指出应推动互联网与制造业融合,大力发展智能制造。同年,《中国制造2025》将推进智能制造作为制造业发展的主攻方向。一系列重要文件预示着制造业智能化将成为中国制造业未来的发展方向,推动制造业生产方式的重大变革。

制造业的智能化发展历程如图1.2所示。

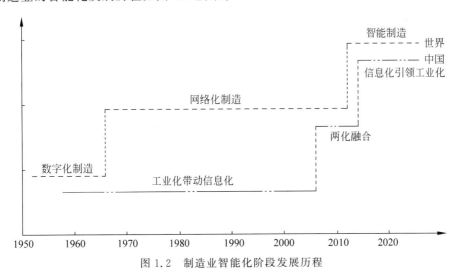

图1.2 制造业智能化阶段发展历程

从世界制造业智能化和中国制造业智能化的发展历程来看,世界制造业智能化发展的每个阶段跨越时间较长,并且以新兴技术的开发与应用作为发展历程的拐点,长时间的技术积淀为下一个阶段的跃迁做好了充分准备。而中国制造业智能化的发展更多的是以国家政策文件引导作为开端,体现了中国特色社会主义市场经济下制造业发展的特点。另外,中国制造业智能化初始阶段的时间跨度较长,这主要是因为中国制造业基础薄弱,需要通过长时间的规模扩张、技术引进和模仿学习来实现技术创新。同时,我们还发现中国制造业智能化各个阶段时间跨度差异较大,反映了中国制造业不断追赶发达国家制造业智能化发展的轨迹,并通过压缩中间跨越阶段的时间来尝试超越世界制造业发展进程。

制造业智能化不是凭空产生的社会进程,而是以前期技术积淀为支撑,以人工智能和新一代信息通信技术等先进技术作为产业变革的拐点。具体来看,制造业智能化是以数字化制造为发展起源的,中间经历了网络化制造阶段,逐步过渡至智能制造时代,如图 1.3 所示。

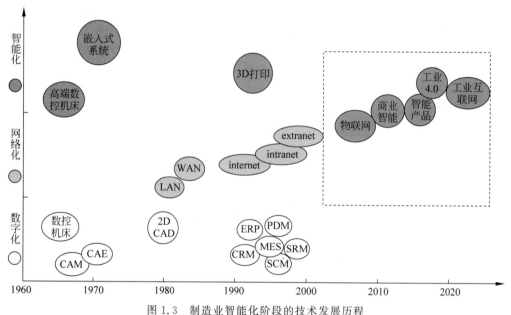

图 1.3　制造业智能化阶段的技术发展历程

1.2　智能制造

1.2.1　智能制造战略概述

1.2.1.1　国外智能制造战略

1. 德国——工业 4.0

工业 4.0 于 2011 年在德国举行的汉诺威工业博览会上被提出。来自德国人工智能研究中心的 Wolfgang Wahlster 教授在开幕典礼上首次提出了通过媒体来对物联网进行宣传,以推动工业 4.0 的进程,提高制造业发展水平的观点。随后,德国政府启动了"2020 高科技战略",将工业 4.0 作为未来十大项目之一,拨 2 亿欧元专款进行研究。2013 年,同样还是在汉诺威工业博览会上,由德国国家科学与工程学院孔翰宁(Henning Kagrmann)教授主笔的最终研究报告《把握德国制造业的未来——实施"工业4.0"战略的建议》被正式发布,这宣告着工业4.0的正式发布和启动。

德国将工业4.0提升到国家级战略地位,认为工业4.0是以智能制造为主导的第四次工业革命,其目标是通过充分利用信息通信技术和网络空间虚拟系统——信息物理系统(cyber-physical system,CPS),推动将制造业向智能化转型。工业4.0的内涵是基本模式由集中式控制向分散增强式转变,建立一个高度灵活的个性化、数字化的产品与服务的生产模式,进行产业链分工重组。

德国工业4.0的内涵有两个关键点:一个是智能生产系统,另一个是其核心技术——信息物理系统。首先,工业4.0时代下的生产系统是数字化、网络化、智能化的。在互联环境下,智能生产系统使得研发、生产、销售和服务(用户)等可以通过互联网充分实现信息互动、交流和控制;其次是信息物理系统,即智能机器、存储系统和生产设施,能够相互独立地自动交换信息、触发动作和控制,使生产系统由自动化向智能化转变,实现扁平化生产。

德国工业4.0的两大目标一是智能制造,二是智能工厂。过去对于智能制造商有几种说法,如数字化制造、智慧制造等,这些表述都不准确。中华人民共和国工业和信息化部(简称工信部)和中国工程院把中国版的工业4.0的核心目标定义为智能制造。由智能制造再延伸到具体的工厂,就是智能工厂。

《德国工业新战略》中将工业4.0的战略要点概括为建设一个网络、四大主题,实现三项集成,实施八项计划,如图1.4所示。该文指出工业4.0将无处不在的传感器、嵌入式终端系统、智能控制系统、通信设施通过信息物理系统形成一个智能网络,使人与人、人与机器、机器与机器以及服务与服务之间能够互联,从而实现横向、纵向和端对端的高度集成。

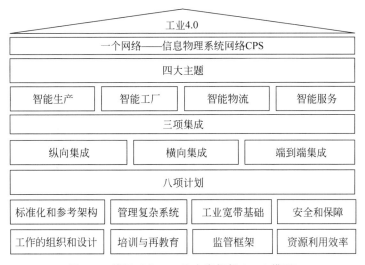

图1.4 德国工业4.0的内容框架(1438模型)

横向集成是企业之间通过价值链以及信息网络所实现的一种资源整合,是为了实现各企业间的无缝合作,提供实时产品与服务;纵向集成是基于未来智能工厂中网络化的制造体系,实现个性化定制生产,替代传统的固定式生产流程(如生产流水线);端对端集成是指贯穿整个价值链的工程化数字集成,是在所有终端数字化的前提下实现的基于价值链与不同公司之间的一种整合,这将最大限度地实现个性化定制。

2. 美国——先进制造业国家战略计划与工业互联网

1）先进制造业国家战略计划

美国在信息技术、互联网、工业自动化领域一直处于领先地位。为了在新一轮的全球化竞争中继续领先,美国提出了实施"再工业化"战略,如 2011 年提出的"先进制造业伙伴关系"——AMP2.0,期望通过政府、高校及企业的合作来振兴美国的制造业。2012 年 2 月,美国正式发布了"先进制造业国家战略计划"。计划描述了全球先进制造业的发展趋势及美国制造业面临的挑战,明确了三大原则,即能够应对市场变化和有利于长期经济投资的创新政策、建设制造商共享的知识资产和有形设施的产业公地、优化联邦政府和机构的投资,并且明确提出了实施美国先进制造业战略的五大目标,分别如下。

- 加快中小企业投资。
- 提高劳动力技能。
- 建立健全伙伴关系。
- 调整优化政府投资。
- 加大研发投资力度,实现再工业化之路。

美国在 2016 年 2 月发布的"国家制造创新网络计划"（National Network for Manufacturing Innovation Program）中描述了该计划的历史和现状,以及各个制造创新机构的详细情况,并提出了 4 个战略计划目标,如图 1.5 所示。

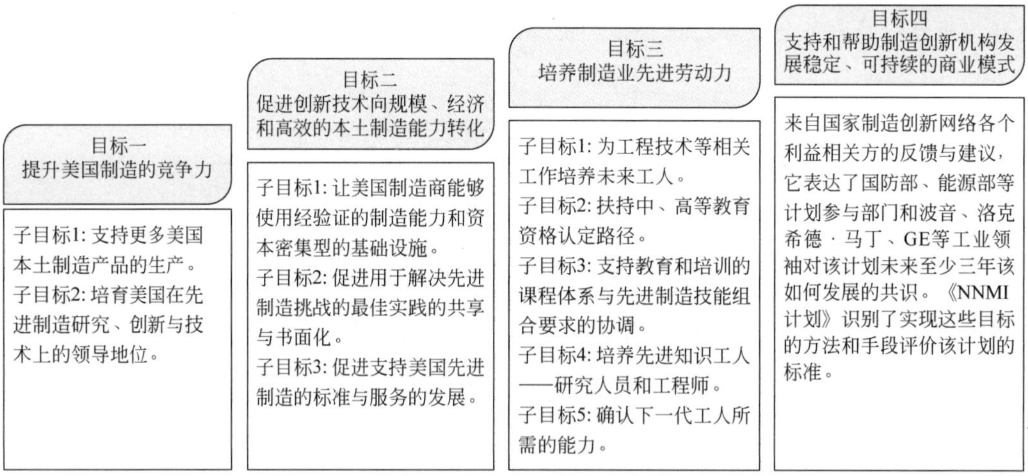

目标一
提升美国制造的竞争力

子目标1: 支持更多美国本土制造产品的生产。
子目标2: 培养美国在先进制造研究、创新与技术上的领导地位。

目标二
促进创新技术向规模、经济和高效的本土制造能力转化

子目标1: 让美国制造商能够使用经验证的制造能力和资本密集型的基础设施。
子目标2: 促进用于解决先进制造挑战的最佳实践的共享与书面化。
子目标3: 促进支持美国先进制造的标准与服务的发展。

目标三
培养制造业先进劳动力

子目标1: 为工程技术等相关工作培养未来工人。
子目标2: 扶持中、高等教育资格认定路径。
子目标3: 支持教育和培训的课程体系与先进制造技能组合要求的协调。
子目标4: 培养先进知识工人——研究人员和工程师。
子目标5: 确认下一代工人所需的能力。

目标四
支持和帮助制造创新机构发展稳定、可持续的商业模式

来自国家制造创新网络各个利益相关方的反馈与建议,它表达了国防部、能源部等计划参与部门和波音、洛克希德·马丁、GE等工业领袖对该计划未来至少三年该如何发展的共识。《NNMI计划》识别了实现这些目标的方法和手段评价该计划的标准。

图 1.5 美国先进制造业战略计划的目标概览

2）美国 GE 公司"工业互联网"项目

作为世界上最大的多元化工业集团,GE 公司提出了"工业互联网"构想。有人将其与德国工业 4.0 相提并论,认为其代表了美国的智能制造变革。智能设备、智能系统、智能决策以及三者的集成是"工业互联网"的三大数字元素。虽然一家公司不可能完全代表美国智能制造的发展方向,但其明确的"智能化"理念依然是新轮变革中的鲜明主题。

（1）工业互联网发展概述。

2011年，GE公司在硅谷建立了全球软件研发中心，启动了"工业互联网"的开发，包括平台、应用以及数据分析。2012年11月，GE公司发布了《工业互联网——冲破思维与机器的边界》报告，将"工业互联网"称为200年来的"第三波"创新与变革。2013年，GE公司宣布会在未来3年投入15亿美元开发工业互联网，并于同年发布了报告 The Industrial Internet@Work，对工业互联网项目要开展的工作进行了细化。2014年3月，GE公司与AT&T公司、思科公司、IBM公司和英特尔公司共同成立了工业互联网联盟。

（2）基本概念。

GE公司认为"工业互联网"是两大革命中先进技术、产品与平台的结合，即工业革命中的机器、设施与网络和互联网革命中的计算、信息、通信的结合。"工业互联网"将通过智能机床、先进分析方法以及人的连接，使数字世界与机器世界深度融合，深刻改变全球工业。从创造价值的角度来看，GE公司认为"工业互联网"的价值可以从三方面体现：第一，提高能源的使用效率；第二，提高工业系统与设备的维修和修护效率；第三，优化并简化运营，提高运营效率。

"智能"是"工业互联网"的关键词，GE公司在飞机发动机上诠释了"智能"的概念。飞机发动机上的各种传感器会收集发动机在空中飞行时的各种数据，并将这些数据传输到地面。经过智能软件的系统分析，可以精确地检测发动机的运行状况，甚至预测故障，进行预先维修提示等，以提升飞行安全性和发动机的使用寿命。

"工业互联网"具备3个核心元素：智能机器、先进分析方法、工作中的人。GE公司认为尽管对"工业互联网"的讨论聚焦在机器和数据上，但工作中的人也同等重要。事实上，只有改变人们的工作方式，工业互联网才能实现上述价值。由于互联网从根本上降低了人们接触信息以及与其他人交互的难度，所以"工业互联网"可转变人们在工作场所利用信息和进行协同的方式。

3. 欧盟

在历次工业革命的浪潮中，为应对能源、环境与可持续发展的挑战，更快、更好地为用户提供高质量产品和高水平服务，并且在与美日以及中印等新兴经济体的竞争中占据先机，欧盟一直高度关注智能制造的发展，并且设立了"智能制造系统"（intelligent manufacturing system，IMS）"未来工厂"等多个发展计划，持续投入资金进行相关研究。

1）欧盟IMS2020路线图

IMS2020由欧盟委员会和一个由来自欧洲、美国和亚洲国家的15家公司、大学和研究中心组成的国际联盟共同资助，于2009年1月启动，合作伙伴包括庞巴迪、泰雷兹、西门子、IBM、SAP、克兰菲尔德大学、剑桥大学、麻省理工学院等。项目提出了IMS2020愿景，制定了行动路线图以及5个关键领域主题，如图1.6所示。

（1）可持续制造。可持续制造旨在提高技术、产品和生产系统及其企业的可持续性。研究课题包括五个研究行动：可持续性技术；稀缺资源管理；产品和生产系统的可持续生命周期；可持续的产品和生产；可持续发展的企业。

（2）高能效制造。高能效制造旨在通过新的方法和技术，减少稀缺资源的损耗以及碳足迹，使得产品、工艺不再仅仅与成本、质量挂钩。

图 1.6　IMS2020 愿景的 5 个关键领域

（3）关键技术。在 IMS2020 路线图中，面向制造的关键技术正在开发：让系统制造商以最低的成本和环境影响生产高附加值系统；让系统使用者以更短的交付时间生产高附加值、高技术含量的定制化产品。

（4）标准化。与以上三个领域相关，要实现可持续制造、高能效制造和关键技术需要建立标准，以统一的标准技术、协议、文档等发展智能制造。

（5）教育。教育的开发是与其他关键路线图密切合作完成的。教育可以包括三种不同形式的研究活动：制造技术方面的培训和教育；开发和提供培训和教育的技术；企业中的创新过程。

教育路线图目前已确定九个研究课题：教学工厂；跨界教育；实践社区；从隐性知识到显性知识；创新；基准测试；沉浸式游戏；个性化和无处不在的学习；加速学习。另外，还确定了六个创新研究课题：全球大脑；学习创新；绿色化；生活实验室；风险管理；可持续的新学徒制。

未来制造的 IMS2020 愿景可以总结为以下三点。

（1）实现以用户为中心的快速、自适应制造，形成定制化的、恒久的全生命周期解决方案；

（2）建立高度柔性和自组织的价值链，能以不同方式组织生产系统，并且减少从终端用户介入到形成解决方案的时间；

（3）通过政府、工业界和社会共同设计监管框架并坚定执行，改变个人与企业文化，实现可持续的制造。

IMS2020 项目不仅指出了制造业未来研发的关键领域，而且还指出了实现这些目标和总体愿景的手段和推动因素。知识创造、学习的手段与工具作为推动因素被添加到更传统的机构教育系统中。它们是行业能力需求快速变化和员工平均年龄增加的结果，这也需要新的教育和培训系统。IMS2020 将开发新的培训方法视为大多数发达国家教育投资的优先事项，并已成为制造业的一个研究领域。

2）欧盟"未来工厂"计划

"未来工厂"计划是欧盟在智能制造领域投资最大的一个独立计划，连续在两个"框架计划"中获得支持，汇集了英国、德国、法国、意大利、西班牙、瑞典等国的上千家知名工业企业、研究机构和协会。该计划的众多项目也参与"智能制造系统"计划的国际合作,因此对于世界范围内"智能制造"的发展有着不小的影响力。

2009 年,"未来工厂"计划启动;2010 年,计划获得欧盟第七个"框架计划"的项目支持;2013 年,第八个"框架计划",即"地平线 2020"继续为其提供资金支持,目前的资金投入为11.5 亿欧元。截至 2014 年 6 月,"未来工厂"计划已经启动了 151 个项目,项目特别注重技术的验证,部分项目还通过 IMS 计划进行国际合作,1000 多家企业和组织参与其中。

欧洲"未来工厂"研究协会(the European Factory of Future Research Association,EFFRA)应"未来工厂"计划而成立,旨在推动公私资源的联合,促进市场化导向的研究与创新项目。EFFRA 由工业界、学术界和协会成员组成,包括 COMAU、KUKA 系统、Delcam、ESI 集团、西门子、SAP、弗劳恩霍夫研究所、英国焊接研究所、欧洲焊接、连接与切削联合会、未来制造技术平台等。

3) 欧盟"未来工厂 2020"路线图

EFFRA 于 2013 年制定了"未来工厂 2020"路线图(见图 1.7),路线图中介绍了"未来工厂"计划的目标,提出了欧洲的"制造愿景 2030"。为实现这个愿景,路线图分析了面临的机遇与挑战,总结了关键技术与使能条件,指出了重要的研究与创新领域。

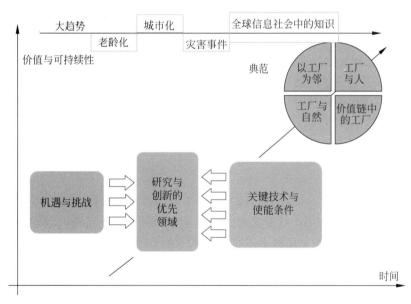

图 1.7 "未来工厂 2020"路线图

从 EFFRA 发布的"未来工厂 2020"路线图中可以清晰地看到,"未来工厂"计划的本质就是以制造智能化为目标的研发计划,因此,智能制造在该计划中占据了核心位置。该计划也与欧盟"IMS2020"路线图相呼应,关注制造、产品与服务的可持续、高能效、柔性和低成本,但是更强调智能制造相关技术在其中的作用,这一点与德国"工业 4.0"计划更加贴近。

(1) 愿景。

"制造愿景 2030"包括以下 4 条。

* 工厂与自然——绿色与可持续:实现最低的资源和能量消耗,即达到精益、清洁和绿色;产品/生产和稀缺材料实现闭环;在材料、生产工艺和工人中达到可持续。

- 以工厂为邻——紧靠工人和用户：将制造与人们拉近，将工厂集成在生活环境中并为人们所接受。
- 价值链中的工厂——协同：力争达到高竞争力的分布式制造（柔性、快速响应、迅速改变）；建立欧洲生产系统，即以设计为导向的产品和大量定制化的产品；将产品与工艺工程集成，即实现敏捷的和以需求为驱动的合作管控，覆盖价值链中的各类产品。
- 工厂与人——以人为本：建立以人为本的人机界面，即以工艺为导向的仿真和可视化；利用 IT 手段支持劳动力的教育和培训；实现地区间平衡，包括工作条件和工资系统等；将知识进行开发、管理和资本化。

（2）机遇与挑战。

未来欧洲制造面临的机遇与挑战包括：制造未来产品，以及经济、社会和环境的可持续性，这些机遇与挑战同时也是"未来工厂 2020"路线图中关键技术与研究领域的初衷。

- 制造未来产品。首先，未来产品的形态不再仅仅是物理上的，也可以是基于信息通信技术密集型制造以及嵌入式信息物理系统的数字新产品或物理新产品。其次，未来产品可以通过"云"向全世界出口，而不需要重要的基础设施，以降低环境影响。最后，未来产品必须是经济可承受的。为了实现这些产品和解决方案，新的制造模式是关键的使能技术。
- 经济的可持续性。经济的可持续性是指通过未来产品的生产创造价值来获得长期竞争力，在环境友好型工厂中创造高技能职位并投资，以提升工业竞争力。主要包括以下方面：全供应链的经济业绩；实现可重构的和自适应的工厂，以应对小规模生产；高绩效的生产，包括柔性、生产率、精度、零缺陷以及高能效；提升制造中的资源效率，包括寿命终止产品的处理。
- 社会的可持续性。制造企业要以同时确保社会可持续发展和达到全球竞争力的方式组织、设计制造，人的能力和机器智能将融入生产系统，以达到最高的效率和员工满意度。
- 环境的可持续性。环境的可持续性指减少资源消耗和废物产生。减少能耗，同时增加可再生能源的利用；减少水和其他过程资源的消耗；在制造过程中实现近零排放，包括噪声和振动；在制造过程中实现材料利用的最优化；产品-工艺-生产系统的共同升级，或者仅需最少新资源的"工业共生"。

（3）关键技术与使能条件。

路线图提出了 6 类关键技术与使能条件，分别是：先进制造工艺，先进制造系统的机电一体化，信息与通信技术，制造业战略，建模、仿真和预测方法与工具，高知工人。

（4）研究与创新的优先领域。

路线图提出了 6 个研究与创新的优先领域，分别是先进制造工艺，自适应和智能制造系统，数字化、虚拟和资源高效利用的工厂，协同化、移动化企业，以人为本的制造，聚焦用户的制造。

1.2.1.2　中国智能制造战略

1）中国制造 2025

目前，全球新一轮科技革命和产业变革给人类生产和生活带来了巨大影响，互联网、大数据、人工智能与制造业的结合越来越广泛、深入，智能制造、智能服务正在成为全球传统工业和制造业转型升级的主要方向。信息技术和互联网技术的快速发展及广泛深入应用，对传统工业化模式提出了巨大挑战：一个国家越来越难以主要依靠自然资源和劳动力资源优势实现工业化并最终实现现代化。我国抓住了一个非常有利的时间窗口，在工业化和经济追赶上取得了巨大成就，但目前尚未完成全面工业化，整体技术创新能力和多数产业的国际竞争力仍不够强，整个经济的综合实力仍不够强，需要进一步实现产业价值链升级和竞争力提升。因此，我国提出了"中国制造 2025"战略，目的就是抓住新一轮科技革命和产业变革的机遇，全面推进工业化与信息化的融合互动、技术创新与商业模式创新的融合互动、制造业与服务业的融合互动，努力实现中国制造向中国创造、中国速度向中国质量、中国产品向中国品牌的转变，最终完成中国制造由大变强的战略任务。

"中国制造 2025"是在新的国际国内环境下，我国政府立足于国际产业变革大势，做出的全面提升中国制造业发展质量和水平的重大战略部署。可以用"一二三四五五九十"这样一个总体结构来概括《中国制造 2025》规划。所谓"一"，就是一个目标，要从制造业大国向制造业强国转变，最终实现制造业强国的目标。所谓"二"，就是通过两化融合发展来实现这个目标。党的十八大提出了用信息化和工业化两化深度融合来引领和带动整个制造业的发展，这也是我们制造业所要占据的一个制高点。所谓"三"，就是要通过"三步走"的战略，大体上每一步用十年左右的时间来实现我们从制造业大国向制造业强国转变的目标。所谓"四"，就是确定了四项原则：第一项原则是市场主导，政府引导；第二项原则是既立足当前，又着眼长远；第三项原则是全面推进，重点突破；第四项原则是自主发展和合作共赢。所谓"五五"是有两个五，第一就是有五条方针，即创新驱动、质量为先、绿色发展、结构优化和人才为本。还有一个五就是实行五大工程，一是制造业创新中心的建设工程；二是强化基础的工程，也叫强基工程；三是智能制造工程；四是绿色制造工程；五是高端装备创新工程。所谓"九"，是对规划的细化，就是要把宏观的战略转化为我们都可以实施的子任务，确保《中国制造 2025》落到实处，具体为：提高国家制造业创新能力；强化工业基础能力；全面推行绿色制造；深入推进制造业结构调整；提高制造业国际发展水平；推进两化深度整合；加强质量品牌建设；大力推动重点领域突破发展；发展服务型制造和生产性服务业。所谓"十"，就是将十个领域作为重点领域，在技术上、产业化上寻求突破。例如新一代信息技术产业、高端船舶和海洋工程、航天航空领域、新能源汽车领域等选择了十个重点领域进行突破，这就是整个中国制造业"中国制造 2025"的主要内容。

2）智能制造

作为制造强国建设的主攻方向，智能制造发展水平关乎我国未来制造业的全球地位，对于加快发展现代产业体系，巩固壮大实体经济根基，构建新发展格局，建设数字中国具有重要作用。

自"十三五"规划以来，我国明确提出了加快建设制造强国，实施《中国制造 2025》，引导制造业朝着分工细化、协作紧密的方向发展，促进信息技术向市场、设计、生产等环节渗透，推动生产方式向柔性、智能、精细转变；实施智能制造工程，构建新型制造体系，促进新一代信息通信技术、高档数控机床和机器人、航空航天装备、海洋工程装备及高技术船舶、先进轨道交通装备、节能与新能源汽车、电力装备、农机装备、新材料、生物医药及高性能医疗器械等产业发展壮大。党的十九大报告也指出，加快建设制造强国，加快发展先进制造业，推动互联网、大数据、人工智能和实体经济深度融合,在中高端消费、创新引领、绿色低碳、共享经济、现代供应链、人力资本服务等领域培育新增长点、形成新动能。下一阶段,应有的放矢,加快推动高新技术与实体经济的融合发展,使互联网、大数据、人工智能更好为我国传统产业转型和实体经济发展注入新的动能,释放新的活力。

2021年4月14日,工信部就《"十四五"智能制造发展规划(征求意见稿)》公开征求意见。意见稿一方面提出智能制造的发展路径:智能制造作为一项持续演进、迭代提升的系统工程,需要长期坚持,分步实施。到2025年,规模以上制造业企业基本普及数字化,重点行业骨干企业初步实现智能转型。到2035年,规模以上制造业企业全面普及数字化,骨干企业基本实现智能转型。另一方面指出智能制造的2025发展目标:规模以上制造业企业基本普及数字化,重点行业骨干企业初步实现智能转型;智能制造装备和工业软件技术水平和市场竞争力显著提升,国内市场满足率分别超过70%和50%;主营业务收入超50亿元的系统解决方案供应商达到10家以上;制定及修订200项以上智能制造国家、行业标准;建成120个以上具有行业和区域影响力的工业互联网平台。工信部将加强关键核心技术攻关,加速系统集成技术突破,加快创新网络建设,同时开展智能制造示范工厂建设,到2025年,建设2000个以上新技术应用智能场景、1000个以上智能车间、100个以上引领行业发展的标杆智能工厂。

1.2.2 智能制造的定义

1. 国外对智能制造的定义

智能制造在国际上并没有统一的定义,甚至在国际"智能制造系统"计划的文件中也并未给出一个明确的定义。欧美对智能制造的认知是在逐步提升的。在2005年国际"智能制造系统"计划的报告中,对20世纪90年代末的智能制造水平是这样描述的:在专业车间和工厂运行层级,智能制造已经实施到了一个较高程度:数控机床通过编程执行不同的任务,把它们连接到一台计算机上,可以实现生产步调的自动控制;机器人的发展,尤其是可重新编程的内存与传感器设备的发展,使得第一代智能(smart)机器人能够执行更多的应用,并且以智能(intelligent)方式做出反应。这种较高程度的智能制造显然在今天还是比较初级的,因此,智能制造的概念也一定是不断变化的,内涵将越来越丰富。

国际上对智能制造中的"智能"主要用两个单词来解释:intelligent 和 smart。intelligent 有两个含义:应付新情况和新问题所需的能力,以及有效地使用推理和推断力的能力;smart 则指快速的领悟力和随时维护自己利益的能力。刚开始提的比较多的是intelligent 制造,而现在主要是运用 intelligent 技术的 smart 制造。smart 和 intelligent 强调的东西不一样,smart 强调的是结果,而不是技术或制造本身,它并不是人工智能,而是人类的智慧,但利用的是智能技术。实现人工智能不一定就有好的结果,但是智慧总是会带来好的结果。

美国和欧洲倾向于 smart 比 intelligent 更高级。因为从欧美人的智能制造理念来看,必须实现精益、可持续、节能、绿色、低成本、柔性以及标准化、教育提升、知识产权保护、资源共享等方方面面,并不是制造过程本身集成了众多智能技术就可以的。从图1.8可以看到,美国对健康与可持续的制造进行了层次化的说明,并且区分了物联网和大数据的主要作用层次。可以说,实现智能的过程就是将数据转化为信息,将信息转化为知识,将知识转化为智慧,将个体智慧上升为集体智慧,这必将是伴随智能制造的实现而达到的一个终极目标。因而,我们在后面也会看到,欧美设立若干个计划和项目、研究众多使能技术与关键技术,都是在为实现"数据→信息→知识→智慧"而努力。

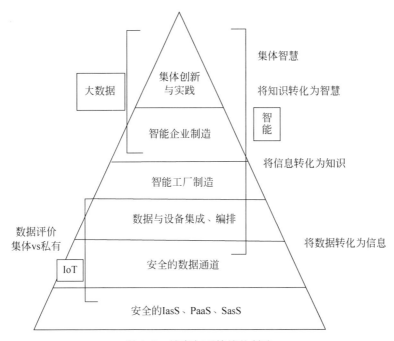

图 1.8 健康与可持续的制造

2014 年 12 月,美国政府启动了国家制造创新网络中智能制造创新机构的竞标,该机构将由能源部牵头组建。能源部对智能制造的定义为:智能制造是先进传感、仪器、监测、控制、工艺/过程优化的技术和实践的组合,它们将信息、通信技术与制造环境融合在一起,实现工厂和企业中能量、生产率、成本的实时管理。

从工程的观点来看,智能制造是先进信息系统的增强应用,能够实现新产品的快速制造、产品需求的动态响应、工业生产和供应链网络的实时优化。智能制造将制造的所有方面连接起来,从原材料进入到成品交付,建立了一个跨产品、运行和商务系统谱系的富含知识的环境,这个谱系延伸至工厂、分销中心、企业和整个供应链。

2. 我国对智能制造的定义

科技部在发布的《智能制造科技发展"十二五"专项规划》中给智能制造和智能制造技术进行了定义:"智能制造是面向产品全生命周期,实现泛在感知条件下的信息化制造。"这个定义与美国给出的定义类似。智能制造的概念如图 1.9 所示。

《智能制造发展规划(2016—2020 年)》(工信部联规〔2016〕349 号)指出,智能制造是基于新一代信息通信技术与先进制造技术的深度融合,贯穿于设计、生产、管理、服务等制造活动的各个环节,具有自感知、自学习、自决策、自执行、自适应等功能的新型生产方式。《"十四五"智能制造发展规划(征求意见稿)》在此基础上进一步将这种新型生产方式的目的表达为旨在提高制造业的质量、效益和核心竞争力。

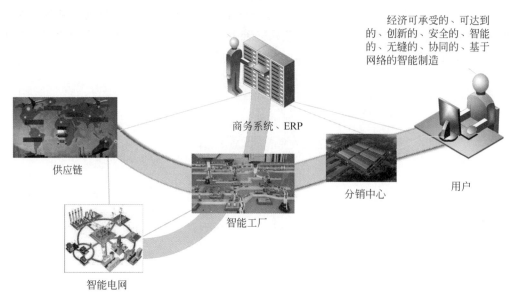

相连的供应链	优化的生产	可持续的生产	高能效	安全生产
·敏捷 ·需求驱动 ·原材料到成品	·资产效用 ·零停工时间 ·质量/零缺陷 ·可靠的结果	·高价值产品 ·决策数据 ·产品全生命周期管理	·低排放 ·低能耗 ·绿色制造	·更安全 ·更少事故 ·对用户更友好

图 1.9　智能制造的概念

基于此,本书认为智能制造可定义为:智能制造是一项系统、高度综合的工程,它是以传统管理技术为基石,以建立统一的行业标准为先决条件,以数字化工厂为载体,突出人的核心和关键作用,将大数据、云计算、工业互联网、数字孪生技术、人工智能等新一代信息通信技术广泛应用于制造业全生命周期,并具备分析决策、协同创新、智能运营的能力,实现传统制造业向智能化、柔性化、集成化的转型升级。

1.2.3　智能制造的发展历程与范式演进

智能制造是伴随信息技术的不断普及而逐步发展起来的。智能制造的理念与技术发展迄今已经历几十年的历程。从几个关键事件的发生,可以看出智能制造的发展历程如下。

(1) 1988 年,美国纽约大学的怀特教授(P. K. Wright)和卡内基-梅隆大学的布恩教授(D. A. Bourne)出版了《智能制造》一书,首次提出了智能制造的概念,并指出智能制造的目的是通过集成知识工程、制造软件系统、机器人视觉和机器控制对制造技工的技能和专家知识进行建模,以使智能机器人在没有人工干预的情况下进行小批量生产。1989 年,日本时任东京大学工程系主任吉川裕行提出"智能制造系统"国际合作计划(IMS 计划)。

(2) 20 世纪 90 年代,随着信息技术和人工智能的发展,智能制造技术引起发达国家的关注和研究,美国、日本等国纷纷设立智能制造研究项目基金及实验基地,智能制造的研究及实践取得了长足进步。

(3) 21 世纪尤其是 2008 年金融危机以后,部分国家认识到了以往去工业化发展的弊端,制定了"重返制造业"的发展战略,同时用大数据、云计算等一批信息技术发展的前端科技引发制造业加速向智能化转型,把智能制造作为未来制造业的主攻方向,给予了一系列的政策支持,以抢占国际制造业科技竞争的制高点。如德国的"工业4.0"、中国的"中国制造2025"、美国的工业互联网等均是影响广泛的工业转型战略。

在几十年的发展历程中,与智能制造发展相关的各种范式亦是层出不穷、相互交织,如精益生产、柔性制造、并行工程、敏捷制造、数字化制造、计算机集成制造、网络化制造、云制造、智能化制造等。精益生产从20世纪50年代起源于日本丰田汽车公司,并被广泛应用于制造业,主要目标是在需要的时候,按需要的量生产需要的产品,由准时生产、全面质量管理、全面生产维护、人力资源管理等构成,体现了持续改善的思想,是智能制造的基础之一。柔性制造在20世纪80年代初期进入实用阶段,是由数控设备、物料储运装置和数字化控制系统组成的自动化制造系统,能根据制造任务或生产环境的变化迅速进行调整,适用于多品种、中小批量生产,系统具备生产、供应链的柔性、敏捷和精准的反应能力。并行工程利用数字化工具从产品概念阶段就考虑产品全生命周期,强调产品设计、工艺设计、生产技术准备、采购、生产等环节并行交叉进行,并行有序,尽早开展工作。敏捷制造诞生于20世纪90年代,随着信息技术的发展,企业采用信息手段,通过快速配置技术、管理和人力等资源,快速有效地响应用户和市场需求。数字化制造自20世纪50年代开始出现,随后在业界快速发展并被认为是极具前途的技术。数字化制造是一项将工厂、建筑、资源、机器系统设备、劳动力及其技能进行虚拟表示并通过建模和模拟使产品和过程开发结合更紧密的技术。我国1986年开始研究计算机集成制造,它将传统制造技术与现代信息技术、管理技术、自动化技术、系统工程技术有机结合,借助计算机实现企业产品全生命周期各个阶段的人、经营管理和技术的有机集成并优化运行。21世纪初,网络化制造兴起,它是先进的网络技术、制造技术及其他相关技术结合构建的制造系统,是提高企业的市场快速反应和竞争能力的新模式。近几年,为解决更加复杂的制造问题和开展更大规模的协同制造,面向服务的网络化制造新模式——云制造——开始爆发式发展。智能化制造则是新一代信息通信技术、传感技术、控制技术、新一代人工智能技术等的不断发展与在制造中的深入应用,产品制造、服务等具备自适应、自学习、自决策等能力,这是一种面向未来的制造范式。

这些范式里既有智能制造的基础,也有体现智能制造价值实现、技术路径升级、组织方式等不同维度的范式,它们从不同视角上反映出制造业的数字化网络化智能化特征,在制造业从自动化走向智能化的转型过程中发挥了积极作用。但是,众多的智能制造范式在企业选择技术路径、推进智能升级的实践中造成一定的困难。面对智能制造不断涌现出的新技术、新理念、新模式,迫切需要归纳总结出基本范式,为我国企业发展智能制造凝聚共识,更好地服务于中国制造业的智能转型、优化升级。

智能制造的发展与信息技术的进步密切相关。全球信息技术发展可分为三个阶段:从20世纪中期至20世纪末,表现为信息化的蓬勃发展,后期数字化开始兴起;20世纪后期,互联网出现并得到应用,数字化、信息化进入新的应用平台;现今,信息化、数字化、网络化、智能化得到迸发式的普及与应用,大数据、云计算、人工智能等新一代信息技术快速发展,人类进入了以新一代人工智能技术为主要特征的智能化阶段。伴随着智能化的进度、应用与发展,信息化、数字化、网络化与智能化呈现融合交叉发展的现状,这些信息技术进入制造业领域后,形成了三个智能制造的基本范式,即数字化制造、数字化网络化制造、数字化网络化智能化制造(即新一代智能制造),如图1.10所示。数字化制造是智能制造的基础,贯穿于三个基本范式,并不断演进发展;数字化网络化制造将数字化制造提高到一个新的水平,可实现各种资源的集成与协同优化,重塑制造业的价值链;新一代智能制造是在前两种范式的基础上,通过先进制造技术与新一代人工智能技术融合所发挥的决定性作用,使得制造具有了真正意义上的人工智能,是新一轮工业革命的核心技术。

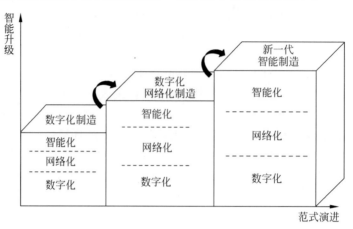

图1.10　智能制造三个基本范式演进

智能制造的三个基本范式体现了智能制造发展的内在规律:一方面,三个基本范式次第展开,各有自身阶段的特点和要重点解决的问题,体现着先进信息技术与先进制造技术融合发展的阶段性特征;另一方面,三个基本范式在技术上并不是绝对分离的,而是相互交织、迭代升级,体现着智能制造发展的融合性特征。

1.2.4　智能制造的技术机理

随着云计算等新一代IT技术的飞速发展,信息的获取、使用、控制以及共享变得十分快速和普及,而新一代人工智能的飞速发展和应用则进一步提升了制造业数字化、网络化、智能化的水平。智能制造最本质的特征是具备认知和学习的能力,具备生成知识和更好地运用知识的能力,这样就从根本上提高了工业知识产生和利用的效率,极大地解放了人的体力和脑力,使创新的速度大大加快,应用的范围更加宽泛,从而推动制造业发展步入数字化、网络化、智能化制造阶段,也称为新一代智能制造阶段。如果说数字化网络化制造是新一轮工业革命的开始,那么新一代智能制造的突破和广泛应用将推动形成新工业革命的高潮,重塑制造业的技术体系、生产模式、产业生态,并将引领真正意义上的工业4.0,实现新一轮工业革命。

中国工程院在2018年提出了新一代智能制造报告,阐述了对于新一代智能制造的理解与看法,其中涉及智能制造的关键要素——人、信息、物理系统,即人-信息-物理系统(HCPS)。以生产过程为例,对智能制造的机理进行如下分析。

1. 传统制造与人-物理系统

传统制造与人-物理系统如图1.11所示。传统制造系统包含人和物理系统两大部分,完全通过人对机器的操作控制去完成各种工作任务,如图1.11(a)所示。动力革命极大提高了物理系统(机器)的生产效率和质量,物理系统(机器)代替了人类部分体力劳动。在传统制造系统中,要求人完成信息感知、分析决策、操作控制以及认知学习等多方面任务,不仅对人的要求高,劳动强度仍然大,而且系统的工作效率、质量和完成复杂工作任务的能力很有限。传统制造系统可抽象描述为如图 1.11(b)所示的人-物理系统(HPS)。

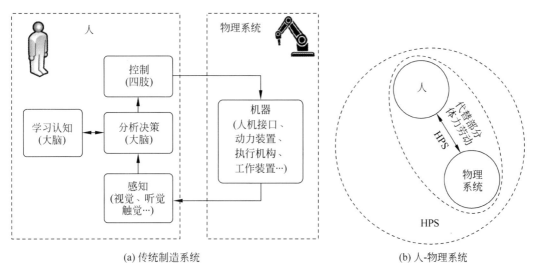

(a) 传统制造系统　　　　　　　　　　(b) 人-物理系统

图 1.11　传统制造系统与人-物理系统

2. 智能制造与人-信息-物理系统

与传统制造系统相比,数字化制造与数字化网络化制造下的第一代和第二代智能制造系统主要有两方面变化:第一,最本质的变化是在人和物理系统之间增加了一个信息系统,可代替人去自动完成部分感知、分析决策和控制等各种任务;第二,物理系统进行了升级,如增加了各种传感检测装置,动力装置变成数字化动力装置。第一代和第二代智能制造系统的区别如图 1.12 所示。

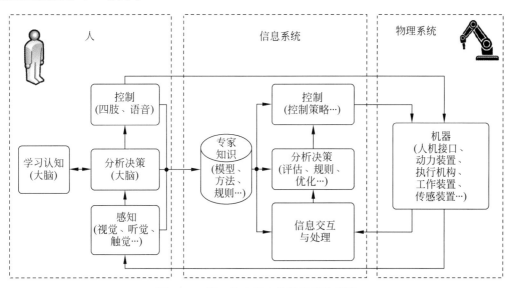

图 1.12　第一代和第二代智能制造系统

第一代和第二代智能制造系统通过集成人、信息系统和物理系统的各自优势,系统的能力尤其是计算分析、精确控制以及感知能力都得到很大提高。一方面,系统的工作效率、质量与稳定性均得以显著提升；另一方面,人的相关制造经验和知识转移到信息系统,能够有效提高人的知识传承和利用效率。制造系统从传统的人-物理系统向人-信息-物理系统的演变可进一步用图 1.13 进行抽象描述。

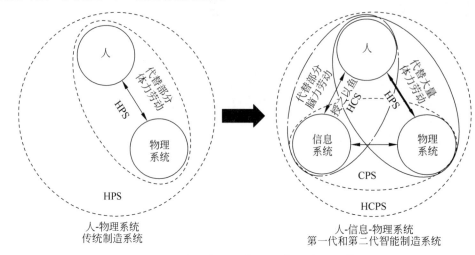

图 1.13　从人-物理系统到人-信息-物理系统

信息系统的引入使得制造系统同时增加了人-信息系统(HCS)和信息物理系统,其中信息物理系统是非常重要的组成部分。美国在 21 世纪初提出了信息物理系统理论,德国将其作为工业 4.0 的核心技术。信息物理系统在工程上的应用是实现信息系统和物理系统的完美映射和深度融合,其中"数字孪生体"(digital twin)是最为基本而关键的技术。由此,制造系统的性能与效率可大大提高。

3. 新一代智能制造与新一代人-信息-物理系统

新一代智能制造系统最本质的特征是其信息系统增加了认知和学习的功能。信息系统不仅具有强大的感知、计算分析与控制能力,更具有学习提升、产生知识的能力,如图 1.14 所示。

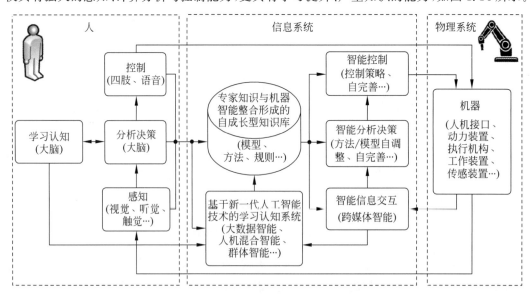

图 1.14　新一代智能制造系统的基本机理

在这一阶段,新一代人工智能技术将使 HCPS 发生质的变化,形成新一代 HCPS,其主要变化在于:第一,人将部分认知与学习型的脑力劳动转移给信息系统,因而信息系统具有了认知和学习的能力,人和信息系统的关系发生了根本性的变化,即从"授之以鱼"发展到"授之以渔";第二,通过"人在回路"的混合增强智能,人机深度融合将从本质上提高制造系统处理复杂性、不确定性问题的能力,极大地优化制造系统的性能。

在新一代 HCPS 中,HCS、HPS 和 CPS 都将实现质的飞跃。

新一代智能制造进一步突出了人的中心地位,是统筹协调"人""信息系统""物理系统"的综合集成大系统;将使制造业的质量和效率跃升到新的水平,为人类的美好生活奠定更好的物质基础;将使人类从更多体力劳动和大量脑力劳动中解放出来,使得人类可以从事更有意义的创造性工作,人类社会开始真正进入"智能时代"。

总之,制造业从传统制造向新一代智能制造发展的过程是从原来的人-物理二元系统向新一代人-信息-物理三元系统进化的过程,如图 1.15 所示。新一代 HCPS 揭示了新一代智能制造的技术机理,能够有效指导新一代智能制造的理论研究和工程实践。

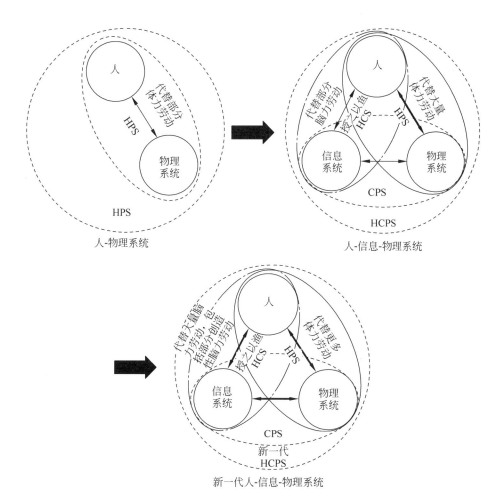

图 1.15　从人-物理系统到新一代人-信息-物理系统

1.2.5　智能制造与数字化工厂

1988 年,智能制造的概念被首次提出,此时的智能制造仅为一种面向生产制造过程的工程技术。随后,各国在新一代制造业变革的浪潮中积极探索,提出了对智能制造的不同理解,智能制造的基本内涵不断演变。智能制造强调的是在制造过程、全生命周期的各个环节中综合应用各类技术,取代或者延伸制造过程中人的劳动,满足制造需求。智能制造系统可在制造过程中进行智能活动,诸如分析、推理、判断、构思和决策等。通过人与智能机器的合作,去扩大、延伸和部分地取代技术专家在制造过程中的脑力劳动。它把制造自动化扩展到柔性化、智能化和高度集成化。智能制造系统是混合智能、机器智能和人的智能真正地集成在一起,互相配合,相得益彰。智能制造本质是人机一体化。

数字化工厂(digital factory,DF)是由数字化模型、方法和工具构成的综合网络,包含仿真和 3D/虚拟现实可视化,通过连续的、没有中断的数据管理集成在一起。结合企业的生产制造过程,具体来说数字化工厂是以产品全生命周期的相关数据为基础,根据虚拟制造原理,在虚拟环境中,对整个生产组织进行仿真、优化和重组的新的生产组织方式。数字化工厂系统平台是基于数字化工厂的概念,运用虚拟现实技术、计算机技术、网络技术等相关技术构建起来的虚拟的生产线仿真环境,其系统包括软件和硬件两方面。数字化工厂技术就是构建数字化工厂过程中所应用到的实用技术,是计算机技术、虚拟现实技术、仿真技术、网络技术和人机工程技术等相关技术的有机集成。总的来说,数字化工厂是现代数字制造技术与计算机仿真技术相结合的产物,同时具有其鲜明的特征。它的出现给基础制造业注入了新的活力,成为沟通产品设计和产品制造之间的桥梁。

关于我国的智能制造,北京航空航天大学刘强教授提到了"三不要原则":不要在不具备成熟的工艺下做自动化;不要在管理不成熟的时候做信息化;不要在不具备网络化和数字化基础时做智能化。数字化本身其实就是智能化的一部分,是一个入口。而智能工厂是在数字化工厂的基础上融合物联网技术和各种智能系统等新兴技术于一体,从而提高生产过程的可控性,减少生产线人工干预。数字化工厂是智能工厂的落脚点,而智能工厂又是智能制造的基础和落脚点。只有实现了数字化工厂,才有可能实现智能制造。智能制造的基本发展进程为:数字化工厂→智能工厂→智能制造,数字化工厂是智能制造得以实现的首要目标。

1.3　智能化时代的人才

在以智能化生产为特征的"工业 4.0"时代,大数据和物联网融合系统在生产中大量使用,制造业的生产模式随之发生全新变革,势必要求新型的技术技能人才。为了适应智能化时代制造业的发展对人才的需求,需要明确智能化时代人才的特征,以满足智能化时代制造业的发展需求。

1.3.1　智能化时代对人的改变

1. 智能化时代人才的内涵

工业 4.0 时代智能化的生产方式、分布式的生产组织、个性化定制化的制造过程以及扁平网络化的劳动组织,赋予一线技术工人劳动内容和劳动方式新的内涵,要求他们是融技术、技能于一身的技术技能型人才。

随着科学技术的发展、工业化的演进、企业生产方式的变革,尤其是大量流水线生产方式的产生,人们根据生产实践的需要,又对技术进行了细分,如把将科学原理演变为产品(或工程)设计、工作计划、运行决策等所需要的技术称为工程技术,对应的人才为"工程型人才";把从事将设计、工作计划、运行决策等理念付诸实践从而转化为产品、工程等物质形态的人才统称为"技能型人才",他们以掌握经验技术为主,工作特征主要表现为显性的动作技能;而介于"工程型人才"与"技能型人才"之间的,即现在通常所说的"技术型人才",他们以掌握理论技术为主,既要掌握理论技术,也要了解经验技术,工作特征主要表现为隐形的智慧技能,属于智力活动的一部分。

2. 智能化时代人才的演变路径

如前文所述,科技革命、产业革命和制造业互为联系,相互影响,并且它们的发展路径呈现出阶段性的特征。而人作为其中发展的核心与关键,既在推动着发展,也受到了发展带来的影响。制造业的每一发展阶段,造就出不同类型的人才需求。按照不同时代生产方式、劳动分工及技术、技能型人才工作岗位的劳动特征可看出人才的演变路径,如表1.1所示。

表1.1 工业1.0～工业4.0阶段,生产方式和技术技能型人才工作岗位劳动特征一览表

工业阶段	生产方式	劳动分工	技术技能人才工作岗位的劳动特征					劳动者的主要特征
			劳动内容	劳动工具	劳动组织	质量控制	技术革新	
1.0	单件生产	无分工	产品设计制造全过程	手工工具	计划和生产、脑和手一体,自我负责	生产和控制并行,主观的质量标准	优化和革新工艺流程	全能工(技术技能合一)
2.0	大量流水生产	分工精细	单一工位操作	机械化工具	计划与生产、脑与手分离,管理层级复杂	无需质量控制,质量标准客观	无	单能工(技能型)
3.0	精益生产	有限分工	多个工位、大工种操作	机械化、电动化工具	小组完成模块任务;垂直管理,层级减少	质量控制;企业范围内有质量标准	部分工艺流程优化革新	多能工(技术、技能团队)
4.0	智能化生产	专业化分工	一体化的生产系统	计算机、机器人、数控机床等	供应链范围内的扁平网络结构	质量控制;区域范围内质量标准	完整模块构件的工艺流程优化革新	知识工人(技术技能合一)

1)1.0时代的人才

18世纪后期蒸汽机的发明引发了工业生产的机械化,自此人类社会进入工业1.0时代。这一时期,机械化并未大幅度得到应用,制造业的生产组织方式仍以家庭手工业、手工工场为主,主要采取单件生产方式;劳动者没有分工,每个人都是全能工。这种生产方式的特点是生产效率低、成本高、质量难保证,但能够满足市场不同的个性化需求。单件生产方

式下,没有技术、技能型人才的划分,所有劳动者都是全能的生产经营者,拥有工业价值链再造需要的全部职业能力,包括原材料相关的知识、产品设计、生产操作、质量控制以及和顾客打交道的能力等。

2) 2.0 时代的人才

19 世纪末到 20 世纪上半叶,伴随着电力技术的发明和使用,制造业生产方式呈现分工明确、大批量流水线的生产特征,这标志着工业 2.0 时代的到来。在这一时期,制造业主要采取大批量流水线生产,生产组织在劳动内容(水平方向)和劳动管理(垂直方向)这两个维度上划分成细致的条块和森严的层级;工人们的工作内容为重复性的分工任务,显著提高了产量。在这种大量生产方式下,劳动分工明确,技术型人才和技能型人才严格划分,一线技术工人指的是技能型工人,他们只需接受指令,拥有简单的生产基础知识和机械的单工种操作技能,不需要完整的产品设计、生产和检验等相关的知识和能力。

3) 3.0 时代的人才

20 世纪下半叶,电子信息技术的迅速发展提高了生产自动化水平,大规模流水线生产转向定制化规模生产和服务型制造,这标志着工业 3.0 时代的到来。这一时期,企业作为一个独立的生产单位,主要采取多品种、小批量的精益生产。在精益化生产方式下,技术技能型人才呈现融合趋势,他们需掌握大工种(例如从单一的车削工、铣削工、磨削工等转变为复合的机床切削工)、跨专业(如机和电、技术与经济等)的知识和操作技能,需拥有社会交往和协作能力,具备一定的领导能力、决策能力、自我负责和解决问题能力,具有质量意识,有面对不断变化的生产任务所需的灵活性以及自我组织、终身学习和创新能力等。

4) 4.0 时代的人才

进入 21 世纪以来,网络技术、信息技术、计算机技术、软件技术迅速发展,快速进入制造业并与自动化技术深度交织,人工智能技术、机器人技术和数字化制造技术等相结合形成智能制造技术。建立在智能制造技术基础上的智能化生产标志着工业 4.0 时代的到来。

工业 4.0 时代,互联网从"虚"的服务业大规模进入"实"的制造业,企业的生产方式在互联网基础上实现了人与人、人与机器、机器与机器之间的协同对话,从而实现"智能"生产、柔性制造和互联制造。为了对市场个性化需求(包括新产品或增值服务)作出快速响应,在信息网络技术的支持下,企业间势必建构动态联盟,实现区域内的、跨企业的社会资源整合,使得劳动分工由企业内延伸到企业外,呈现动态化组合趋势,即工业 4.0 时代的劳动组织体现为供应链范围内(跨企业)的扁平网络结构。

工业 4.0 时代企业的生产特征决定了一线技术工人的劳动任务是操作和管理智能化、一体化的生产系统。他们必须是知识型工人,是融技术、技能于一身的技术技能型人才。纯粹的以隐性智慧技能为特征的单一技术型人才、以显性动作技能为特征的单一技能型人才将不存在。

3. 智能化时代人才的能力特征

基于以上的论述,什么样的人才是适合工业 4.0 需要的呢?从已有文献界定的新时代人才的内涵出发,借鉴 KOMET(学生)职业能力测评模型的结构,可以建构面向工业 4.0 的技术技能型人才能力模型(见图 1.16),它划分为职业专业维度、职业素养维度和职业行动维度,三个维度。

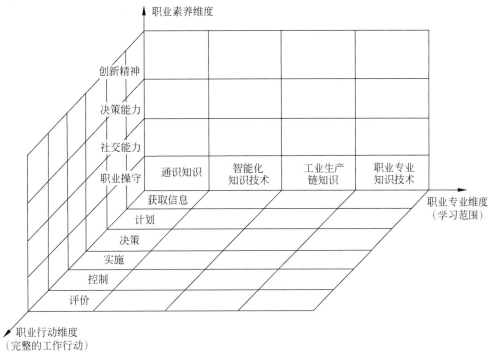

图 1.16 面向工业 4.0 的技术技能型人才能力模型

职业专业维度包括通识知识、智能化知识技术、工业生产链知识(理论与实践)、职业专业知识技术四个领域。它们既是技术技能型人才职业能力发展过程中需要学习的内容范围,也是技术技能型人才职业能力测试开发的题目来源。

职业素养维度包括职业操守、决策能力、创新精神和社交能力。首先,敬业、有职业操守作为一种最基本的职业素养,也是工业 4.0 时代技术技能型人才应具备的基本职业能力;其次,工业 4.0 时代生产方式的智能化、生产组织的分布式、制造过程的个性定制化,势必引发生产流程再造、价值链重组、生产过程知识技术的密集性等特征,要求技术技能型人才不仅要敬业、有职业操守,还要具有决策、终身学习及不断创新与接受创新的能力;最后,工业 4.0 时代劳动组织的扁平网络化,要求技术技能型人才的工作态度趋于合作性、效率感,拥有与不同价值观念、不同阶层人群合作的涵养与技巧,有契约精神与时间观念等。

职业行动维度包括获取信息、计划、决策、实施、控制、评价六方面,它们构成完成"生产任务"的完整行动模式。完整行动模式是职业工作的实际运作规律,也是学生的学习活动应遵循的逻辑规律。是否遵循完整的行动模式,极大影响着学习者工作过程知识的获得和综合职业能力的发展。

1.3.2 智能化时代人的作用

1. 德国工业 4.0 研究中心对人才作用的界定

在德国工业 4.0 的研究中,首先是关于"人的因素"的主题,然后才是关于"人与技术"的主题。它们都围绕着即将随之到来的人与技术、人与环境互动关系的改变,以及由此推动的工厂内的分工合作新形式展开深入的研究。

即便是工业4.0时代的智能工厂,也不可能没有人的参与。员工如何认知及适应因流程的复杂、设备工具技术含量高而多变的工作环境,也成为需要详细讨论的话题。

例如,由于控制流程自动化水平的提高以及控制方式从集中式转向分布式("半成品"自带后续流程信息并自主地与加工工具及生产线进行信息交流),生产过程将变得更加自动化和智能化,而员工所起的作用也更加重要。通过工业4.0建立起来的是一种人机互动的范式上的变化,也就是机器要适应人的需求,而不是人来适应机器。与之配套的是新的员工工作责任,这需要提高员工的参与度和促进他们的主人翁责任感。

2. 制造系统中人的作用

复杂的制造系统依赖人和自动化的联合来实现制造目标。传统的、静态的设计和运行制造系统的手段已经不够用,需要被可适应的、动态变化的系统所替代。制造任务需要在人和自动化设备之间进行优化分配,只要在某一时间点上人或设备之间有一个可以更好地执行任务则可。今天的物理或机械自动化的水平已经很高了,它们还可以通过先进的信息通信技术来进一步提高认知自动化水平(进行自动化的决策)。产品的高度易变、定制化的压力和特别脆弱的供应链,也需要实现以人为中心的自动化。与此同时,还需要围绕操作的人来提高自动化水平,使用先进的传感器和精密的设备来发挥人类的认知能力。研究工作应该聚焦在如何取得和设定正确的自动化水平,在为全球市场生产定制化产品的时候,保持员工的灵活性、敏捷性和竞争力。此外,系统也需要进行动态的调整,以适应工人在年龄、经验、技巧、语言方面的不足。

3. 智能环境中人的作用

1) 智能生产中人的作用

智能的生产制造环境可以将做好精力准备和技术准备的工人与最好的技术能力结合起来,在动态变化、充满不确定性和风险的环境中,做出最好的响应。在这个智能的环境中,人具有以下特点。

(1) 有知识,受过良好的培训。

(2) 可使用手势控制。

(3) 互联性(通过各种网络工具)。

(4) 可以适应系统的性能或根据系统的性能进行自我提升。

(5) 受到很好的保护(机器人可以帮助人来监督它们的工作,它们不会伤害人类或做错事)。

智能的产品、设备、流程以及辅助系统可以将人从重复的工作中解脱出来,让他们关注有创造性和增值的活动。智能的辅助系统还可以延长年老工人的工作年限,使他们在更长的时间里保持生产力。

2) 智能工厂中人的作用

智能工厂中需要"以人为中心",提高其柔性、敏捷性和竞争力。工厂里的工人——未来的"知识工人"——将会通过新颖的知识学习和获取机制,有更多机会持续地开发自身的技能和能力。未来的企业可以更好地把技能传递给新一代的工人,并且可以通过更好的信息技术和通信技术,提高对年长的、有身体障碍或多文化背景的工人的支持。未来的制造企业将使用交互式的电子学习工具帮助学生、学徒和新的工人获取先进的制造技术方面的知识。

一直以来所期望的知识工人和机器人(也包括其他先进的自动化设备)之间的广泛合作,对于以人为中心的制造来说是至关重要的。智能辅助有助于通过分布式的控制方法实现标准的例行决策。这些例行的任务以及繁重的手工劳动将会被机器或信息物理系统所取代,而复杂的、基于经验的任务和决策仍然会留给人来完成。

今天的机器人已经不用再锁到笼子里了,它们可以相互合作或者与人开展合作。例如,正在加工的产品可以直接从机器人传到工人的手中。机器人可以对各种握姿进行评估,找出最合适的握姿,将产品交到工人的手上。

随着我国数字经济的发展,工业企业的数字化转型的深入,数字化人才的需求也是与日俱增,数字化要求人才具备数字化的思维,掌握必备的数字化技术,以满足我国数字化转型的需求;另外,随着新一代信息与通信技术的发展应用,需要更多的懂得信息与通信技术的人才,比如我国工业互联网研究院(CAII)发布《工业互联网人才白皮书(2020版)》对工业互联网人才的需求和培养做出了新的说明。这也表明人才在整个数字化时代的重要性,需要加大对数字化人才的培养力度。

1.4 本章小结

本章首先以历次工业革命为主线阐述了制造业的发展历程;其次从智能制造的战略、定义、发展历程、技术机理四个方面阐释了智能化时代的智能制造,试图全面清晰地展现智能制造的内涵;然后简要阐明智能制造与数字化工厂的关系;最后阐述了智能化时代对人才的改变和要求。

第2章 数字化工厂概述

2.1 我国数字经济的发展

2020 年,我国信息通信研究院发布了新版《中国数字经济发展白皮书》,对我国数字经济的发展再次做出了新的界定与分析。从我国政府出台的政策到企业的实际发展来看,数字经济已经与我国的三次产业、国民经济体系等深度融合并改变了原有的经济结构体系,推动我国经济迈向了新的高度。数字经济的殷实成果是由众多工业企业数字化转型、数字技术的发展应用等共同作用的。探索工业企业的数字化转型,落地数字化工厂的建设,可以推动数字经济的发展;同时,及时地关注数字经济这个整体的态势、政策动向等,能够帮助工业企业的数字化转型。

随着新工业革命的深入发展,数字化、网络化、智能化的理念和模式成为世界各国的新发展目标。如今,数据被定性为新的生产要素,串联起企业业务、技术、管理等,聚合分析,产生价值,进而推动新模式、新业态、新产业的发展,使得全国、全社会基于数字化获取的新能力、新技术、新经济而飞速发展进步。人类历史已经全面进入数字经济时代。

我国信息通信研究院认为数字经济是以数字化的知识和信息作为关键生产要素,以数字技术为核心驱动力量,以现代信息网络为重要载体,通过数字技术与实体经济深度融合,不断提高经济社会的数字化、网络化、智能化水平,加速重构经济发展与治理模式的新型经济形态。同时我国信息通信研究院提出数字经济的"四化"框架,认为数字经济进入"四化"协同发展新阶段(见图 2.1),因此下面将分别予以引用介绍。

1. 数字产业化

数字产业化即信息通信产业,它是数字经济发展的先导产业,为数字经济发展提供技术、产品、服务和解决方案等,具体包括电子信息制造业、电信业、软件和信息技术服务业、互联网行业等。数字产业化包括但

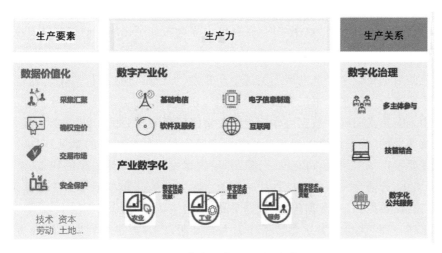

图 2.1　数字经济的"四化"框架

不限于 5G、集成电路、软件、人工智能、大数据、云计算、区块链等技术、产品及服务。2019年数字产业化总体实现稳步增长,其中电信业基础支撑作用不断增强,软件和信息技术服务业平稳较快增长。

2. 产业数字化

产业数字化是指传统产业应用数字技术所带来的生产数量和效率提升,其新增产出构成数字经济的重要组成部分。就其定义来说,产业数字化的实质是工业企业数字化转型的结果。数字经济不是数字的经济,而是融合的经济;实体经济是落脚点,高质量发展是总要求。产业数字化包括但不限于工业互联网、两化融合、智能制造、车联网、平台经济等融合型新产业、新模式、新业态。

产业数字化转型由单点应用向连续协同演进,传统产业利用数字技术进行全方位、多角度、全链条的改造提升,数据集成、平台赋能成为推动产业数字化发展的关键。2019 年,我国产业数字化增加值规模约为 28.8 万亿元。2005 年至 2019 年,年复合增速高达24.9%,显著高于同期 GDP 增速,占 GDP 比重由 2005 年的 7% 提升至 2019 年的 29.0%。产业数字化加速增长,成为国民经济发展的重要支撑力量。

从我国产业数字化的发展现状来看,主要有四个凸显点:

(1) 面对与日俱增的数字化转型需求,数字化转型解决方案供应商快速兴起;

(2) 实体经济与数字化技术不断深化交互,融合发展取得重要进展;

(3) 随着数字化转型的深入,生产、组织和商业模式创新成为制造业转型的重要引擎;

(4) 中小微企业数字化转型需求潜力巨大。

3. 数字化治理

数字化治理是数字经济创新快速健康发展的保障,是推进国家治理体系和治理能力现代化的重要组成,是运用数字技术,建立健全行政管理的制度体系,创新服务监管方式,实现行政决策、行政执行、行政组织、行政监督等体制更加优化的新型政府治理模式,包括治理模式创新,利用数字技术完善治理体系,提升综合治理能力等。数字化治理包括但不限于以多主体参与为典型特征的多元治理、以"数字技术＋治理"为典型特征的技管结合以及数字化公共服务等。近年来,数字政府、智慧城市等成为数字化治理的主要发力点。

4. 数据价值化

价值化的数据是数字经济发展的关键生产要素,加快推进数据价值化进程是发展数字经济的本质要求。习近平总书记多次强调,要"构建以数据为关键要素的数字经济"。党的十九届四中全会首次明确了数据可作为生产要素按贡献参与分配。2020 年 4 月 9 日,中共中央国务院印发的《关于构建更加完善的要素市场化配置体制机制的意见》明确提出要"加快培育数据要素市场"。数据可存储、可重用,呈现爆发增长、海量集聚的特点,是实体经济数字化、网络化、智能化发展的基础性战略资源。数据价值化包括但不限于数据采集、数据标准、数据确权、数据标注、数据定价、数据交易、数据流转、数据保护等。

从 2015 年 G20 大会将数字化转型作为大会议题以来,数字化转型已经成为数字经济时代社会各界关注的重大课题。数字经济意味着数字化已经成为经济发展的新动能,数字化转型则是各类社会经济实体进入数字经济的主要途径。

2.2　工业企业数字化转型

传统产业数字化转型是制造业高质量发展的重要途径。新中国成立以来,我国制造业发展取得了长足进步,但多数制造业企业仍处于较低的发展水平,面临着人力、土地、技术等资源环境约束,综合成本持续上升。据 2020 年 2 月《经济日报》报道显示,制造业中传统产业占比超过 80%,以传统产业的改造提升推动制造业高质量发展,具有巨大潜力和市场空间。其中,相关数据显示,一些传统产业通过实施智能制造试点示范项目,建设具有较高水平的数字化车间或智能工厂,有效提升了生产效率。这些示范项目改造前后的对比显示,生产效率平均提升了 37.6%、能源利用率平均提升了 16.1%,运营成本平均降低了 21.2%,产品研制周期平均缩短了 30.8%,产品不良率平均降低了 25.6%。可见,数字化转型可将制造优势与网络化、智能化相叠加,有利于提高生产制造的灵活度与精细性,实现柔性化、绿色化、智能化生产,是转变我国制造业发展方式、推动制造业高质量发展的重要途径。

对于传统产业而言,数字化转型是利用数字技术进行全方位、多角度、全链条的改造过程。通过深化数字技术在生产、运营、管理和营销等诸多环节的应用,实现企业以及产业层面的数字化、网络化、智能化发展,不断释放数字技术对经济发展的放大、叠加、倍增作用,是传统产业实现质量变革、效率变革、动力变革的重要途径,对推动我国经济高质量发展具有重要意义。

近年来,数字化转型一直是企业管理层关注的核心议题,特别是业务受到数字化冲击的行业,更是企业商业模式创新、运营效率提升的主要抓手。疫情冲击之下,数字化转型受到更广泛的关注,不少企业都把它提到更高的优先级并加快了转型节奏。

2.2.1　相关概念

1. Digitization、Digitalization 与 Digital Transformation

Digitization、Digitalization 与 Digital Transformation 是三个相近的概念,尤其是

Digitization 和 Digitalization 经常被互换使用,但它们之间是有区别的。

1) Digitization

在《牛津英语词典》中,最早在 20 世纪 50 年代中期,"数字化(Digitization)"一词首次与计算机结合使用。根据《牛津英语词典》,数字化(Digitization)是指数字化(Digitizing)的行为或过程,将模拟数据(特别是图像、视频和文本)转换成数字形式。

Tilson 等和 Hess 认为数字化(Digitization)是将模拟信号转换成数字形式,并最终转换成二进制数字的技术过程。这也是自第一台计算机诞生以来计算机科学家提出的核心思想,即数字化(Digitization)使信息去物质化,并将信息从物理载体以及存储、传输和处理设备中分离出来。

2) Digitalization

"数字化(Digitalization)"一词于 1971 年首次出现在《北美评论》上的一篇文章中。在书中,作者罗伯特·瓦查尔讨论了"社会数字化"的社会含义,介绍了对计算机辅助人文研究的反对意见和潜力。自此,关于数字化的文章大量出现,人们关注的不是将模拟数据流转换成数字位的特定过程,也不是数字媒体的特定启示,而是数字媒体如何以不同的方式构建、塑造和影响当代世界的方式。从这个意义上说,数字化已经广泛地指数字通信和媒体基础设施融入不同的社会生活领域。

数字化(Digitalization)是指一个组织、行业、国家等采用或增加使用数字或计算机技术,是围绕数字通信和媒体基础设施对社会生活的许多领域进行重组的方式。虽然数字化(Digitalization)强调数字技术,但更多的是用来描述在更广泛的个人、组织和社会背景下采用和使用这些技术的各种社会技术现象和过程。有学者将数字化的定义建立在社会生活的基础上,即人们如何互动。随着这种互动从模拟技术(蜗牛邮件、电话)转向数字技术(电子邮件、聊天、社交媒体),工作和休闲领域都变得数字化。

Gartner 公司也参与了这一术语的研究。根据 Gartner 公司的术语表:"数字化是指使用数字技术来改变商业模式,并提供新的收入和价值创造机会。"这是向数字商业转变的过程。

由以上概念界定可以看出数字化(Digitalization)通过数字技术对人、人类生活、社会关系等产生影响,进而影响商业运作。今天,数字技术已经使人们的工作发生了变化,如工厂工人放下锤子和车床,转而使用计算机控制的设备。布鲁金斯学会(Brookings Institution)认为这种变化是数字化(Digitalization)的核心。

3) Digital Transformation

按照 2011 年美国麻省理工斯隆管理学院和凯捷咨询联合发布的研究报告,数字化转型(digital transformation)是指使用数字化技术从根本上提高企业的绩效或提高企业绩效可以达到的高度。如今这个术语更广泛地指向客户驱动的战略业务转型、需要跨领域的组织变革以及数字技术的实施。

但事实上,数字化转型是一个不断发展的概念。在半个多世纪之前,数字化转型的概念就已经出现了。1957 年,数字设备公司(DEC)就已经成立。按照维基百科的定义,狭义的数字化转型指的是"无纸化"。从广义上讲,数字化转型既影响个人,如每个人的数字化竞争力(获取、理解、处理数字化信息和使用数字化设备的能力),也影响社会的各个行业和分支,如政府、大众传媒、艺术、医药和科学。在今天,数字化转型特指那些可以用来在某一领域里实现新的创新和创造的数字化技术,而不是简单地通过数字化增强和支持的传统技术。

学者 Hess 等认为数字化转型描述了信息技术作为(部分)自动化任务的一种手段所带来的变化。数字化转型在许多社会领域都很明显。例如,IT 在政治决策、司法框架以及与劳动力市场供求相关的方面发生了重大变化。此外,我们的日常生活和习惯也越来越多地得到了信息技术的支持。在商业中,数字化转型具有特别重要的意义,因为它需要并使公司能够在不断变化的市场中进行交易。

2. 数字化工厂、智能工厂、智慧工厂与智能制造

数字化工厂、智能工厂、智慧工厂与智能制造几个词汇经常出现,但其具体内涵并不一样。笔者根据相关资料从概念、内涵、关注点以及载体四方面对其做出如下区分,如图 2.2 所示。

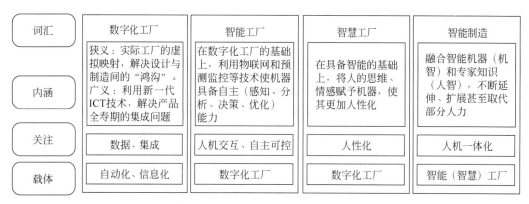

图 2.2　数字化工厂、智能工厂、智慧工厂与智能制造

从图 2.2 可以看到,数字化工厂、智能工厂、智慧工厂与智能制造之间是一种前后相继、不断发展的关系。数字化工厂是实现智能制造的基础,然而由于智能制造的实现过程较为复杂并且也不是一蹴而就的,因此需要分阶段进行,这个阶段就包含了智能工厂、智慧工厂等过程。数字化工厂以自动化和信息化为载体,关注数据和集成;智能工厂在数字化工厂的基础上加入"智能",主要表现为人机交互、自主决策可控等;随着智能工厂的发展,人的作用和地位得到重视,将人性化要求纳入智能工厂,使其更加符合人的要求,更好地为人服务,由此产生智慧工厂;在智能(智慧)工厂的基础上,加强人机协同,形成人机一体化,就达到了智能制造的要求。

数字化转型是一场系统性大变革,数字化工厂、智能工厂等的建设是数字化转型的具体实践方式。由数字化工厂到智能制造体现的是转型深入程度的高低。随着需求的增加、环境的变化,数字化转型也将持续进行。

3. 数字中台

随着数字化的深入推进,企业的发展规模不断扩大,信息化水平逐步提升,要求企业具有统一整合处理数据、技术等资源的能力载体。虽然企业有前台和后台来整合资源,但随着数字化的进行,"前台＋后台"的模式已无法适用,而且传统烟囱式的IT架构极易造成数据孤岛,无法实现企业效率的提升。因此,在企业对数据驱动日益迫切的需求下,数字中台是数字化转型过程自然演进的结果。中台能快速有效地整合分析资源,沉淀核心能力,使企业的数字化转型得以落地,如图2.3所示。

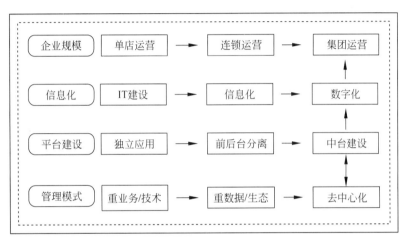

图2.3 中台的产生

1) 中台

中台是平台化发展的一个重要阶段,以解决平台化过程中的问题。中台是在平台的基础上进一步地抽象而来的,通过中台可以解决业务、数据和技术的关系。在我国,中台概念源自互联网行业,是互联网企业面对多元、多变的环境而催生的。为顺应趋势和挑战,很多企业开始实施中台战略。中台由三层含义构成:一是快速响应需求变化的管理模式或理念;二是可提高效能的人员、组织结构、部门职能的调整;三是数字化层技术和业务等能力的跨业务单元整合沉淀。中台以其聚合、共享、快捷、知识沉淀等的特性为前台业务形成强有力的支撑。

2) 数字中台及其本质

什么是数字中台?当前,数字中台概念尚未统一。艾瑞咨询(2019年发布了《中国数字中台行业研究报告》)认为,数字中台是将企业的共性需求进行抽象,并打造为平台化、组件化的系统能力,以接口、组件等形式共享给各业务单元,使企业可以针对特定问题,快速、灵活调用资源为业务创新和迭代赋能。简言之,数字中台是企业数字能力共享平台,是平台的平台。因此中台的本质概括起来说就是以业务为本、网络连接和数据智能。

中台架构是在"前台＋后台"的架构中演变而来的。前台负责与用户交互,快速敏捷,后台承载各种业务系统支撑企业运行;然而前台属于轻量化应用(求新求快),后台是重量级系统(求稳,维护建设困难),因此导致前后交接头轻脚重,产生矛盾。基于此,中台从其中分离出来,形成了前台(应用层)—中台(逻辑层)—后台(数据层),中台承上启下,如图2.4所示。

艾瑞咨询给出了数字中台的本质,具体如下。

(1)数字能力的再分工。数字中台发挥了面向服务的架构(SOA)服务复用的核心价值,真正赋予企业业务快速响应和创新能力。面向服务的架构的本质是将系统之内的专属功能对外开放,变成可以被其他应用系统调用的公共服务。数字中台是对平台数字能力的再分工、再沉淀,是平台的平台,由此也衍生出数字中台的三大特征。如图2.5所示,以聚合的方式帮助前台快速匹配所需的能力及资源,进而更敏捷地响应快速变化的业务场景。而在技术层面,数字中台是更接近前端业务并被前端业务项目所集成的 aPaaS(application platform as a service,应用平台即服务)。

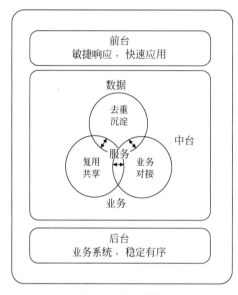

图2.4 中台架构

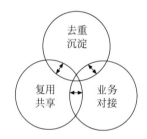

图2.5 数字中台的三大特征

(2)"业务中台+数据中台"双中台是主要类型。数字中台是以业务中台、数据中台为主要类型,而用户中台、内容中台是数据中台的特殊形式。业务中台是基础,产生的数据不断反馈到数据中台以进行数据资产化,驱动业务创新发展,两者相辅相成,相互演进融合,形成增强闭环。艾瑞认为,技术中台是为了更好支撑业务中台和数据中台的快速建设,因此目前技术中台更偏"稳定"。所以从宏观视角来看,技术中台可归为技术平台。

(3)容器云、DevOps、微服务成最佳载体、首选架构。数字中台的特性要求其在技术构架上考虑可拓展性、敏捷性、轻量化、交互性、灵活性,以满足前台需求,为此数字中台需融合分布式、微服务、容器云、DevOps、大数据处理及高可用、高性能、高并发架构,遵循"高内聚、松耦合"的设计原则。业务中台需要微服务、云原生、分布式事务体系支撑,并设计业务模型和微服务边界,最终形成业务单元。数据中台引入多终端、多形态数据,采用数据分层架构模式,同时需要指标管理、数据服务、元数据管理等一系列的数据管理技术支撑。中台不是微服务,但微服务是当前数字中台建设的最佳实践。

3）数字中台的适用性

不是所有公司都需要数字中台，是否进行数字中台的建设与企业所处的行业、阶段、数据成熟度相关。初创公司、业务较为单一的企业，现阶段并不适合搭建中台。因为数字中台建设模式较复杂，需要投入较高的资金和人力成本，短期内反而不利于企业的发展，应在现有业务上专注发展。针对数字中台的适用性，艾瑞咨询认为满足以下任意两种条件的公司需要数字中台。

（1）公司营收具有一定规模，信息化建设达到一定水平，有数据积累。

（2）内部有多条产品线或多种业态，各个业务单元之间存有重复的功能模块。

（3）企业内部已经使用多种管理系统，需要打通系统壁垒进行统一管理。

（4）对外需要多业态扩张，多消费渠道触达。

（5）内部需要协调整体上下游合作伙伴之间的资源。

（6）内部组织结构复杂。

4. 工业互联网平台

工业互联网平台是针对制造业数字化、网络化、智能化的需求，构建基于海量数据采集、汇聚、分析的服务体系，支撑制造资源泛在连接、弹性供给、高效配置的工业云平台。工业互联网平台集合工业互联的优越特性和平台化的思维，已成为企业数字化转型的重要抓手。企业数字化转型的目的是促使企业变革，以"数据＋算法＋技术＋管理"推动企业转变业务模式，适应多变复杂环境，提高竞争力。而工业互联网平台作为工业技术和数字化技术深度融合的产物，是推动工业企业数字化转型的关键。工业互联网平台凭借其广泛的连接能力、强大的数据分析与处理能力、全面的平台化服务能力、快速开发及构建良好用户体验的应用能力等，通过对工业知识的沉淀、复用和重构，凭借其四层架构以及云端的交互，帮助企业完成数字化转型与升级，如图 2.6 所示。

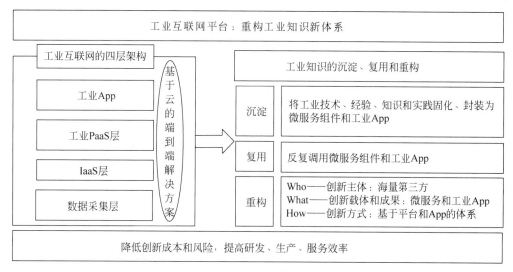

图 2.6 工业互联网平台

工业互联网平台架构可以进一步与中台战略融合,为工业企业打造"前中后台"技术架构,汇聚企业内各种后台资源(包括各种业务系统和工业设备),然后以数字主线和数字孪生为核心打造数字中台,沉淀工业知识和经验,以搭建各种业务模型,快速、灵活地支持前台的各种工业 App。

2.2.2 数字化转型的内涵

1. 数字化转型的内涵

数字化转型与工业企业实践紧密相关,业界权威机构对其也进行了大量研究。埃森哲的研究团队认为,数字化转型的最显著特征就是通过数字化应用提升运营效率。麦肯锡全球研究院认为"数字化"包括三方面的内容:资产数字化、运营数字化、劳动力的数字化。IDC 公司认为数字化转型包含领导力转型、运营模式转型、工作资源转型、全方位体验转型、信息与数据转型五方面。IBM 认为数字化就是通过整合数字和物理要素,进行整体战略规划,实现业务模式转型,并为整个行业确定新的方向。阿里研究院副院长安筱鹏认为数字化转型的本质是在"数据+算法"定义的世界中,以数据的自动流动化解复杂系统的不确定性,优化资源配置效率,构建企业新型竞争优势。

中国企业数字化联盟组认为数字化转型是企业战略层面的概念,本质是通过数字技术和数学算法显性切入企业业务流,形成智能化闭环,使得企业的生产经营全过程可度量、可追溯、可预测、可传承,重构了质量、效率、成本的核心竞争力。联盟将企业数字化分为内部运营管理数字化(内部垂直集成)、外部商业模式数字化(外部横向集成)和行业平台生态数字化(平台上的端到端集成)三大部分。平台经济和平台模式是数字化转型和落地的主要实现方式。

中国企业数字化联盟组认为可以把企业数字化转型实质概括为三方面。

(1)客户体验升级。利用数字技术打破边界,重构客户体验,让客户和企业产生的需求、交易、体验全面提升,其实质就是端到端的集成过程及生态链的打造过程。

(2)企业效率提升。重构企业的制造、管理,通过调整企业的资源配置,让企业的运营效率、决策准确度大幅度提升,这就是所谓的垂直集成及内部资源的整合。

(3)企业业务创新。重构企业的产品和服务的创新流程,就是所谓的横向集成及内部与外部的集成。创新不仅仅发生在内部,应利用平台的资源来开展企业的创新。

2. 数字化转型 1.0 到 2.0

矛盾推动着事物向前发展,企业转型也是矛盾的结果。安筱鹏博士认为企业全局优化的需求和碎片化供给之间的矛盾导致了企业需要不断地去升级转型以应对外界环境的变化。例如,制造系统、商业系统、技术、产品等变得越来越复杂,而原有的技术架构和解决方案与今天商业系统的复杂性之间的差距、支撑能力差距越来越大。"数字化转型 2.0"由此而来。如果说数字化转型的 1.0 是基于传统的 IT 架构和桌面端,那么数字化转型 2.0 则是基于边缘计算、云计算、移动端为代表的物联网(Internet of Things,IoT)的一个新的技术渠道。数字化转型 1.0 与数字化转型 2.0 的对比如表 2.1 所示。

表 2.1　数字化转型 1.0 与数字化转型 2.0 的对比

对比项		数字化转型 1.0	数字化转型 2.0	说明
代表性技术		IT 技术（传统架构＋桌面端）	以云计算＋移动端为代表的新技术群落	
技术功能		IT 服务于管理	DT（Data Technology 数字化技术）实现智能化运营，支持创新	
价值载体/交付		软件＋硬件的解决方案	基于软件＋数据的赋能服务，即所谓的结果经济	
技术作用范围		局部、单一工具交付	全局、系统性赋能，支持企业运营、决策	
科技企业与客户		客户：一次性交易，单向支付	用户：长期合作、双向共创	
需求端：技术功能		基于确定性需求的效率提升（低成本、高效率）	基于不确定性业务需求的迭代创新	业务创新、产品创新、商业模式创新、组织创新
供给端	技术理念	面向局部优化的封闭技术体系	面向全局优化的开放技术体系	为客户提供有价值的解决方案
	开发方式	面向流程的应用开发	面向需求、场景、角色（人）的应用开发	
供需端：交付价值		解决方案（硬件＋软件）	数字化运营（软件＋数据＋运营方案）	
数据价值		业务数据化	业务数据化＋数据业务化	
数字化进程		单点数字化、消费端高度数字化	多点、全链路数字化	
主要受益者		大型机构以此提高自身效率	海量小企业使用	
阶段性主题		业务数据化	数据业务化	
驱动因素		流程驱动	数据驱动	
数字化推动者		CIO 为主	CEO 为主	
数字化内核		以数字化、自动化工具提高效率	以智能化的"数据＋算法"提高决策精准性	
产消关系		以企业为中心，企业面向消费者交付产品或服务	以消费者为中心，产消合一	

由表 2.1 可以看出随着数字化转型的变化特征。下面从环境、系统、工具与决策、数据、技术架构五方面来阐述这一特征。

1）环境

企业为何要进行数字化转型？何时开始的？这一问题涉及企业数字化转型的逻辑起点。今天的数字化、智能化，实际上大多数企业是被动进行的，一方面因为企业自身无法适应外界环境的变化；另一方面，企业的产品和服务跟不上消费者需求的变化则无利可获。因此这个逻辑起点就是企业如何适应竞争环境的快速变化以及消费者的需求。而智能就是一个主体对外部环境的变化做出反应的能力，这个主体可以是人也可以是物。工业 4.0、智能制造等要解决的核心问题就是面对客户需求的变化，企业如何适应和跟上这一快速的变化,如何更好地满足客户需求,这是数字化转型的逻辑起点。

2)系统

随着物联网时代的到来,万物开始互联并且更加智能化,企业产品越发复杂,如从传统产品→智能产品→智能互联产品→产品系统→产品体系的路径逐步演变;业务系统也更加的复合多层,最小的智能单元从一个小系统被不断接入企业内部大系统,企业内部大系统与上下游实现互联互通互操作,构建复杂产业链系统。在此基础上,当企业把产业链系统向整个社会开放时,就开始构建起一个复杂巨系统。由此可以看出,商业和制造系统变得越来越复杂,从一个机械系统演变成了一个复杂的生物系统,形成了智能系统。由单一系统、局部系统、复杂系统到巨系统的演变如图2.7所示。

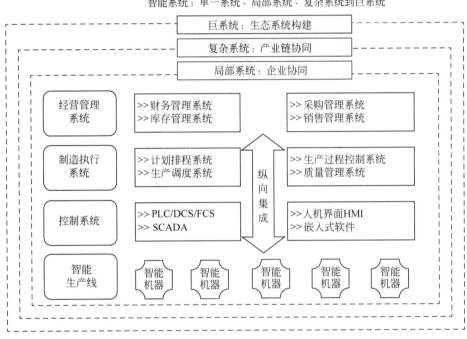

图 2.7　智能系统的构成

3)工具与决策

数字化转型本质是两场革命:工具革命和决策革命。数字化转型本质上就是解决两个基本问题:正确地做事和做正确的事,因此应从这两个维度来理解企业的数字化转型。从工具革命的维度看,自动化的工具提高了体力劳动者和脑力劳动者的效率,如传统的机器人、机床、专业设备等传统工具正升级为3D打印、数控机床、自动吊装设备、自动分拣系统等智能工具,传统能量转换工具正在向智能工作演变,大幅提高了体力劳动者的效率;同时CAD、CAE、CAM等软件工具提高了脑力劳动者的工作效率。从决策革命的维度看,企业内部的EPR、CRM、SCM、MES等通用软件和自研软件系统,通过不断挖掘、汇聚、分析消费者以及研发、生产、供应链等数据,基于数据+算法构建了一套新的决策机制,替代了传统的经验决策,实现了更加高效、科学、精准、及时的决策,以适应需求的快速变化,如图2.8所示。

工具革命强调的是能量转换工具(蒸汽机、内燃机、纺织机等都是能量转换工具)到智能工具(如智能机器人、数控机床、自动导引小车等都是在能量转换的基础上加载了传感、控制、优化等智能要素)。决策革命简而言之就是基于数据＋算法的决策。"数据＋算法＝服务"的实现分四个环节：一是描述，在虚拟世界中描述物理世界发生了什么；二是洞察，为什么会发生，事物产生的原因；三是预测，研判将来会发生什么；四是决策，最后应该怎么办，提供解决方案，如图2.9所示。

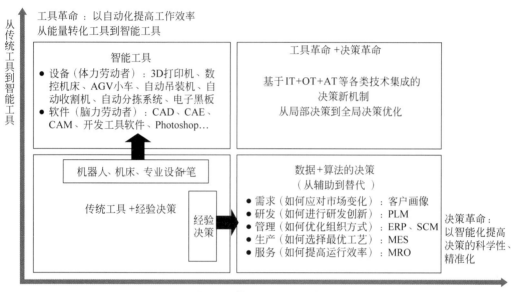

图 2.8　数字化转型的两场革命

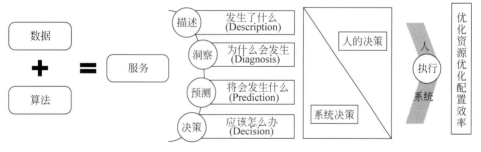

图 2.9　决策革命的内涵

在上述描述、洞察、预测之后，可能需要人来参与决策，但是人参与决策越来越少，而系统参与的决策越来越多。

4) 数据

决策革命基于数据＋算法，而支撑数据＋算法的是数据的自动流动，即正确的数据在正确的时间以正确的方式传递给正确的人和机器。自动化分为两种：一种自动化是生产装备自动化，叫作看得见的自动化或者工具革命，如数控机床、机器人、立体仓库、忙碌而有序的自动导引车；还有一种叫作看不见的自动化，即数据流动的自动化或者决策革命。今天我们经常讲的定制化生产，其核心在于如何能够把数据在正确的时间以正确的方式传递给正确的人，以数据的自动流动化解复杂系统的不确定性。

当企业采集了数据之后，这些数据就会在企业经营管理、产品设计、工艺设计、生产制造、过程控制、产品测试的每一个环节里去流动。过去信息的流动是基于文档的流动，企业通过传真、E-mail、Excel 表、U 盘、光盘、打电话、开会、自己开发工艺程序、编写软件等各种方式传递信息。今天，我们所要追求的是，数据能够在企业内部自动地流动。如图 2.10 所示，企业数据在业务环节的流动。

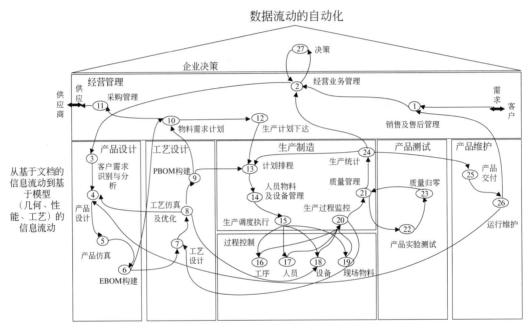

图 2.10　企业业务与数据流动

今天我们大力开发的工业软件，就是为了实现数据的自动流动，核心是软件、是算法、是模型。软件是一系列按照特定顺序组织的计算机数据和指令的集合，本质是事物运行规律的代码化，作用是构建数据流动的规则体系，是指导甚至控制物理世界高效、有序乃至创造性运转的工具，是工业和商业技术体系的载体，也是人类经验、知识和智慧的结晶。

5）技术架构

面对商业和制造系统复杂性的持续增加，基于传统 IT 架构解决方案的基本思路是在原有业务系统升级的基础上不断开发新的业务系统，即"系统＋系统"模式。面临业务系统"烟囱林立"、复杂臃肿、迭代缓慢、交付低效等挑战，业务系统响应能力呈线性增长，越来越难以适应日益复杂的制造系统。

为了解决这一问题我们需要重新构建这个架构，即基于云计算的架构体系，以实现各业务系统和解决方案的云化迁移。为此，我们需要构建一整套基于云架构的软件体系、商业模式、咨询服务、运维体系，使大量数据、模型、决策信息平台化汇聚、在线化调用，系统之间实现互联互通操作，实现业务系统的功能重用、快速迭代、敏捷开发、高效交付、按需交付,即"系统之系统"模式。伴随着制造系统的复杂性增加,新的业务系统通过对原有业务系统模块的充分调用、部署实现快速上线,系统响应能力指数增长。数字化转型1.0与数字化转型2.0的架构变化如图2.11所示。

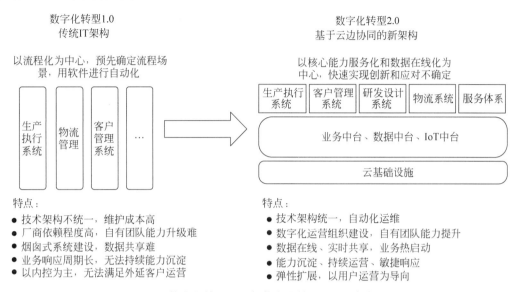

图 2.11 数字化转型 1.0 与数字化转型 2.0 的架构变化

2.2.3 我国工业企业数字化转型面临的挑战

1. 数字化转型的基本矛盾

随着新一轮科技革命和产业变革的迅猛发展,企业的发展环境日益复杂多变,机遇挑战并存,加上全球经济从增量发展转向存量竞争,资源环境刚性约束日益增强,企业仍面临多重不确定,我国产业发展急需开辟价值创造新空间,由价值链低端向中高端跃升。为此,深入推进信息技术和实体经济的深度融合,推动产业组织逻辑和体系变革,全面提升企业的可持续发展能力,以数字化转型化解不确定性,是当前战略转型的核心。

数字化转型的基本矛盾是企业全局优化的需求和碎片化供给之间的矛盾,企业的竞争是资源优化配置效率的竞争,而这样的一个竞争需要在更大的范围、更广的领域进行全流程、全生命周期、全场景的数字化转型。只有全局的优化,才能创造更多的价值。但是今天我们的供给还是一个碎片化,这两者之间的矛盾是数字化转型所要去解决的。过去的IT发展史是一个碎片化的供给史,但现在我们需要的是面,需要一个生态。

2. 数字化转型的问题

就目前来看,工业企业数字化转型成功率较低,主要有以下三方面原因。

(1) 不少企业认识不到位,缺乏方法论支撑。数字化不仅是技术更新,而且是经营理念、战略、组织、运营等全方位的变革,需要从全局谋划。目前,多数企业推动数字化转型的意愿强烈,但普遍缺乏清晰的战略目标与实践路径,更多还是集中在生产端如何引入先进信息系统,没有从企业发展战略的高度进行谋划,企业内部尤其是高层管理者之间难以达成共识。与此同时,数字化转型是一项长期艰巨的任务,面临着技术创新、业务能力建设、人才培养等方方面面的挑战,需要企业实现在全局层面的有效协同。目前,多数企业没有强有力的制度设计和组织重塑,部门之间数字化转型的职责和权利不清晰,也缺乏有效的配套考核和制度激励。

（2）数据资产积累薄弱,应用范围偏窄。数字化转型是企业数据资产不断积累以及应用的过程,数据资产是数字化转型的重要依托,如何加工利用数据、释放数据价值是企业面临的重要课题。目前,多数企业仍处于数据应用的感知阶段而非行动阶段,覆盖全流程、全产业链、全生命周期的工业数据链尚未构建;内部数据资源散落在各个业务系统中,特别是底层设备层和过程控制层无法互联互通,形成"数据孤岛";外部数据融合度不高,无法及时全面感知数据的分布与更新。

（3）核心数字技术及第三方服务供给不足。传统产业数字化转型面临成本较高、核心数字技术供给不足等问题,也缺乏有能力承担集战略咨询、架构设计、数据运营等关键任务于一体且能够实施"总包"的第三方服务商。目前市场上的方案多是通用型解决方案,无法满足企业、行业的个性化、一体化需求。更为重要的是,对于很多中小企业而言,市场上的软件、大数据限于人力、资金约束,普遍"心有余而力不足",大中小企业间的数字鸿沟十分明显。相比于发达国家,我国产业互联网生态建设较为缓慢,行业覆盖面、功能完整性、模型组件丰富性等方面相对滞后,与行业内存在的数字鸿沟有较大关联。龙头企业仍以内部综合集成为主入口开展工业互联网建设,产业链间的业务协同并不理想,平台针对用户、数据、制造能力等资源社会化开放的程度普遍不高。

3. 疫情后的反思与新挑战

2020年新冠肺炎疫情发生以来,以大数据、人工智能、云计算、移动互联网为代表的数字科技在疫情防控中发挥了重要作用,越来越多的企业开始"云办公""线上经营","智能化制造""无接触生产""互联网"等数字经济的新模式、新业态快速发展。一方面这既是疫情倒逼加快数字化智能化转型的结果,也代表了未来新的生产力和新的发展方向,必将成为我国深化供给侧结构性改革,以创新推进经济高质量发展的重要引擎,成为国家治理体系和治理能力现代化的重要途径。另一方面,我们更应清醒地看到,新冠疫情这场全方位的大考验,也反映出我国在数字化转型层面的一些问题。

1）数字新基建的重要性

在疫情肆虐之际,国家提出了加强新基建战略。新基建是指以新发展理念为引领,以技术创新为驱动,以数据为核心,以信息网络为基础,面向高质量发展需要,提供数字转型、智能升级、融合创新等服务的基础设施体系,主要包括信息基础设施、融合基础设施及创新基础设施。其中,信息基础设施包括5G、物联网、工业互联网、卫星互联网等通信网络,人工智能、云计算、区块链等新技术,以及数据中心、智能计算中心等算力。

这些既是基础设施,又是新兴产业。综合来看,5G、云和AI成为新型基础设施建设的三要素,5G是网络化之基,云是数字化之基,AI是智能化之基。云、AI和5G融合,能使传统基础设施和千行百业数字化转型、智能化升级为融合基础设施。

2）产业链和供应链的重要性

产业链、供应链作为经济的生命线,其重要性前所未有。如何保证在发生特殊事件时保持经济稳定,成为疫情留给我们思考的问题。"保产业链、供应链稳定"已上升为国家战略问题,不仅是应对风险挑战的关键之举,更是着眼长远、赢得发展主动权的重要手段。向高质量迈进的中国制造,需要以数字化培育发展新动能,加大对产业链、供应链的整合,将在很大程度上推动实现信息、技术、产能等的精准配置与高效对接,从而加强产业链、供应链的协同。

3)我国数字化转型任重道远

据埃森哲最新发布的《2021中国企业数字转型指数研究》指出,2019年中国企业数字化转型成效显著的为7%,2020年为11%,2021年上升至16%,但仍有84%的受访企业认为其最新转型成效不足。根据调查数据分析显示,领军企业在数字化能力、经营绩效等方面,与其他企业进一步拉开了差距,显然国内企业间出现了转型分水岭。当前企业的当务之急是加速推动转型取得成效,实现可持续发展。疫情中,我们也看到不少企业裁员、停业甚至倒闭,这也反映出我国的企业在面对变化时难以应对,缺乏灵活性,数字化能力薄弱,数字化转型仍然是一项长期的任务。

2.3 数字化工厂的研究与发展现状

工业企业的数字化、智能化转型得到国家以及各行业的重视。"中国制造2025"战略、国家"十三五"规划以及党的十九大报告等均指出要推进我国工业数字化、智能化转型,实现智能制造。而智能制造的基础是实现数字化转型,建设数字化工厂。因此,数字化工厂的落地实践是当下工业企业的首要任务。

产业界和学术界对数字化工厂进行了大量研究。自20世纪80年代以来,众多专家学者探讨和研究了如何改进传统工厂,以适应新时代的需求,获得新的竞争优势。Irwin Welber基于新形势下制造业的发展需求,于1986年提出了未来工厂的设想。步入20世纪90年代,关于未来工厂的探索快速发展。1991年,美国里海大学提出了虚拟制造的概念。1992年,日本大阪大学的Kazuki Iwata和Masahiko Onosato等结合3D技术和程序设计技术提出了建设虚拟工厂,并于1993年提出了虚拟制造系统的概念。至此,关于未来工厂的探索进入了新阶段。1996年,美国专家Don Tapscott明确提出了"数字经济"的概念,并对数字化做了描述:数字化可以使知识、信息以数字的形式进行存储,并可以在世界范围内大量、快速流动。此后,"数字"一词赋能不同行业,标志着人类数字化时代的到来。业界从不同视角、不同领域围绕数字化工厂相关理论展开了研究。相较国外,国内关于数字化工厂的研究起步较晚。香港理工大学较先展开了研究,其中李荣斌结合当时制造业的巨大转变背景提出数码工厂,为我国数字化工厂的研究提供了理论基础。研究数字化工厂的发展历程与演变趋势对于完善数字化工厂的理论体系、指导当下数字化工厂的相关研究具有重要意义。

文献计量分析可以从多个视角系统地审视度量一项研究的趋势、主题结构、热点等信息。为了全面清晰地展现数字化工厂的研究与发展现状,本节采用文献计量法,以Web of Science和中国知网数据库中的数字化工厂相关文献为研究对象,对数字化工厂相关研究的趋势及研究力量分布、主要研究内容、研究热点等进行深入分析。其中,研究所用的数据来源如下。

通过Web of Science检索系统搜集外文文献,根据前述概念剖析,以digital factory or virtual factory or intelligent factory or smart factory为主题词。digital factory首次出现的时间为1999年,因此将检索时间定为1999—2021年,文献来源为Web of Science核心数据库,最终得到2087篇文献,将检索记录以纯文本的形式导出作为文献计量分析的样本。

在CNKI数据库中搜集中文文献,以"数字化工厂""数字工厂""数码工厂""数字化车间""虚拟工厂""智能工厂""智慧工厂"为主题词,检索时间定为1999—2021年,文献类型为全部学术期刊,共得到 5241 篇文献,以 Refworks 格式导出数据文件,作为文献计量分析的样本。

通过文献计量学理论和工具,以知识图谱的可视化方式展现了数字化工厂领域的研究力量分布(机构和国家)、主要研究内容和研究热点及演进趋势。其中,知识图谱是通过将应用数学、图形学、信息可视化技术、信息科学等学科的理论与方法与计量学引文分析、共现分析等方法结合,并利用可视化的图谱形象地展示学科的核心结构、发展历史、前沿领域以及整体知识架构,以达到多学科融合目的的现代理论。共现分析是将各种信息载体中共同出现的信息进行定量化分析的方法,可揭示信息的内容关联和特征项所隐含的共现关系。共现分析方法的研究对象较广,包括文本中的词汇、标引词、分类号和其他编入文献和文献著录的有意义的字段等。

1. 数字化工厂的研究趋势及研究力量分布

1)发文量及趋势分析

数字化工厂在 1999 年被首次明确提出,随后国外和国内学术界围绕不同主题对数字化工厂展开了研究。国外和国内数字化工厂相关研究文献发文量及趋势分析见图 2.12。从图中可以看出,国外和国内数字化工厂研究在 1999—2021 年整体发文量呈逐年上升趋势。尤其是 2013 年之后,国外和国内发文量均呈明显上升趋势且中文发文量均高于英文发文量,可见近年来国内相关研究热度较高。

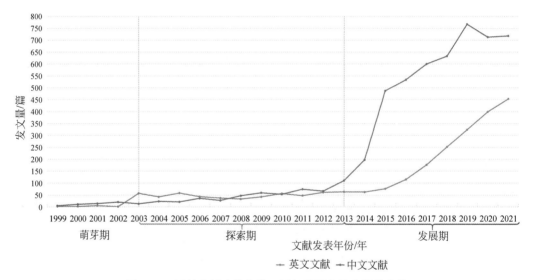

图 2.12 国外和国内数字化工厂相关研究发文量及趋势

通过对研究文献的统计梳理可知,数字化工厂相关研究以 2003 年和 2013 年为分界点,呈现出不同的研究状况,也涌现出一批重要的学者。具体可以从萌芽期、探索期和发展期三个阶段来描述数字化工厂的研究趋势。

萌芽期(1999—2003 年),其研究成果为后期的研究奠定了基础,例如学者 Jain 等明确提出虚拟工厂的理论,Bracht 等提出数字化工厂的概念和实现方法。总体上,国内外研究是基于数字化工厂的理论、方法、技术和工具的研究并将其应用于生产制造过程。国内研究虽起步晚但发展较快。在 20 世纪 90 年代末,已出现数字化工厂相关的研究。总体上集中在对已有研究的探索借鉴方面,是独立模块研究并局限于某些领域,比如数字化工厂在军工制造业的应用。

探索期(2004—2013 年),整体上研究平稳增长,涌现了如 Gregor、Grauer、Canetta、Kagermann 等学者,以及他们提出的数字化工厂建设理论、数字化企业的集成 IT 框架、以人为本的数字化工厂生产系统、工业 4.0 等。这一阶段数字化工厂的研究成果增加较快。国外开始扩展数字化工厂概念、方法等的理论研究,并且由制造企业内部的人员、管理等单一业务流程向全生命周期过程逐步拓展。数字化制造与技术得到研究与应用,开始形成数字化工厂的整体架构、模型与方法;国内学者结合我国国情研究数字化车间的建设,试图以系统的观点,先由单元、车间级开始分级实现企业的数字化转型,并且开始与制造企业的生产制造、工艺规划、虚拟仿真等结合,数字化工厂的应用领域在航空航天、汽车制造等领域得到实施,数字化工厂的研究得到学术界与产业界的关注。

发展期(2014 年至今),研究迅速增加,以李杰、陶飞、万加福、Hermann 等为代表的学者,在业界实践的基础上,扩展了数字化工厂的研究范围和深度,将数字化工厂作为实现智能制造的一部分来研究,也加速改变了学界对于数字化、智能化的认知,智能工厂、智能制造、工业 4.0 方向的深度研究迅速开展起来。总体而言,这一时期是数字化工厂研究的深入发展期。从国外研究来看,工业 4.0 和智能工厂成为研究的热点,而大数据、物联网、工业互联网、信息物理系统、智能制造、数字孪生等新兴技术也与数字化工厂的联系向纵深发展。面对发展困境,学者专家开始挖掘新兴技术与数字化工厂的关系,试图从新的视角加速和推进企业的数字化转型,例如美国通过工业互联网集成平台建设,推进本国智能制造的发展;德国研究工业 4.0 平台,加快数字化商业模式应用,试图重塑全球网络化价值创造体系,并改变价值创造方式;这一时期,我国数字化进程较快,能够紧跟世界的转型变革步伐,实施智能制造、工业互联网平台建设、智能工厂建设等。面对发展瓶颈能够结合具体的国情、行情和自身实际进行创新性研究,建立适合企业自身的数字化转型路径,如华为、阿里、腾讯等企业自我研究数字化转型战略并取得丰硕成果。此阶段,国内外数字化工厂与新兴的技术(工业互联网、信息物理系统、数字孪生等)深度结合,使数字化工厂的研究内容和落地实践进一步充实。

2)研究力量分布

研究力量主要以研究机构和国家来阐述。笔者采用共现知识图谱分析研究力量的分布以及合作情况,为把握和追踪数字化工厂研究提供依据。

(1)机构共现知识图谱。

机构共现知识图谱能够分析团体力量的合作与分布情况。如图 2.13 所示,国内外研究机构进行了合作研究,如韩国成钧馆大学(sungkyunkwan univ)、上海交通大学(shanghai jiao tong univ)、德国斯图加特大学(univ stuttgart)等之间的合作研究,其中斯图加特大学与同济大学(tongji univ)等之间进行了合作研究等。如图 2.14 所示(仅选取部分研究机构示例),我国的相关机构也进行了合作研究,建立起了较为广泛的全国性研究态势。

如表 2.2 所示,国内外机构多以高校为主或者国家研究机构为主,并且较多的是研究工业、经济、机械等与制造密切相关的工科类单位,这也反映了数字化工厂的研究多面向工业企业,与生产制造密切相关。另外,机构中也有美国国家标准与技术研究所、中国电子技术

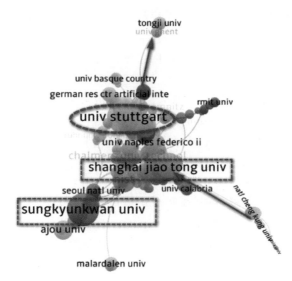

图 2.13 国外机构的共现知识图谱

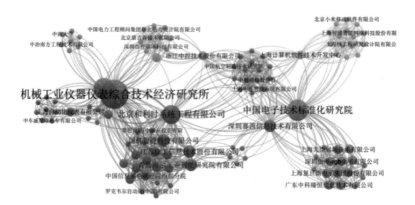

图 2.14 国内机构的共现知识图谱

标准化研究院等标准技术研究机构，说明与数字化工厂相关的标准、协议以及新型技术的重要性得到了研究者的重视。

表 2.2 国内外数字化工厂研究机构排行

国外机构	发文量	占比	国内机构	发文量	占比
Sungkyunkwan University（成均馆大学）	38	1.43%	中国社会科学院工业经济研究所	15	1.48%
Stuttgart University（斯图加特大学）	37	1.40%	中国工程院战略咨询中心	13	1.28%
RWTH Aachen University（亚琛工业大学）	29	1.10%	中国电子技术标准化研究院	9	0.89%
National Institute of Standards and Technology（美国国家标准与技术研究院）	24	0.90%	华南理工大学机械与汽车工程学院	8	0.79%

续表

国外机构	发文量	占比	国内机构	发文量	占比
Technical University of Munich（慕尼黑理工大学）	21	0.80%	南京航空航天大学经济与管理学院	7	0.69%
Chalmers University of Technology（查尔姆斯理工大学）	20	0.75%	石化盈科信息技术有限责任公司	7	0.69%
Univ Modena & Reggio Emilia（摩德纳大学）	20	0.75%	中国科学院大学	7	0.69%
Polimi（米兰理工大学）	20	0.75%	哈尔滨工程大学经济管理学院	7	0.69%
Aalborg University（奥尔堡大学）	19	0.72%	上海交通大学机械与动力工程学院	6	0.59%
Fraunhofer Inst Mfg Engn & Automat IPA（弗劳恩霍夫协会）	19	0.72%	清华大学公共管理学院	6	0.59%

（2）国家共现知识图谱。

国家共现知识图谱如图 2.15 所示，具体国家研究实力排行如表 2.3 所示。在知识图谱中，圆的大小与给定时间段内的引用次数成正比。

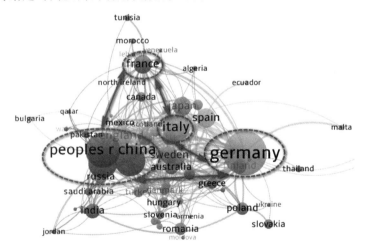

图 2.15　国家共现知识图谱

德国作为工业 4.0 的发源地，其发文量和图谱中介中心性皆高于其他国家，科研实力强大。从图 2.15 我们可以发现，德国与多个国家均建立了研究联系和合作。紧随其后的是中国、美国、韩国等，各国间的连线代表这些国家间都有合作研究。例如德国与我国合作，在成都建立了国内最大的数字化工厂，两国于 2015 年签署了《推动中德企业开展智能制造及生产过程网络化合作的谅解备忘录》，2016 合作成立了中德智能制造/工业 4.0 合作对话平台以及中德智能制造合作企业对话工作组。2020 年中德智能制造合作企业对话工作组工业互联网专家组共同研究了相关领域的问题。在德国、美国、中国等高发文量的机构中，分别形成了以斯图加特大学、乔治华盛顿大学、华南理工大学等教育科研机构为依托的研究团队；美国和韩国之间形成了以美国国家标准与技术研究院、乔治华盛顿大学等机构的跨国研究和以智能制造领域的著名学者 Jain 为中心的研究团队,重点研究了虚拟制造与虚拟工厂理论在制造业中的应用及数字化工厂、智能工厂的数据、模型问题;德国、英国与我国形成了以华南理工大学以及学者万家福为中心的跨国研究,基于工业 4.0 视角,研究了智能化制造、智能化工厂的相关技术、层次结构等,为数字化工厂的研究提供了指导。综合来看,在该领域的研究中,大多数国家之间开展了合作研究,并且成果丰硕,其中以德国的研究成果最多。

表 2.3　数字化工厂研究国家排行

国　　　家	发 文 量	占　　比
Germany(德国)	524	19.74%
People's Republic of China(中国)	430	16.20%
USA(美国)	256	9.65%
South Korea(韩国)	222	8.36%
Italy(意大利)	202	7.61%
England(英国)	114	4.30%
Spain(西班牙)	99	3.73%
Japan(日本)	95	3.58%
France(法国)	86	3.24%
Sweden(瑞典)	82	3.09%

2. 数字化工厂领域的主要研究内容

1) 研究内容分析所用方法

通过文献共被引和聚类分析等,可以掌握数字化工厂领域的研究主题,把握数字化工厂领域研究的重点,为进一步的研究和应用提供理论支撑。

文献共被引指的是两篇或者多篇文献被同一篇文献引用。通过 Citespace 软件分析高频共被引和被引文献,能够发现在该领域内产生重要影响的文献、主要研究力量(作者或者机构)以及他们之间的合作情况,获取重要的研究理论与方法。表 2.4 列出了国外文献共被引频次排名前十的文献及其相关信息。

表 2.4　共被引文献排名

共被引文献	作　　者	被 引 数
A Cyber-physical systems architecture for industry 4.0-based manufacturing systems	Lee,Bagheri,Kao	158
Securing the future of German manufacturing industry: recommendations for implementing the strategic initiative	Kagermann, Wahlster,Helbig	118
Industry 4.0	Lasi,Fettke,Kemper	73
Cyber-physical production systems: roots, expectations and R&D challenges	Monostoril	66
Design principles forindustrie 4.0 scenarios	Hermann, Pentek,Otto	64
Smart manufacturing: past research, present findings, and future directions	Kang,Lee,Choi	60

续表

共被引文献	作　者	被　引　数
Implementing smart factory ofindustrie 4.0：an outlook	Wang，Wan，Li	60
Towards smart factory for industry 4.0：a self-organized multi-agent system with big data based feedback and coordination	Wang，Wan，Zhang	59
Smart factory-towards a factory-of-things	Zuehlke	55
From cloud computing to cloud manufacturing	Xu	52

　　以上高频共被引文献均结合了数字化、智能化的最新技术，体现出工业 4.0、新一代信息通信技术（信息物理系统、云制造、工业互联网等）、新的理念与思维对于数字化、智能化建设有很大的促进推动作用。从图 2.16 可以看出，2014 年至今是高频共被引文献的集中期。国外学者试图把数字化工厂作为智能工厂的一部分来研究，并且从信息物理系统、工业 4.0 的角度来看待数字化工厂。如频度较高的 LEE J.（2015 年）和 MONOSTORIL L.（2014 年）对信息物理系统做了系统权威的研究；KAGERMANN H.（2013 年）和 LASHI H.（2014 年）则对工业 4.0 做了深入的分析研究，以对本国制造业提供理论支撑。从国外共被引文献来看，高频共被引文献对智能制造、信息采集、新一代信息通信技术等主要议题皆有关注，方法也涉及定性、定量的实证研究以及案例研究。

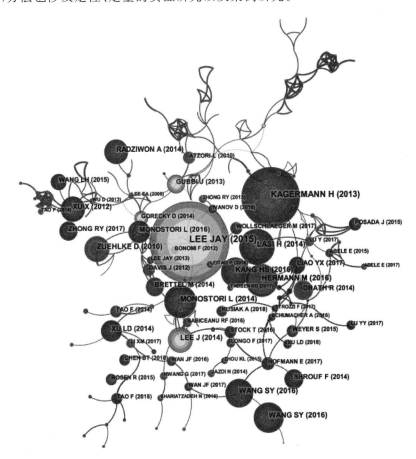

图 2.16　基于 Citespace 的文献共被引知识图谱

接下来,为了掌握数字化工厂研究的主题、结构、重点方向等问题,本文借助 Citespace 对被引文献中的关键词进行聚类分析,得到如图 2.17 所示的文献共被引聚类视图(Cluster View)。在图 2.17 中,网络节点数量为 387,边数量为 676,聚类模块值(Modularity,Q 值)$Q=0.915$($Q>0.3$ 表示聚类结构显著,结果合理),从 #0 至 #13,共分为 14 个聚类块。

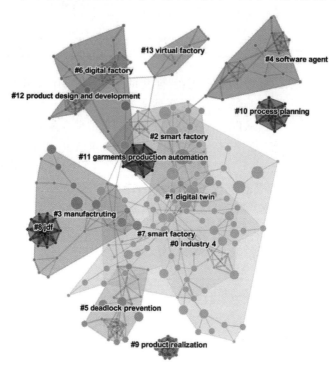

图 2.17　共被引文献研究关键词聚类图

2）研究内容分类

通过以上的分析可以将数字化工厂领域的研究内容分为三大类。

（1）面向智能化生产制造与产品的数字化转型。

如图 2.17 所示,#3、#5、#9、#10、#11、#12 所对应的标签都是面向企业的生产制造活动,从生产制造过程、产品以及技术的数字化、智能化转型优化来逐步实现智能制造、工业 4.0。学者们试图将技术、理念方法与企业的实际生产相结合,面向生产过程和最终产品,推动制造业的转型变革。面对实践性较强的研究领域,产业界的敏锐性和前沿性要高于学术界。如美国通用电气等企业机构于 2013 年成立了工业互联网联盟,提出了工业互联网参考架构,试图研究如何打破技术壁垒,促进物理世界和数字世界的融合并将其应用在智能制造、医疗、交通等领域,产生创新的工业产品和系统。工业 4.0 提出面向制造业智能工厂、智能产品和智能服务的布局,通过信息物理系统、管理壳等技术研究物质世界进入信息世界的完整数字映射,涵盖我们生活空间数字化的总和。我国自 2015 年《智能制造 2025》提出以来,不断强化"数字经济"理念,形成数字化、智能化的战略布局,在技术与标准化工作上发布了《智能制造标准化体系指南》《数字化车间通用技术标准》《大数据标准化白皮书》《信息物理系统建设指南》等,推动了新技术的标准化应用。同时,我国积极推动 IT

（信息技术）与 OT（运营技术）的集成融合发展，通过搭建工业互联网平台赋能数字化转型，相继发布了《工业互联网体系架构》《工业互联网平台白皮书》等，以规范性研究成果来推动平台型数字化、智能化系统（平台）的建设，打通全生命周期、全价值链以及端到端的服务，推动工业生产制造与互联网深度融合。此外，我国互联网公司（如阿里巴巴等）提出了建设数字中台来服务和加速数字化转型，形成了平台化（系统化）理念。

（2）结合技术、管理、文化等推动数字化工厂向智能工厂、智能制造和工业 4.0 升级发展。

将♯0、♯1、♯2、♯6、♯13 等聚类划分为一类，体现出将数字孪生技术、决策基因、云计算、智慧物联网等新技术应用于企业的生产活动，按照阶段、过程完成企业的数字化、智能化转型，进而实现智能制造以及工业 4.0。企业的转型发展不应局限在技术层面，而应涉及企业从需求分析到销售服务的全流程、全价值链的数字化。目前，业界期望通过工业互联网平台，整合技术、管理、组织文化等诸多要素，搭建统一架构，借助数字主线、数字孪生等技术，助力企业的数字化转型与升级。如美国工业互联网联盟首次发布的《工业数字化转型白皮书 2020》、清华大学全球产业研究院发布的《中国企业数字化转型报告 2020》表明数字化转型受到各行各业的重视，快速、高效和开放的创新性业务流程成为关键，商业模式创新、更加注重用户体验成为转型的重要方案。企业更加注重 IT 与 OT 的融合发展，数字化工厂建设涉及整个企业乃至生态圈，同时也带来了产业生态的变革和重构。

（3）基于统一的协议或标准打通系统、组织间的壁垒，服务于企业的转型变革。

♯4 和♯8 是推行统一标准、转换格式和协议的代表。对于相关标准、协议以及模型，国际上成立了如 IEC/TC65（工业过程测量、控制和自动化技术委员会）、ISO/TC184（自动化系统与集成技术委员会）和 ISO/IEC/JTC1（信息技术联合技术委员会）等组织，也推行了数字化工厂、物联网、工业无线，信息安全等的标准。HTTP（hyper text transfer protocol，超文本传输协议）、TCP（transmission control protocol，传输控制协议）等通信数据协议为自动化、信息化、智能化发展提供了便利。2020 年，施耐德电气发布白皮书提出了 IEC 61499 标准，即工业自动化可移植性标准，以最新的研究来更好地融合工业企业的 IT 与 OT，使数据、模型等可以跨平台移植，解放工业 4.0 的数字化优势，并为真正开放的系统奠定坚实基础。我国也有相关研究机构，如中国电子技术标准委员会、国家标准委员会等制定了诸如 GB/T 35589—2017《信息技术大数据技术参考模型》、GB/T 38854—2020《智能工厂生产过程控制数据传输协议》、GB/T 38869—2020《基于 OPC UA 的数字化车间互联网络架构》等标准。这也表明国内外对于统一标准、协议以及模型的重视。

3. 数字化工厂领域的研究热点分析

研究热点有助于清晰把握某领域发展态势，通过高频关键词可分析该领域的研究热点。图 2.18 和图 2.19 为国外和国内数字化工厂相关研究的高频关键词共现图谱，下面从研究热点分布和演进特征两个方面予以分析探讨。

1）研究热点分布

从关键词分布上来看，国外研究集中在 Smart Factory、Industry 4.0、Internet、System 等方面；国内研究主要集中在智能工厂、数字化工厂、智能制造、数字化车间等方面。虽然国外和国内研究均以智能工厂为最重要的热点主题，但国内研究结合我国智能制造战略以及具体国情，形成了具有"中国特色"的研究主题，如数字化车间、智慧工厂等方面的研究。

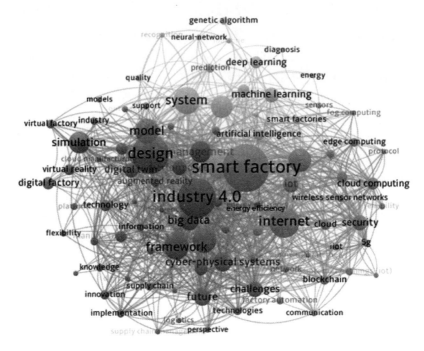

图 2.18　国外数字化工厂相关研究的关键词共现图谱

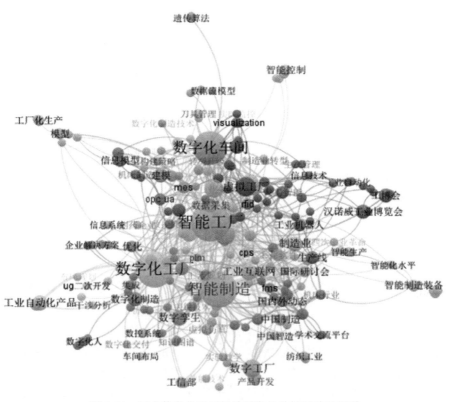

图 2.19　国内数字化工厂相关研究的关键词共现图谱

从关键词之间的关联性上来看,国外研究围绕 digital factory,出现了 modeling、virtual reality、factory planning、simulation、production planning、virtual reality 等关键词,凸显出将数字化工厂作为一种生产规划技术的特性。对于国内研究,围绕"数字化工厂",出现了"建模""仿真""车间布局""虚拟制造""航天制造""数控机床""数字化制造"等关键词,可知国内研究将数字化工厂称为数字化工厂技术,面向生产规划、物流仿真等业务流程,主要应用于航天制造、军工、精密仪器、机电等领域。随着研究的深入发展,数字化工厂研究不再局限于技术这一环节,而是面向企业业务全生命周期,涉及管理、营销、服务等诸多环节;也不再局限于传统技术,而是融合新一代信息通信技术(information communications technology,ICT),如物联网(internet of things,IoT)、工业互联网(industrial internet)、数字孪生(digital twin,DT)、信息物理系统(cyber physical system,CPS)等实现了进一步的发展;更不再局限于航天、军工等特殊领域,而是深入医疗卫生、教育、农业、电力等领域。

2)研究热点演进特征

以时间序列为主线,绘制研究热点主题共现时区图(如图 2.20 和图 2.21 所示),以分析研究热点演进特征。结合图 2.20、图 2.21 和对热点主题(高频关键词)所在文献的内容分析,将数字化工厂相关研究热点演进特征归纳如下。

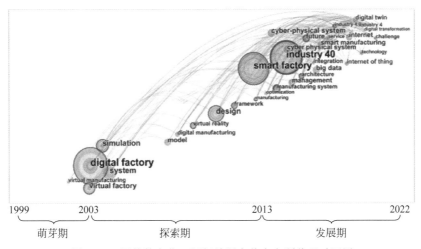

图 2.20 国外数字化工厂相关研究热点主题共现时区图

(1)研究主线。国内外研究主线都是围绕"工厂规划和生产制造"展开,重点关注应用数字化工厂的模型、方法和工具等来改进设计、生产等业务活动以提高企业效益,如 manufacturing、system、simulation、internet、production、流程、制造、车间等词汇在中英文文献中反复出现。

(2)研究路径。国内外研究路径有着相似性,萌芽期(1999—2003 年),国外和国内早期研究均是将数字化工厂作为一种生产制造前期的设计、规划、模拟的工具,关注仿真模拟技术的演进,如 virtual manufacturing、虚拟现实等。探索期(2004—2013 年),国外研究关注与数字化工厂相关的概念界定、基本架构建立、关键技术及其应用等,关键词为 digital factory、framework、virtual reality 等;国内研究关注与数字化工厂相关的底层技术以及相近概念的研究,关键词为建模、数字制造、数字化车间等。发展期(2014 年至今),为国外和

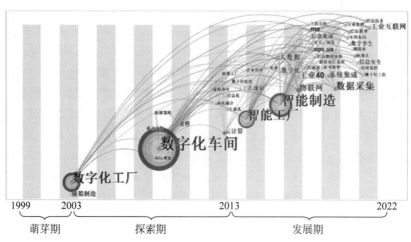

图 2.21　国内数字化工厂相关研究热点主题共现时区图

国内研究的高速发展期,国外和国内研究逐步拓展数字化工厂的研究范围和深度,紧密结合新一代信息通信技术,结合具体国情,制定出相应的发展战略。国外研究围绕 Smart (intelligent)Factory、Industry 4.0 两大主题,既有以 digital twin、cyber physical system、big data、internet of thing 等技术层面的研究,也有以 optimization、management、integration 等理念方法层面的研究;国内研究以智能工厂、智能制造为主要热点,但数字化工厂、数字化车间、智慧工厂类主题仍然是当前重要热点主题,既有以智能制造战略、工业互联网、物联网、工业 4.0、两化融合、数字化转型等较为宏观层面的研究,也有数据采集、MES、OPC UA、传感器等较为微观层面的研究。

（3）最新研究趋势。国外研究表现为利用新一代信息通信技术建设优化智能工厂,以智能工厂为突破口,解决来自技术、设备等的制约,总结新的挑战和问题,探索工业 4.0 之路。我国在该领域的研究紧跟世界最新趋势,近几年的研究更多是关于如何利用新兴技术赋能生产关系及生产力,关注人、物理设备等的互联互通与综合集成,如人工智能、机器学习、使能技术、交互、集成等关键词反映出了相关信息。

2.4　数字化工厂的内涵与系统架构

1. 定义

20 世纪 90 年代,数字化工厂一词开始在文献中被提及,Sekaran 等指出数字化工厂一词最早出现在 *Skill Wars* 一书中,数字化工厂作为一种新型的计算机技术应用于自动化、电气等领域。2008 年德国工程师协会率先系统性地对数字化工厂进行了定义:数字化工厂是一个由数字模型、方法和工具组成的综合网络的总称,包括模拟和三维可视化,并通过连续数据管理系统进行集成。2011 年,德国首次引入工业 4.0 的概念,围绕工业 4.0 有很多词汇得到研究者的关注,如数字化工厂、虚拟工厂、智能工厂等,并认为数字化工厂是迈向工业 4.0 的第一步,也是智能工厂、智能制造得以实现的基础。但到目前为止,并没有形成统一的定义,不同的学者和专家对此进行了不同的解释。本文在归纳总结的基础上对不同的数字化工厂的定义进行了梳理。

在已有研究中,专家学者们根据自身的研究背景对数字化工厂的概念进行了阐述,内容上有广义的数字化工厂生态圈和狭义的单个企业的生产车间,角度与侧重点均有差异。总的来说,可以把数字化工厂的概念划分为3个不同的视角来对已有的研究进行归纳和理解:①基于映射的视角。该视角认为数字化工厂是对现实工厂的复制,通常用于表示现有结构和数据映射。②基于集成视角。在此视角下,数字化工厂被视为一个集成的概念,包括模型、数据、知识等的综合集成,能够在工厂的整体运营和实际生产进入之前提前规划和维护工厂运营和生产。③基于系统的视角。这扩展了数字化工厂的概念,除工厂和生产计划之外,还应包括数字化工厂的全生命周期,是甚至应包括数字化工厂相关的生态圈,是从系统、环境的观点来阐述的。数字化工厂的概念的界定如表2.5所示。

表 2.5　数字化工厂概念的界定

界定视角	来源举例(研究学者)	具体概念
映射	Ameri，Sabbagh，Dombrowsk，Kari，Reiswich.	数字化工厂仅被视为实际工厂的复制品,通常用于表示现有结构
集成	IBracht，Masurat，Bley，Franke	数字化工厂是数字模型、数据、工具和方法的集合,用于提前规划和保护工厂和生产
系统	李荣斌,庄亚明,何建敏	数字化工厂涉及产品全生命周期,不仅包含工厂和产品生产,还应包含上游的产品开发(狭义),甚至是以核心企业为中心的生态圈(广义)

在众多数字化工厂定义中,德国工程师协会的定义成为最常见的定义。它属于表中第二类视角,即基于集成的视角来定义的。德国工程师协会在其第4499号指令中将数字化工厂定义为:数字化工厂是由数字化模型、方法和工具构成的综合网络,包含仿真和3D/虚拟现实可视化,通过连续的、不中断的数据管理集成在一起。数字化工厂集成了产品、过程和工厂模型数据库,通过先进的可视化、仿真和文档管理,提高了产品的质量和生产过程所涉及的质量和动态性能,其目标是全面规划、评估和持续改进工厂与产品相关的所有关键流程和资源。

德国工程师协会将数字化工厂的核心应用领域视为与待生产产品相关的生产和工厂规划,通过明确支持开发与生产和工厂运营之间的合作来扩展。

时至今日,数字化工厂已不再是停留在书籍里的设想,而是在制造业领域得到了落地,并且不断地向纵深发展。但是关于数字化工厂的概念却一直没有形成统一。为了方便后续的相关研究,本书将对数字化工厂的定义做出界定。由于数字化工厂具有实践性较强的特征,有很多新的观点理念来自产业界,其研究的理论要切实可行,满足企业的发展需求。关于数字化工厂的研究,制造业领域的企业是基于一种对工厂进行变革的视角来对待的,而且这种视角也更符合数字化工厂的发展历程。产业界遇到的问题推动着企业采用数字化工厂技术等对现有的工厂组织进行变革,以适应新形势要求,提高企业竞争力。基于此,结合已有的研究理论,这里给出数字化工厂的定义:数字化工厂是一种集成的、动态的组织方式,指在原有工厂的基础上,应用物联网技术、虚拟现实技术、数字孪生技术等新一代信息通信技术赋能企业内的有形实体(如人力、物力等)与无形要素(如数据、资金、信息、文化等),实现企业业务全生命周期的集成管理数字化、信息交互网络化、协调监控智能化变革,使企业能够适应市场环境变化的需求,提高竞争力,获得良好效益。数字化工厂的概念如图 2.22 所示。

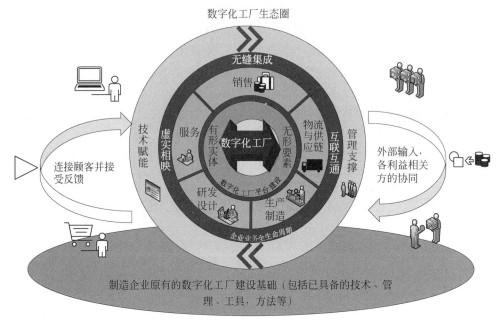

图 2.22　数字化工厂的概念

2. 系统架构

众所周知,工业 4.0 是由先进制造业强国——德国——提出的,并由此引发世界范围的工业革命,其他国家也纷纷提出自己的工业战略,如美国工业互联网、《中国制造 2025》等,可见德国工业 4.0 战略在世界范围内的引领地位。而数字工厂作为支撑工业 4.0 现有的最重要国际标准,是 IEC/TC65 的重要议题。2011 年 6 月,IEC/TC65 成立 WG16"数字工厂"工作组,西门子、施耐德电气、罗克韦尔自动化、横河等国际自动化企业,以及我国机械工业仪器仪表综合技术经济研究所等研究机构,都参与了 IEC/TR 62794:2012 数字工厂标准的制定。为更好地指导国内企业开展数字工厂建设,全国工业过程测量控制和自动化标准化委员会(SAC/TC124)组织国内相关单位,将该标准等同转化为我国国家标准 GB/Z 32235—2015《工业过程测量、控制和自动化生产设施表示用参考模型(数字化工厂)》(2015 年 12 月发布)。可见数字化工厂不仅作为实践工业 4.0 战略的重要组成部分,更是以标准的形式确立下来。

2015 年 5 月 19 日,国务院正式印发《中国制造 2025》,将智能制造上升为国家战略高度。同年,中华人民共和国工业和信息化部(以下简称工信部)和国家标准化管理委员会在共同组织制定的《国家智能制造标准体系建设指南(2015 年版)》中提出了中国版智能制造系统架构,并于 2018 年进行了动态更新。紧随其后,中国工程院在 2018 年也提出了中国智能制造总体架构。实现智能制造,从各方确立的体系架构来看,都要建立智能工厂(车间);从智能制造的发展历程来看,实现智能制造,首先便要实现数字化制造;因此,数字化工厂作为实现智能制造的基础,应当予以先行解决。

本章将以工业4.0参考架构模型和中国的智能制造架构为参考,搭建数字化工厂系统架构。

1) 工业4.0参考架构模型

关于工业4.0的内容,本书在1.2节已有论述,这里仅对其涉及的技术进行说明。工业4.0在继承传统技术的基础上,又融入新的技术,形成九大技术支柱(见图2.23)。位于底层的是工业物联网、工业大数据和云计算三项关键技术;中间的是3D打印、工业机器人、工业网络安全和知识工作自动化四项支持性技术;位于顶层的是面向未来的虚拟现实和人工智能技术。

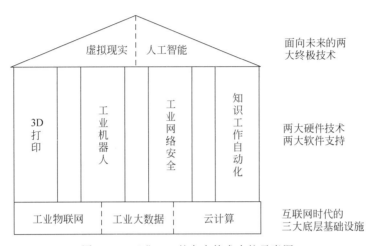

图2.23 工业4.0的九大技术支柱示意图

2013年4月,世界传统工业强国德国在汉诺威工业博览会上正式推出了"工业4.0"的概念,同时成立了工业4.0平台。平台秘书处包括:德国信息技术、通信、新媒体协会(BITKOM),德国机械设备制造业联合会(VDMA)和德国电气和电子工业协会(ZVEI)。工业4.0平台于2015年7月发布了《工业4.0参考架构模型》(*Reference Architecture Model Industrie 4.0*,RAMI 4.0)研究报告,德国电气和电子工业协会(ZVEI)于2015年10月4日发布了《参考架构模型RAMI4.0和工业4.0组建》研究报告,ZVEI将其称之为协会与合作伙伴共同在工业4.0标准化方面取得的重要里程碑,是"第一个精确描述符合工业4.0标准的开发生产设备的工业4.0组件的版本""为公司提供了开发未来产品和商业模式的基础"。

RAMI 4.0以一个三维模型(见图2.24)展示了工业4.0涉及的所有关键要素,借此模型可识别现有标准在工业4.0中的作用以及现有标准的缺口和不足。工业4.0集中于产品开发和生产全过程。

RAMI 4.0模型的第一个维度(垂直轴)借用了信息和通信技术常用的分层概念。各层实现相对独立的功能,同时下层为上层提供接口,上层使用下层的服务。从下到上各层代表的主要功能如下。

(1) 资产层+集成层:数字化(虚拟)表示现实世界的各种资产(物理部件、硬件、软件、文件等)。

(2) 通信层。通信层实现标准化的通信协议,以及数据和文件的传输。

(3) 信息层。信息层包含相关的数据。

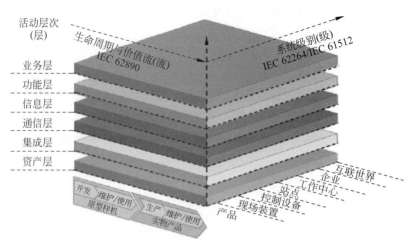

图 2.24　工业 4.0 参考架构模型

（4）功能层。功能层形式化定义必要的功能。

（5）业务层。业务层映射相关的业务流程。

RAMI 4.0 模型的第二个维度（左侧水平轴）描述全生命周期及其相关价值链。这一维度的参考标准是 IEC 62890《工业过程测量控制和自动化系统和产品生命周期管理》。此处的过程是指生产过程，完整的生命周期从规划开始，到设计、仿真、制造，直至销售和服务。

RAMI 4.0 模型进一步将生命周期划分为原型样机开发和实物产品生产两个阶段，以强调不同阶段考虑不同的侧重点。原型样机开发阶段从初始设计至定型，还包括各种测试和验证；实物产品生产阶段进行产品的规模化、工业化生产，每个产品是原型的一个实例。工业 4.0 中样机开发阶段和产品生产阶段形成闭环，例如：在销售阶段将产品的改进信息反馈给制造商以改正原型样机，然后发布新的型号和生产新的产品。这为产品的升级改进带来了巨大的好处。

另外，应将采购、订单、装配、物流、维护、上下游供应商以及客户等紧密关联形成生态圈，例如：在装配工序使用物流数据，根据未完成订单组织内部物流，采购部实时查看库存并在任意时刻了解零部件供货情况，客户知晓所订购产品的整个生产过程，并及时将意见建议反馈给企业。这也将为改进提供巨大的潜能。因此，必须将生命周期与其所包含的增值过程一起考虑，不仅限于单个工厂内部而是扩展到涉及的所有工厂与合作伙伴，从工程设计到零部件供应商直至最终客户。

RAMI 4.0 模型的第三个维度（右侧水平轴）描述工业 4.0 不同生产环境下的功能分类，与 IEC 62264《企业控制系统集成》（即 ISA S95）和 IEC 61512《批控制》（即 ISA S88）规定的层次一致。更进一步，由于工业 4.0 不仅关注生产产品的工厂、车间和机器，还关注产品本身以及工厂外部的跨企业协同关系，因此在底层增加了"产品"层，在工厂顶层增加了"互联世界"层。RAMI 4.0 模型将全生命周期及价值链与工业 4.0 分层结构相结合，为描述和实现工业 4.0 提供了最大的灵活性。

2）中国智能制造总体架构

中国工程院相关研究学者认为，智能制造涵盖了产品、制造、服务全生命周期中所涉及的理论、方法、技术和应用，其总体架构可以从价值维、技术维和组织维三个维度描述，即以制造为主体的价值维、以两化融合为主线的技术维和以人为本的组织维,如图2.25所示。

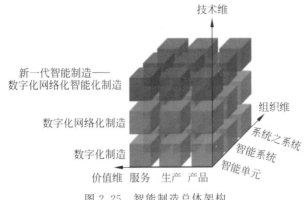

图2.25 智能制造总体架构

智能制造总体架构中三个维度的具体含义述如下。

价值维——以制造为主体的价值实现维度。智能制造的价值实现主要体现在产品、生产、服务三方面及其系统集成。

技术维——以两化融合为主线的技术进化维度。智能制造从技术演变的角度体现为数字化制造、数字化网络化制造、新一代智能制造三个基本范式。

组织维——以人为本的组织系统维度。实施智能制造的组织系统包含智能单元、智能系统和系统之系统三个层次。

智能制造总体架构也采用了三个维度,尽管在维度细节设计上与RAMI 4.0三个维度上的内容有一定的差异,但是彼此之间的绝大部分内容都可以实现直接对接或近似对接,如图2.26所示。

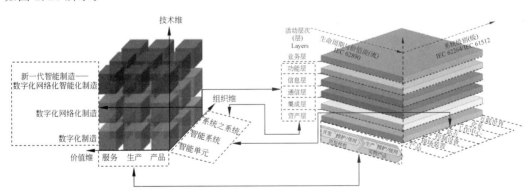

图2.26 智能制造总体架构与RAMI 4.0对接

从架构维度上来说,不管是德国的RAMI 4.0、美国的工业互联网参考架构、日本的工业价值链参考架构等,还是我国的智能制造参考架构,大多数都是三维参考架构。从架构所要达到的目标上来看,虽然各国所建架构不同,但都是为了发展本国的智能制造,这也说明国际上对新时代制造业发展战略具有相同的认知。

3)数字化工厂的系统架构

首先,基于上述定义,可知数字化工厂具有以下三个特点。

（1）数字化工厂不是企业发展的初始阶段，而是在已有组织（包括组织已具备的技术、物资、人员等）的基础上所进行的转型与变革。

（2）数字化工厂是一个动态的组织方式，需要与时俱进，及时汲取新的技术、理念和方法等来满足适应动态的环境变化，例如当今世界新一代信息与通信技术发展可以助力数字化工厂的建设。

（3）数字化工厂是企业活动信息化、数字化、网络化、智能化的综合。因此，随着时代发展而来的新的技术、理念和工具都可以为数字化工厂的建设所用。

其次，参考工业 4.0 和我国智能制造的相关技术，结合数字化工厂理论，可将数字化工厂的系统架构划分为三个维度：技术、生命周期和管理，如图 2.27 所示。

（1）技术。技术维度承接前述制造业智能化的发展，借鉴数字化制造技术、数字化网络化制造技术和数字化网络化智能化技术。因为考虑到数字化工厂是一个动态的不断发展的组织，后续有新的技术出现，技术维度还可以继续扩展，而工厂的数字化是工业企业发展过程中的一个阶段，因此从技术发展的视角来看，数字化工厂技术具有承续性。技术为生产制造服务，按照生产力进步的阶段性与技术发展的对应关系，可以将技术进行分类研究。

（2）生命周期。随着研究的深入，数字化工厂的范围得到不断的扩展。数字化工厂的研究突破产品的生命周期，涉及企业业务的生命周期，以设计、生产、物流、销售、服务五个阶段来表达。

（3）管理。数字化工厂最终的落脚点还是工厂。从广义的角度来说，数字化工厂不仅是一个组织，它应包含一个实际工厂该有的人员、材料、设备、物流、环境等子系统。要实现数字化工厂就要在工厂内部实现全部的数字化，用管理数字化表达覆盖更为广泛。它可以分为企业内部的管理数字化以及企业之间实现管理的衔接数字化。从以往的零散、不系统的管理转变为数字化管理；基于系统的角度将管理分为设备/单元级、车间级、企业级、协同级。

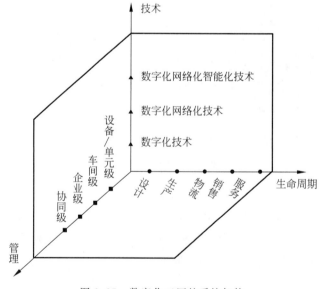

图 2.27　数字化工厂的系统架构

3. 价值

数字化工厂的产生源于制造企业的需求。制造企业要想在市场中成功立足,就必须面对多方面的挑战。尤其是在新工业革命的背景下,制造企业面临的竞争、挑战等不确定阻力因素越来越多。众多学者对企业引入数字化工厂进行了分析,发现诸如产品生命周期/开发周期的缩短、成本压力的不断增加、对产品质量要求的提高、客户定制化需求的增加、交货时间的缩短、产品复杂性的增加、全球化分布式生产的发展等驱动因素迫使企业进行数字化工厂建设。实际上数字化工厂的应用价值是多方面的,并且随着数字化工厂的深入发展,其价值效益愈发明显。数字化工厂的价值效益可以分为对生产运营的优化、业态的转变和产品/服务的创新三大类。其中对生产运营的优化总体可以划分为生产时间、成本、质量和效率四方面,业态的转变包括用户生态伙伴的连接和赋能、数字新业务和绿色可持续发展,产品/服务的创新包括新技术/新产品、主营业务的增长和服务的延伸与增值。

1) 生产运营的优化

(1) 缩短生产时间。数字化工厂的实施对于企业整个的业务流程时间都起到了节约的作用,新技术、新方法等提高了从规划设计到运维的效率,主要表现为:缩短了流程周转时间、产品开发计划时间、生产开始时间和生产制造周转时间,提高了现有结构的可重用性等。

(2) 降低成本。实施数字化工厂对于生产成本的降低是不言而喻的。由于数字化工厂采用集成的、并行的生产方式及新的设备、理念等,减少了停机等待、物料等待以及产品拥堵的现象,也从根本上解决了车间浪费、监控不严的情况,从而可在源头进行监管,使得生产成本大大降低,主要表现为:降低了研发成本、生产成本、管理成本、交易成本等,而且可以做到:降低生产成本更加简单,变更管理更加简单便捷,降低了规划成本和变更成本;提高了流程透明度。

(3) 质量改进。相比较传统的生产方式而言,数字化工厂使得生产过程透明,产品可追溯,事故问题可查找,从而保证产品的质量可以大大提高。质量改进的表现主要有以下几方面。

① 规划更加有保证性。规划一经制定,后续的所有工作都将沿着规划的路径进行,并且规划工厂成为一项必备的业务流程,由企业上下级共同参与完成。

② 更好的规划质量。规划形成企业的战略与计划,包括一些设计、生产等环节的工作流程。在数字化工厂环境下,规划、设计、生产可以并行,从而保证了规划工作的合理性与可行性。企业的每一次规划也都将在企业的知识库或者系统形成备案,对企业以后的规划工作提供经验的积累,使得企业的规划工作变得更加精进。

③ 更高的产品质量。质量的提高得益于数字化工厂的优势,它使得企业可以实现并行工程、精益生产、协同制造、生产透明、流程可追溯等,进而保证产品的质量和企业效益。

④ 更好的知识管理。数字化工厂要求集成化,通过数据信息的流动实现业务、技术、设备等的独立集成与相互集成,通过建立企业知识模型库、智库等的方式实现对数据、知识、模型的管理。

(4) 效率提升。效率提升主要表现为提高了规模化效率,提升了单位时间的价值产出;提高了多样化效率,提升了单位用户的价值产出等。

2）业态的转变

（1）用户/生态合作伙伴连接与赋能。增强了用户黏性，利用"长尾效应"满足了个性化需求，创造了增量价值，利用"价值网络外部性"快速扩大了价值空间边界，实现了价值效益的指数级增长。

（2）数字新业务。将数字资源、数字知识、数字能力等进行模块化封装并转化为服务形成数据驱动的信息生产、信息服务新业态，实现新价值创造和获取。

（3）绿色可持续发展。将以物质经济为主的业务体系转变为以数字经济为主的业务体系，重构绿色产业生态。

3）产品/服务创新

（1）新技术/新产品。通过融合创新研制和应用新技术，创新智能产品和高体验产品或服务。

（2）主营业务的增长。提升了主营业务的核心竞争力，推动了主营业务的模式创新。

（3）服务延伸与增值。依托智能产品/服务提供延伸服务，拓展了基于原有产品的增值服务。

2.5　本章小结

本章主要概述数字化工厂的理论基础，首先在国家层面，发展数字经济是时代要求；在企业层面，数字化转型是当下企业的生存与发展之道。基于此本章阐释了数字化转型的相关概念、内涵以及我国工业企业转型所面临的问题与挑战；其次基于文献计量学理论和工具分析了数字化工厂的研究与发展现状，为进一步的研究提供了理论参考；最后综合已有研究对数字化工厂概念进行了界定，并构建了数字化工厂的系统架构，阐释了数字化工厂的价值。

第3章　数字化工厂的方法和技术

数字化工厂可以理解为是数字化模型、方法和工具构成的综合网络。

模型是指通过主观意识，借助实体或者虚拟表现，构成客观阐述形态结构的一种表达目的的物件。从广义上讲，如果一件事物能随着另一件事物的改变而改变，那么此事物就是另一件事物的模型。模型的作用就是表达不同概念的性质，一个概念可以使很多模型发生不同程度的改变，但只要很少模型就能表达出一个概念的性质，所以一个概念可以通过参考不同的模型，从而改变性质的表达形式。值得注意的是，当模型与事物发生联系时会产生一个具有性质的框架，此性质决定模型怎样随事物变化。这一特征对于实现工厂的生产和规划来说，有着毋庸置疑的重要意义。

根据调查的任务和目的，各个数字化工厂模型描述了要检查的项目，也就是系统的资源及它们的过程和产品。工厂的模型建造中包含建筑物、布局、基础设施、工作系统或技术系统等方面，包括特定于产品的属性、物流过程、技术过程和信息流向模型的形成。基于数字化工厂的布局设计与仿真、工艺规划、仿真优化三个功能，建立数字化工厂模型的目的在于将整个工厂的图像（厂房、设备、流程等）作为工厂规划设计的三维技术资料使用。工程师可以利用计算机在厂房规划时对设计规划方案进行修改，节约规划时间和成本，实现最优化配置。详细点说就是建立一个统一的管理原材料、设备、工厂和生产流程的 IT 设计平台。当工厂设计人员得到这些数据时，可以使用平台模拟实物工厂，这样就可以缩短工厂规划设计时间，提高工厂规划设计的质量，避免后期施工过程的一大部分设计问题。数字化模型的准确性关系到对实际系统真实反映的精度，对于后续的产品设计、工艺设计以及生产过程的模拟仿真具有较大的影响。因此，数字化建模技术作为数字化工厂的技术基础，其作用十分关键。要想建立数字化工厂，就必须结合数字化工厂的相关模型，从而实现数字化生产。

3.1 数字化工厂的方法

在数字化工厂中,常使用不同的建模、分析和可视化方法来执行各个模型的创建和应用。下面给出数字化工厂方法的概述,这些方法均与实际应用有关,但并不囊括所有的方法,而只是示例性地将方法用于数字化工厂规划和运营的不同任务中,并将基于模型的方法等同于该方法的模型,例如创建用于过程建模的过程模型、用于 3D 可视化方法的 3D 模型以及用于离散事件过程仿真的离散事件仿真模型等。

3.1.1 信息和数据收集方法

数字化工厂中模型和方法的特点在于尽可能全面的数字化,这就要求规划所需的所有信息都必须以数字形式提供。根据信息的类型,可以使用不同的信息和数据收集方法。例如,在现有工厂中,有必要在现有空间中安排新对象。但是,当前如果没有足够质量的数字化布局用于进一步的数字化规划,则需要进行现状分析。因此,详细规划所缺少的设备和系统元素的性能数据可能必须通过现场测量来确定。

信息和数据的收集包括手动收集、从选定的信息源提取数据或使用特殊输入设备自动收集。作为数据获取的一部分,必须为相应的规划提供充分的收集数据。例如手动记录信息以及随后在计算机上进行数据采集或集成数据采集,然后检查收集数据的准确性、可用性、一致性、合理性和完整性以及收集过程本身的准确性。

根据是为任务确定的数据还是为其他目的先前已经收集的数据,可将数据分为主要数据和次要数据。由于主要是针对此需求进行收集的,因此主要数据比次要数据更符合当前需求。

根据数据的加工程度,可以将数据分为第一手数据和第二手数据。第一手数据主要指可直接获取的数据,第二手数据主要指经过加工整理后得到的数据。

1. 第一手数据的获取

第一手数据的获取包括调查法、人工观察法和自动观察法。调查法主要用于实证研究,也用可于收集公司数据,旨在从个人或群体中找出观点、行为、流程、数据流或组织结构。调查法分为口头访谈、网络调查或书面问卷等。

人工观察法按观察者本人是否参与观察活动可分为参与观察和非参与观察。在参与观察的情况下,要收集的信息由数据主体自己在指定的时间段以书面形式确定,可以使用报告方法或 notes 程序。报告方法可采用自由书写的日报形式,也可采用指定的活动目录和日报表的形式实施。与报告方法不同,notes 程序通过流程链接到一个对象,如文件或传输项,要记录处理类型、输入、输出和处理时间以及工作人员的姓名等。

与参与观察相反,非参与观察的观察者与参与者一起记录有关过程的信息,并以此方式确定实际发生的过程。但是,必须考虑通过观察对一个人的表现可能产生的影响。非参与观察的典型方法有时间记录(使用时间测量设备记录时间)、相对简单的多时刻记录数学采样技术,以及重量、大小、长度和面积的测量和编号计算等;也包括在机器上收集与过程相关的数据,例如占用时间或故障、生产订单、库存水平和人员等。在目前的工厂中,手动数据收集通常通过分散的数据采集来完成,例如,通过移动数据采集设备、车间数据采集系统或直接从机器控制系统获得机器数据。如果使用这些系统进行纯自动数据收集,则可称其为自动观察法。

自动观察法实际上也与人工观察法中已经提到的非参与观察法相关联。它们在数字化工厂中具有相对较高的优先级,因为它们允许在更短的时间间隔内使用在真实工厂中收集的数据,错误率更低,并且在数字化工厂模型中几乎没有介质损坏。可以通过技术系统自动收集以下数据。

(1) 简单的计数(如确定对象或事件是否存在)。

(2) 测量值(如确定离散和连续以及模拟和数字信号的测量值)。

(3) 自动识别对象,例如使用条形码或电子标签自动 ID 识别,或者基于对象的大小、位置和形状等进行识别。

通常,技术系统会根据测量类型、可测量尺寸、与被测物体的接触程度、测量原理、测量方法和要测量数据本身的表示形式而有所不同。它们基于一个或多个传感器,这些传感器连接到相应的评估电子设备,以便将测量的信号转换为数字数据。

2. 第二手数据的获取

从公司内部或外部数据库收集数据的重要方法是文档分析。要分析的文档包含公司的所有组织、技术和系统负荷数据,这些数据可以是电子或纸质形式(即光学可读)。工厂的文档包括财产和建筑物数据、技术系统数据、生产程序、零件清单、工作计划、交货单、库存清单、工资单,甚至是自动注册时间、自动测量设备的记录等。

3.1.2 表示与设计方法

表示与设计方法主要包括旨在描述和呈现实际情况的工厂规划方法,而不是定量分析。表示和设计方法有助于规划人员更清晰地理解系统。因此,表示的可理解性、清晰度和唯一性决定了它的接受程度。

表示与设计方法通常包括用于创建过程或结构模型的方法,还包括位置和基础结构描述。表示和设计方法可以纯粹是描述性的。德国工程师协会认为"描述性模型描述了要检查的物体,但是它不是可执行文件,因此不能自动进行评估,而需要人类对其进行解释"。

在数字化工厂中构建模型时,常用的方法有过程和过程建模方法、信息和数据建模方法、状态建模方法和结构或拓扑建模方法。所有的表示和设计方法也可以用作可视化方法。

此外,面向对象的表示与设计方法通常或多或少地组合了上述方法,例如软件开发以及系统分析和设计中常用的面向对象的统一建模语言(unified modeling language,UML)。这种建模语言提供了用于对系统进行建模的不同的结构和行为图,例如类结构图、序列图、状态图和活动图。

1. 过程和过程建模方法

1) 生产模型概述

过程是一个有序的活动序列,它通过可用于执行该过程的资源和人力对过程对象进行转换。面向过程的生产模型有工作计划、物料链、价值链和流程系统等。

(1) 工作计划。工作计划将任务分为多个工作流程,规定了各个流程所需的资源和时间。工作计划与图纸和零件清单相似,是最重要的装配和生产文件之一。

(2)物料链。物料链是物料流的抽象表示方法,物料的采购、供应、入库、出库和生产都包含在其中。

(3)价值链。企业的价值创造是通过一系列活动构成的,这些活动可分为基本活动和辅助活动两类。基本活动包括内部后勤、生产作业、外部后勤、市场、销售、服务等,辅助活动则包括采购、技术开发、人力资源管理和企业基础设施等。这些互不相同但又相互关联的生产经营活动,构成了一个创造价值的动态过程,即价值链。价值链模型将产品在工厂或供应链中各点的价值可视化。在模型中,与产品价值无关的要素将被忽略,例如管理成本、员工培训费等不随产品量改变的固定成本将被舍去。

(4)流程系统。流程系统由工厂各层级的功能链构成,功能链由单个流程的功能组成。流程系统描述特定流程对象的属性或状态随时间和空间所发生的变化。这些流程对象可以是物质、信息或能量。

2)通用模型概述

面向过程的通用模型包括结构化分析与设计技术(SADT)图、流程链模型、网络计划、UML 活动图等。汉诺威大学工厂系统和物流研究所开发的漏斗模型也是一种经过实践检验的模型,用于描述工厂的订单流程。

(1)SADT 图(见图 3.1)。SADT 图用于说明和精确描述流程。每个流程都带有一个框,四个方向有若干个箭头。

图 3.1　SADT 图的基本元素

(2)流程链模型。在流程链模型中,过程被描述为一组链接的流程,并为其分配描述以及参数。流程链模型可以像 SADT 图一样,在层次结构上细化各个流程链元素。流程链模型特别适用于流程设计任务。在流程设计任务中,需要优化子流程链的接口,并且将子流程链之间的关系反映出来。在流程设计过程中对结构元素的更改,将会对上下游其他结构元素产生直接或间接的影响。

(3)网络计划。网络计划由类似于 SADT 图的链接活动组成。可以根据活动最早和最晚开始时间及工作量来对活动之间的依赖关系进行参数化。与 SADT 图相反,该计划中仅记录了少量的信息。

(4)UML 活动图。UML 是一种建模语言。活动图本质上是一种流程图,用于描述活动的序列,即系统从一个活动到另一个活动的控制流。UML 提供了活动图的建模方法。该图适合表示状态及其关系的影响

用于过程和过程建模的方法或多或少地支持行为、过程和功能的详细建模,并可能带有有关过程输入和输出变量的附加信息。它们用于业务流程建模、进出货物之间的物流以及跨地点和公司边界(供应链)的价值流。

2. 信息和数据建模方法

信息和数据建模的表示和设计方法可以映射数据和信息流、数据结构以及信息对象及其相互之间的关系。这些方法,尤其是数据流程图或实体关系模型(E-R 模型),创建了静态信息关系的清晰描述,后者主要用于数据库设计并使数据库可以独立于特定数据库系统进

行设计。对于建模,它们使用对象(实体)以及它们之间的关系进行建模,采用带有节点和边的图形(E-R 图)。

E-R 图中有四个成分:矩形框表示实体,在框中记入实体名;菱形框表示联系,在框中记入联系名;圆角矩形框表示实体或联系的属性,将属性名记入框中;对于主属性名,则在其名称下画一下画线。实体与属性之间、实体与联系之间、联系与属性之间用直线相连,并在直线上标注联系的类型。

图 3.2 就是从数据库系统中摘录的产品零件清单的 E-R 图示例,该系统用于存储产品系列的零件清单。这种数据模型典型地用在信息系统设计的第一阶段,如可在需求分析阶段用来描述信息需求和/或要存储在数据库中的信息的类型。

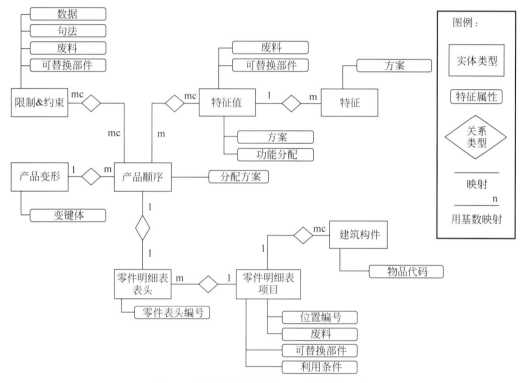

图 3.2　描述规划数据的 E-R 数据模型示例

上述用于信息和数据建模的方法常在数字化工厂中使用,例如使用这些方法以数据模型的形式指定产品、过程和资源以及它们之间的关系,尤其是用于数据库规划的建模。

3. 状态建模方法

状态建模的设计方法包括状态机和 Petri 网法。通过状态建模和状态转换,它们可以描述并发和同步过程。由于它们可用于表示子流程之间的因果关系,因此还可用于对控制规则进行建模。

Petri 网的结构元素包括库所(place)、变迁(translation)和有向弧(arc)。库所使用圆来标识,用于描述可能的系统局部状态;变迁使用矩形标识,用于描述修改系统状态的事件;有向弧可以从库所节点指向变迁节点,或者从变迁节点指向库所节点。有向弧描述的库所和变迁之间的联系等价于自动机中的状态转移函数,表示使事件发生的局部状态(因)或事件发生所引起的局部状态的变化(果)。

4. 结构或拓扑建模方法

结构或拓扑建模法可以支持产品结构的映射或产品组的分配以及生产系统结构的描述等。通过这种方式,可以描述组件之间的空间或逻辑分配。Gudehus 在物流系统空间结构的抽象表示中采用物流结构图,将系统结构与运营和行政服务中心和区域以及物料和信息流进行映射。

物料和信息流、库存和缓冲的吞吐量也可以采用结构图。此外,组织结构图、施工图、建筑图甚至布局图中都可采用结构建模的表示和设计方法,它们在拓扑结构上与原始系统相似。在软件开发中,结构图或 N-S 图用于描述结构化程序的手段,并可减少结构错误。

3.1.3 数学规划与分析方法

与表示和设计方法相反,数学规划和分析方法的主要目的是制定可量化的关系,采用数学函数和计算规则来获得相关关系和结果的模型。

本节中考虑的规划和分析方法以数学优化中使用的数学方法类型为基础,未给出所有已知数学方法的完整细分和描述,也未给出用于计算物流或生产物流关键指标或确定设备尺寸的特定数学方法,仅从实践的角度简要说明了一些重要的方法,及其典型的应用领域。

1. 数学优化方法

优化模型由许多解决方案和一个或多个要最大化或最小化的目标函数组成。数学优化方法用分析模型描述问题并对其进行定量分析。优化方法可以基于目标函数的数量(单准则或多准则)、目标函数和限制函数的线性(线性或非线性)、变量((混合)整数或(混合)二进制值的范围),并根据基础数据的随机性(确定性或随机性)来确定。

在最简单的情况下,存在确定性的单准则线性优化模型,且目标函数 $F(x)$ 和所有用于描述限制的函数 $g(x)$ 都是线性函数,变量的取值范围只能假设非负实数值。毫无疑问,可以根据制定的目标功能确定所需的解决方案。例如,由 Dantzig 开发的单纯形法用于解决线性优化或线性规划的任务。

生产和物流中的许多决策问题本质上是组合优化问题。组合优化问题是通过用数学方法的研究去寻找离散事件的最优编排、分组、次序或筛选等,其变量是离散分布的。对于结构化的组合优化问题,其解空间的规模能够得到控制,对于这样的问题,使用精确算法就可以求得最优解。而当问题的规模逐渐扩大时,求解这些问题最优解需要的计算量与存储空间的增长速度非常快,会带来所谓的"组合爆炸",使得在现有的计算能力下,通过各种枚举方法、精确算法寻找并获得最优解几乎变得不可能。这时候,启发式算法应运而生。下面简单介绍一下精确算法、启发式算法、元启发式算法和近似算法。

(1)精确算法。精确算法指能够求出问题最优解的算法。对于难解的组合优化问题,当问题的规模较小时,精确算法能够在可接受的时间内找到最优解;当问题的规模较大时,精确算法一方面可以提供问题的可行解,另一方面可以为启发式方法提供初始解,以便能搜索到更好的解。精确算法主要包括分支定界法、割平面法、动态规划法等。

(2)启发式算法。启发式算法指通过对过去经验的归纳推理以及实验分析来解决问题的方法,即借助于某种直观判断或试探的方法,以求得问题的次优解或以一定的概率求其最优解。通用性、稳定性以及较快的收敛性是衡量启发式算法性能的主要标准。启发式算法可分为传统启发式算法和元启发式算法。传统启发式算法包括构造型方法、局部搜索算法、松弛方法、解空间缩减算法等。

(3)元启发式算法。元启发式算法是启发式算法的改进,是随机算法与局部搜索算法相结合的产物。元启发式是一个迭代生成过程,通过对不同概念的智能组合,该过程以启发式算法实现对搜索空间的探索和开发。在这个过程中,学习策略被用来获取和掌握信息,以有效地发现近似最优解。元启发式算法包括禁忌搜索算法、模拟退火算法、遗传算法、蚁群优化算法、粒子群优化算法、人工鱼群算法、人工蜂群算法、人工神经网络算法等。

(4)近似算法。近似算法没有严格的定义,一般来说能求出可行解的算法都能归为近似算法。常见的近似算法有贪婪算法、局部搜索算法、松弛算法、动态规划法等。

根据优化目标的不同优化问题可分为单目标优化和多目标优化。单目标优化的情况下,只有一个目标,任何两个解都可以依据单一目标比较其好坏,可以得出没有争议的最优解;多目标优化与单目标优化相对,同时存在多个最大化或是最小化的目标函数,并且,这些目标函数并不是相互独立的,也不是相互和谐融洽的,它们之间会存在或多或少的冲突,使得不能同时满足所有的目标函数。由于容易存在目标间的内在冲突,一个目标的优化是以其他目标劣化为代价的,因此很难出现唯一最优解,取而代之的是在它们中间做出协调和折中处理,使总体的目标尽可能地达到最优。

随机优化问题指考虑的问题中带有随机因素影响并且不可忽略,需要利用概率统计、随机过程以及随机分析等工具。处理随机因素的第一种方法是期望值方法,将随机的因素用它的期望值代替,将问题转化为确定性问题考虑。第二种方法是在概率意义下考虑优化问题。例如在置信区间范围内考虑优化问题,将问题转换为概率约束或者是机会约束的优化问题;又如考虑极大化某些事件的概率问题,也称为相关机会约束问题。第二种方法相对于第一种方法的优点是考虑到各种风险的影响,缺点是使问题的处理变得相对困难。

现实世界中的许多优化问题都表现出动态性质,即待求解的问题或优化的目标会随时间而发生变化,例如在工作调度问题中,新的任务不断到达,需要立即加入到当前调度中。动态优化的基本思想是将优化问题引入时间过程,从而将其解释为寻求最佳策略的 n 阶段过程。这些可参考运筹学的相关文献。

2. 图论方法

图论是数学的一个分支,它以图为研究对象。图论中的图是由若干给定的点及连接两点的线所构成的图形。这种图形通常用来描述某些事物之间的某种特定关系,用点代表事物,用连接两点的线表示相应两个事物间具有这种关系。

图论描述了关于加权有向图和无向图的情况,因此可以解决组合问题。网络图可用于生产和物流计划中的一种图形理论方法,可以系统地表示和分析复杂的过程序列。网络计划技术描述了一种基于图论的过程分析、描述、计划、控制和监视过程,是指以网络图为基础的计划模型,其最基本的优点就是能直观地反映工作项目之间的相互关系,使一项计划构成一个系统的整体,为实现计划的定量分析奠定了基础。同时,它运用数学最优化原理,揭示整个计划的关键工作,并巧妙地安排计划中的各项工作,从而使计划管理人员依照执行的情况信息,有科学根据地对未来做出预测,使计划自始至终在人们的监督和控制之中,使用尽可能短的工期、尽可能少的资源、尽可能好的流程、尽可能低的成本来完成所控制的项目。

3. 统计和随机方法

统计方法指用以收集数据、分析数据并由数据得出结论的一系列方法,常见的有描述性统计方法、探索性统计方法和推断统计方法。描述性统计方法是指通过图表的方式对数据进行处理显示,进而对数据进行定量的综合概括的统计方法。描述性统计信息可用于描述和显示一维或多维数据,例如条形图、柱形图、条形图或饼图。简单的探索性统计方法可用箱形图等来表示,以表征统计数据的中位数、分布和极值(最小值,最大值)。算术平均值或数据分布等也是简单的探索性统计方法。探索性统计通常使用可以确定大数据中的关系的方法,包括相关性分析、回归分析或数据转换等,以表示数据的规律性。

生产和物流领域中常使用 ABC 分析法、XYZ 分析法和 PQ 分析法等。ABC 分析法可分析物品的存储区域,针对特定功能对系统中的商品进行分析和分类。首先根据特征值(如年消耗量)的总和,进行基于值的排序和总值中所占百分比的计算;然后将各个特征的累积比例分为三类,A 为高相关性,B 为正常至中等相关性,C 为低相关性;通常,少量的元素具有较高的相关性,而大量的元素具有较低的相关性,从而可对其进行分类管理。ABC 分析法要分析的特征可以是成本、销售、消耗、价格或商品储存和存取的次数等。除了 ABC 分析之外,还可以用 XYZ 分析法对诸如消费结构或需求动态等定性特征进行分类。XYZ 分析法利用数据波动情况从而分辨出不同货物特征;同时针对不同特征,因地制宜,选择最适合的方法来指定合适的管理政策,包括诸如库存、预测等。PQ 分析法即产品数量分析,是一个简单有效的工具。它可以用来对生产的产品按照数量进行分类,然后根据分类结果对生产车间进行布局优化。

与描述性和探索性统计方法相反,推断统计方法是根据样本数据来推断总体数据特征的统计方法。如要对产品的质量进行检验,通过抽取部分个体(即样本)进行测量,然后根据获得的样本数据对所研究的总体特征进行推断。推断统计方法包括总体参数估计和假设检验。当研究中从样本获得一组数据后,如何通过这组信息对总体特征进行估计,也就是如何从局部结果推论总体的情况,称为总体参数估计。

总体参数估计可分为点估计和区间估计。点估计是用样本统计量来估计总体参数,因为样本统计量为数轴上某一点值,估计的结果也以一个点的数值表示。因为这种估计是单个的数值,存在误差,而且对误差也不能准确地计算。另外,点估计无法指出对总体参数给予正确估计的概率有多大。所以,这种点估计只能作为一种不精确的估计,更好的办法是对总体参数进行区间估计。区间估计是根据样本统计量,利用抽样分布的原理,用概率表示总体参数可能落在某数值区间之内的推算方法。区间估计的种类有很多,主要有总体平均值的区间估计、总体百分数的区间估计、标准差和方差的区间估计、相关系数的区间估计。

假设检验是统计学中一种较为严密的批判性思维,指根据样本统计量得出的差异作出一般性结论,判断总体参数之间是否存在差异的推论过程。假设检验分为参数检验和非参数检验。若进行假设检验时总体的分布形式已知,需要对总体的位置参数进行假设检验,称其为参数假设检验。若对总体分布形式所知甚少,需要对未知分布函数的形式及其他特征进行假设检验,通常称之为非参数假设检验。因此,推断统计分析统计数据和检验统计假设,并通过概率计算来处理随机事件的定律。推断统计方法包括统计估计方法,用于从样本值中推断关联种群的特征值(度量),从而通过适当的频率分布来描述可用的数据材料。例如,估计方法用于确定全球人员需求。如果要为仿真确定原始数据并为确定仿真模型的分布准备原始数据,则也存在类似情况。统计测试程序的目的是检查现有偏差是否具有随机性,以及可以将其归因于什么。在测试方法中,始终将两个样本的测量值或一个样本的测量值与已知种群的大小进行比较。χ^2 检验是此处常用的统计检验。

随机过程理论在自动控制、管理科学等方面广泛的应用。随机过程是一连串随机事件动态关系的定量描述。数学上的随机过程可以简单地定义为一组随机变量,即指定参数集。例如,灯泡的寿命是随机函数,具体取决于工作时间以及可能的其他工作条件。统计学研究不确定性事件(即随机事件)在理论上出现的可能性。马尔可夫过程是一类重要的随机过程,特点是仅从当前过程状态获得有关未来过程的知识,即未来只与现在有关,与过去无关。它的原始模型马尔可夫链,由俄国数学家马尔可夫于 1907 年提出,是研究离散事件动态系统状态空间的重要方法,它的数学基础是随机过程理论。人们在实际中常遇到具有下述特性的随机过程:在已知它所处状态的条件下,它未来的演变不依赖于它以往的演变。这种在已知"现在"的条件下,"将来"与"过去"独立的特性称为马尔可夫性,具有这种性质的随机过程叫作马尔可夫过程。

4. 定量评价方法

解决方案的评估和选择取决于所考虑的对象,可以是系统、计划,也可以是工具、报价或提供者等,应尽可能采用可比较的定量评价。定量评价方法是通过数学计算得出评价结论的方法,是指按照数量分析方法,从客观量化角度对科学数据资源进行的优选与评价。定量方法为人们提供了一个系统和客观的数量分析方法,结果更加直观和具体。

效用分析是一种常用的方法,它主要用于存在多维目标,而且并非所有决策结果都可以通过货币量化的情况下。根据 Zangermeister 的定义,效用价值分析试图分析许多复杂的替代行动方案,以便根据决策者的偏好对其进行排序。在一般的决策问题中,决策者对方案的选择通常是比较不同方案的期望货币收益值的大小,然后选择其中的较大者为最佳方案。但在许多场合,情况并不是这样,最佳方案的选择往往因决策者的价值判断而异。因为对于同等收益,在不同风险的情况下,决策可能不同;在同等风险的情况下,不同的人对待风险的态度也不同,其决策也将不同。

但效用价值分析的应用存在的问题在于,对目标标准权重的主观评估和对部分收益的确定,因此只是所谓的客观评估。此方法的使用在于更易于理解和验证的决策过程。首先基于决策团队要对评估的目标确定标准,对每个标准进行加权;对每个单独标准相对于其他目标标准的重要性(每个标准的相对重要性)进行主观评估,然后根据实现程度对解决方案变体的目标标准进行分级;基于此评级,通过将评级乘以目标标准的权重和每个解决方案变体的总效用值,再乘以评级标记乘以权重来确定部分收益。由于等级和权重的微小变化通常会导致解决方案变体的排名发生变化,因此建议对最重要的评估标准的等级和权重的变化进行总体效用值的最终敏感性分析。

各种技术方案的经济效益进行计算、分析和评价,包括投资、运营成本或服务成本以及资本回报或投资的摊销期等,可参阅工程经济学的相关文献。

3.1.4 仿真方法

仿真(或模拟)的字面含义是对真实事物进行模仿,泛指以实验或训练为目的,用原本的系统、事务或流程建立一个模型,将其予以系统化与公式化,以便对其关键特征或行为/功能做出模拟。

仿真方法的一个突出优点是能够解决用解析方法难以解决的十分复杂的问题。如有些问题不仅难以求解,甚至难以建立数学模型,当然也就无法得到分析解。仿真可以用于动态过程,可以通过反复实验求优。与实体实验相比,仿真的费用是比较低的,而且可以在较短的时间内得到结果。

仿真的主要特征是时间建模,映射随机事件的可能性,通过系统结构和参数变化进行模型的实验性以及结果的可重复性。

本书在连续的、时间控制的、事件离散的仿真之间进行区分,以便映射时间行为并更新仿真模型中的时间。在连续系统仿真的情况下,时间和状态变量可以通过连续函数来描述。在离散时间模型仿真中,在每个仿真步骤中,仿真时间都会增加固定值 Δt。在事件离散仿真中,状态变化仅在离散时间发生,具体取决于事件的发生。

由于连续系统和离散事件系统的数学模型有很大差别,所以仿真方法可分为连续系统仿真、离散时间仿真、离散事件仿真三大类。

1. 连续系统仿真

过程控制系统、调速系统、随动系统等系统称作连续系统,它们的共同之处是系统状态变化在时间上是连续的,可以用方程式(常微分方程、偏微分方程、差分方程)描述系统模型。

满足以下条件的系统,称为连续系统。

(1) 系统输出连续变化,变化的时间间隔为无穷小量。

(2) 存在系统输入或输出的微分项。

(3) 系统具有连续状态。

根据动态系统要检测的各个属性和各个任务的不同,要采用的建模方法也会有所不同,根据建模的类型,可将其分为有限元模型、多体模型、人体工程学模型和连续系统模型。

连续系统仿真是对连续系统进行仿真试验的方法,有限元法、多体建模、人体工程学仿真都属于连续系统仿真。

1) 有限元法

有限元法在实际应用中也往往被称为有限元分析,是利用数学近似的方法对真实物理系统(几何和载荷工况)进行模拟。它利用简单而又相互作用的元素(即单元),用有限数量的未知量去逼近无限未知量的真实系统,其基本思想是把连续的几何机构离散成有限个单元,并在每一个单元中设定有限个节点,从而将连续体看作仅在节点处相连接的一组单元的集合体;同时选定场函数的节点值作为基本未知量,并在每一单元中假设一个近似插值函数,以表示单元中场函数的分布规律;再建立用于求解节点未知量的有限元方程组,从而将一个连续域中的无限自由度问题转化为离散域中的有限自由度问题。

在应用有限元法的领域中,有关载荷下强度和变形的组件检查起着重要作用。

例如,图3.3是对渐开线直齿轮接触动态特性的有限元分析的网格划分方法,两种网格划分方法分别为自由网格划分和映射网格划分。自由网格划分对实体模型无特殊要求。任何几何模型,无论形状是否规则都可以进行自由网格划分,如四边形、三角形和四面体单元都支持自由网格划分。与自由网格划分相比,映射网格对所包含的单元形状有限制,而且必须满足特定的规则。映射面网格只包含四边形或三角形单元,而映射体网格只包含六面体单元。如果要得到映射网格,则必须将模型生成具有一系列相当规则的体或面才能进行映射网格划分。

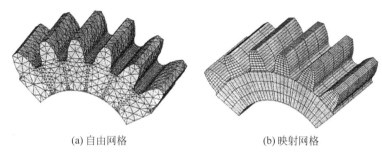

(a) 自由网格　　　　　　　　　　(b) 映射网格

图3.3　渐开线直齿轮接触动态特性的有限元分析的网格划分

有限元法也可以用于高速切削加工的模拟。在金属切削加工过程中,我们应当掌握金属切削过程的变化规律,用来指导实际生产。金属切削过程中切屑的变形规律和切削力的研究属于金属切削加工的基础理论研究范畴,对于金属切削加工技术的发展起到很大的促进作用。有限元法由于具有很多试验方法无法比拟的优势,在研究金属切削过程中获得了广泛应用,并获取了试验难以得到的重要数据。

有限元方法也可以用于冲压成型的模拟。板料成形过程是一个复杂应力应变状态下的随性流动过程,这个大挠度、大变形过程的板料冲压成形过程中可能产生拉裂、起皱和回弹等成形缺陷。由于板料冲压成形过程本质上是一个多体接触的动态力学的分析问题,这类问题一般都是非常复杂的,因此在实际成形过程中,要想合理预测出板料的冲压成形性能,仅仅凭借经验是很难做到的。因此,冲模的制造和模板试模的成本就被大大地提高了。更有甚者,如果工艺判断失误,还有可能导致模具的报废。将先进的计算机模拟技术对冲压零件成形过程的数值模拟技术应用到当前板料冲压成形生产过程中,可以充分认识实际冲压零件的成形过程,在冲压过程中存在的问题可以被及时发现,从而可以改进模具设计,这样就可以大大缩短调试模具的周期并且可以很大程度上降低制模成本。

以上介绍的案例是有限元法在数字化工厂的一部分应用场景,主要是对生产过程中的场景进行的模拟,尤其是实验成本高或技术不成熟的场景。不过有限元法也并不能做到完美地模拟实际生产过程中的每个细节,只能为实际的生产提供参考。

2) 多体建模

了解多体建模之前,我们先来了解多体系统动力学。多体系统动力学是研究多体系统(一般由若干个柔性和刚性物体相互连接所组成)运动规律的科学。多体系统动力学包括多刚体系统动力学和多柔体系统动力学。多体系统动力学分析涵盖建模和求解两个阶段,其中建模包括从几何模型形成物理模型的物理建模、由物理模型形成数学模型的数学建模

73

两个过程,求解阶段需要根据求解类型(运动学/动力学、静平衡、特征值分析等)选择相应的求解器进行数值运算和求解。

多体动力学建模软件通过自动构造微分方程来描述多体系统的运动,并对其进行数值求解,从而对运动和相互作用力进行预测。多体动力学的建模结果包括实体的位置、速度、加速度及链接等约束条件,以及在定义位置上的反作用力和摩擦力等,此外还包含对系统施加的外力及接触力等。通过建模,可计算系统的动态行为或系统内部各件部分的受力情况并根据结果进行设计。可将建模结果作为输入数据来进行结构分析或耐久分析等。通过多体柔性动力学模型的分析,也可以对柔性体的变形及应力和变形率进行确认,从而使其灵活运用于其他多种形态。

利用多体动力学建模技术,即使不制造实际的机械系统,也能制造出设想的模型并进行模拟试验,这样可以大大节省产品设计及开发工程所需的费用和时间。实际上多体动力学建模可以广泛地应用于已知的各大领域里的机械系统问题,像航空宇宙、产业机械、建筑机械、电气电动机械、国防产业、汽车领域的震动分析、需要精密控制的机器人等机械系统仿真、引擎内润滑油或洗衣机内流体的机械系统相互作用力分析等。

3)人体工程学仿真

运动学仿真的一种特殊形式是使用移动人的模型进行仿真,以进行人体工程学检查。它可以在设计早期对产品的人机因素进行分析和评价,利用计算机建立人体和机器的计算模型,融入人体生理特征,模拟人操作机器的各种动作,进而将人机相互作用的动态过程可视化,通过结合人机工程学的各种评价标准和算法,对产品(机)的人机因素进行量化分析和评价。这一方面可以大大降低产品开发的成本,为产品创新提供强有力的支持;另一方面可以大大降低一些危险性产品的测试风险。

数字化的人体模型是在计算机中以图形化方式生成并显示的具有真人生理特征的人体模型,它能够在虚拟世界里完成特定任务。面向计算机辅助人机工程的人体建模需要以人体测量尺寸作为参考来建立人体的几何模型和骨架模型,以运动模型作为姿态与行为动作实现的基础。人体各个部位的测量尺寸确定了个体之间和群体之间的人体尺寸差别,用来研究人的形态,是工业产品造型设计和人机环境系统工程设计的基础。它包括结构尺寸和动态尺寸两方面,决定了人体占据的几何空间和活动范围。我们可以参考查阅国家标准GB/T 10000—1988《中国成年人人体尺寸》和GB/T 13547—1992《工作空间人体尺寸》中给出的人体静态测量尺寸来确定所需人体模型的尺寸。《中国成年人人体尺寸》中列出了7个百分位,涵盖了人体的主要尺寸、水平尺寸、头部、手部、足部、坐姿和立姿共47项人体尺寸数据;《工作空间人体尺寸》中给出了站姿、坐姿、跪姿、爬姿、俯卧姿等人体相关尺寸项目。

现如今,装配线的自动化仍然是离散型产品生产中最困难的工作之一,因为大多数装配操作是按照人工装配操作来设计的,人体复杂的传感系统能够很容易协调双臂工作。但在某些场合下要想机械手实现同样的功能投入很大,甚至有些目前无法实现。无论是加工单元、装配单元,还是其他辅助单元,都会或多或少涉及人工操作,特别是自动化水平较低的装配流水线,这也是为什么我们仍需要人机工程学仿真,即人体仿真这一技术。

人体工程学仿真主要验证人体在特定工作环境中的行为表现是否同时满足人体工程

学的要求和生产的需求：一方面，基于满足人们的价值需求来改进工作方法，以减少作业的工作量，提高作业的安全与舒适程度，减少工伤或累积损伤疾病的发生，增加工人对工作的满意度；另一方面，通过作业调研与测定方法衡量完成某项或者一系列操作需要的时间，找出无效时间并区分有效时间及其性质和数量，用于制定工人完成一项任务的标准时间。

人体工程学仿真的最终目的是使人、机、物、时间、空间、环境等得到有效的控制和充分利用，从而保证工作质量，使整个系统处于受控状态，以降低消耗，提高产品质量和生产效率，扩大企业的经济效益和竞争力。一般来说，人体工程学仿真会涉及以下几方面的研究内容：更改作业流程；改进工厂与工位的设备布局；简化操作；有效结合材料、机器设备和人力；创造良好的工作环境等。

在进行产品设计、作业空间设计时，可以基于系统的人体模型数据库，设定具有不同参数及属性的人体的站姿、坐姿等各种姿态，并进行视野分析、可达性（可触及范围）研究、工作范围定义等；在进行作业分析、动作分析等时，使用系统提供的高级运动命令来控制人体的动作行为，并进行诸如工作姿态、单手提举物体、双手抓取的疲劳程度等人体工程评价。另外，可以基于 MTM 工时标准快速分析动作所需时间。以上均为决策人员对布局和作业进行改进时提供定性与定量的科学依据，而不是仅仅依靠主观臆断。

2. 离散时间仿真

与连续时间仿真相反，时间控制的仿真假定在每个仿真步骤中模拟时间都增加了"预定的恒定时间增量 Δt"。时间增量的持续时间对性能以及仿真的正确性和准确性非常重要。Δt 太小会降低性能，从而增加计算时间。Δt 过大会导致精度损失和误差。如果 Δt 很小，则可以说是准连续模拟。

当观察对象的个别事件不可行并且由于要在不连续的时间间隔内考虑要改变的状态而不必进行连续模拟时，可应用离散时间仿真。

离散时间仿真的典型例子是经济问题或后勤物资和能源流，通常与离散的生产设施结合使用。例如，Junge 研究了通过将事件离散的物料流模拟与热建筑模拟相结合来考虑机器的物料和能量流模拟，从而研究了节能生产过程。

3. 离散事件仿真

离散事件仿真是根据事件在离散的时间点上变化的规律，来预测系统变化的方法。在一个离散的系统中，总是能够找到一个时间点来标注系统的变化，比如研究对象进入系统和离开系统的时间点，进入队列和离开队列的时间点，开始加工和完成加工的时间点等。这些时间点在时间轴上是离散而非连续的，而系统状态仅在离散的时间点上发生变化。

离散事件仿真与连续系统仿真的不同之处在于时间进度是通过触发状态变化的原子事件进行映射的。在事件列表中使用时间戳管理要处理的事件，根据列表中第一个事件的时间戳设置仿真时间，然后处理事件。这样，可以很好地映射具有离散运动对象的系统，例如物料流或生产系统。

根据所考虑对象的级别和复杂性，仿真模型的详细程度会发生变化。离散事件系统仿真广泛用于生产调度、资源利用、计算机网络系统的分析和设计等方面。

3.1.5 可视化方法

数据和事实的可视化是知识转移和人际交流的重要前提,它已渗透到所有科学学科以及日常生活。可视化可以手动生成或计算机生成,包括简单的线条图、商业图形以及完全计算机动画的三维视频。

可视化包括通过将数据转换为符号和几何信息来创建数据和事实的图形说明,它不一定必须基于计算机。可视化是所有形式的数据可视化图示的总称,包括静态图形模型以及二维或三维动画的显示。可以使用的可视化方法在尺寸、表示方式、表示形式、图形表示(缩放和投影)、时间表示和交互方式上有所不同。

可视化方法的选择应考虑到表现力(正确再现数据中包含的信息)、有效性(选择合适的方法,以使观看者可以直观理解的方式传达信息)和适当性(查看者在创建和解释可视化信息时付出与收益之间的关系)。

使用可视化方法一般取决于选择因素,例如数据的类型和结构、处理目标(可视化的目标)、查看者和工作人员的知识和视觉感知技能以及所用资源的属性(例如硬件和软件)等。德国工程师协会对其解释如下:"必须权衡所提到的因素,以实现高质量的可视化。选择因素,例如表现力、有效性和适当性,并非彼此独立。表现力差或不足的可视化很难有效。美学方面显著影响观看者的动机,因此间接影响可视化的有效性。此外,可能必须遵守目标人群的公司设计法规或文化差异。迄今为止,这些复杂的事实和场景只能部分可视化,并且通常无法使用特定的简单规则来描述。"实际应用时,应注意选择合适的可视化方法,三维、高分辨率动画模型对于广告有效,但通常无法提供有关工厂关键人物的任何信息。

下面简要介绍了静态和动态可视化方法。"静态"和"动态"是指表示形式的变化(单个图像对运动图像)或空间、时间的变化。

1. 静态可视化

经典的静态可视化方法(二维或三维)的特征是空间和时间都没有变化,如简单的图像模型(例如图像、部分或全部示意图)、显示模型(例如直方图、条形图和饼图)、显示图(例如图表和网络)和流体图(例如电路图、流程图)等。由于它们可以使用语法和语义进行表达,因此静态图形模型只能处理静态问题、简单的时间依赖性(例如程序流程图)或逻辑和时间相关的相互关系流程链(例如 SADT 图或事件驱动的关系)。除了经典的静态可视化(其中空间和时间参数不发生任何更改)之外,时间图还可以表示状态随时间的变化,包括折线图或甘特图。

由于计算机图形学的发展,如今的静态模型不再只是二维设计,而是在部分真实感的表示中阐明了空间条件。

2. 动态可视化

动态可视化基于可变显示,例如对空间和时间的参数值进行了修改。动画是运动序列随时间的二维或三维表示,要显示的信息可以通过符号、图标或逼真的图像来说明。根据可视化空间本身的需要,动态可视化经历了从时间或逻辑关系可视化(监视)到简单的二维模型布局(2D 动画)再到三维模型(3D 动画)的发展历程。将三维空间中的几何对象建模添加到时间行为的定义中也称为 4D 建模。

1）监视

监视方法用于规划以及工厂运营,也用于软件技术系统的关键指标或状态的可视化。监视一词来自计算机和操作系统评估领域,是指借助计量方法收集有关程序执行信息的过程,其目标是监视具有相应过程的计算机或工厂的运行,并深入了解其动态内部过程。

根据应用领域和规划的视觉描述,可选择不同的图形表示来说明过程行为,包括与时间有关的图表,例如时间序列、可视化的模拟显示(例如液位指示器或温度计)或简单的符号和文本。在这种情况下,可视化的一种典型形式是甘特图,如用于检查机器人的运动或显示订单处理中的资源使用情况。

2）2D 和 3D 动画

动画用作数字化工厂的一部分,以说明工厂初始静态模型内的动态变化。"动画描述了图像序列的创建和呈现,其中变化需要视觉效果。在视觉效果下,位置随时间变化,物体的形状、颜色、透明度、结构和图案的变化,可以理解照明的变化以及相机位置、方向和焦距的变化。"根据此定义,计算机动画"通过使用计算机和适当程序合成运动和动画图像的技术来达成协议"。动画本身可以在平面中二维地进行,也可以在空间中三维地完成。

在仿真中使用动画,一方面涉及知识的获取(改善系统的理解、检测模型错误以及支持系统关系分析),另一方面涉及知识的转移(改善项目团队中的沟通、培训人员和通过明确说明增加接受度),具体取决于用于仿真工具的动画组件的实现。仿真和动画模型可以相同,也可以不同。动画本身可以实现与仿真同时发生的模拟并发动画(也称为并行或在线动画)和模拟后动画(也可以是回放动画),后者晚于实际的模拟运行。

3.1.6 其他方法

1. 集成

集成有聚合而成的意思,也指集约度很高的生产工艺、生产设备及产品。集成对于新时代的制造业尤为重要。一方面,从各国的工业战略来看,先是德国工业4.0强调三大集成(横向集成、纵向集成和端到端集成)(详见本书1.2.1节所述),随后美国工业互联网、我国智能制造战略等亦明确强调集成的重要性。例如在我国的《国家智能制造标准体系建设指南(2018年版)》中,"集成"一词出现频次高达88次,并且该指南指出智能制造的关键是实现贯穿企业设备层、单元层、车间层、工厂层、协同层不同层面的纵向集成,跨资源要素、互联互通、融合共享、系统集成和新兴业态不同级别的横向集成,以及覆盖设计、生产、物流、销售、服务的端到端集成,由此可见集成对于实现智能制造的重要性。另一方面,数字化工厂的本质是集成,其内涵亦强调模型、方法、数据网络的集成。因此,对于工业企业的数字化工厂实践来说,必然要理解、学习掌握数字化工厂的集成方法。

关于数字化工厂的集成方法,学术界进行了较多的研究。Durakbasa 等提出利用数字化工厂的智能网络开发出制造业智能集成系统的策略方法,并以此来促进生产的高效增长;Dobrin 等提出了一个基于协同环境的集成平台,可以改进设计和原型的制作活动,从而使得位于不同地理区域的研究人员可以通过共享资源和研究成果来改进产品;Cheng 等基于数字孪生概念和制造服务理论,提出了工厂信息物理集成的系统框架,以互连的物理元素、虚拟模型、数据和服务的集成来有效促进工厂的智能生产;Aleksandrov 等为了实现资产管理的数字化、便捷化,提出了利用基于通用技能(企业积累的知识经验、技术等)的抽象,将高层次的管理系统与中小型制造企业的生产执行系统进行垂直集成,形成基于技能的资产管理系统。综上所述,已有研究基于不同的阶段性目的,结合现实需求,提出了不同的数字化工厂集成方法,最终都可以为企业带来一定的好处。

综合来看,工业企业在进行数字化工厂实践的过程中,没有固定的集成方法。企业应将数字化工厂理论知识及方法与企业的实际状况和现实需求结合起来,开发出适合自己的集成方法,以数字化工厂的集成方法为企业带来效益。

2. 协作

数字化工厂需要规划或研究对象(系统知识)的数字表示。采用基于计算机的访问实现协作或电子协作甚至虚拟协作是一个基于 IT 的网络工程,其中包含从产品创建到生产计划再到工厂运营的所有任务和信息。

从最广泛的意义上讲,电子协作涵盖了所有形式的基于计算机的同步或异步协作,包括系统地联合处理,涉及至少两个参与者(可能在时间和/或空间上分离)使用和分发电子文档。

虚拟协作工程是指产品开发、生产计划和运营中工程的任务和流程,通过虚拟工作环境和工程平台来支持整个公司中的分散团队。

为了实施电子协作和虚拟协作工程,必须安装端到端的协作工作流程,以便使用适当的方法为参与工作流程的参与者提供正确的信息。

根据协作的目的和强度、所涉及的参与者之间的(业务)流程处理的不同,将由不同的方法和工具来支持。沟通作为最弱的合作形式,本质上与所涉及行为者之间的信息交换有关,而协作则旨在共享资源。例如,基于云提供商的请求,保留、使用和释放 IT 资源(例如服务器或软件应用程序),从而在云计算中创建现代 IT 合作解决方案。合作是最强有力的协作形式,意味着参与的行为者追求将要实现的共同目标。协作的范围取决于协作过程的范围、目标的共性以及组合之间的三角形的时间和空间接近度。

根据合作的程度,沟通、协调与合作可以使用各种支持功能,分为简单的通信手段、公共信息空间与知识管理、工作流管理和工作组计算。

1) 通信手段

通信手段主要服务于数据和信息的传输。传统通信手段,如信件、杂志;电视或电话等,支持伙伴(一个或多个发射者和一个或多个接收者)之间的通信。IT 技术补充甚至取代了部分传统通信技术,如电子邮件、聊天、互联网或语音和视频会议之类的交流手段。电子邮件支持在不同时间、在两个或多个参与者之间进行异步信息交换,视频会议则用于在分散位置工作的合作伙伴实时交换信息。基于 IT 的通信方式支持业务流程的无缝处理。当然为了完整起见,除了技术上的交流手段外,还存在自然的交流手段,例如语言、手语或姿势等非语言的交流手段。

2) 公共信息空间与知识管理

合作过程的基础是针对性的数据、信息和知识的交换和处理。公共信息空间可以为项目团队定义和管理信息对象,并允许它们一起使用。

社交媒体可在互联网用户之间交换思想、图像、数据和软件等内容,包括论坛、博客、Wiki、社交网络或信息门户。现代 Web 服务也包含在 Web 2.0 中,构成了实现此类交互社区的基础。参与者可以彼此建立关系并创建自己的内容。

为了实现公共信息空间,公司还使用数据库系统以及知识管理的方法和工具。例如应用PDM(produet data management,产品数据管理)系统作为产品开发中使用的技术数据库和通信系统,该系统支持与产品结构的创建、修改、版本控制和归档有关的所有活动,可保存和管理有关产品及其开发过程的必要信息,并使它们对公司的所有领域透明可用。PDM系统代表了产品开发过程中要使用的所有工具的集成平台。

根据德国标准VDI 5610(2009年)的定义,知识管理包括流程的组织,在此过程中,信息、知识和经验得到识别、生成、存储、分发和应用。知识将信息和与应用相关的见解和关系结合在一起,因此它是描述信息之间关系的"基于目的的信息网络"的"基础充分的知识"。它不仅包括技术知识,还包括员工的知识和过程的知识。公司知识库知识管理的核心功能涉及知识的计划、识别和评估,新知识的产生、知识的存储,以及知识的分布和应用。例如,Willm描述了在数字工厂环境中知识管理的使用,及其如何支持数字化工厂内部专家的合作。

数据管理通常以结构化方式管理知识并使其可访问来支持知识管理。专家系统也是用于支持知识管理的计算机辅助系统,是模拟合格专家的专业知识和推理能力的程序。专家系统的目的是以自动化和可处理的方式存储专家通过行动和经验收集的知识,从而使它们在任何时候都可重复使用。但是,与预期相反,由于记录和维护工作量太大,专家系统尚未普及。最新的方法有所谓的自学习认知系统。该系统作为人工智能的一个子领域,能够从大量数据中得出结论,例如有关客户购买行为或最有前途的癌症治疗方法的结论。

3) 工作流管理和工作组计算

工作流管理和工作组计算都属于计算机支持的协同工作。该领域作为跨学科研究领域,包括信息系统、信息学、社会学、信息管理、人事管理、组织科学、心理学和通信科学领域。

工作流管理用于协调团队中的活动,并处理工作流程或业务流程(称为工作流)的操作实施,目的是将文档、信息或任务传递给各个流程参与者。

IT支持的业务流程实施可以理解为工作流,要确定哪些文档、信息和任务将由哪些参与者、何时以及按照哪些规则、以什么顺序处理。因此,工作流是用于控制和监视业务流程的工具。

关于工作流的定义,可参考工作流管理联盟,它致力于在制造商、用户、顾问和科学家网络中处理工作流的进展。

工作流管理系统作为基于IT的工作流管理,其实施的目的是为公司所有常规流程提供一致的结构化支持。与工作流管理系统相比,组件软件系统允许对流程进行非结构化且更灵活的处理。根据团队的时空划分(在同一时间、同一地点或在不同时间、不同地点),使用不同的系统。典型的组件软件工具支持小组工作的主要方式是通过项目服务器共同创建、存储、进行版本控制和管理项目文档,可以通过Intranet或Internet进行访问。在所谓的社交业务应用程序中,经典的组件解决方案与社交媒体互相促进,共同发展。前面提到的通信技术手段,例如电子邮件、聊天或视频会议系统,也可以用来支持工作组的计算。

3. 模型的建立和使用

前面阐述了在数字化工厂中使用的各种不同方法。数字化工厂的集成目标是按如下方式将各个异构模型联网：根据要执行的任务，可以在同一个工作环境中的整个系统生命周期中进行跨团队、完全由 IT 支持的无冗余工作。用户为自己的行动框架创建模型所需的各个技术和与问题相关的模型，并基于一致且始终最新的信息基础为任务调用相关信息。

要联网的模型一方面由所考虑对象的产品、过程和资源（系统知识）确定；另一方面必须以基于 IT 的方式支持规划和运营管理的组织步骤，以确保模型的一致使用，并因此使用合适的模型进行映射。

与所使用的建模方法不同，必须注意模型创建和使用的不同场景以及质量保证，以便在数字化工厂中进一步开发和维护模型。这更加适用于在工业 4.0 中将模型用作数字孪生模型。为此，需做到以下几点。

(1) 创建建模约定和标准。

(2) 确保实施模型的有效性和可信度。

(3) 创建端到端模型管理和可持续模型文档。

(4) 开发具有定义里程碑的过程模型，以进行协作式 IT 或基于模型的计划和行动。

(5) 通过开发接口标准（如 CAD 数据）和互操作性概念，为在协作工程平台中一致地创建模型和使用模型创造前提条件。

3.2　数字化工厂的技术

回顾制造业的发展历史，统览历次工业革命，可以看到每一次技术的发展与聚集所起到的爆发式推动作用。同样，作为制造业发展的新一次里程碑——数字化网络化智能化技术，必将引领制造业的再一次转型与升级。

数字化工厂的兴起历程表明，技术是数字化工厂的先驱、关键和推动力量。本节将数字化工厂技术划分为基础性技术、支撑性技术和赋能性技术，构建起数字化工厂的技术架构与技术体系，从技术视角解读数字化工厂。

3.2.1　数字化工厂的技术体系

数字化工厂是工业 4.0 的重要组成部分，也是实现智能制造的基础。数字化工厂技术与工业 4.0、智能制造所需技术具有相通性。在构建数字化工厂的技术体系时，参考和借鉴二者的相关理论也是可行的。

基于此，按照技术对于数字化工厂的重要程度分为三类：基础性技术、支撑性技术和赋能性技术，如图 3.4 所示。

(1) 基础性技术。基础性技术即作为数字化工厂起步运行应当具有的技术，是制造企业在进行数字化工厂建设之前应提前预备好的技术。主要包括智能传感技术、测量与识别技术、智能装备与工业自动化、工业软件、工业网络信息安全。

(2) 支撑性技术。支撑性技术是数字化工厂建设的关键技术。这些技术的掌握程度直接决定数字化工厂建设的快慢与成败，同时拥有这些技术也能快速提升制造企业的竞争力。它主要包括工业大数据，工业物联网与工业互联网，云计算、雾计算与边缘计算，数字

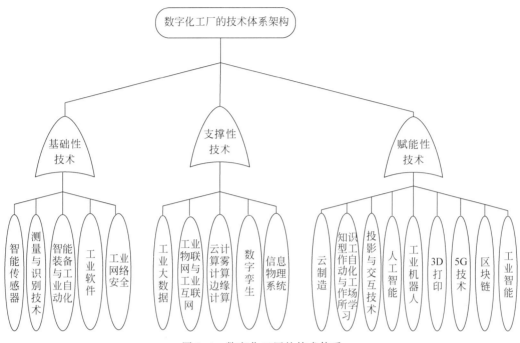

图 3.4　数字化工厂的技术体系

孪生,信息物理系统。

（3）赋能性技术。赋能即赋予事物力量或者能量。在数字化工厂的规划与实施过程中,一些新技术的应用会大大节省人力、物力和财力,使数字化建设路径得以缩短,让企业可以较快地完成转型与变革,提升自身竞争力。例如工业机器人的应用,取代了工厂一部分人力劳动,提高了工作效率和产能,进而提升了企业的利润与竞争力。这些技术主要有云制造、知识办公型自动化与工作场所学习、投影与交互技术、人工智能、工业机器人、3D打印、5G技术、区块链、工业智能。

3.2.2　基础性技术

1. 智能传感器

智能传感器由传感元件、信号调理电路、控制器（或处理器）组成,具有数据采集、转换、分析甚至决策功能。智能化可提升传感器的精度,降低功耗和体积,简化组网方式,从而扩大传感器的应用范围,使其发展更加迅速有效。

1）智能传感器的概念

智能传感器是集成了传感器、制动器（能将某种形式的能量转换为机械能的驱动装置）与电子电路的智能器件,或是集成了传感元件和微处理器并具有监测与处理功能的器件。智能传感器最主要的特征是输出数字信号,便于后续计算处理。智能传感器的功能包括信号感知、信号处理、数据验证和解释、信号传输和转换等,主要的组成元件包括 A/D 和 D/A转换器、收发器、微控制器、放大器等。

目前,传感器经历了三个发展阶段:1969 年之前属于第一阶段,主要表现为结构型传感器;1969 年之后的 20 属于第二阶段,主要表现为固态传感器;1990 年到现在属于第三阶段,主要表现为智能传感器。

智能传感器的构成示意图如图 3.5 所示。数据转换在传感器模块内完成,这样,微控制器之间的双向连接均为数字信号,可以采用可编程只读存储器来进行数字传输。智能传感器的主要特征是指令和数据双向通信、全数字传输、本地数字处理、自测试、用户定义算法和补偿算法。

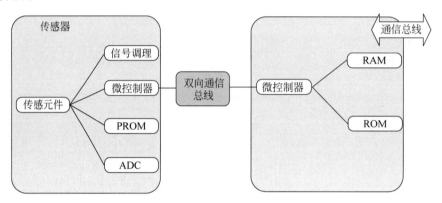

图 3.5　智能传感器的构成

2) 智能传感器的特点

智能传感器的特点是精度高、分辨率高、可靠性高、自适应性高、性价比高。智能传感器通过数字处理获得高信噪比,保证了高精度;通过数据融合神经网络技术,保证在多参数状态下具有对特定参数的测量分辨能力;通过自动补偿来消除工作条件与环境变化引起的系统特性漂移,同时优化传输速度,让系统工作在最优的低功耗状态,以提高其可靠性;通过软件进行数学处理,使智能传感器具有判断、分析和处理的功能,系统的自适应性高;可采用能大规模生产的集成电路工艺和 MEMS(micro-electro-mechanical system,微机电系统)制造工艺,性价比高。

3) 智能传感器的关键技术

智能传感器的发展态势可根据 MEMS、CMOS(comple mentary metal oxide semiconductor,互补金属氧化物半导体)和光谱学来分类研究。MEMS、CMOS 是智能传感器制造的两种主要技术。MEMS 传感器最早应用于军事领域,可进行目标跟踪和自动识别领域中的多传感器数据融合,具有特定的高精度和识别、跟踪、定位目标的能力。CMOS 技术是主流的集成电路技术,不仅可用于制作微处理器等数字集成电路,还可制作传感器、数据转换器、用于通信目的的高集成度收发器等,具有可集成制造和低成本的优势。

4) 应用发展趋势

智能传感器代表新一代的感知和自知能力,是未来智能系统的关键元件,其发展受到未来物联网、智慧城市、智能制造等强劲需求的拉动,如图 3.6 所示。智能传感器通过在元器件级别上的智能化系统设计,将对食品安全应用和生物危险探测、安全危险探测和报警、局域和全域环境检测、健康监视和医疗诊断、工业和军事、航空航天等领域产生深刻影响。

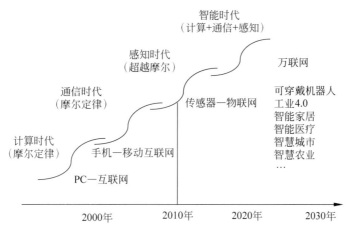

图 3.6　智能传感器的发展受需求拉动的曲线

2. 测量与识别技术

3.1.1 节讲到数字化工厂的信息和数据收集方法,其中自动观察法对于数字化的实现具有良好的适用性。该方法通过自动测量和识别对象便可获得所需观察的数据信息,当然这是需要技术来支撑实现的。除了上述的智能传感器技术外,测量与识别技术还包括三维激光扫描技术、动作捕捉技术、识别技术,下面将分别予以介绍。

1）三维激光扫描技术

三维激光扫描技术又称实景复制技术,是利用激光高速、实时、自动获取给定区域目标表面三维坐标的测量技术。三维激光扫描技术可获取任何复杂的现场环境及空间目标的三维立体信息,快速重构目标的三维模型及线、面、体、空间等各种数据,再现客观事物真实的形态特性。它是一种大面积高密度的非接触式主动测量技术,其非接触的数据获取方式能在不触及扫描对象的情况下进行数据采集。作为一种新兴的空间数据获取技术,三维激光扫描技术已广泛应用于各种领域。

在工厂数字化建设的过程中,我们首先做的就是要对工厂进行模型的数字化。传统测量方法在测量这种结构复杂的工厂时,会产生非常大的工作量;运行时很多区域是人员危险区,不能靠近测量;在测量过程中会漏掉诸多细节,并且有的结构是无法用传统测量实现的,这时我们就需要将目光转向更先进和准确的测量方式——三维激光扫描技术。三维激光扫描仪能够高精度、大范围地对工厂进行扫描,只需要很短的时间就能够获得厂房的三维点云图像。在有了精确的三维点云图像以后,就可以进行建模了。在这个基础上建模不仅大大降低了建模的难度,加快了建模的速度,而且能够 1:1 的精确还原真实的工厂,如图 3.7 所示。例如,某工厂需要对厂房进行改造扩建,需要拆除、更换、新增大量的设备和管线。现有的比较完整的图纸只有当年原始装置的管道轴测图,厂里的多次技改和多年工厂运营维护的相关资料并不完整,并且也与实际有较大出入。而改扩建设计质量的关键取决于对现状的了解程度,已有图纸与现状不符且现场情况复杂,给设计带来了很大难度。此时,若利用三维激光扫描技术则可以方便、快捷、准确地建立工厂三维模型。

2）动作捕捉技术

在计算机辅助生产规划中,要使用数字人体模型来模拟手的活动。这种类型的仿真非

图 3.7　三维激光扫描在数字化工厂中的应用

常耗时且昂贵,因为必须使用逆运动学生成运动数据(根据所需的最终位置计算运动数据)。动作捕捉是在运动物体的关键部位设置跟踪器,由动作捕捉系统捕捉跟踪器位置,再经过计算机处理后得到三维空间坐标的数据。当数据被计算机识别后,可以应用在动画制作、步态分析、生物力学、人机工程等领域。

数字运动记录方法提供了另一种方式来更快、更经济地获取此类数据:一方面,光学方法可用于记录数字运动数据;另一方面,有些方法可记录测量对象关节的角度,以进行数据采集。为此,可以使用外骨骼(附在受试者身体上的杆)或附在关节点上的测角仪(用于确定角度的测量仪器)。为了更容易操作,这些传感器通常集成在防护服中,以确保传感器在对象身上的适当放置。

具有人体感应器的运动记录方法已被证明可用于汽车工业中人体工程学人体工学评估的运动记录,因为即使当对象被系统或身体部位覆盖时,它们仍可实时提供可靠的运动数据。为了评估从人机工程学角度获得的运动数据,卡塞尔大学采用了市场上可买到的系统进行人机工程学设计,方法是将传感器放置在测试对象穿着的运动捕捉服中的相关肢体处。传感器是可商购的,在单个组件中结合了几种测量方法和信号处理方法,因此可以弥补单个测量方法的弱点(如陀螺仪传感器的漂移)。传感器数据通过电子设备实时汇总,这些电子设备也集成到运动捕捉服中并无线传输至收集运动数据的计算机。

从对象的定义起始位置开始,所有运动都将转换为数字三维数据。以这种方式获得的数据最终可以在数字化工厂中使用或进行人体工程学分析。

3) 基于射频识别的自动识别技术

识别技术也称为自动识别技术,通过被识别物体与识别装置之间的交互,自动获取被识别物体的相关信息,并提供给计算机系统供进一步处理。通常,工业识别包括视觉识别和射频识别(RFID)。条形码/二维码读取都属于视觉识别的一部分,通过视觉产品可视化地识读视场范围内的条形码/二维码,并依据算法进行解码,将码值传送至控制系统,使控制系统能对产品进行识别并给出控制指令,进行柔性化控制和生产。相较于条形码而言,二维码能存储的信息量更大,能表示更多的数据类型,也具有更优的防错容错能力,因此有更广泛的应用前景。视觉识别的应用比较多地受到现场照明条件、遮挡等因素的影响,对视觉产品的选择提出了较高的要求。

射频识别技术是自动识别技术的一种,通过无线射频的方式达到非接触的目标识别。利用无线射频的方式对电子标签或射频卡进行读写,从而达到数据交换和识别目标的目的。一般而言,RFID 系统由五个组件构成,包括传送器、接收器、微处理器、天线和标签。

传送器、接收器和微处理器通常都被封装在一起,又统称为阅读器,所以工业界经常将RFID系统分为阅读器、天线和标签三大组件。这三大组件一般都可由不同的生产商生产。RFID源于雷达技术,所以其工作原理和雷达极为相似:首先阅读器通过天线发出电磁波;标签接收到信号后发射内部存储的标识信息;阅读器再通过天线接收并识别标签发回的信息;最后,阅读器将识别结果发送给主机。

无线射频识别的工作原理如图3.8所示,它基于无线射频原理,通过无线电信号识别特定目标并读写相关数据,而无须识别系统与特定目标之间建立机械或光学接触。与视觉产品相比,RFID具备读取和写入功能,可承载的信息量较大,并且具备批量识别功能。RFID按工作频率可分为低频、高频、超高频和微波。

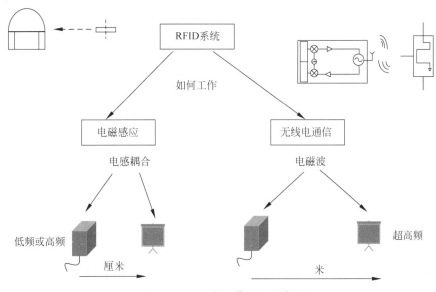

图3.8 RFID的工作原理示意图

一个RFID系统包括用于控制读写指令的读写设备、用于在读写器和发送应答器之间传递射频信号的天线、用于存储信息的发送应答器、用于通信协议转换的通信处理器。

与一般的条码识别技术相比,RFID在实时更新资料、存储信息量、使用寿命、工作效率、安全性、灵活性等方面都具有优势。RFID能够在减少人力物力财力的前提下,更便利地更新现有的资料,使工作更加便捷;依据计算机等对信息进行存储,可存储信息量大,可保证工作的顺利进行;使用寿命长,只要工作人员在使用时注意保护,它就可以进行重复使用;改变了从前对信息处理的不便捷,可同时识别多目标,大大提高了工作效率;设有密码保护,不易被伪造,安全性较高;具有更强的抗干扰能力,能识别运动中的物体(这一点非常适合物流产业),并且可识别小型化以及多样化物体,所以能够满足各种类型产品的需求。但RFID技术出现时间较短,在技术上还不是非常成熟。由于超高频RFID电子标签具有反向反射性特点,使得其在金属、液体等商品中应用比较困难。RFID电子标签相对于普通条码标签价格较高,为普通条码标签的几十倍。如果使用量大的话,就会导致成本太高,在很大程度上降低了市场使用RFID技术的积极性。

RFID技术为自动识别开辟了新的可能性,这对于数字化工厂也非常有用。除了经典的对象识别,它还可以改善工艺流程,实现可追溯性、工艺简化以及防盗保护等。在一些数据密集型应用程序中,例如"供应链记录"或"产品寿命记录",也可以为最终用户带来相应的好处,如供应链(社会和生态方面)或汽车贸易(租赁、维护、修理、转售或回收)中的透明度。

RFID 智能手持终端是一种集合射频识别技术和数字化技术的无线便携设备,具有容量储存大、使用时间长、识别功能强大、硬件模块快捷选配、软件模块灵活定制等特点,广泛应用于物流仓储和流通管理中的入库清点、物资上架、盘库点仓、物资出库、检索查询等环节。将 RFID 芯片嵌入或贴在货物上,作为物联网终端节点,可实现对货物的自动感知、定位、追踪、管理、控制,形成货物联网体系。这不仅解决了物资数量爆发性增长带来查找困难的现状,还可使库管人员高效快速地清点库存,缩短盘库时间,更是解决了出库入库物资数量错误的痛点问题。RFID 与自动化技术灵活地结合在电商物流的分拣环节,能够直面解决仓配分拣混乱的痛点,实现更大效能的分拣,大幅度降低人工成本。

商品要流通,万物要识别,必须得有一个身份标签而且具备唯一性,这个身份就是 RFID 赋予的。比如服装行业与 RFID 物联网技术相结合,具体到一件服装上,用一张标签就可以精准快速地获得面料、织法、制造商、生产地、价格和配送信息等,甚至还有制衣裁剪的现场视频链接,这些信息来自网点的客服管理系统和制造商的库存管理系统,具有较高的灵活性和完整性。RFID 标签成了这件服装独一无二的新的"身份证",要用来解决在服装的流转和销售环节的防伪、防盗、防窜货和全方位的追踪溯源等方面的难题。RFID 防伪溯源系统多用于电子、酒类、珠宝等高档产品,让假货无处遁形,同时也骤减了在流转环节的人力成本的飙升。

工业 RFID 在工业现场有很多应用,比如某些药厂配有低温冷库储存人体血浆等重要物质。血浆需要长期储存在低温环境中,冷库温度在−30℃左右。药厂在制药的过程中要提取血浆中某些活性成分,而在提取之前需要明确血浆的来源、储存时间等,还需要对血浆进行检验检测并记录检测结果,所有的操作都需要对血浆进行识别。因此药厂自然需要一种可靠的识别技术,能确保经过长时间低温储存后信息依然能被可靠地识别出来。由于低温环境的特殊要求,药厂最终选择了 RFID 作为识别技术。相比于药厂之前采用的条码识别,RFID 标签能在−30℃的环境中长期储存,冷凝等作用不影响 RFID 的读取,使读取率大提高,从而提高了药厂生产的透明性和可追溯性。

3. 智能装备与工业自动化

实现数字化工厂的重要前提之一是增加可以用自动化手段进行数据采集,从而取代手工数据录入的设备数量。机器设备可以通过传感器或 RFID 标签不停地收集数据,并进行数据交换。但是,一台"智能的"设备不仅可以接收和处理信息,而且还可以在不需要人参与的情况下就做出决策。例如,一台设备有产能富余,而另一台没有,这两台设备可以相互识别出这一状况并开展相互帮助。

当然,"智能的"设备有的时候指的是机器的智能服务和维护。技师通常会定期对机器、工厂和其他资产进行检查和保养,或者在机器出现问题的时候进行维修。一些事前没有预计到的问题或机器停机会导致生产延迟和很高的维修成本。

4．工业软件

1）工业软件的特征

随着智能制造、工业 4.0 和工业互联网等新一轮工业革命的兴起，新技术与传统制造的结合催生了大量新型应用。工业软件也开始结合大数据、虚拟现实、人工智能等先进技术，在研发设计、生产制造、服务管理和维护反馈等工业各环节中凸显出更重要的作用。工业软件是指主要用于或专用于工业领域，为提高工业研发设计、业务管理、生产调度和过程控制水平的相关软件与系统，其本质是工业知识软件化。新型工业软件承担着对各类工业数据进行处理、分析和应用的重要功能，是智能制造和工业互联网体系中负责优化、仿真、呈现、决策等关键职能的主要组成部分。

制造行业在信息化发展初始，工业软件就扮演了不可或缺的重要角色。新型工业软件区别于通用的应用软件，主要具备五个特征。

（1）与行业结合紧密。相对于其他应用软件，工业软件更加强调对物理世界的深刻理解、行业物理模型的精确契合。

（2）继承性强。与 IT 通用软件相比，工业软件需要行业经验和长期积累，专业性强，应用面较窄。好的工业软件必须由专业团队多年工作研发，并不断继承完善。

（3）可靠性高。工业软件与制造业的生产过程和机器设备结合，流程复杂，需要高可靠性保证过程与动作的正确性。

（4）开发要求高。工业软件产品对开发、集成、管理要求十分严密，需监控软件的全生命周期，包括软件开发的全过程；

（5）研发难度大。工业软件的开发工作量巨大，需不断积累完善，对开发人员的 IT 技能水平与工业专业水平要求均较高。

2）工业软件的分类

伴随着信息化的进程，工业软件产品体系发展逐渐成熟。工信部在发布的《"十四五"智能制造发展规划（征求意见稿）》中，将工业软件划分为六类：研发设计类、生产制造类、经营管理类、控制执行类、行业专用软件和新型软件（见图 3.9）。研发设计类软件主要包括计算机辅助设计（CAD）、计算机辅助工程（CAE）、计算机辅助工艺过程设计（CAPP）、计算机辅助制造（CAM）、产品全生命周期管理（PLM）等；生产制造类软件主要包括制造执行系统（MES）、高级计划排产系统（APS）等；经营管理类软件包括企业资源计划（ERP）、供应链管理、客户关系管理、电子商务等；控制执行类软件包含工业操作系统、工业控制软件等；行业专用类软件包含面向特定行业、特定环节的模型库、工艺库等基础知识库，面向石化、冶金等行业的全流程一体化优化软件等；新型软件包含工业 App、云化软件等。

3）工业软件的发展方向

在智能制造、工业互联网等先进制造体系中，工业软件主要承担计算与分析功能，其产业体系较为成熟，未来新型工业软件将向仿真化、大数据化、集成化和云化的方向发展。

第一，仿真软件将成为新型工业软件未来的发展重点，复杂系统仿真成为重要方向。得益于计算处理、数据支持、图形化等基础支撑技术的持续提升，面向多相多态介质、多物理场、多尺度等复杂耦合仿真的新型工业软件日渐丰富，其实现形式主要有两种：一是通过开放的数据接口标准进行多仿真系统耦合的联合仿真。如法国达索系统公司推出的

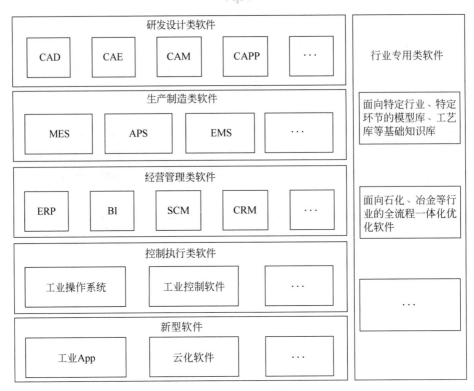

图 3.9　软件的分类

Dymola 仿真平台,基于 FMI/FMU 接口联合 AMESim、PROOSIS、Simulink 等十几种不同建模工具和机电分系统进行仿真。二是增加仿真模块,通过单系统实现多领域仿真,从而扩展工业仿真软件的应用领域。

第二,新型工业软件引入大数据等先进技术应用,加强分析与计算能力。企业管理和生产管理等传统工业软件与大数据技术结合,通过对设备、用户、市场等数据的分析,提升了场景可视化能力,实现了对用户行为和市场需求的预测和判断;大数据与工业具体需求结合产生新型工业数据分析软件,实现了产品良率监测、设备预测性维护管理、产线动态排产等多种工业智能化场景应用。

第三,工业软件系统将以 PLM 等关键软件为中心集成化,推动工厂内"信息孤岛"聚合为"信息大陆"。传统工业软件以 ERP 为中心进行数据打通,未来新型工业软件将基于全生命周期管理软件 PLM 进行系统性集成。如西门子打造了基于 PLM 架构的全集成数字能力解决方案,其 PLM 产品可实现外部设计工具、分散研发团队、MES 与控制系统、第三方管理软件等多系统的集成,实现了工厂从底层到上层的信息贯通。

第四,基于 SaaS 模式的工业软件成为重要趋势,但主要面向中低端产品。当前向云平台迁移的工业软件主要为 CRM 和 SCM 两种,未来企业管理软件与设计仿真软件将加速向云迁移,其中 ERP 由于包含大量敏感本地数据将以混合云为主要形式,CAD、CAE、CAM、CAPP 将率先探索中低端 SaaS 云服务市场,MES 云化方案尚处在起步探索阶段。

5. 工业网络安全

工业基础设施构成了我国国民经济、现代社会以及国家安全的重要基础。超过 80% 的涉及国计民生的关键基础设施依靠工业控制系统来实现自动化作业。工业控制系统(industrial control systems,ICS)的安全已是国家安全战略的重要组成部分,其安全事件已经能够直接影响物理世界,对人身安全、环境安全、经济安全甚至国家安全产生重大影响。

传统的工业控制系统是孤立的系统,使用专用的硬件和软件来运行特定的控制协议。基于数字化企业要求的新型工业控制系统,由于采用了通用通信协议,被设计成符合工业标准系统(标准对外公开)、大量采用了传统IT的通用操作系统、数据库和网络协议,这种设计在安全事件频发的今天为工业控制网络带来便利的同时也大大增加了工业控制系统的风险因素。

因此,针对数字化工厂部署有效的安全解决方案,成为构建智能工厂系统不可或缺的环节。需要关注的是,工业网络安全的解决方案部署,并不是单一针对硬件或软件的部署与改动。高成熟度的ICS信息安全解决体系,是在遵守不断改进的法律法规前提下,循环交替地提升安全解决方案。

信息网络是工业4.0的支撑。既然工业4.0发端于工业,却受益和影响至整个社会,就不再仅仅是工业控制问题,而是战略控制问题。这就需要施行必要的战略举措,包括加强顶层安全战略设计、建立国家网络风险意识、完善相关法规制度、健全开放式产品验证和检验机制、进行全民安全素质教育、培育国家与民间网络攻防能力和有效聚合各种社会力量等。

3.2.3 支撑性技术

3.2.3.1 工业大数据

1. 内涵及边界

针对大数据技术,我国电子技术标准化研究院发布了白皮书,指出工业大数据是指在工业领域中,围绕典型智能制造模式,从客户需求到销售、订单、计划、研发、设计、工艺、制造、采购、供应、库存、发货和交付、售后服务、运维、报废或回收再制造等整个产品全生命周期各个环节所产生的各类数据及相关技术和应用的总称。工业大数据以产品数据为核心,极大延展了传统工业数据的范围,同时还包括工业大数据的相关技术和应用。

工业大数据的边界可以从数据来源、工业大数据的应用场景两大维度进行明确。

从数据的来源看,工业大数据主要包括三类。

第一类是企业运营管理相关的业务数据。这类数据来自企业信息化范畴,包括企业资源计划、产品生命周期管理、供应链管理、客户关系管理和能源管理系统等,此类数据是工业企业传统意义上的数据资产。

第二类是制造过程数据,主要是指工业生产过程中,装备、物料及产品加工过程的工况状态参数、环境参数等生产情况数据,通过MES系统实时传递。目前在智能装备大量应用的情况下,此类数据量增长最快。

第三类是企业外部数据,包括工业企业产品售出之后的使用、运营情况的数据,同时还包括大量客户名单、供应商名单、外部的互联网等数据。从工业大数据的应用场景看,工业大数据是针对每一个特定工业场景,以工业场景相关的大数据集为基础,集成工业大数据系列技术与方法,获得有价值信息的过程。工业大数据应用的目标是从复杂的数据集中发现新的模式与知识,挖掘得到有价值的信息,从而促进工业企业的产品创新、运营提质和管理增效。根据行业自身的生产特点和发展需求,工业大数据在不同行业中的应用重点以及所产生的业务价值也不尽相同。

从工业大数据的应用场景看,针对流程制造业,企业利用生产相关数据进行设备预测性维护、能源平衡预测及工艺参数寻优,可以降低生产成本、提升工艺水平、保障生产安全。对于离散制造业,工业大数据的应用促进了智慧供应链管理、个性化定制等新型商业模式的快速发展,有助于企业提高精益生产水平、供应链效率和客户满意度。

2. 工业大数据与智能制造、工业互联网的关系

关于工业大数据与智能制造的关系,一方面智能制造是工业大数据的载体和产生来源,其各环节信息化、自动化系统所产生的数据构成了工业大数据的主体;另一方面,智能制造又是工业大数据形成的数据产品最终的应用场景和目标。工业大数据描述了智能制造各生产阶段的真实情况,为人类读懂、分析和优化制造提供了宝贵的数据资源,是实现智能制造的智能来源。工业大数据、人工智能模型和机理模型的结合,可有效提升数据的利用价值,是实现更高阶的智能制造的关键技术之一。

工业大数据与工业互联网的关系与智能制造的场景有所区别,工业互联网更为关注制造业企业如何以工业为本,通过"智能+"打通、整合、协同产业链,催生个性化定制、网络化协同、服务化延伸等新模式,从而提升企业、整体行业的价值链或是区域产业集群的效率。与智能制造相似的是,工业互联网既是工业大数据的重要来源,也是工业大数据重要的应用场景。尤其在工业互联网平台的建设中,工业大数据扮演着重要的角色。

工业大数据是一个至关重要的技术领域,它包括对企业的业务分析与优化,可引领企业增长。对于企业,它意味着如何在传统 BI(bussiness intelligence,商务智能)的基础上形成敏捷的 BI,然后再进行互联网数据关联;通过应用大数据、工业大数据的分析来创造透明度,通过验证试验来了解市场、企业的运作和细分客户,采用灵活的方式形成新的商业模式、产品及服务。

企业管理自身的数据、行业数据以及外界数据的能力是企业核心竞争力的重要组成部分。用大数据来进行业务的优化、市场的分析、风险的主动防范、引领企业增长是应用大数据的意义所在,如图 3.10 所示。

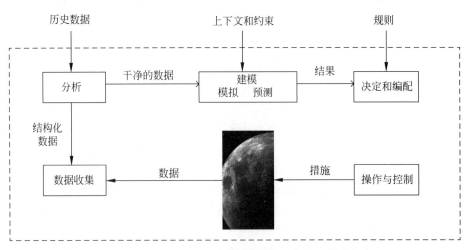

图 3.10　基于大数据所形成增值链的分析和一体化框架

3. 工业大数据技术参考架构

如图 3.11 所示,工业大数据技术参考架构从技术层级上具体划分为五层。

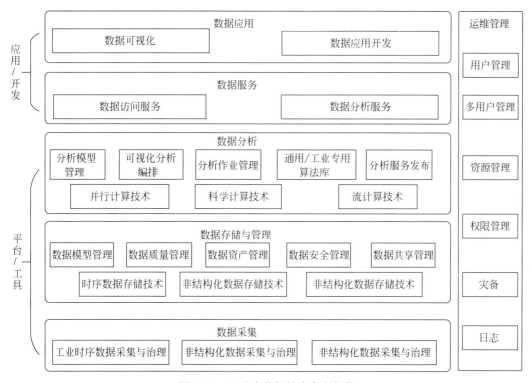

图 3.11 工业大数据技术参考架构

（1）数据采集层。数据采集层包括工业时序数据采集与治理、结构化数据采集与治理和非结构化数据采集与治理。海量工业时序数据具有 7×24 小时持续发送、存在峰值和滞后等波动、质量问题突出等特点。数据采集层的数据源主要包括通过 ETL（extract transform load）方式同步的企业生产经营相关的业务数据、实时或批量采集的设备物联数据和从外部获取的第三方数据。

（2）数据存储与管理层。数据存储与管理层包括大数据存储技术和管理功能。利用大数据分布式存储的技术,构建在性能和容量都能线性扩展的时序数据存储、结构化数据存储和非结构化数据存储等。

（3）数据分析层。数据分析层包括基础大数据计算技术和大数据分析服务功能。在此之上构建完善的大数据分析服务功能来管理和调度工业大数据分析,通过数据建模、数据计算、数据分析形成知识积累,以实现工业大数据面向生产过程智能化、产品智能化、新业态新模式智能化、管理智能化以及服务智能化等领域的数据分析。

（4）数据服务层。数据服务层是利用工业大数据技术对外提供服务的功能层,包括数据访问服务和数据分析服务。数据服务层提供平台各类数据源与外界系统和应用程序的访问共享接口,其目标是实现工业大数据平台的各类原始、加工和分析结果数据与数据应用和外部系统的对接集成。

（5）数据应用层。数据应用层主要面向工业大数据的应用技术，包括数据可视化技术和数据应用开发技术。数据应用层通过生成可视化、告警、预测决策、控制等不同的应用，从而实现智能化设计、智能化生产、网络化协同制造、智能化服务和个性化定制等典型的智能制造模式，并将结果以规范化数据形式存储下来，最终构成从生产物联设备层级到控制系统层级、车间生产管理层级、企业经营层级、产业链上企业协同运营管理的持续优化闭环。

此外运维管理层也是工业大数据技术参考架构的重要组成，贯穿从数据采集到最终服务应用的全环节，为整个体系提供管理支撑和安全保障。

4. 工业大数据平台

工业大数据平台涵盖了 IT 网络架构和云计算基础架构等基础设施，专家库、知识库、业务需求库等资源，以及安全、隐私等管理功能。除此之外，工业大数据平台还包含关联工业大数据实际应用的三方面角色，即数据提供方、数据服务消费方、数据服务合作方，如图 3.12 所示。

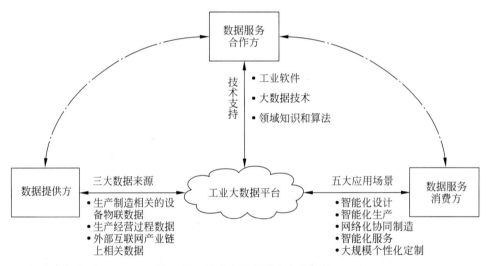

图 3.12　工业大数据平台参考架构

数据提供方是能提供三大类主要数据来源的角色，包括各类人员、工业软件、生产设备装备、产品、物联网、互联网、其他软件等多类对象，以及企业活动、人员行为、装备设备运行、物联网和互联网运行等多种活动。多类对象的多种活动产生的数据都将通过工业大数据平台直接或间接地提供给数据消费方。

数据服务消费方是在工业大数据的五大应用场景中，利用目标数据，有目的地进行设计、生产、制造、服务提供、个性化定制等活动的角色，主要是从事产品研发设计、生产制造、产品服务的企业或个人，直接或间接地从数据提供方处获得数据，并进行加工处理，以达到特定的目标。

数据服务合作方主要服务于数据提供方和数据消费方，为双方中的角色主体提供其所需要的技术支持、软硬件支持、智力资源的支持等，主要包括工业软件提供商、网络提供商、大数据技术供应商、服务提供商、组织机构、专家学者等角色，根据双方的需求提供相应的针对性服务。

3.2.3.2 工业物联网与工业互联网

1．工业物联网

1）发展背景与内涵

在过去的几十年里，无线技术的发展催生了一种名为物联网的新范式。1991 年，Kevin Ashton 在美国麻省理工学院首次提出了"物联网"的概念，指将所有物品通过射频识别等信息传感设备与互联网连接起来，实现智能化识别和管理的网络。2005 年，国际电信联盟（ITU）发布了《ITU 互联网报告 2005：物联网》，对"物联网"的含义进行了扩展，指出世界上所有的物体都可以通过 Internet 主动进行信息交换。随着物联网的发展成熟，其内涵和外延也在不断发生变化。

2017 年发布的国家标准 GB/T 33745—2017《物联网术语》以及 2018 年发布的国际标准 ISO/IEC 20924：2018 Information technology-Internet of Things（IoT）Vocabulary 均给出了物联网的定义，即"通过感知设备，按照既定协议，连接物、人、系统和信息资源，实现对物理和虚拟世界的信息进行处理并做出反应的智能服务系统"，其中"物"指物理实体。国际标准 ISO/IEC 22417：2017 Information technolog—Internet of things（IoT）-IoT use cases 中提出物联网的应用场景包括交通、家居、公共建筑、办公、工业、农业、渔业、穿戴、机车、智慧城市等 14 方面。

依据物联网的相关定义及对其在工业领域中应用现状的深入研究，我国电子技术标准化研究院在白皮书中给出了工业物联网的定义：工业物联网是通过工业资源的网络互连、数据互通和系统互操作，实现制造原料的灵活配置、制造过程的按需执行、制造工艺的合理优化和制造环境的快速适应，达到资源的高效利用，从而构建服务驱动型的新工业生态体系。工业物联网表现出六大典型特征：智能感知、泛在连通、精准控制、数字建模、实时分析和迭代优化。

物联网不仅在智能家居、医疗保健、交通和环境等许多物联网应用中具有广泛的优势，还能通过降低成本实现更高效、更优化的监测和控制，在行业中产生了重大影响，也由此产生了工业物联网（IIoT）的概念。学者 Khanc 等认为工业物联网是由智能和高度连接的工业组件组成的网络，部署这些组件是为了通过实时监控、高效管理和控制工业流程、资产和运营时间来实现高生产率和降低运营成本。工业物联网系统允许行业收集和分析大量数据，这些数据可以用来提高工业系统的整体性能，提供各种类型的服务，还可以降低资本支出和运营费用的成本。

如图 3.13 所示，工业物联网的目的是实现物与物、物与人及所有的物品与网络的连接，方便识别、管理和控制。物联网清晰地描述了一种唯一确定的物理对象间的连接，物品能够通过这种连接自主地相互联系，这种交互作用发生在其与机器之间、对象与对象之间。

物联网的提出突破了将物理设备和信息传送分开的传统思维，实现了物与物的交流，体现了大融合理念，具有很大的战略意义。工业物联网是工业 4.0 的核心基础，有无处不在的传感器，这些传感器进行互联以后就形成了大量的数据，然后回到数字中枢，进行数据的清洗、整理、挖掘和数据再增值。过去的大数据在服务业企业运用得比较多，工业企业很多数据没有被完全挖掘出来,现在一个新的市场正在形成,就是通过工业物联网形成大量数据,来重新产生价值。所以工业 4.0 的第一个基础技术领域是工业物联网。

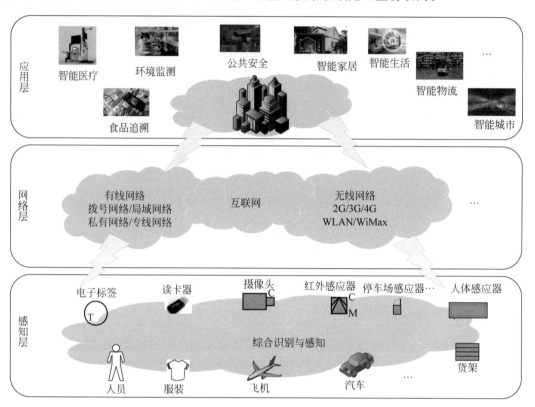

图 3.13　物联网原理示意图

2)工业物联网的参考体系架构

工业物联网的参考体系架构(见图 3.14)是工业物联网系统组成的抽象描述,为不同工业物联网结构设计提供参考。工业物联网参考体系架构是依据 GB/T 33474—2016《物联网参考体系结构》中的物联网概念模型给出的,从系统的角度给出了工业物联网系统各功能域中主要实体及实体之间的接口关系。

工业物联网的参考体系架构由用户域、目标对象域、感知控制域、服务提供域、运维管控域和资源交换域组成。

目标对象域主要为在制品、原料、流水线、环境、作业工人等,这些对象被感知控制域的传感器、标签所感知、识别和控制,以获取其生产、加工、运输、流通、销售等各个环节的信息。

感知控制域采集的数据最终通过工业物联网网关传送给服务提供域。

服务提供域主要包括通用使能平台、资产优化平台和资源配置平台,可提供远程监控、能源管理、安全生产等服务。

运维管控域从系统运行的技术性管理和法律法规的符合性管理两大方面保证工业物联网其他域的稳定、可靠、安全运行等,主要包括工业安全监督管理平台和运行维护管理平台。

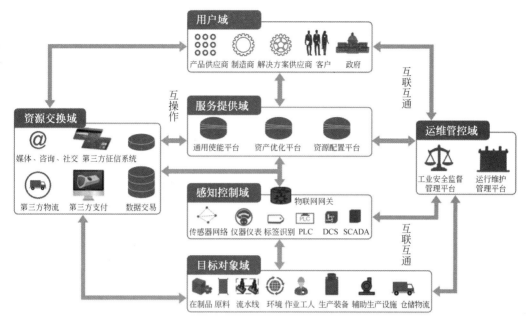

图 3.14　工业物联网的参考体系架构

资源交换域根据工业物联网系统与其他相关系统的应用服务需求,实现信息资源和市场资源的交换与共享功能。

用户域用于支撑用户接入工业物联网、适用物联网服务接口系统,具体包括产品供应商、制造商、解决方案供应商、客户和政府等。

3) 工业物联网的技术体系。

工业物联网的技术体系(见图 3.15)主要分为感知控制技术、网络通信技术、信息处理技术和安全管理技术。感知控制技术主要包括传感器、射频识别、多媒体、工业控制等,是工业物联网部署实施的核心;网络通信技术主要包括工业以太网、工业现场总线、工业无线网络等,是工业物联网互联互通的基础;信息处理技术主要包括数据清洗、数据分析、数据建模和数据存储等,为工业物联网的应用提供支撑;安全管理技术包括加密认证、防火墙、入侵检测等,是工业物联网部署的关键。

图 3.15　工业物联网的技术体系

（1）感知控制技术。工业传感器能够测量或感知特定物体的状态和变化，并转化为可传输、可处理、可存储的电子信号或其他形式的信息，是实现工业物联网中工业过程自动检测和自动控制的首要环节。射频识别是一种非接触类型的自动识别技术，其主要原理是利用无线电磁信号传输特性和空间耦合原理，来完成对目标物体的自动识别过程。工业控制系统包括监控和数据采集系统、分布式控制系统和可编程逻辑控制器等其他较小的控制系统。

（2）网络通信技术。工业以太网、工业现场总线、工业无线网络是目前工业通信领域的三大主流技术。工业以太网是指在工业环境的自动化控制及过程控制中应用以太网的相关组件及技术。工业现场总线是近年来迅速发展起来的一种工业数据总线。它诞生之初是为了解决智能仪器仪表、控制器、执行器等现场设备间的数字通信以及这些现场控制设备和高级控制系统之间的信息传递问题。现在被广泛应用的现场总线几十余种。现场总线技术的出现给工业自动化带来了一场革命，它结构简单，方便控制系统的设计、安装、投运、正常生产运行及检修维护，可以节省硬件数量与投资、节省安装费用以及提高系统的可靠性，为用户提供了灵活的系统集成主动权。工业无线网络则是一种新兴的利用无线技术进行传感器组网以及数据传输技术的网络。无线网络技术的应用可以使得工业传感器的布线成本大大降低，有利于传感器功能的扩展，其核心技术包括时间同步、确定性调度、跳信道、路由和安全技术等。

（3）信息处理技术。信息处理技术是对采集到的数据进行数据解析、格式转换、元数据提取、初步清洗等预处理工作，再按照不同的数据类型与数据使用特点选择分布式文件系统、关系数据库、对象存储系统、时序数据库等不同的数据管理引擎实现数据的分区选择、落地存储、编目与索引等操作。

（4）安全管理技术。不同的工业物联网系统会采取不同的安全防护措施，主要包括预防（防止非法入侵）、检测（万一预防失败，则在系统内检测是否有非法入侵行为）、响应（如果查到入侵，应采取什么行动）、恢复（如何尽快恢复受破坏的数据和系统）等阶段。

2．工业互联网

1）发展背景及内涵

随着互联网、大数据、云计算、物联网、人工智能等新信息技术的快速发展，新的生产方式和组织方式推动着全球工业体系的智能化转型。2012年美国GE公司董事长Jeffrey R. Immelt首次提出了工业互联网的概念，即基于开放的全球网络将设备、人员和数据分析连接起来。这一概念的目标是通过大数据的使用和分析，提升航空、医疗和其他工业设备的智能，降低能耗，提高效率。2013年6月，通用电气提出工业互联网革命概念，为大量工业应用提供运维服务，利用互联网、大数据等关键技术提升服务质量。随后，为了将工业互联网的概念应用到实际应用场景中，美国AT&T、CISCO、GE、IBM和Intel等五家领先的工业公司成立了工业互联网联盟，2015年提出工业互联网是物联网、机器、计算机和人的互联网，可使用先进的数据分析实现智能工业运营和变革性的业务成果。它体现了全球工业生态系统、先进计算和制造、普适传感和泛在网络连接的融合。工业互联网的概念在过去十年中已经发展到包含由数万亿无处不在的可寻址设备组成的全球互联网络，并共同代表物理世界。工业互联网联盟的目标是打破技术壁垒，促进物理世界和数字世界的融合。因此，工业互联网将在智能制造、医疗、交通等领域产生创新的工业产品和系统。工业互联网联盟于2017和2019年发布了工业互联网参考架构（IIRA）V.1.8和V.1.9。IIRA提供了基于标准的架构模板和方法,以便工业物联网系统架构设计师可以基于公共框架和概念设计自己的系统。

我国政府在新的发展背景下也提出了促进信息化和工业化深度融合的战略,加快发展先进制造业和经济。2016年,我国成立了工业互联网产业联盟,旨在建立一个行政、产业和学术协同提升的公共平台。工业互联网联盟将工业互联网重新定义为互联网、新信息技术和产业体系深度融合形成的产业和应用生态。我国工业互联网产业联盟致力于研究工业互联网的相关内容,于2016和2020相继发布了《工业互联网体系架构1.0》和《工业互联网体系架构2.0》版本,其中给出了工业互联网的内涵:作为全新工业生态、关键基础设施和新型应用模式,通过人、机、物的全面互联,实现全要素、全产业链、全价值链的全面连接,正在全球范围内不断颠覆传统制造模式、生产组织方式和产业形态,推动传统产业加快转型升级、新兴产业加速发展壮大。工业互联网联盟认为工业互联网是实体经济数字化转型的关键支撑,是实现第四次工业革命的重要基石,能够化解综合成本上升、产业向外转移风险,推动产业高端化发展,推进创新创业。

工业互联网是指工业互联的网,而不是工业的互联网。在企业内部,要实现工业设备(生产设备、物流装备、能源计量、质量检验、车辆等)、信息系统、业务流程、企业的产品与服务、人员之间的互联,实现企业IT网络与工控网络的互联,实现从车间到决策层的纵向互联;在企业间,要实现上下游企业(供应商、经销商、客户、合作伙伴)之间的横向互联;从产品生命周期的维度,要实现产品从设计、制造到服役,再到报废回收再利用整个生命周期的互联。这实际上与工业4.0提出的三个集成的内涵是相通的。

工业互联网将智能机器或特定类型的设备与嵌入式技术和物联网结合起来,例如对机器和车辆配备智能技术,包括机器与机器互联(machine to machine,M2M)技术,实现制造装备和其他设备间的数据传输。工业互联网也应用于交通项目,例如无人(或自主)驾驶汽车和智能轨道交通系统。

2)工业互联网参考架构

为了应对工业互联网发展中的挑战,整合工业互联网的技术、概念和应用,工业互联网联盟提出了工业互联网参考架构(IIRA),如图3.16所示。IIRA主要通过工业互联网架构框架IIAF来表现。IIAF由框架和表示两个模块构成;框架模块基于对于问题的识别、评估和解决,以视图和模型两种方式将解决方案予以呈现;IIRA可以将其思想、成果等应用于IIoT系统,使得系统架构得以扩展、丰富和发展,而获得发展的IIoT系统又会将实践中新的思想、技术等反馈给IIoT,促进IIRA的改进提升。IIAF是IIRA的基础,可以用来展示IIoT系统中的关键部分。IIRA中的模型及其表示展示了参考体系结构的关键思想,其建立提供了将智能设备、机器、人员、过程和数据互联在一起的公共体系结构。

图3.16说明了工业互联网参考架构及其应用的关键思想。

识别利益相关方并确定关注点有四个视角,分别为业务视角(需求模型)、使用视角(用例模型)、功能视角(功能模型)和实现视角(部署模型)。工业互联网的其他体系结构可以根据这四个视角,然后结合特定需求来扩展自己的视角。这些视角按照图3.17所示的顺序排列,较高层次的视角可以指导较低层次的视角并对其施加要求。

相关学者认为工业互联网作为传统工业体系和新型信息技术的结合体,需要包括智能传感与控制技术、网络互联技术、数据处理技术、安全技术在内的多种关键技术支撑。

在新工业革命和新一代信息通信技术的催动下,主要国家在推进制造业数字化、智能

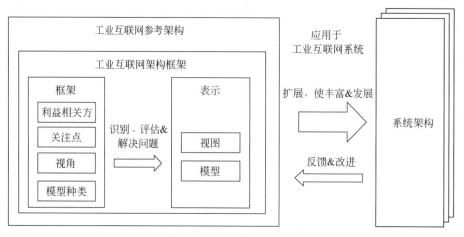

图 3.16 IIRA 结构和应用

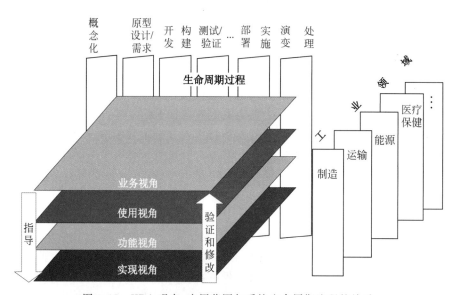

图 3.17 IIRA 观点、应用范围与系统生命周期流程的关系

化转型的过程中,不约而同地把参考架构设计作为重要抓手,如德国推出工业 4.0 参考架构、美国推出工业互联网参考架构、日本推出工业价值链参考架构,其核心目的是以参考架构来凝聚产业共识与各方力量,指导技术创新和产品解决方案的研发,引导制造企业开展应用探索与实践,并组织标准体系建设与标准制定,从而推动一个创新型领域从概念走向落地。

我国工业互联网产业联盟于 2016 年 8 月发布了《工业互联网体系架构(版本 1.0)》(以下简称"体系架构 1.0")(见图 3.18)。体系架构 1.0 提出了工业互联网网络、数据、安全三大体系,其中"网络"是工业数据传输交换和工业互联网发展的支撑基础,"数据"是工业智能化的核心驱动,"安全"是网络与数据在工业中应用的重要保障。基于三大体系,工业互联网重点构建三大优化闭环,即面向机器设备运行优化的闭环,面向生产运营决策优化的闭环,以及面向企业协同、用户交互与产品服务优化的全产业链、全价值链的闭环,并进一步形成智能化生产、网络化协同、个性化定制、服务化延伸等四大应用模式。

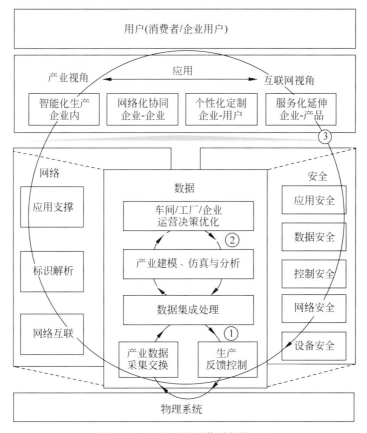

图 3.18 工业互联网体系架构 1.0

随着工业互联网的深入发展,要求工业互联网由理念与技术验证走向规模化应用推广,旨在为企业应用提供一套可供开展实践的方法论,从战略层面为企业开展工业互联网实践指明方向;结合规模化应用需求对功能架构进行升级和完善;提出更易于企业应用部署的实施框架;重点是强化与现有制造系统的结合,明确各层级的工业互联网部署策略以及所对应的具体功能、系统和部署方式,以便对企业实践提供更强的参考作用。

基于上述四方面考虑,工业互联网产业联盟组织研究提出了工业互联网体系架构 2.0(以下简称"体系架构 2.0"),旨在构建一套更全面、更系统、更具体的总体指导性框架。在发展和演进的同时,体系架构 2.0 也充分继承了体系架构 1.0 的核心思想:一是体系架构 2.0 仍突出数据作为核心要素;二是体系架构 2.0 仍强调数据智能化闭环的核心驱动及其在生产管理优化与组织模式变革方面的变革作用;三是体系架构 2.0 继承了三大功能体系。考虑到体系架构 1.0 中网络、数据、安全在数据功能上存在一定重叠,如网络体系包含数据传输与互通功能,安全体系中包含数据安全功能,因此在体系架构 2.0 中以平台替代数据,重点体现 1.0 中数据的集成、管理与建模分析功能,形成网络、平台、安全三大体系,但功能内涵与 1.0 基本一致。

工业互联网体系架构 2.0 包括业务视图、功能架构、实施框架三大板块,如图 3.19 所示,形成以商业目标和业务需求为牵引,进而明确系统功能定义与实施部署方式的设计思路,自上向下层层细化和深入。

业务视图明确了企业应用工业互联网实现数字化转型的目标、方向、业务场景及相应的数字化能力,主要用于指导企业在商业层面明确工业互联网的定位和作用,提出的业务需求和数字化能力需求对于后续功能架构设计是重要指引。功能架构明确企业支撑业务实现所需的核心功能、基本原理和关键要素,主要用于指导企业构建工业互联网的支撑能力与核心功能,并为后续工业互联网实施框架的制定提供参考。实施框架描述各项功能在企业落地实施的层级结构、软硬件系统和部署方式。实施框架结合当前制造

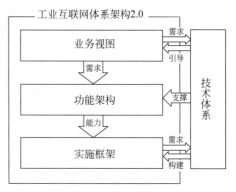

图 3.19　工业互联网体系架构 2.0

系统与未来发展趋势,提出了由设备层、边缘层、企业层、产业层四层组成的实施框架层级划分,明确了各层级的网络、标识、平台、安全的系统架构、部署方式以及不同系统之间的关系。实施框架主要为企业提供工业互联网具体落地的统筹规划与建设方案,进一步指导企业技术选型与系统搭建。

3) 工业互联网技术体系

我国工业互联网产业联盟认为工业互联网技术体系是支撑功能架构实现、实施框架落地的整体技术结构,其超出了单一学科和工程的范围,需要将独立技术联系起来构建成相互关联、各有侧重的新技术体系,在此基础上考虑功能实现或系统建设所需的重点技术集合。同时,以人工智能、5G 为代表的新技术加速融入工业互联网,不断拓展工业互联网的能力内涵和作用边界。

工业互联网的核心是通过更大范围、更深层次的连接实现对工业系统的全面感知,并通过对获取的海量工业数据的建模分析,形成智能化决策,其技术体系由制造技术、信息技术以及两大技术交织形成的融合性技术组成。制造技术和信息技术的突破是工业互联网发展的基础,例如增材制造、现代金属、复合材料等新材料和加工技术不断拓展制造能力边界,云计算、大数据、物联网、人工智能等信息技术快速提升人类获取、处理、分析数据的能力。制造技术和信息技术的融合强化了工业互联网的赋能作用,催生了工业软件、工业大数据、工业人工智能等融合性技术,使机器、工艺和系统的实时建模和仿真,产品和工艺技术隐性知识的挖掘和提炼等创新应用成为可能。

在工业互联网技术体系中(见图 3.20),信息技术勾勒了工业互联网的数字空间。新一代信息通信技术一部分直接作用于工业领域,构成了工业互联网的通信、计算、安全基础设施;另一部分基于工业需求进行二次开发,成为融合性技术发展的基石。在通信技术中,以 5G、WiFi 为代表的网络技术提供了更可靠、快捷、灵活的数据传输能力,标识解析技术为对应工业设备或算法工艺提供了标识地址,保障了工业数据的互联互通和精准可靠;边缘计算、云计算等计算技术为不同工业场景提供了分布式、低成本数据计算能力;数据安全和权限管理等安全技术保障了数据的安全、可靠、可信。信息技术一方面构建了数据闭环优化的基础支撑体系,使绝大部分工业互联网系统可以基于统一的方法论和技术组合构建;另一方面打通了互联网领域与制造领域技术创新的边界,统一的技术基础使互联网中的通用技术创新可以快速渗透到工业互联网中。

融合技术驱动了工业互联网物理系统与数字空间的全面互联与深度协同。制造技术

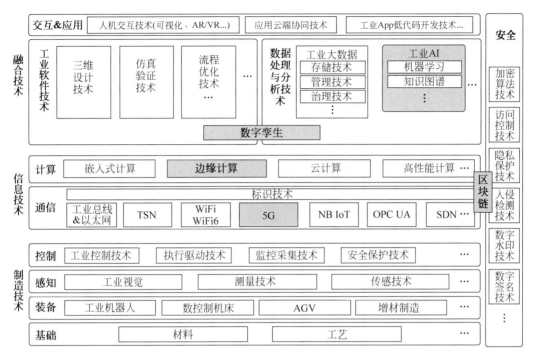

图 3.20 工业互联网技术体系总图

和信息技术都需要根据工业互联网中的新场景、新需求进行不同程度的调整,才能构建出完整可用的技术体系。工业数据处理与分析技术在满足海量工业数据存储、管理、治理需求的同时,基于工业人工智能技术形成了更有深度的数据洞察,与工业知识整合共同构建了数字孪生体系,支持分析预测和决策反馈;工业软件技术基于流程优化、仿真验证等核心技术将工业知识进一步显性化,支撑工厂/产线虚拟建模与仿真、多品种变批量任务动态排产等先进应用;工业交互和应用技术基于 VR/AR 改变了制造系统的交互使用方式,通过云端协同和低代码开发技术改变了工业软件的开发和集成模式。融合技术一方面构建出了符合工业特点的数据采集、处理、分析体系,推动了信息技术不断向工业核心环节渗透;另一方面重新定义了工业知识积累、使用的方式,提升了制造技术优化发展的效率和效能。

4)工业互联网与其他概念的关系

(1)工业互联网与工业物联网的关系。

工业物联网是工业互联网的基础。工业物联网指的是物联网在工业上的应用;工业互联网涵盖了工业物联网,进一步延伸到企业的信息系统、业务流程和人员。

工业互联网的概念实际上与国外提出的万物互联,将人、流程、数据和事物结合一起,使得网络连接变得更加相关、更有价值的理念有相似之处,相当于是工业企业的万物互联。

(2)工业互联网与智能制造的关系。

工业互联网的核心是互联,是制造企业实现智能制造的关键使能技术之一。根据智能制造金字塔模型,企业推进智能制造包含四个层次、十个场景。

智能制造的四个层次及核心内容如下。

第一层是推进产品的智能化和智能服务,从而实现商业模式的创新。在这一层,工业互联网可以支撑企业开发智能互联产品,基于物联网提供智能服务。

第二层是如何应用智能装备、部署智能产线、打造智能车间、建设智能工厂,从而实现生产模式的创新。在这一层,工业互联网技术可以帮助企业实现机器与机器互联,实现从设备联网到产线的数据采集以及从车间的智能监控到生产无纸化等。

第三层是智能研发、智能管理和智能物流与供应链,以实现企业运营模式的创新。在这一层,工业互联网的主要作用是实现企业内的信息集成和企业间的供应链集成。

第四层是智能决策。在这一层,工业互联网的作用是实现异构数据的整合与实时分析。

智能制造的主要核心内容与应用场景主要包括智能产品、智能研发、智能装备、智能产线、智能车间、智能工厂、智能管理、智能供应链与物流、智能服务以及智能决策等。

(3)工业互联网与工业大数据的关系。

工业互联网平台需要管理海量和异构的、结构化、半结构化和非结构化的数据,包括来自各种设备、已服役的产品、信息系统和社交媒体的数据。对于工业企业而言,这些数据就是工业大数据,需要用专业的平台来存储、分析、展现这些数据,通过数据驱动,实现对产品、制造工艺和设备进行监控、控制和优化等功能。这样的平台就是工业大数据平台。应该说,工业大数据平台是工业互联网平台的一个子集。

3.2.3.3 云计算、雾计算、边缘计算与边缘云计算

1. 云计算

云计算是分布式计算的一种,根据 ISO/IEC 17788《信息技术-云计算-概览与词汇》的定义:云计算是一种将可伸缩、弹性、共享的物理和虚拟资源池以按需自服务的方式供应和管理,并供网络访问的模式。云计算模式由关键特征、云计算角色和活动、云能力类型和云服务类别、云部署模型、云计算的共同关注点组成。云计算是分布式计算、效用计算、负载均衡、并行计算、网络存储、备份冗杂和虚报化等计算机技术混合演进并进升的结果。

云计算系统由云平台、云存储、云终端、云安全四个基本部分组成。云平台从用户的角度可分为公有云、私有云、混合云和多云四种类型。从提供服务的层次可分为基础设施即服务(infrastructure as a service,IaaS)、平台即服务(platform as a service,PaaS)和软件即服务(software as a service,SaaS)三种云计算服务类型。近几年来,云计算正在成为信息技术产业发展的战略重点,全球的信息技术企业都在纷纷向云计算转型。

2. 雾计算

雾计算的概念最初是由美国纽约哥伦比亚大学的 Savatore Sofo 教授提出的,当时的意图是利用"雾"来阻挡黑客入侵。雾计算可理解为本地化的云计算。

3. 边缘计算

边缘计算并未形成统一的定义。ISO/IEC JTC1/SC38 对边缘计算给出的定义是:边缘计算是一种将主要处理和数据存储放在网络边缘节点的分布式计算形式。边缘计算产业联盟对边缘计算的定义是指在靠近物或数据源头的网络边缘侧,融合网络、计算、存储、应用核心能力的开放平台,就近提供边缘智能服务,满足行业数字化在敏捷连接、实时业务、数据优化、应用智能、安全与隐私保护等方面的关键需求。国际标准组织欧洲电信标准化协会对其的定义为:边缘计算是在移动网络边缘提供 IT 服务环境和计算能力,强调靠近移动用户,以减少网络操作和服务交付的时延,高用户体验。

上述边缘计算的各种定义虽然表述上各有差异,但基本都在表达一个共识:在更靠近终端的网络边缘上提供服务。这种运算既可以在大型运算设备内完成,也可以在中小型运算设备、目的端网络内完成;用于边缘运算的设备可以是智能手机这样的移动设备、PC 智能家居等家用终端,也可以是 ATM 机、摄像头等终端。如果说云计算是集中式大数据处理,那么边缘计算可以理解为边缘式大数据处理。

4. 边缘云计算

目前对云计算的概念都是基于集中式的资源管控给出的,即使采用多个数据中心互联互通形式,依然将所有的软硬件资源视为统一的资源进行管理、调度和售卖。随着 5G、物联网时代的到来以及云计算应用的逐渐增加,集中式的云已经无法满足终端侧"大连接,低时延,大带宽"的云资源需求。结合边缘计算的概念,云计算将必然发展到下一个技术阶段,就是将云计算的能力拓展至距离终端更近的边缘侧,并通过云边端的统一管控实现云计算服务的下沉,提供端到端的云服务。边缘云计算的概念也随之产生。

边缘云计算技术及标准化白皮书(2018 年)给出了边缘云计算的定义:边缘云计算简称边缘云,是基于云计算技术的核心和边缘计算的能力,构筑在边缘基础设施之上的云计算平台。它可形成边缘位置的计算、网络、存储、安全等能力全面的弹性云平台,并与中心云和物联网终端构成"云边端三体协同"的端到端的技术架构,通过将网络转发、存储、计算、智能化数据分析等工作放在边缘处理,降低响应时延,减轻云端压力,降低带宽成本,并提供全网调度、算力分发等云服务。

边缘云计算的基础设施包括但不限于分布式数据中心、运营商通信网络边缘基础设施、边缘侧客户节点(如边缘网关、家庭网关等)等边缘设备及其对应的网络环境。

图 3.21 表述了边缘云计算的基本概念。边缘云作为中心云的延伸,将云的部分服务或者能力(包括但不限于存储、计算、网络、AI、大数据、安全等)扩展到边缘基础设施之上。中心云和边缘云相互配合,实现中心-边缘协同、全网算力调度、全网统一管控等能力,真正实现"无处不在"的云。

未来边缘计算和云计算是相辅相成、相互配合的。边缘计算的定位是拓展云的边界,把计算力拓展到离"万物"一公里以内的位置。将边缘计算和云计算相结合,目前业界有很多尝试,也是技术研究的一大热点。

云计算、雾计算、边缘计算和边缘云计算可以为数字孪生体提供计算基础设施。

3.2.3.4　数字孪生

1. 数字孪生产生的背景及定义

业界认为数字孪生(digital twin,DT)概念(见图 3.22)最早由当时的 PLM 咨询顾问 Michael Grieves 博士(现任佛罗里达理工学院先进制造首席科学家)于 2002 年 10 月在美国制造工程协会管理论坛上提出,即"与物理产品等价的虚拟数字化表达",但当时并没有准确命名。2005 年,Michael Grieves 博士将该概念模型命名为镜像空间模型,2006 年又将其命名为信息镜像模型。2009 年,数字孪生这一名称首次出现在美国空军实验室提出的"机身数字孪生"概念中。2010 年,NASA(National Aeronautics and Space Administration,美国国家航空航天局)在《建模、仿真、信息技术和处理》和《材料、结构、机械系统和制造》两份技术路线图中直接使用了"数字孪生"这一名称。2011 年,NASA 先进材料和制造领域首

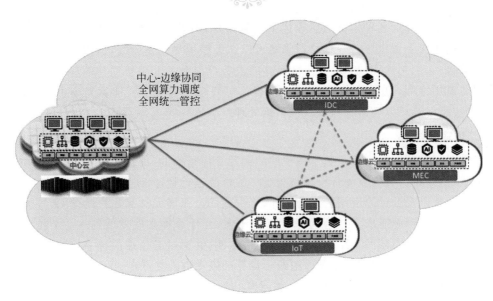

图 3.21　边缘云计算示意图

席技术专家 John Vickers 提出将其命名为数字孪生。同年,Michael Grieves 博士在其新书 *Virtually Perfect：Driving Innovative and Lean Products through Product Lifecycle Management* 中引用了 John Vickers 所建议的"数字孪生"这一名称,作为其信息镜像模型的别名,并一直延续至今。2013 年,美国空军将数字孪生和数字线程作为游戏规则改变者列入其《全球科技愿景》。

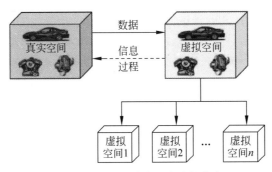

图 3.22　数字孪生体的最初概念模型及其术语名称的前身——PLM 的概念化理想

Michael Grieves 博士最初仅对数字孪生的模型进行了定义,即由物理实体、虚拟实体以及两者之间的连接共同组成,并没有对其具体定义进行描述。而后,NASA 撰写的空间技术路线图中对数字孪生定义如下:数字孪生是一种面向飞行器或系统的高度集成多学科、多物理量、多尺度、多概率的仿真模型,能够充分利用物理模型、传感器更新、运行历史等数据,在虚拟空间中完成映射,从而反映实体装备的全生命周期过程。NASA 对于数字孪生的定义受到了广泛的关注和认可,在此基础上,不同领域的研究人员也提出了自己的理解和定义,具体如表 3.1 所示。

表 3.1　数字孪生的重要概念和解释汇总

提出方	概念内容	时间
美国空军研究实验室等	机身数字孪生体是一个由数据、模型和分析工具构成的集成系统。该系统不仅可以在整个生命周期内表达飞机机身,并可以依据非确定信息对整个机队和单架机身进行决策,包括当前诊断和未来预测	2009 年
美国国家航空航天局	数字孪生是一种面向飞行器或系统的高度集成多学科、多物理量、多尺度、多概率的仿真模型,能够充分利用物理模型、传感器更新、运行历史等数据,在虚拟空间中完成映射,从而反映实体装备的全生命周期过程	2010 年
Michael Grieves	信息镜像模型作为概念化 PLM 的框架,揭示了物理产品和虚拟产品二元性的含义。使用虚拟产品代替物理产品的能力体现了信息镜像模型的价值	2011 年
美国空军	数字孪生是系统的虚拟表达,作为实际运行的单个系统实例在整个生命周期中应用的数据、模型和分析工具的集成系统	2013 年
美国国防部	数字线程:一个可扩展、可配置和组件化的企业级分析框架,基于数字系统模型的模板,可以无缝加速企业数据信息知识系统中授权技术数据、软件、信息和知识的受控交互;通过访问和集成不同数据并转换为可操作信息,可在系统整个生命周期中为决策者提供支持。 数字孪生:数字线程支持的、已建系统的、多物理场、多尺度和概率集成仿真,通过使用最佳可用模型、传感器更新和输入数据来镜像和预测其对应物理孪生体全生命期内的活动和性能	2014 年
西门子	数字孪生是产品或生产工厂的精确虚拟化模型,它展示了产品和生产全生命周期的演进,用于理解、预测和优化对应物的性能特点	2016 年
德勒	数字孪生体是某一物理实体(或过程)的历史和当前行为的数字化描述。这是一种持续进化的描述,有助于优化业务绩效	2017 年
IBM 公司	数字孪生是对物理对象或系统在全生命期内的虚拟表达,并通过使用实时数据实现理解、学习和推理	2017 年
ISO 23247	数字孪生体:是现实事物(或过程)具有特定目的的数字化表达,并通过适当频率的同步使物理实例与数字实例之间趋向一致	2019 年
中国北京航空航天大学等/陶飞等	数字孪生是一种集成多物理、多尺度、多学科属性,具有实时同步、忠实映射、高保真度特性,能够实现物理世界与信息世界交互与融合的技术手段	2018 年
中国电子信息产业发展研究院	数字孪生是综合运用感知、计算、建模等信息技术,通过软件定义,对物理空间进行描述、诊断、预测、决策,进而实现物理空间与赛博空间的交互映射	2019 年
安世亚太	数字孪生是现有或将有的物理实体对象的数字模型,通过实测、仿真和数据分析来实时感知、诊断、预测物理实体对象的状态,通过优化和指令来调控物理实体对象的行为,通过相关数字模型间的相互学习来进化自身,同时改进利益相关方在物理实体对象生命周期内的决策	2019 年
中国北京航空航天大学/张霖	数字孪生是物理对象的数字模型,该模型可以通过接收来自物理对象的数据而实时演化,从而与物理对象在全生命周期保持一致	2020 年
中国电子标准化研究院	数字孪生是基于传感器更新、运行历史、物理模型等孪生数据,完成从物理实体到信息虚体的模型映射,以及从信息虚体反馈至物理实体的过程。数字孪生能够实现仿真、监测、诊断、预测、迭代优化等数字孪生服务	2020 年

对于国内的研究,中国电子信息产业发展研究院给出了数字孪生的概念及模型,如图 3.23 所示。我国电子标准化研究院和信息物理系统发展论坛不仅给出了 Digital twin 的定义,同时也给出了 Digital twin 与 Digital twins 的关系,如图 3.24 所示。其中,数字孪生包括物理实体、信息虚体(数字孪生体:孪生数据、数字模型:数字主线;数字孪生服务)以及上述任意二者之间的交互对接。数字主线(Digital Thread)负责以统一的模型为核心,构建包含产品全生命周期与全价值链的数据流,疏通信息孤岛,驱动知识生成,建立统一的数据、信息、知识的传递和访问规则。

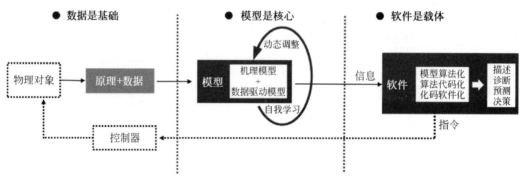

图 3.23 数字孪生的概念模型

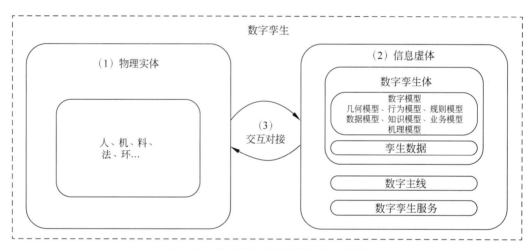

图 3.24 数字孪生与数字孪生体的关系

数字孪生体能够将物理实体的各项参数进行映射,具备与物理实体交互、决策的能力,由孪生数据、数字模型组成。孪生数据能够通过传感器更新、运行历史、物理模型等将物理空间的显性、隐性数据在信息空间集中汇聚、呈现,是构建数字孪生体的核心要素。数字模型能够在信息空间再现物理实体的物理属性、功能、行为和性能等,支撑数字孪生体完成相关服务。

通过数字孪生技术,可设计数字孪生接口与互操作规范,定义数字孪生间的相互逻辑关系,从数字孪生图谱中选择数字孪生体,确定数字孪生体内部的数据传递关系、模型融合机制和同步建模等级,实现多数字孪生体的协同与处理。通过定义多个数字孪生体的交互关系,可使多个数字孪生体互联协同,形成更复杂更高级别的数字孪生体。数字孪生可在物理空间和信息空间之间建立准实时联系,实现互联互通互操作,在信息空间中对物理空间实体进行描述、诊断、预测,从而优化资源配置效率。

2. 数字孪生的特征

数字孪生的典型特征可以概括为数据驱动、模型支撑、软件定义、精准映射、智能决策。

(1)数据驱动。数字孪生的本质是在比特的汪洋中重构原子的运行轨道,以数据的流动实现物理世界的资源优化。

(2)模型支撑。数字孪生的核心是面向物理实体和逻辑对象建立机理模型或数据驱动模型,形成物理空间在赛博空间的虚实交互。

(3)软件定义。数字孪生的关键是将模型代码化、标准化,以软件的形式动态模拟或监测物理空间的真实状态、行为和规则。

(4)精准映射。通过感知、建模、软件等技术,实现物理空间在赛博空间的全面呈现、精确表达和动态监测。

(5)智能决策。未来数字孪生将融合人工智能等技术,实现物理空间和赛博空间的虚实互动、辅助决策和持续优化。

3. 数字孪生与数字主线

1)数字主线的概念

随着产品复杂度和业务复杂度的增加,企业正在或即将面临数据量急剧增加的挑战,这些数据散落在各个孤立的信息系统、桌面计算机或工控设备甚至各种杂乱无章的纸质单据中。因此,工业企业迫切需要做的是让这些数据流动起来,真正为企业所用。因此,数字主线概念开始获得关注。Digital Thread 也被译为数字线程、数字链、数字线等,其概念最先于 2003 年由美国空军和洛克希德·马丁公司在联合研发的 F-35 闪电Ⅱ项目中提出。

数字主线是指可扩展、可配置和组件化的企业级分析通信框架。基于该框架可构建覆盖系统生命周期与价值链全部环节的跨层次、跨尺度、多视图模型的集成视图,进而统一模型驱动系统的生存期活动,为决策者提供支持。根据美军方对数字主线的定义和解释,其目标就是要在系统全生命期内实现在正确的时间、正确的地点,把正确的信息传递给正确的人。这一目标和 20 世纪 90 年代 PDM/PLM 技术和理念出现时的目标完全一致,只不过数字主线是要在数字孪生环境下实现这一目标。

2)实现数字主线的需求

数字主线需要在数字孪生环境下实施。实现数字主线有如下需求。

(1)能区分类型和实例;支持需求及其分配、追踪、验证和确认;支持系统跨时间尺度各模型视图间的实际状态纪实、关联和追踪。

(2)支持系统跨空间尺度各模型视图间的关联和与时间尺度模型视图的关联。

(3)记录各种属性及其值随时间和不同的视图的变化。

(4)记录作用于系统以及由系统完成的过程或动作。

(5)记录使能系统的用途和属性。

(6)记录与系统及其使能系统相关的文档和信息。

3）数字孪生与数字主线的关系

从概念上来说，数字主线是与某个或某类物理实体对应的若干数字孪生体之间的沟通桥梁，这些数字孪生体反映了该物理实体不同侧面的模型视图。数字主线和数字孪生体之间的关系如图3.25所示。从图3.25可以看出，能够实现多视图模型数据融合的机制或引擎是数字主线技术的核心。因此，在数字孪生体的概念模型中，将数字主线表示为模型数据融合引擎和一系列数字孪生体的集合。

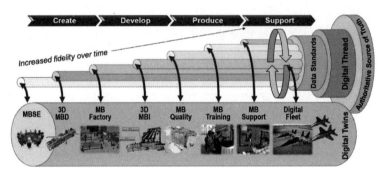

图 3.25　数字孪生与数字主线的关系

在应用场景上，美国通用电气公司认为数字主线概念的产生及在工业互联网等领域的应用起到了先驱作用。通用航空认为需要创建一个穿插于从初创概念到实际操作设计过程中的"数字主线"，来处理其中的数据。2015年，通用电气公司率先推出了全球第一个工业互联网平台——Predix，并将数字孪生与数字主线融入其中，如图3.26所示。

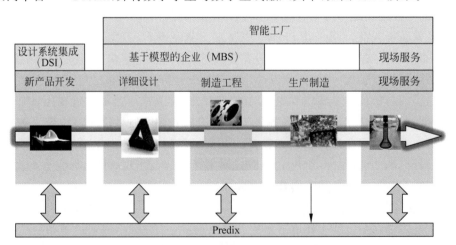

图 3.26　通用电气的 Predix 数字主线

综上所述，数字主线与数字孪生联系密切。数字主线试图打通产品全生命周期（研发、制造、营销、服务等）和企业的全价值链（用户、供应链、物流等）中的数据链路，以业务为核心对这些数据进行解耦、重构和复用，以达到客户体验、服务、商业模式等的统一提升。图3.27很好地诠释了这一理念。例如，设计者可以快速在线看到设计的产品在生产制造、销售客户等流程的问题，使问题可快速直接反馈给设计师，便于维修和优化等。

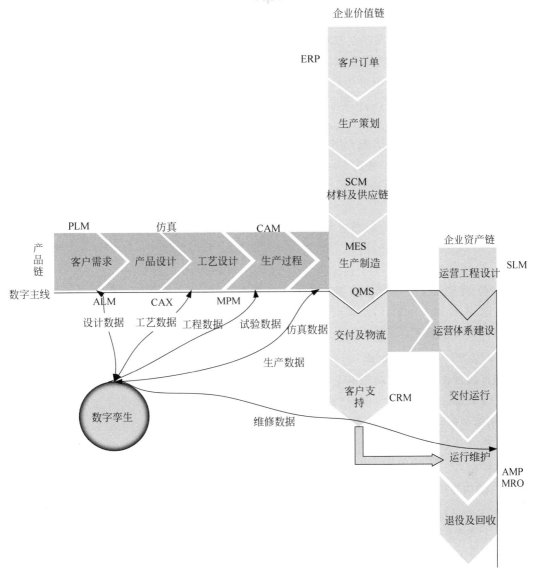

图 3.27　产品数字孪生与数字主线

4. 数字孪生的应用场景

1）数字化设计：数字孪生＋产品创新

达索、PTC、波音等公司综合运用数字孪生技术打造了产品设计数字孪生体，在赛博空间进行体系化仿真，实现了反馈式设计、迭代式创新和持续性优化。目前，在汽车、轮船、航空航天、精密装备制造等领域已普遍开展原型设计、工艺设计、工程设计、数字样机等形式的数字化设计实践。

2）虚拟工厂：数字孪生＋生产制造全过程管理

西门子、洛马等国外公司以及华龙迅达、东方国信、石化盈科等国内公司，在赛博空间打造了映射物理空间的虚拟车间、数字工厂，推动了物理实体与数字虚体之间数据的双向动态交互，并根据赛博空间的变化及时调整生产工艺，优化生产参数，提高生产效率。

3）设备预测性维护：数字孪生＋设备管理

通用、空客等公司开发的设备数字孪生体并与物理实体同步交付，实现设备全生命周期数字化管理，同时依托现场数据采集与数字孪生体分析，提供了产品故障分析、寿命预测、远程管理等增值服务，提升用户体验，降低运维成本，强化企业核心竞争力。

4）智慧城市：数字孪生＋城市运行管理

通过建设城市数字孪生体，以定量与定性结合的形式，在数字世界推演天气环境、基础设施、人口土地、产业交通等要素的交互运行，绘制"城市画像"，支持决策者在物理世界实现城市规划"一张图"、城市难题"一眼明"、城市治理"一盘棋"的综合效益最优化布局。

5）车联网：数字孪生＋V2X

以百度、谷歌、腾讯等为代表的企业，积极探索数字孪生技术在车联网中的应用，有效实现了车与人、车、路、设施的全面连接，极大推动了自动驾驶的智能化水平、交通安全保障水平和公共交通服务效率的提升。

6）智慧医疗：数字孪生＋医疗服务

达索、海信等公司尝试将数字孪生与医疗服务相结合，实现人体运行机理和医疗设备的动态监测、模拟和仿真，可加快科研创新向临床实践的转化速度，提高医疗诊断效率，优化医疗设备质控管理。

3.2.3.5　信息物理系统

信息物理系统是美国科学基金会在 2006 年提出的新技术概念，并将此项技术体系作为新一代技术革命的突破点。同时，德国的工业 4.0 战略也将信息物理生产系统作为核心技术，其实质是信息物理系统在生产系统中的应用。无论是德国的工业 4.0 战略还是美国的工业互联网计划，都将信息物理系统作为智能化转型的核心技术，并据此设定各自的战略转型目标。

1. 国内外信息物理系统的概念研究

1）国外的信息物理系统概念

2006 年美国国家科学基金会举办了第一届信息物理系统（CPS）研讨会，会议首次对 CPS 的定义进行了阐述：信息物理系统是网络环境中的通信（Communication）、计算（Computation）和控制（Control）与实体系统在所有尺度内的深度融合。这个定义给出了信息物理系统的三个基本元素，也就是人们最常提到的 3C 技术要素。

美国国家科学基金会从功能性的角度阐述了信息物理系统的内涵，即实体系统里面的物理规律以信息的方式来表达。而广义的信息物理系统的内涵：对实体系统内变化性、相关性和参考性规律的建模、预测、优化与管理。

信息物理系统的技术基础包括物联网、普适计算和执行机构，它们定义了实体系统的功能性。网络空间中的来源、关系和参考构成了实体系统运行的基础，是信息物理系统在网络空间中的管理目标，其中建立面向实体空间内的比较性、相关性和因果性的对称性管理是核心的分析手段。

信息物理系统的最终目标是对实体系统的状态和活动的精确评估、对实体系统之间关系的挖掘和管理以及根据情况进行的决策优化。网络空间中的管理是对实体空间中 3V 的精确管理，即可视性（Visualizability）、差异性（Variation）和价值性（Value），如图 3.28 所示。

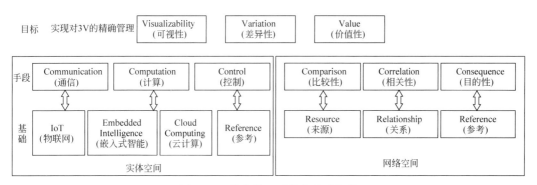

图 3.28 信息物理系统的基础架构

为了进一步理解信息物理系统的概念,本书整合了一些权威机构给出的定义,如表 3.2 所示。

表 3.2 信息物理系统的重要定义

国家或组织	定义	侧重点
美国国家科学基金会	信息物理系统是在物理、生物和工程系统中,相互协调、互相监控和由计算核心控制着的每一个联网的组件,计算被深深嵌入每一个物理成分,甚至可能进入材料。这个计算的核心是一个嵌入式系统,通常需要实时响应,并且一般是分布式的	3C 技术的有机融合与深度协作
美国国家标准与技术研究院	信息物理系统集成了计算、通信、传感器和带有物理系统的驱动器,以满足不同精度要求的实时交互功能,包括人机交互	信息物理系统独立单元所具备的功能及之间的交互
德国国家科学与工程院	信息物理系统是一种开放的、组网的新型系统,该系统通过使用传感器获取物理世界状态的数据,并将这些数据进行解释,使之可用于基于网络的服务中,同时通过使用执行器对物理世界的进程产生直接的影响,并控制装置、物体和服务的行为	数据在信息物理系统中获取、处理、反馈的行为

2) 我国的信息物理系统概念

2017 年 3 月,中国电子技术标准化研究院联合信息物理系统发展论坛成员单位,共同研究、编撰形成了《信息物理系统白皮书(2017)》,白皮书指出信息物理系统是通过集成先进的感知、计算、通信、控制等信息技术和自动控制技术,构建了物理空间与信息空间中人、机、物、境、信息等要素相互映射、适时交互、高效协同的复杂系统,实现系统内资源配置和运行的按需响应、快速迭代、动态优化。基于硬件、软件、网络、工业云等构建的智能复杂系统依托数据的自动流动(隐性数据、显性数据、信息、知识),为物理空间实体"赋予"一定范围内的资源优化"能力"。因此,信息物理系统的本质就是构建一套信息空间与物理空间之间基于数据自动流动的状态感知、实时分析、科学决策、精准执行的闭环赋能体系,提高资源配置效率,实现资源优化,如图 3.29 所示。从逻辑内涵角度看,无论是制造业数字化转型,还是工业互联网、两化融合,其本质都是在信息空间和物理空间之间构建一套闭环赋能体系,而构建这套闭环赋能体系的技术体系就是信息物理系统。

白皮书认为信息物理系统更是数据价值提升与业务流程再造的规则体系。信息物理系统将物理空间"研发设计—生产制造—运营管理—产品服务"等各业务环节以及设备、产

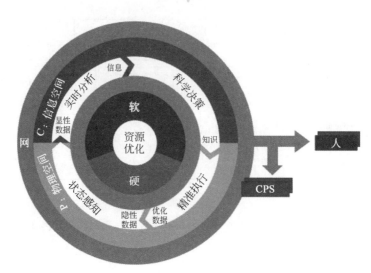

图 3.29 《信息物理系统白皮书(2017)》提出的信息物理系统的本质

线、产品和人等物理实体,在信息空间相对应地构建起数字孪生设计、数字孪生工艺、数字孪生流程、数字孪生产线、数字孪生产品等,实现产品全生命周期流程在信息空间的数字孪生重构,并通过数字主线实现各数字孪生体之间的数据贯通;通过"数据+模型",即数据到信息到知识到策略的转化,创造新的服务模式并执行,由此构建起了数据价值提升与业务流程再造的规则体系。这套规则体系具体来说包括业务数据化、知识模型化、数据业务化、决策执行化,即实现"业务—(数据化)—产生数据—(模型化)—高价值数据—(业务化)—反哺业务"的逻辑闭环,如图 3.30 所示。

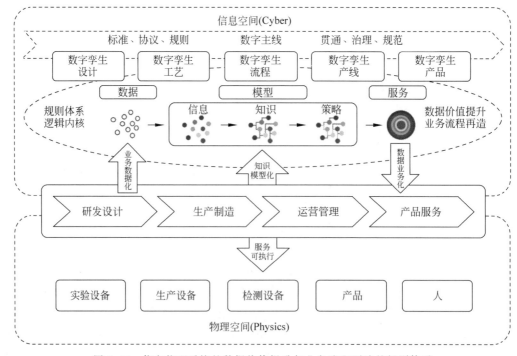

图 3.30 信息物理系统的数据价值提升与业务流程再造的规则体系

根据白皮书,可以从以下几方面来理解这套规则体系。

(1)数据:业务数据化,实现隐性数据显性化。信息物理系统通过集成先进感知、计算、通信等技术,将"研发设计—生产制造—运营管理—产品服务"等各业务环节及制造资产中蕴含在背后的隐性数据在信息空间不断显性化,使得数据能够"可见",实现业务流程的数据化。业务数据化是构建信息物理系统的基础,将"一切业务数据化"是实现在信息空间对业务全流程重构和优化的前提。业务数据化可分为资产数字化、流程数字化,即推动工业设备上云和业务系统上云,在信息空间构建与物理空间相对应的全流程业务逻辑及设备资产。

(2)模型:知识模型化,实现隐性知识显性化。数字化模型是这些规则、逻辑、知识的数字化体现,将各类经验、知识、方法不断模型化、数字化并沉淀在云端,可以将杂乱无章的数据提炼成可理解的信息、转化为相互关联的知识、寻找到实现目标的策略。模型可分为机理模型(模型驱动)和大数据分析模型(数据驱动),是数据价值增值的"培养皿",也是构建数字孪生的核心。模型嵌入数字孪生体中,提升了物理世界与信息世界的相互映射、高效协同。

(3)服务:数据业务化,实现隐性价值显性化。信息物理系统是数据价值提升与业务流程再造的规则体系,这套规则体系的逻辑内核为基于模型(机理模型、大数据分析模型)的数据增值服务,简单说就是"数据+模型=服务"。基于"数据+模型"的核心逻辑一方面实现了"数据信息—知识—策略"的价值提升;另一方面,各类业务环节数据的统一汇聚、调用,打破了传统业务线性化流程的制式枷锁,实现了业务流程的重构与再造。当把海量数据加入到数字化模型中,进行反复分析、学习、迭代之后,可以带来"描述物理世界发生了什么、诊断为什么会发生、预测下一步会怎么样、决策该怎么办等"的高价值服务。将这种高价值服务以工业 App 等新型载体的形式呈现出来并反哺到业务流程中,把蕴含在大量数据背后的隐性价值不断显性化,即实现了数据的业务化。这一方面能够优化现有的业务流程及业务体系,另一方面能够拓展业务空间,带来新的经济增长点。

(4)执行:服务可执行,实现显性价值的落地。业务数据化实现了生产全流程环节隐性数据在信息空间的显性化;知识模型化将物理空间的各类经验、规律、方法等隐性知识以数字化模型的形式在信息空间不断显性化,并通过"数据+模型"带来的数据增值服务;数据业务化将蕴含在大量数据背后的隐性价值不断显性化;而服务价值的落地应用必须要与物理空间中的物理实体相结合,使其符合物理空间的运行规律和逻辑,确保服务能够执行。

2. 信息物理系统的技术体系

下面分别引用一些研究者提出的 5C 技术架构和我国电子技术标准化委员会提出的信息物理系统技术体系来介绍这一概念。

1)国外的信息物理系统技术体系

信息物理系统是一个具有清晰架构和使用流程的技术体系,针对工业大数据的特点和分析要求,能够实现数据收集、汇总、解析、排序、分析、预测、决策、分发的整个处理流程;可对实体系统进行流水线式的实时分析,并在分析过程中充分考虑机理逻辑、流程关系、活动目标、商业活动等特征和要求。

信息物理系统技术体系包括五个层次的构建模式:智能感知层、信息挖掘层、网络层、认知层以及配置执行层。这个 5C 的分析构架设计的目的是满足实体空间与网络空间相互映射和相互指导过程中的分析和决策要求,其特征如图 3.31 所示。

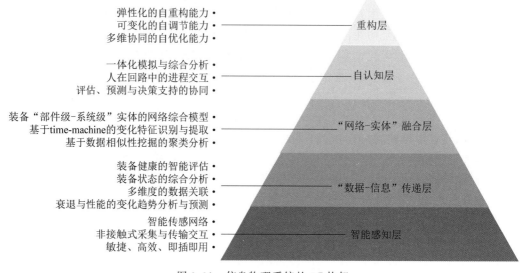

图 3.31　信息物理系统的 5C 构架

（1）智能感知层。从信息来源、采集方式和管理方式上保证了数据的质量和全面性,建立了支持信息物理系统上层建筑的数据环境基础。除了建立互联的环境和数据采集的通道,智能感知的另一核心在于按照活动目标和信息分析的需求自主地进行选择性和有所侧重的数据采集。

（2）"数据-信息"传递层。从低价值密度的数据到高价值密度信息的转换过程,可以对数据进行特征提取、筛选、分类和优先级排列,保证了数据的可解读性,包括对数据的分割、分解、分类和分析过程。

（3）"网络-实体"融合层。重点在于网络环境中信息的融合和网络空间的建模,将机理、环境与群体有机结合,构建能够指导实体空间的建模分析环境,包括精确同步、关联建模、变化记录、分析预测等。

（4）自认知层。在复杂环境与多维度参考条件下面向动态目标,根据不同的评估需求进行多元化数据的动态关联、评估、预测结果,实现对实体系统运行规律的认知以及物、环境、活动三者之间的关联、影响分析与趋势判断,形成"自主认知"的能力;同时结合数据可视化工具和决策优化算法工具为用户提供面向其活动目标的决策支持。

（5）重构层。根据活动目标和认知层中的分析结果,对运行决策进行优化,并将优化结果同步到系统的执行机构中,以保障信息利用的时效性和系统运行的协同性。

除了技术架构的层级和流程化,信息物理系统的应用也具有清晰的层级化特征。下面从零部件级、设备级、生产系统这三个维度来分析现代工业系统如何实现智能化。

（1）零部件级。目前大多关注的是精密性,即如何通过更加精密的传感器,实现更加精密的动作。智能的零部件需要具备自预测性和自省性,外部环境的变化或者自身的衰退都会造成精密性发生变化。智能的零部件可以将设备的状态和可能造成的后果反馈给操作者。

（2）设备级。现在关注的是设备性能以及设备能否连续生产质量达标的产品。智能的设备需要具备自比较性，它既包括设备与自身历史最优状态的对标，也包括在不同环境下、不同集群内与其他设备之间的对标，这样可以清晰地了解设备目前状态的好坏与否。如果设备状态不好，还可以进一步了解故障发生在哪里以及是哪种原因造成的。

（3）生产系统。通过实现最大的生产性来提升设备的综合效率，目前主要关注的是系统中各个设备、工序之间的配合。而智能化发展的方向应当是更大价值链的优化，比如当上游产生了质量误差，可以及时发现并在下游进行补偿。过程当中如果有设备出现质量问题，也能用其他的途径进行改善，实现具有强韧性的系统，即系统内部可以通过协同性的优化，把问题的影响降到最小。

无论是零部件级还是生产系统级的信息物理系统体系应用，都是由最基本的信息物理系统单元构成的，如图3.32所示。信息物理系统基本单元又分为智能控制单元、智能管理单元和认知环境。其中，智能控制单元和智能管理单元分别面向局部设备和局部系统，而认知环境为二者提供具有自成长性的智能化能力支撑，是实现智能化由局部到系统应用推广的关键。

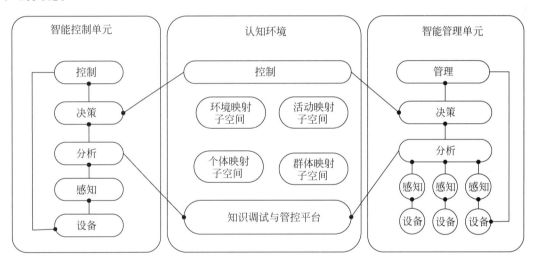

图3.32 信息物理系统的基本单元

2）我国的信息物理系统技术体系

2020年8月28日，中国电子技术标准化研究院在北京召开了新一代信息技术标准论坛——信息物理系统分论坛，会议发布了《信息物理系统建设指南2020》（以下简称《指南》）。《指南》通过产品复杂度、应用复杂度以及业务复杂度三个维度来阐述信息物理系统建设的技术支撑体系。

（1）产品复杂度维度。产品复杂度既包括产品本身的复杂性，也包括对产品运营维护的复杂性。产品本身的复杂性体现在设计和生产流程复杂，此过程往往涉及机械、电子、电磁、力学、软件等多个学科的协同应用，具有产品机理产生难、设计和建模过程复杂、产品功能性能指标要求高等特点。产品运营维护的复杂性体现在产品的运行环境具有多样性，特别是在高压、高温、高腐蚀等情形下，对产品功能性能的监测有很大的挑战。产品复杂性的问题主要依靠信息物理系统综合技术体系中的仿真技术来解决。

（2）应用复杂度维度。在制造企业中信息物理系统的应用有多种情境和方式，总体来说可以分为单元级应用、系统级应用和 SoS 级应用。信息物理系统在不同情境下应用的核心是保证数据的自由流动，但是制造业现场却具有系统异构性、协议多样性、网络复杂性和数据海量性等特点。在这种情况下保证数据采集、传输、计算与应用的通畅和有效是一个挑战，这就需要信息物理系统综合技术体系中的数据产生与应用技术来解决。

（3）业务复杂度维度。制造业发展的新模式为个性化定制、智能化生产、网络化协同和服务化延伸，其核心就是知识的产生、积累、应用与实践。知识的产生可能聚焦于某一个业务场景，但更多的是在跨业务场景和全周期场景中产生。对现阶段来说，工业知识产生与演进规律不明、分析挖掘困难、决策优化机制欠缺、知识管理和认知能力弱是制造业中普遍存在的问题，这就需要信息物理系统综合技术体系中认知和决策领域的技术来解决。

《指南》认为对信息物理系统关键技术的描述不能从单一方面、单一维度来考虑，必须具有全局思维，从数字孪生这一核心技术出发，结合产品复杂度、应用复杂度和业务复杂度三个维度展开思考，才能较全面地阐述信息物理系统建设过程中涉及的关键支撑技术，如图 3.33 所示。

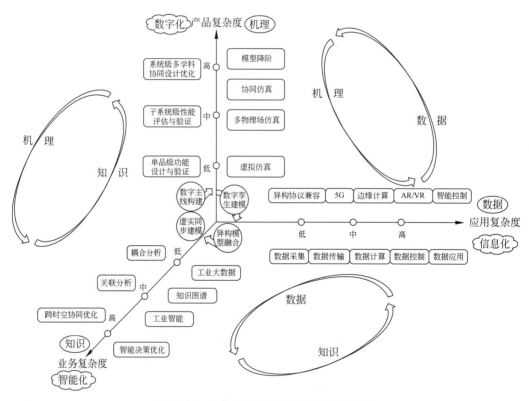

图 3.33　信息物理系统建设的技术总览图

通过对以数字孪生技术为核心的三个复杂度维度的分解，可以看到信息物理系统是综合了虚拟仿真、数据分析、认知决策等多个领域关键技术的综合技术体系，可以很好地实现"机理—数据—知识"的多模态耦合分析，通过机理、知识与数据模型的指导、修正、完善、迭代、反馈调控、验证等耦合作用,形成全面多模态的融合方法与机制。

3. 信息物理系统的建设路径

我国电子技术标准化研究院在《指南》中给出了面向我国企业的信息物理系统的通用功能架构、3 大核心要素,并按照信息物理系统建设的难易程度给出了 4 种典型建设模式,倡导企业综合考虑问题的复杂度和处理问题的难度,选择适合自身发展的信息物理系统模式,以期为企业"如何建设信息物理系统"提供思路。

1) 信息物理系统的通用功能架构

《指南》指出信息物理系统应围绕感知、分析、决策与执行闭环,面向企业设备运维与健康管理、生产过程控制与优化、基于产品或生产过程的服务化延伸需求建设,并基于企业自身的投入选择数据采集与处理、工业网络互联、软硬件集成等技术方案。信息物理系统的通用功能架构由业务域、融合域、支撑域和安全域构成,业务域是信息物理系统建设的出发点,融合域是解决物理空间和信息空间交互的核心,支撑域提供技术方案,安全域为建设信息物理系统的保障,如图 3.34 所示。

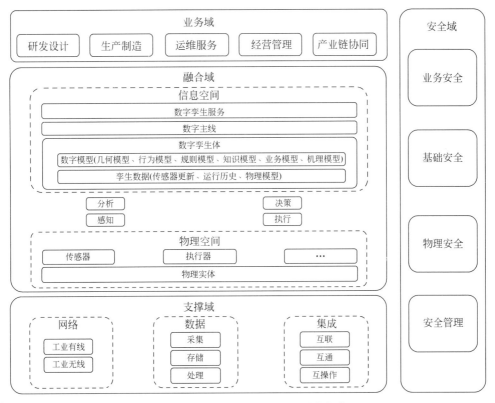

图 3.34　信息物理系统的通用功能架构

业务域是驱动企业建设信息物理系统的关键所在。业务域覆盖企业的研发设计、生产制造、运维服务、经营管理、产业链协同等全过程,企业可根据面临的挑战,按业务或按场景梳理分析创值点。

融合域是企业建设信息物理系统的核心,由物理空间、信息空间和两个空间之间的交互对接构成。物理空间应包括传感器、执行器以及制造全流程中的人、设备、物料、工艺过程/方法、环境等物理实体,是完成制造任务的关键组成要素。信息空间负责将物理实体的身份、几何、功能、机理、运行状态等信息进行数字化描述与建模,形成数字孪生体,基于数字主线对物理实体提供映射、监测、诊断、预测、仿真、优化等功能服务。两个空间之间的交互对接由感知、分析、决策、执行组成的闭环构成。感知应实现对外界状态的数据获取,将蕴含在物理空间中的隐性数据转化为显性数据。分析应对显性数据进一步处理,将采集到的数据转化为信息。决策应对信息进行综合处理,是指在一定条件下,为达成最终目的所做的最优决定。执行是对决策的精准实现,是将决策指令转换成可执行命令的过程,一般由控制系统承载。

支撑域数据包括数据的采集、存储和处理。企业在建设前应面向价值需求,规划采集数据的范围、类型、格式、频率、采集方式等,避免不同解决方案供应商的"模板式"业务系统采集无用数据,导致存储资源浪费、同一数据多次采集等窘境。网络为数据在信息物理系统中的传输提供通信基础设施,企业应基于需求,选择主流的现场总线、工业无线等协议。企业信息物理系统的建设离不开硬件与硬件、硬件与软件、软件与软件之间的集成,集成方式并无优劣之别,企业可根据规模、复杂度、业务实时性需求等方面选择适宜的集成技术。

安全域是指企业建设信息物理系统时应考虑数据的保密与安全,可从业务安全、基础安全、物理安全和安全管理等方面出发,分析面临的威胁和挑战,实施安全措施。

2) 信息物理系统建设的 4 种模式

基于认知决策的控制机制是信息物理系统的核心,即信息空间是信息物理系统建设的核心,认知决策是为了更精准的控制。因此信息物理系统的 4 种建设模式应基于信息空间中的分析与决策能力划分,其 4 种模式如图 3.35 所示。

模式	定义	感知		分析		决策	执行	
人智	人基于经验解决已知问题,机器按人的指令执行;数字孪生体能够实现物理空间在信息空间的映射	通过传感器、RFID等方式采集数据		通过上下限、坏值剔除等方式进行数据筛选,并转换成有逻辑的信息展示,人基于经验和机器状态进行决策			人操作机器、软件等执行	
		机器	人	数字孪生体		人	机器	人
辅智	机器基于已有知识解决已知问题并避免其再发生,未知问题由人来解决;数字孪生体能够具备逻辑分析能力	面向已知问题的数据采集		建立知识库、专家系统等,机器基于已有的知识进行决策处理,并通过数据分析模型等对未知问题进行识别,提示人进行处理			已知问题机器自动执行,未知问题人操作机器控制	
		机器	人	数字孪生体		人	机器	人
混智	机器基于机理、模型等推理识别未知问题,并与人协同来解决未知问题;数字孪生体能够实现协同运行	以需求为导向的数据采集,异构数据融合		建立机理模型、数据分析模型以及模型间的关系,个体模型能在信息空间进行协作;已知问题机器基于知识库决策处理,未知问题由机器基于模型给出建议,达到人机协同			已知问题机器自动执行,未知问题由机器驱动人共同执行	
		机器	人	数字孪生体		人	机器	人
机智	机器基于自决策、自执行等解决未知问题,并避免其再次发生;数字孪生体具备与物理空间实时交互的能力	基于业务需求,自主调整数据采集的数量、频率、内容		建立高级模型分析,模型间通过特征关联、协同推演等方式进行多对象多目标分析;已知问题机器基于知识库决策处理,未知问题机器可根据物理空间的变化自主处理			已知问题机器自动执行,未知问题机器自动控制	
		机器		数字孪生体		人	机器	人

图 3.35　信息物理系统建设的 4 种模式

信息物理系统建设按照其核心"认知决策"能力从低到高分别为人智、辅智、混智和机智4种模式,循序渐进、层层递进,感知、分析、决策、执行是建设的方法论,其中分析和决策是建设的核心。由图3.35可见,人、机器、数字孪生体是信息物理系统建设的三要素,4种模式从低到高代表机器和数字孪生体在整个信息物理系统体系中占比越来越高,人的占比越来越小。也就是人在信息物理系统中慢慢地由操作者向高级决策者转变,机器和数字孪生体代替人处理重复性、复杂性的问题,最终实现人机协同。

3.2.4 赋能性技术

1. 云制造

云制造是在云计算、物联网、虚拟化和服务导向型技术等支持下的一种先进制造模式,它可以将制造资源转化为可全面共享和流通的服务。云计算涵盖了整个产品生命周期中的设计、模拟、制造、测试和维护,因此通常被看作是一个平行的、网络化的、智能化的制造系统("制造云")。而这个系统可以更加智能地管理生产资源和能力,因此可以为所有类型的终端用户按需提供制造服务。在云制造中,各种生产资源和加工能力可以被智能地感知到并连接到云中。射频识别和条码之类的物联网技术可以用来自动管理和控制这些资源,使它们可以进行数字化共享。服务导向型技术和云计算为云制造的概念提供了重要支持,因此可以将制造资源和能力虚拟化、封装并分发到可以访问、调用和实现的各种服务中。此类服务可以按照预先定义的特定规则进行分类和聚合。

现在,有许多不同种类的制造云被用于处理各种各样的制造服务,不同的用户可以通过虚拟制造环境或平台来搜索、访问和调用合适的服务。云部署模式、制造资源建模、需求和服务匹配等才是云制造中的关键问题。由于应该为服务共享建立虚拟制造环境或解决方案,因此需要公共、私有、社区和混合云等云部署方法,以便终端用户随时利用其服务。例如,混合云是一种多种云的混合体,其可以提供多种部署模式,也具备灵活部署以及易于访问跨业务应用程序的优势。例如,机器和装配线等制造资源也需要被建模,以便分配和共享服务。德国电气和电子制造商协会和一些类似的德国协会组织已经发展出一种先进的方法,他们不仅在德国工业4.0产品和服务(参考体系结构模型工业模型)中创建了参考体系结构,还描述了几个为了数据和资源能连续使用而建立的设备管理或执行架构。然而,这样的开发是具有挑战性的,因为大量的物理制造实物的类型和异构格式迥异,而这可能会为其发展带来难以预见的建模复杂性。云制造中的制造需求和服务匹配非常重要。这些匹配不仅包括服务提供商和客户的最佳解决方案,还包含服务计划、调度和执行。

2. 知识型工作自动化与工作场所学习

1) 知识型工作自动化

知识型工作自动化技术可以应用在复杂产品的研制过程中,目前已经在航天、航空、船舶、导弹、发动机、电子、核工业等多个领域、多个型号研制中得到应用。

当系统具备智能特征时,很多研发设计工作可以由系统自动完成,即知识型工作自动化。它改变了以往知识工作者80%的设计工作都是体力劳动,20%的设计工作是创新性的智力活动的现状。在智能的知识型工作自动化系统中,80%的体力劳动由系统代替人来自动完成。

2）工作场所学习

工作场所学习是 2016 年公布的管理科学技术名词，它是指在参与真实任务并有熟练成员直接或间接指导的活动中获得知识和技能的途径。工作场所学习的内涵相较于"学校本位教育"，工作场所学习是发生在工作场所之中的学习，它可以看作是传统"学校本位教育"的延伸与扩展。随着社会经济的发展以及人类对工作场所学习理论与实践的不断探索与研究，工作场所学习的内涵和形式都发生了很大的变化，即从最初强调知识与技能的获得，到注重个体之间的交互，再到强调组织中的学习过程。因此可以将工作场所学习分为个人工作场所和协作工作场所学习两种。

（1）个人工作场所学习。

由于计算机技术的发展，数字化工厂成为一种个人工作场所学习的良好选择之一。在这种数字化的标准工作场所中，越来越多的性能密集型任务可以在个人工作场所中得到学习和执行，主要包括以下几种。

① 整个车间的布局规划。

② 创建 CAD 设计图。

③ 对产品或与设备相关的静态碰撞测试。

④ 运动学仿真。

⑤ 材料流动模拟或准备 VR 演示。

单个工作站的设备通常包括一个大型屏幕（17～21 英寸全屏）以及标准版本的键盘和鼠标。由于所用软件的功能，仅在特殊情况下才需要使用不同的专用设备。根据用户的喜好或任务的复杂性，可以并行使用两个屏幕来简化大型模型的创建，例如布局规划或仿真。

设计和规划部门的绘图板在多年前被 CAD 工作站所取代，并被具有大尺寸全屏幕或两屏的单个工作站所替代。由于所有设计数据都必须作为 CAD 模型提供，因此任何仍可使用的绘图板仅用于查看大幅图。之所以使用大格式，是因为它们比屏幕上显示的图像更好地阐明了关系，在屏幕上不能同时显示详细信息和概览。

各个工作站通常使用高分辨率的 A3 或 A4 彩色打印机作为在纸张上输出数据的输出设备；A0 绘图仪可用于大型模型。对于较长的文本，以纸质文件呈现仍然是首选的方法。

在上述工作环境中，可以实现个人工作场所学习。

（2）协作工作场所学习。

随着智能化时代的到来，组织接触到的任务往往是复杂、庞大和新颖的，跨部门、跨学科的团队协作式工作已成为常态，而且由于任务的新颖性，需要团队在学习中协作，在协作中完成任务。跨部门、跨学科团队的协作具有非常不同的特征，具体取决于参与者的空间距离和协作的时间参考（同步或异步）。常见的解决方案包括视频会议系统、电子投影屏或交互式电子白板。在新冠疫情期间，协作式工作场所学习被广泛应用，如企业应用办公软件进行远程协作办公、开会，学校利用软件进行远程在线授课和研讨学习等。

此外，跨部门、学科团队还针对数字规划的需求量身定制了特殊的技术系统，以用于学习和工作。在许多大型公司和研究机构中，建立了所谓的多投影室，以便新员工接受培训学习，以及同时处理和讨论团队中不同的项目。通过实时投影产品数据、设备数据、协议、分析数据或工作计划，可以在跨学科的基础上有效地解决复杂的问题。

在上述工作环境中可以实现协作工作场所学习。

3. 投影与交互技术

1）投影技术

投影技术支持以模型作为协作媒介的跨部门、学科团队交流,例如使用会议室中的2D投影仪投影来进行团队合作交流。如今2D投影仪已大大取代了高架投影仪或活动挂图等简单的投影技术。

对于某些问题的讨论可以使用3D投影。例如要显示图形模型则需要用专用软件显示在投影仪上。戴上特殊的眼镜,观看者会获得立体观感,使他们能够"在工厂内游走"。这种效果对于虚拟游览(漫游)特别有趣,可以识别房间中的规划错误(例如碰撞)。在3D产品分析中,一些小细节因3D投影而特别清晰。然而,实践经验表明,虽然3D投影不需要很多的额外规划,但目前应用范围有限。

2）交互技术

交互技术旨在实现人与物理设备的互动交流。近年来,为改善交互性,虚拟现实(virtual reality,VR)、增强现实(augmented reality,AR)和混合现实(mixed reality,MR)应用程序的各种输入和输出设备应运而生。

（1）虚拟现实。

虚拟现实是一种可以创建和体验虚拟世界的计算机仿真系统,利用计算机生成一种模拟环境,采用多源信息融合的交互式方式,使使用者沉浸在该环境中。该技术集成了计算机图形技术、计算机仿真技术、人工智能、传感技术、显示技术、网络并行处理等技术的最新发展成果,是一种由计算机技术辅助生成的高技术模拟系统。虚拟现实中的"现实"泛指在物理意义或功能意义上存在于世界上的任何事物或环境,它可以是可实现的,也可以是难以实现的或根本无法实现的;而"虚拟"是指用计算机生成的意思。因此,虚拟现实的本质是指用计算机生成的一种特殊环境,人可以通过使用各种特殊装置将自己"投射"到这个环境中,并操作、控制环境,以实现特殊的目的。人是这种环境的主宰。

VR模型包括用于诊断和操作支持的医疗技术、用于清晰展示设计效果的步入式3D架构模型、用于销售产品的虚拟展示或用于培训的VR实训系统。

作为数字化工厂的一部分,VR还允许对规划的系统进行虚拟检查(遍历),例如检查规划的建筑物在空间上的设计方式、主要的照明条件以及未来的工作条件。

目前应用程序的计算能力还不足以显示整个生产车间的高分辨率虚拟检查结果以及完整设计数据中的原始颜色、阴影和反射,为此需要专门准备CAD数据。目前的VR系统在任何情况下都不能长期工作,而是需要进一步的职业医学和劳动科学检查,以了解对人的身心压力的影响,以便能够为长期操作的可用性做出可靠的论证。

（2）增强现实。

增强现实是在虚拟现实基础上发展起来的新技术,通过计算机系统提供的信息增加用户对现实世界感知,并将计算机生成的虚拟物体、场景或系统提示信息叠加到真实场景中,从而实现对现实世界的增强。与VR相比,AR可以实时显示虚拟信息,并与观看者的真实环境相叠加。简单来说,就是将计算机生成的二维或三维信息覆盖在现实世界之上,实现对现实世界的补充。AR允许计算机生成的三维模型实时叠加到现实世界的环境中,然后对模型进行交互地操纵或探测，就好像它是现实世界的一部分一样。AR 有三个特征：一是真实世界和虚拟世界的信息集成，即虚实融合；二是具有实时交互性；三是在三维尺度空间中定位增添虚拟物体，即三维跟踪注册。

AR 技术可以很好地增强人对外界信息的接收理解，可以将很多人无法直接看到的东西直观地展现出来。比如一个发动机的内部构造，利用 AR 技术，只需要一个显示装置，就能在无须拆解的情况下，看到内部的构造以及运作原理。

AR 在工业中的应用主要有产品展示、技能培训、AR 远程协助、AR 数字化说明书等应用。利用 AR 进行的产品展示，具有很多实物展示所难以达到的功能，它可以在不拆卸的情况下展示物品的内部结构；在没有能源供给的情况下，利用虚拟成像，使人们看到机器运作起来的样子；可以通过高亮等方式强调产品的某些部件，进行标注解释。在技能培训方面，AR 技术可以利用直观的同步视频提示来对工人进行指导（见图 3.36），减少工人的失误概率，同时提高培训效率，降低员工的培训成本。在远程协助方面，通过视频通话的形式，协助方可以通过 AR 直接在视频上对部件做标记，并同步展示在被协助方的显示装置上，使远程协助更加实时、直观，协助者也有更多的参与能力。AR 数字化说明可以在进行 AR 识别时，自动识别出设备的故障并进行标记提醒。

图 3.36　AR 技术指导工人操作

（3）混合现实。

除了 AR 之外，混合现实也经常被当同义词使用。20 世纪 90 年代初，米尔格拉姆和基希诺提出了 mixed reality 一词。他们认为混合现实环境是"将现实世界和虚拟世界的对象，在虚拟连续体极值之间的任何位置的环境一起呈现在一个显示器中"。MR 技术可以增强用户对现实世界的感知和互动，表示虚拟内容与真实内容的混合。与 AR 相比，它代表了现实与虚拟之间的连续性。

MR 包括增强现实和增强虚拟，指的是合并现实和虚拟世界而产生的可视化环境。在这个可视化环境里，物理世界中的真实对象和数字世界中的虚拟对象共存，并实时互动。增强现实和增强虚拟是现实和虚拟之间的一个渐变的过程。

目前，AR、VR 及 MR 技术在智能制造、互联网、游戏、文物数字重建、医疗等领域都得到了广泛的应用。

3）互动媒体

互动媒体是借助于投影技术、互动技术（VR、AR 及 MR 技术）实现模型之间、人与设备之间的交互。在互动媒体中，其用于在 3D 模型中创建和导航的输入设备包括 3D 鼠标、数据手套等,输出设备包括快门眼镜、头戴式显示器等。

(1) 输入设备。

① 3D 鼠标。

3D 鼠标在市场上有不同的版本,可以使用特殊的操作元素(例如旋钮和可编程功能键)在 3D 模型中进行直观快速的导航,并在 CAD 工作站上进行简单的数据输入。3D 鼠标通常最多可控制六个自由度,用户可定义设置鼠标的速度,以在 3D 空间中移动。

② 数据手套。

当使用手持数据手套时,通过手和手指的移动,可以直观地实现在房间中的定位和 3D 模型的操纵。数据手套配有特殊的传感器,可检测位置和方向的变化并将其投影到 3D 模型中。位置的变化作为控制信号传输到 3D 模型,因此可以与 3D 模型进行交互。数据手套通常与数据头盔结合使用,以在 VR 模型中导航。如果需要,数据手套还可以支持触觉反馈。触摸 3D 世界中的对象时,会向用户提供反馈。触觉反馈是基于各种刺激技术方案[例如,通过气垫(气动)或通过电刺激]实现的。

(2) 输出设备。

以下输出设备主要用于查看 3D 模型。

① 快门眼镜。

快门眼镜是采用 IR 与 RF 通信方式与 3D 电视进行通信,通过液晶眼镜实现 3D 效果的一种 3D 眼镜。当观看者的视线方向改变时,定位眼镜会改变视角。根据所使用投影方法(主动或被动立体声)的不同,可使用不同的眼镜。

彩色的无源立体投影基于通过光的偏振和偏振滤光镜在光学上对部分图像的分离,使右眼和左眼的图像重叠,并且光线以线性或圆偏振方式投射。像眼镜一样,投影机前面的栅格(偏振滤光片)彼此偏移 90°或旋转 45°,因此仅透射右偏振光。在线性极化的情况下,观看者将其头部姿势改变,比如将头向侧面倾斜,眼镜和投影仪之间的偏振使不再匹配,这会导致立体声信息的丢失。通过圆形偏振,观看者即使头部倾斜也不会失去立体感,因为光的偏振不仅发生在一个方向上。但是,此技术需要更高的精度,并且投影仪和眼镜中的偏振滤镜之间需要更好的协调。

彩色有源立体投影使用特殊的快门眼镜,其眼镜由两个液晶显示器组成,一个用于左眼,另一个用于右眼,可以在渗透性和非渗透性之间进行电子切换,从而可以使左眼或右眼变暗。这样就可以在监视器上进行立体观看,并在其上交替显示左部分图像和右部分图像。在此过程中,眼镜会同步切换。为了使观看者看不到切换,必须非常迅速地进行部分图像之间的改变。因此,监视器必须显示至少 120Hz 的垂直频率,以便与眼镜同步(每只眼睛每秒 60 帧)。由于快门眼镜的切换与刷新率相关,因此图形卡和眼镜之间必须存在连接,以确保同步。这可以通过电缆或红外发射器以及眼镜上的相应接收器来完成。

② 头戴式显示器(数据眼镜)。

头戴式显示器将 3D 图像直接投射在观看者的眼前,观看者意识不到现实世界的存在,会沉浸在虚拟世界中,从而有种置身其中的感觉。根据设备的不同,输出设备可以是全封闭头盔,也可以是带有两个显示器的眼镜,计算机可以在上面显示图像。头部的运动在相应的传感器系统上进行,从而导致模型中视觉的直接变化。

特殊眼镜允许在 AR 区域中使用计算机显示的真实对象图像作为附加信息,同时还可以感知真实世界。大众汽车公司使用特殊的 AR 系统进行汽车维修。该系统包括带有数据眼镜的背心,并辅以用于语音输入和输出以及无线电传输的特殊技术。超便携式 PC 配备有摄像头,并附加有一个固定 PC 作为 AR 系统。

目前的研究旨在尽可能地与 3D 模型进行交互,而无须交互介质(例如 3D 眼镜或数据手套)。手和手指的运动应通过摄像头实时识别,并将信息传输到计算机。

4. 人工智能

1)概念

"人工智能"一词最初是在 1956 年达特茅斯会议上提出的。从那以后,研究者们发展了众多理论和原理,人工智能的概念也随之扩展。人工智能(artificial intelligence,AI),是利用数字计算机或者数字计算机控制的机器模拟、延伸和扩展人的智能,感知环境、获取知识并使用知识获得最佳结果的理论、方法、技术及应用系统。人工智能相关技术的研究目的是促使智能机器会听(如语音识别、机器翻译等)、会看(如图像识别、文字识别等)、会说(如语音合成、人机对话等)、会行动(如机器人、自动驾驶汽车等)、会思考(如人机对弈、定理证明等)、会学习(如机器学习、知识表示等)。人工智能是对人的意识、思维的信息过程的模拟。人工智能不是人的智能,但能像人那样思考,也可能会超过人的智能。

2)发展历程

早在 1950 年,图灵在《计算机器与智能》中阐述了对人工智能的思考,并提出以图灵测试对机器智能进行测量。1956 年,美国达特茅斯学院举行的人工智能研讨会上首次提出了人工智能的概念:让机器能像人类一样认知、思考并学习。这标志着人工智能的开端。

人工智能在 20 世纪 50 年代末和 80 年代初两次进入发展高峰,但受制于技术、成本等因素先后进入低谷期。近年来,随着大数据、云计算、互联网、物联网等信息技术的发展,泛在感知数据和图形处理器等计算平台推动以深度神经网络为代表的人工智能技术的飞速发展,人工智能在算法、算力和数据三大因素的共同驱动下迎来了第三次发展浪潮。人工智能的发展历程如图 3.37 所示。

3)人工智能技术与应用

3.1 节讲到的仿真方法适用于中小型生产工厂。然而当仿真对象是复杂的大型生产工厂,要对整个工厂进行完全仿真或者欲以现代的物料流控制实现单个对象的自治性最大化,就需要更高级的技术——人工智能——来助力。因此,人工智能正在被应用于仿真,以分析动态系统的行为,具体包括多智能体系统、神经网络和机器学习。

(1)多智能体系统。

多智能体技术的应用研究起源于 20 世纪 80 年代,并在 90 年代中期获得了广泛的认可,发展至今,已然成为分布式人工智能领域中的一个热点话题,其智能性主要体现在感知、规划、推理、学习以及决策等方面。多智能体系统的目标是让若干个具备简单智能却便于管理控制的系统通过相互协作实现复杂智能,使得在降低系统建模复杂性的同时,提高系统的鲁棒性(Robust)、可靠性、灵活性。目前,采用智能体技术的多智能体系统已经广泛应用于交通控制、智能电网、生产制造、无人机控制等众多领域。

那么到底什么是多智能体系统?首先要明确的是,智能体是处于某个特定环境下的计

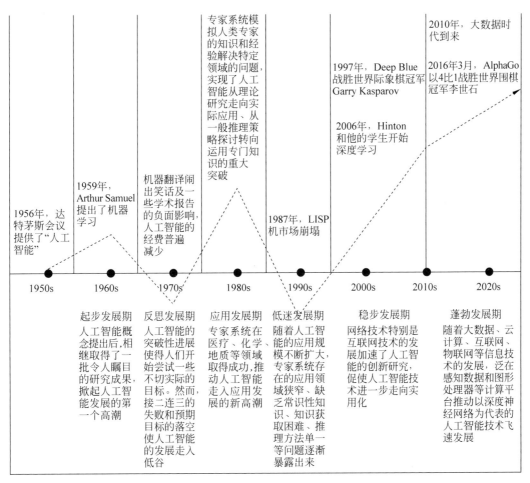

图 3.37　人工智能的发展历程图

算机系统,该系统可以根据自身对环境的感知,按照已有的知识或通过自主学习,与其他智能体进行沟通协作,在其所处的环境中自主完成设定的目标。通常,单个智能体求解问题的能力通常是十分有限的,但是如果将多个自治的智能体组合起来,协作求解某些问题的能力通常会变得很强大。而多智能体系统就是指可以相互协作的多个简单智能体为完成某些全局或者局部目标使用相关技术组成的分布式智能系统。其中,多智能体技术在构建多智能体系统中充当至关重要的作用。

多智能体系统提供了一种新的方法来控制大规模分布式和自适应复杂系统,如生产控制、过程控制、智能人机交互、分布式计算、驾驶员辅助和车辆控制等。

多智能体技术一直都是分布式人工智能领域中最重要的研究方向之一。在经历了 20 年的多智能体技术高速发展时期后,如何结合实际的应用背景构建更加灵活、更具有适应性的多智能体模型,如何降低多层次复杂系统的协作和沟通代价成为现阶段面临的迫切任务。相信多智能体技术经过不断地研究和完善,将会在智能控制、智能家居、智能故障诊断等诸多前沿领域发挥至关重要的推动作用,进一步推动人工智能体的发展,为复杂系统的优化仿真和控制提供更高效的方法。

（2）神经网络。

神经网络是一种在模拟大脑神经元和神经网络结构、功能基础上而建立的一种现代信息处理系统，通常用于模式识别、预测评估、检测分析、拟合逼近、优化选择、博弈游戏等。神经网络在学习和构建非线性复杂关系的模型方面具有相当的优势。在数字化工厂中，许多输入和输出之间的关系是非线性的、复杂的。神经网络在学习了初始化输入及其关系之后，可以将未知数据之间的未知关系模型化，从而使得计算机能够预测未知数据。

与许多其他预测技术不同，神经网络不会对输入变量施加任何限制（例如如何分布）。此外，许多研究表明，神经网络可以更好地模拟具有高波动性和不稳定方差的数据，因为它具有学习数据中隐藏关系而不在数据中强加任何固定关系的能力。神经网络由矩阵来描述，输入、输出和权值可看成向量或矩阵；由多个感知器层组成，感知器层又由多个感知器组成；每一个感知器都拥有输入标量与输出标量，即 $y = f(wx + b)$，其中 f 称为传递函数。取用不同的传递函数可以达到不同的目标。

在数字化工厂内，可以使用神经网络进行产量预测评估、检测分析、质量控制、图像识别。将神经网络与质量控制图结合，并使用大量历史样本对神经网络进行训练，可建立故障诊断模型，再通过统计过程控制的数学方法，可用于对实际数据进行诊断。

在训练神经网络学习时通常使用在监督学习方式下的误差反向传播算法，这个学习过程由信号的正向传播与误差的反向传播组成：正向传播，权值不变；反向传播，权值修正，从而逐渐提升模型的准确率。在基于神经网络的可重组制造系统质量控制方法研究中，针对 RMS 的系统特点，提出的基于神经网络的质量控制方法可以对生产过程进行质量控制和快速诊断分析。不同算法存在着各自的不足，例如反向传播算法存在局部极小化问题、收敛性问题、层数选择问题和过拟合问题。因此在数字化工厂中，不同应用领域要选取不同的神经网络算法。

在有关数字化工厂的问题中，有学者分析了神经网络在汽车工厂研究中的使用。基于神经网络的特性，可以据此绘制出各个制造单元的图，并通过各个模拟对其进行训练，以便它们再现各个单元的可能行为。在较高级别的仿真中，各个神经网络相互连接，从而显示了整个工厂的行为，不仅可以模拟工厂的总产量，并且可以跟踪生产时间和单个产品的时间，得到有关单个产品的平均或可能交货时间的陈述。可以使用神经网络对行为进行模拟并根据其效果进行评估，但是只能使用神经网络在有限的程度上分析行为的原因。

（3）机器学习。

如今，随着人工智能技术的不断发展，尤其是以深度学习为代表的机器学习算法及以语音识别、自然语言处理、图像识别为代表的感知智能技术取得了显著进步。专用人工智能即面向特定领域的人工智能，由于其具备任务单一、需求明确、应用边界清晰、领域知识丰富、建模相对简单等特征，陆续实现了单点突破，在计算机视觉、语音识别、机器翻译、人机博弈等方面可以接近、甚至超越人类水平。

与此同时，机器学习、知识图谱、自然语言处理等多种人工智能关键技术也从实验室走向了应用市场，如图 3.38 所示。

机器学习主要研究计算机等功能单元，是通过模拟人类学习方式获取新知识或技能，或通过重组现有知识或技能来改善其性能的过程。深度学习作为机器学习研究中的一个

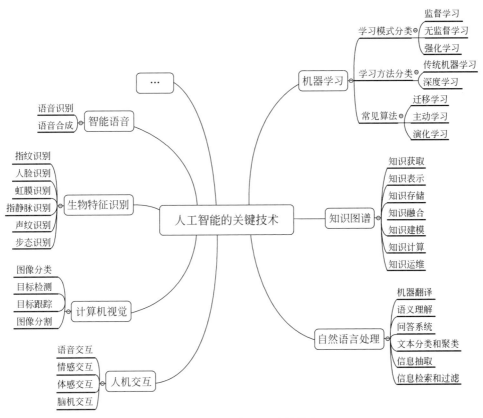

图 3.38 人工智能的关键技术

新兴领域，于 2006 年被提出。深度学习又称为深度神经网络（层数超过 3 层的神经网络），是机器学习中一种基于对数据进行表征学习的方法。在传统机器学习中，手工设计特征对学习效果很重要，但是特征工程非常烦琐，而深度学习基于多层次神经网络，能够从大数据中自动学习特征，具有模型规模复杂、过程训练高效、结果训练准确等特点。知识图谱本质上是结构化的语义知识库，是一种由节点和边组成的图数据结构，以符号形式描述物理世界中的概念及其相互关系。自然语言处理是研究能实现人与计算机之间用自然语言进行有效通信的各种理论和方法。人机交互主要研究人和计算机之间的信息交换，包括人到计算机和计算机到人的两部分信息交换。计算机视觉是使用计算机模仿人类视觉系统的科学，让计算机拥有类似人类提取、处理、理解和分析图像以及图像序列的能力。生物特征识别是指通过个体生理特征或行为特征对个体身份进行识别认证的技术。智能语音主要研究通过计算机等功能单元对人的语音所表示的信息进行感知、分析和合成。

5. 工业机器人

工业机器人是面向工业领域的多关节机械手或多自由度的机器装置，它能自动执行工作，是靠自身动力和控制能力来实现各种功能的一种机器，具有可编程、拟人化、通用性的特点。它可以接受人类指挥，也可以按照预先编排的程序运行。现代工业机器人还可以根据人工智能技术制定的原则纲领行动。

工业机器人由主体、驱动系统和控制系统三个基本部分组成。主体即机座和执行机构,包括臂部、腕部和手部;有的机器人还有行走机构。大多数工业机器人有 3~6 个运动自由度,其中腕部通常有 1~3 个运动自由度。驱动系统包括动力装置和传动机构,用以使执行机构产生相应的动作。控制系统按照输入的程序对驱动系统和执行机构发出指令信号,并进行控制。

由于工业机器人具有一定的通用性和适应性,能适应多品种及中、小批量的生产,因此自 20 世纪 70 年代起,常与数字控制机床结合在一起,成为柔性制造单元或柔性制造系统的组成部分。

6. 3D 打印

3D 打印是快速成型技术的一种,它以数字模型文件为基础,运用粉末状金属或塑料等可黏合材料,通过逐层打印的方式来构造物体。

3D 打印通常是采用数字技术材料打印机来实现的,常在模具制造、工业设计等领域被用于制造模型,后逐渐用于一些产品的直接制造,现在已经有使用这种技术打印而成的零部件。该技术在珠宝、鞋类、工业设计、建筑、工程和施工、汽车、航空航天、牙科和医疗产业、教育、地理信息系统、土木工程、枪支以及其他领域都有应用。

7. 5G 技术

5G 即第五代移动通信技术,由于其对新兴技术的潜在影响,已经成为各行各业关注的热点,尤其是对联网设备的开发、制造和使用的物联网领域。这些设备包括小型心率监视器、自动驾驶汽车、智能家电,智能工厂使用的设备等。它们共同使用传感器、芯片和处理器来收集、传输和分析数据,同时与网络上的其他设备进行交互。

虽然全球联网设备的数量已经开始快速增加,但 5G 网络的推出预计将大大加速消费者和企业对物联网产品和服务的采用。

1)何谓 5G

5G 是一组新兴的全球电信标准,通常使用高频频率提供网络连接。与 4G 通信技术相比,5G 延迟更短,速度更快,容量更大。

重要的是,5G 描述了用于构建未来尖端网络基础设施的一系列标准和技术。

2)5G 的主要优势

预计 5G 将会增强网络带宽,其速度比当前蜂窝移动网络或家用光纤和有线服务快 10~100 倍。减少延迟或者初始数据传输和网络响应之间的延迟,也应该是 5G 的一个重要优势,特别是对于需要近乎实时通信的服务,例如在高速公路上行驶的自动驾驶汽车。更高频谱的新增容量也有望帮助服务提供商有效管理不断增长的客户对物联网应用的需求,包括像高速高清视频下载这样简单的用户需求。

3)5G 的技术创新

在技术创新方面,网络切片和移动边缘计算成为 5G 突出的新技术。在网络切片方面,5G 网络平台可针对虚拟运营商、业务、用户甚至某种业务数据流的特定需求配置网络资源和功能,定制剪裁和编排管理相应的网络功能组件,形成各类“网络切片”,满足包括物联网在内的各种业务应用对 5G 网络的连接需求。在移动边缘计算方面,5G 引入了移动边缘计算技术,通过与内容提供商和应用开发商的深度合作,在靠近移动用户侧就近提供内容分发服务,使应用、服务和内容部署在高度分布的环境中,更好地支持低时延和高带宽的业务需求。

通过这些新技术的引入,5G将促进用户交互方式再次升级,为用户提供高清视频、VR/AR(虚拟现实/增强现实)、浸入式游戏等更加极致的业务体验。5G与家居、医疗、汽车、教育、旅游等行业的融合渗透,将深刻改变人们的生活方式,带来远程医疗、车联网、智能家居、云桌面等新应用,为人们在居住、工作、休闲、交通等方面提供便利。5G还将提升社会治理能力和效率,给城市管理、照明、抄表、停车、公共安全与应急处置等行业带来新型智慧应用,实现社会治理现代化。总体上看,5G的广泛应用将深刻改变人类信息社会的生产和生活方式,促进工业4.0的演进。

4)5G的主要驱动力

5G的主要驱动力不仅是消费者对更快网络需求的不断增长,而且还包括工业环境中联网设备的激增。这些行业越来越依赖联网设备来收集和分析数据,以提高业务流程的效率和生产力,并不断改进产品和服务。

5G预计帮助企业更有效地管理物联网所产生的日益增长的信息量,并改善机器人辅助手术或自动驾驶等关键任务服务所需的近乎即时通信。同样,预计5G网络可以灵活地处理各种联网设备,包括那些不一定需要实时通信但仍然需要周期性低功耗数据传输的设备。

5)5G带来的改变

(1)智能工业:5G技术在工业数据采集和控制场景中也将得到广泛应用。在生产操作过程中,可以通过5G网络控制来实现精准执行,确保工业设备的准确操作和较高的产品质量。

(2)增强和虚拟现实(AR/VR):现在,AR/VR技术的使用越来越广泛,这也意味着需创建完全模拟的数字环境以及数字工具在日常环境中的叠加。面向消费者的游戏、工业制造和医疗服务只是AR/VR早期的使用案例。5G有望成为减少延迟和提高速度的关键促成因素,从而使这些带宽密集型服务成为可能。

(3)自动驾驶汽车和智能基础设施:自动驾驶汽车的发展离不开5G的物联网成熟度。实际上,为了实现实时感知和安全,自动驾驶汽车需要足够的网络速度和容量以及近乎瞬间的延迟。虽然通往5G自动驾驶的道路仍在进行中,但车辆联网仍然达到了历史最高水平。

(4)医疗保健:从用于身体健康监测的可穿戴设备到高科技诊断仪器,传感器技术的发展为医疗保健行业提供了一个前所未有的机会。其他类型的联网医疗设备,如移动机器人、手术助手甚至外骨骼,也都有助于提高医疗服务效率和患者的治疗效果。预计到2023年,医疗机器人市场将达到170亿美元,高于2018年的65亿美元,复合年增长率为21%。

(5)低功耗设备:并非所有连接到5G网络的设备都需要超快的速度。事实上,许多低功耗设备将依赖5G来增加容量。从农业环境中的水位监测器到住宅物业中的电力管理系统等,低功率设备很可能成为物联网早期经常采用的用例之一。

总而言之,5G的应用创新不能仅突出5G本身的技术优势,还要加快实现5G技术与业务的融合,推动行业的整体创新发展。

8. 区块链

区块链(blockchain)是一种由多方共同维护,使用密码学保证传输和访问安全,能够实现数据一致存储、难以篡改、防止抵赖的记账技术,也称为分布式账本技术。典型的区块链以块-链结构存储数据。作为一种在不可信的竞争环境中低成本建立信任的新型计算范式和协作模式,区块链凭借其独有的信任建立机制,正在改变诸多行业的应用场景和运行规则,是未来发展数字经济、构建新型信任体系不可或缺的技术之一。区块链是一系列现有成熟技术的有机组合,它对账本进行分布式的有效记录并且提供完善的脚本,以支持不同的业务逻辑。

典型的区块链系统中,各参与方按照事先约定的规则共同存储信息并达成共识。为了防止共识信息被篡改,系统以区块为单位存储数据,区块之间按照时间顺序、结合密码学算法构成链式数据结构;通过共识机制选出记录节点,由该节点决定最新区块的数据,其他节点共同参与最新区块数据的验证、存储和维护;数据一经确认,就难以删除和更改,只能进行授权查询操作。按照系统是否具有节点准入机制,区块链可分类为许可链和非许可链。在许可链中,节点的加入和退出需要区块链系统的许可。根据拥有控制权限的主体是否集中,许可链可分为联盟链 1 和私有链 2。非许可链则是完全开放的,亦可称为公有链,节点可以随时自由加入和退出。

区块链的核心技术包括分布式账本、共识机制、智能合约和密码学。

1) 分布式账本

分布式账本技术本质上是一种可以在多个网络节点、多个物理地址或者多个组织构成的网络中进行数据分享、同步和复制的去中心化数据存储技术。

2) 共识机制

区块链是一个历史可追溯、不可篡改、可解决多方互信问题的分布式(去中心化)系统。分布式系统必然面临着一致性问题,而解决一致性问题的过程称为"共识"。分布式系统的共识达成需要依赖可靠的共识算法。共识算法通常解决的是分布式系统中由哪个节点发起提案以及其他节点如何就这个提案达成一致的问题。根据传统分布式系统与区块链系统间的区别,共识算法分为可信节点间的共识算法与不可信节点间的共识算法。

3) 智能合约

智能合约是一种旨在以信息化方式传播、验证或执行合同的计算机协议。智能合约允许在没有第三方的情况下进行可信交易。这些交易可追踪且不可逆转,其目的是提供优于传统合同方法的安全性,并减少与合同相关的其他交易成本。

4) 密码学

信息安全及密码学技术是整个信息技术的基石。区块链中也大量使用了现代信息安全和密码学的技术成果,主要包括哈希算法、对称加密、非对称加密、数字签名、数字证书、同态加密和知识证明等。

9. 工业智能

随着新一轮信息革命与产业变革的蓬勃兴起,工业的智能化发展成为全球关注的重点,提升工业智能化水平成为全球共识与趋势。世界主要发达国家政府及组织高度重视工业智能,积极出台相关战略政策,促进人工智能在生产制造及工业领域的应用发展。我国政府双侧发力,推动人工智能与制造业的融合发展:一方面积极推动人工智能技术为制造业发展注入新动力,另一方面将制造业作为人工智能落地的重点行业,在《互联网＋人工智能三年行动实施方案》《新一代人工智能发展规划》《促进新一代人工智能产业发展三年行动计划》等十余个文件中均提出将制造业作为开展人工智能应用试点示范的重要领域之一。

当前,工业经济数字化、网络化、智能化发展成为第四次工业革命的核心内容。作为助力本轮科技革命和产业变革的战略性技术,以深度学习、知识图谱等为代表的新一轮人工智能技术呈现出爆发趋势,工业智能迎来了发展的新阶段。通过海量数据的全面实时感知、端到端的深度集成和智能化建模分析,目前工业智能将企业的分析决策水平提升到了全新高度。然而,目前工业智能仍处于发展探索时期,各方对工业智能的概念、类型、应用场景、技术特点及产业发展等尚未形成共识。

1) 工业智能的定义

工业智能(亦称工业人工智能)是人工智能技术与工业融合发展形成的,贯穿于设计、生产、管理、服务等工业领域各环节,实现模仿或超越人类感知、分析、决策等能力的技术、方法、产品及应用系统。可以认为,工业智能的本质是通用人工智能技术与工业场景、机理、知识的结合,以实现设计模式创新、生产智能决策、资源优化配置等创新应用。它需要具备自感知、自学习、自执行、自决策、自适应的能力,以适应变幻不定的工业环境,并完成多样化的工业任务,最终达到提升企业洞察力,提高生产效率或设备产品性能等目的。

为了更好地分析工业智能的功能范围,工业互联网产业联盟提出了工业智能的基本框架(见图3.39):构建一个四象限横纵坐标轴,其中横轴为计算的复杂度,是指计算机算法的时间复杂度,与工业机理的复杂性和算法的实现效率直接相关;纵轴是影响因素的多少,与相关问题涉及的变量个数直接相关。据此可将工业问题分解为四类:一是多因素复杂问题,二是多因素简单问题,三是少因素简单问题,四是少因素复杂问题。

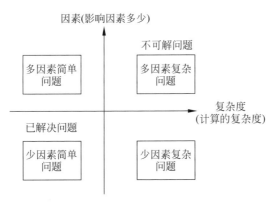

图 3.39　工业领域相关问题分类

工业系统自下而上包括设备/单元级、车间级、企业级、协同级等四个层级,如图3.40所示,其对应的工业问题也呈现一定的规律性分布。具体地,设备/单元级和车间级工业问题的影响因素通常较少,但和工业机理密切相关,导致计算复杂度较高,其中设备/单元级问题的复杂度更是普遍高于车间级;企业级和协同级的工业问题并没有过于复杂的机理,但影响的因素较多,其中协同级问题的影响因素普遍多于企业级。除各层级在体系中的范围性分布外,还存在部分影响因素多、复杂度高的点状问题。

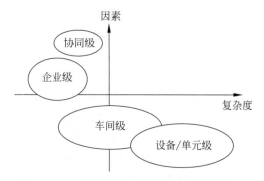

图 3.40　工业领域问题的制造系统层级分布

深度学习和知识图谱是当前工业智能实现的两大技术方向(见图 3.41),正不断拓展可解工业问题的边界。当前工业智能主要体现在以知识图谱为代表的知识工程以及以深度学习为代表的机器学习两大技术领域,其中深度学习侧重于解决影响因素较少但计算高度复杂的问题,如产品复杂缺陷质量检测;而知识图谱侧重于解决影响因素较多但机理相对简单的问题,如供应链管理等。多因素复杂问题可以分解为多因素简单问题和少因素复杂问题进行求解,例如产品设计等。两大驱动技术的发展使工业领域内多因素简单问题与少因素复杂问题的可解范围进一步扩大,同时使部分多因素复杂问题也实现可解。

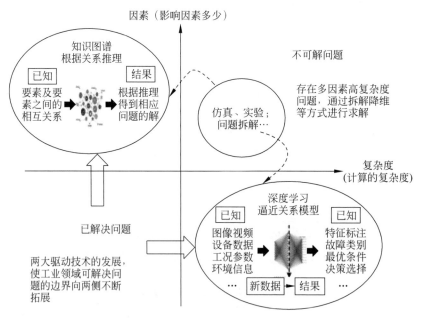

图 3.41　当前工业智能两大技术方向

2)工业智能的关键技术

工业智能依靠通用技术与专用技术协同实现智能化应用。一方面,通用技术以工业互联网和工业大数据为核心,整体上遵循人工智能的数据、算力和算法三要素的逻辑,包含智能算力、工业数据、智能算法和智能应用四大模块,以工业大数据系统的工业数据为基础,依托硬件基础能力和训练、推理运行框架,完成工业数据的建模和分析,其本质是实现工业技术、经验、知识的模型化,为两大核心技术赋能,从而实现各类创新的工业智能应用。此外,工业智能的部署方式一般有公有云、私有云、边缘和设备四种,其整体系统管理和安全防护一般托管给其嵌入的边缘或设备系统,或者是其作为组成部分的工业互联网平台。另一方面,通用技术往往无法满足工业场景与问题的复杂性与特殊性要求,现阶段依然存在大量特性问题需要解决,符合工业领域需求的技术定制化是工业智能两大关键技术未来的发展趋势。工业智能的关键技术架构如图 3.42 所示。

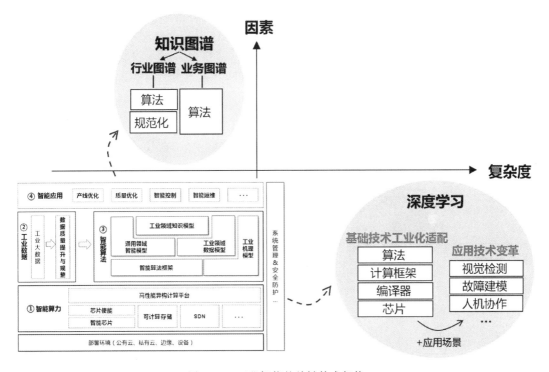

图 3.42　工业智能的关键技术架构

　　工业智能的技术整体遵循数据、算力和算法三要素的逻辑,由底层至上包括芯片、编译器、计算框架、算法四方面。从技术角度来看,工业智能即是依靠算法作用在工业数据和(或)工业机理/知识/经验等工业智能使能要素中,通过对要素进行分类、回归等本质作用,映射至设计、生产、管理服务等工业环节或场景下,形成智能化应用。一方面,工业智能的技术仍然以人工智能算法为核心,不仅需要满足人工智能算法作用的本质需求,工业问题数字化和抽象化的方法论也是算法作用的关键。此外,算法的突破使人工智能解决问题的能力不断深化,同时与工业问题转化相互匹配,构成了工业智能发展的本质推动因素。另一方面,通用技术往往无法满足工业场景复杂性与特殊性要求,即应用面临的四类问题,需要通过技术创新与工业化适配解决。

　　3) 工业智能的典型应用

　　工业智能在工业系统各层级各环节已形成了相对广泛的应用,其细分应用场景可达到数十种(见图 3.43)。参考美国国家标准与技术研究所对智能制造的划分标准,在所建框架内将工业智能的应用场景按产品、生产、商业三个维度进行了划分。

工业智能主要通过四大技术解决上述问题:一是诸如库存管理、生产成本管理等问题,由于其流程或机理清晰明确且计算复杂度较低,因此可以将此类任务的执行过程固化并通过专家系统解决。二是设备运行优化、制造工艺优化、质量检测等问题,往往机理相对复杂,但并不需要大量的数据和复杂的计算,因此通常是机器学习作用的领域。三是需求分析、风险预测等环节,需要依靠大量数据的推理作为决策支持,因此其计算复杂度相较于前两种体系更高,但是其问题原理或是不同对象间的关系相对清晰,因此可利用知识图谱技术来解决问题。四是前沿机器学习作为近年来人工智能发展的核心技术体系,其主要目的就是解决问题机理不明、无法使用经验判断理解、计算极为复杂的问题,如无人操作、不规则物体分类、故障预测等;而对于产品智能研发、无人操作设备等更为复杂的问题,通常需要多种方法组合进行求解。

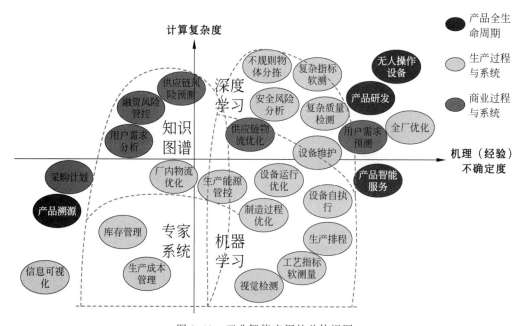

图 3.43　工业智能应用的总体视图

3.2.5　关键技术趋势

针对业界数字化转型所需的最新技术,追踪 2021 年关键技术趋势,其中包括 IT 与 OT 技术的深度融合、运营弹性成为关键目标、远程操作成为新常态、自动化运营演变为自主运营、边缘计算平台成为边缘自动化平台以及其他技术趋势。本节讨论的技术对 2021 年工业领域的发展产生了重要的影响。

1. IT 与 OT 技术的深度融合

信息技术和运营技术的融合(IT/OT 融合)正在迅速发展,因为工业组织意识到它是数字化转型的成功关键。OT 和 IT 之间的连接和/或融合对于企业竞争至关重要。如今,业界对更紧密的集成和更多信息获取的需求日益增长。基于此,它们开始利用工业物联网和工业 4.0 相关的技术和方法,包括 5G 网络、云和边缘计算、增材制造、高级分析、数字孪生、AR、VR、人工智能(AI)等新兴技术。

此外,IT/OT 网络安全是 IT/OT 融合的重要内容之一。关注 IT/OT 网络安全有助于填补现有的安全漏洞,并确保整个企业的安全级别一致。越来越多的融合还包括电力和自动化的集成,这涉及融合有关电气资产(例如电机控制中心)和生产过程的信息,以帮助提高制造工厂整个生命周期的可持续性。电力和自动化之间的融合还提供了一种集成的数字化方法,可提高互操作性和灵活性、提高生产效率、减少计划外停机时间并提高整体赢利能力。

ARC 咨询小组认为,这种 IT 与 OT、IT 网络安全与 OT 网络安全、电力与自动化之间的融合将成为永久性的,而不是一种趋势,代表着深度的技术融合。2021 年,寻求引入创新解决方案,这些技术将超越融合并融合到单一产品中。

2. 运营弹性成为关键目标

公司数字化转型的目标之一是确保有弹性的运营,以提高当今企业应对风险的能力。其中包括日益增加的网络安全威胁、新的监管合规要求以及更严格的工厂和人员安全要求。在这次新冠疫情之前,制造商就已面临着市场的不确定性、需求的快速波动、供应链中断等的挑战,以及敏捷、高效和可持续发展的需求。然而,当前的新冠疫情放大了这些挑战,导致制造商将运营弹性作为关键的企业目标。

为了实现运营弹性,公司必须经常打破物理和组织界限,以便充分地吸引员工、连接团队并增强实时协作。运营弹性还需要对供应链进行实时管理,以保持其完整性、敏捷性和灵活性,使供应链能够响应市场需求和材料可用性的变化。公司正在部署新的方法来防止计划外停机和资产故障,确保产品实现,保护人员并增强安全架构。

从 2021 年开始,制造商将寻求进一步提高其运营弹性,以减少供应链脆弱性,降低安全风险,提高远程运营绩效并优化整个工厂生命周期的生产。

3. 远程操作成为新常态

近年来,远程运营管理已经成为海上油气生产和海上风电场等特定行业的主流。然而因新冠疫情对于社交距离有要求,工业企业需要做好远程运营的准备,企业员工也应适应居家办公的模式。这需要拥有适当的网络安全工具,这些工具提供实时可见性和控制,以帮助应对完全远程访问操作的挑战。理想情况下,联网和远程劳动力的支持技术应该促进协作并减少书面工作,为来自不同地方的个人提供信息安全访问,并支持与远程专家的互动。自动化和 IT 供应商都已加紧努力,通过创新解决方案帮助满足这些需求。

除了提高效率和为员工提供更安全的工作环境外,这些解决方案还帮助公司获取和管理知识,整合和部署新的工作流程。例如,AR 允许远程用户查看工厂中的任何资产,并以数字方式叠加相关信息。AR 设备(以平板电脑、智能手机、智能眼镜或"可穿戴"计算机的形式)感知远程工作人员正在查看的内容并显示手头操作所需的数据。

在 2021 年后,技术供应商将继续增强其远程操作解决方案,而不是短期趋势,即使在 COVID—19 大流行的影响已经过去之后,工业组织也可能会在不同程度上继续实施远程操作。

4. 自动化运营演变为自主运营

在新冠疫情的驱动下，行业迫切需要新的运营模式。随着数字化的深入发展，新兴的开放过程自动化标准以及 IT/OT 融合；对于选定的单元操作，制造商有机会从"自动化"转向"自主"操作。这使人们可以自由地执行更多增值任务，并可以提高运营工厂的可靠性和可预测性。当前，当发生不可预测的事情时，人工操作员会决定该怎么做。未来，自治系统可能会做出这些决定，而人类将充当观察者和监督者。

由人工智能、机器学习以及历史和实时数据支持的自治系统还可以帮助获取当今经验丰富的操作员和技术人员的知识，从而有助于在一定程度上减轻人口老龄化对于工厂运营和业务可持续性的影响。在 2021 年后，制造商将继续在将运营从自动化转向自主方面取得进展。

5. 边缘计算平台成为边缘自动化平台

边缘计算平台和应用程序继续快速增长，但这些通常需要具有专业技能的企业 IT 人员来安装、编程、操作和支持它们。这导致了边缘自动化平台的开发，旨在提供边缘计算的全部功能和优势。这些功能包括在数据收集点或附近实时收集、分析、处理和存储数据。关键区别在于，没有特定 IT 技能的人员将能够支持这些新的边缘自动化平台。

边缘自动化平台至关重要，因为工业加工和制造应用中使用的边缘计算平台通常由 OT 组授权，即安装、编程、操作和维护自动化设备（如 PLC、PAC、DCS、传感器和其他仪器），这极大地节省了时间和人员成本。此外，边缘自动化平台旨在持续运行，无需专门的现场或远程 IT 支持。

6. 其他值得关注的趋势

ARC 咨询集团目前正在关注的其他潜在变革性技术趋势和方法包括：智能视觉系统和视频分析等；增材制造在生产环境中变得越来越主流；5G 网络在工业、基础设施和智慧城市中的部署不断增加；应用程序的容器化；连接资产的生命周期管理和优化。ARC 咨询小组将继续研究和评估这些最新的技术和方法，并见证它们对工业、基础设施和智慧城市的数字化转型的影响。

3.3　本章小结

本章基于数字化工厂的内涵对其涉及的主要方法和技术进行了整合归类和分析。数字化工厂的方法是以其本身所具备的特性和功能等为企业所面临的问题提供一种解决方案，侧重于数字化工厂的实际应用；数字化工厂的技术犹如"经络"一般贯穿于数字化工厂整体，数字化工厂的模型、方法及工具等均需要技术要素的嵌入结合，才能发挥数字化工厂的应有的功能和价值。本章介绍了几种主要的数字化工厂方法，同时构建了数字化工厂的技术体系架构，并将其涉及的主要技术进行了分类。

第4章 数字化工厂规划

数字化工厂是制造企业进行数字化转型的路径与方法，是一种组织的变革。因此从组织的视角来看，数字化工厂规划是数字化转型的首要环节，也是重要环节。基于企业的内外部环境制定数字化工厂规划，对于整个企业的数字化转型至关重要。本章将从数字化工厂规划体系的内容进行展开。

4.1 数字化工厂规划概要

数字化工厂的建设实施，从战略到落地，需要全局性、战略型的整体设计和计划引导，按照整体规划、分步实施的方式去推进。

1. 数字化工厂规划的目的

规划是指个人或组织制订的比较全面长远的发展计划，是对未来整体性、长期性、基本性问题的思考和考量，设计未来整套行动的方案。规划是数字化工厂建设、实施和评估的前提。对于整个数字化工厂的建设和实施来说，规划的目的可以归纳如下。

（1）实现企业战略落地。战略属于上层建筑，范围较大，不利于下层员工的理解执行。因此需要对战略予以解释说明，确保战略得以落实。

（2）分析并优化企业的业务流程。企业规划要整体框架清晰，重点突出；既要有顶层设计，又要有可行的落地实施要点，以便于对业务流程进行优化。

（3）统一理念、统一认识。通过对项目进行规划，可以整合不同的意见建议，从系统的角度来看待项目建设，有助于企业全体统一认识，增强凝聚力，便于项目的开展。

（4）实现数字化项目建设的统一管控。规划是建设实施的行动纲要，提前对核心业务系统、方法路径等规划，有助于对于后续问题的纠偏管控。

（5）明晰数字化投资分析，合理分配 IT 资源。数字化工厂建设需要技术、人员、设备等的支持,要耗费大量资金。只有合理的规划,才能保证资金、资源、效益的统一。

(6)明确未来数字化建设的目标和步骤,建立清晰的体系构架,实现各系统之间的有效集成。

(7)在整体框架下合理规划新的应用系统。数字化工厂建设是多系统、多要素的综合。规划有助于企业整合集成现有的系统,并为未来需要增加的系统做好计划。

(8)满足上级主管部门的要求、申报政府的相关项目以及其他(如上市等)。

2. 数字化工厂规划的难点与问题

数字化规划的难点与问题来源于企业的实践所得,像武汉制信科技(e-works)、IBM 等提供数字化转型解决方案服务的公司和三一重工、上海徐工等业界数字化转型的成效型公司,对这个问题都有较为深刻的体会。笔者根据相关的资料研究,整理出了数字化工厂规划的难点与问题。下面从环境、战略、管理、业务、技术、能力六方面进行阐述。

(1)环境。企业面临复杂多变的环境,投资、拓展新业务面临许多不确定因素,使得许多企业的前期规划与后期执行不一致。

(2)战略。企业战略不清晰,制定过于笼统,没有充分考虑外部环境或者企业的生产实际。

(3)管理。一些企业管理模式陈旧。数字化转型需要对应管理方式的数字化,而企业由于缺乏系统知识、管理者视野狭隘、组织结构不合理、授权不够等因素使得规划流于形式。

(4)业务。企业对自身业务如何与数字化工厂规划结合不够明确。

(5)技术。企业对于技术、工具等的理解以及应用深度不够,跟不上技术发展的要求。

(6)能力。企业无法对自身作出合理的评估,不能制定出符合实际的转型方案。

4.2　数字化工厂规划体系

数字化工厂规划不仅是制造企业数字化转型的一个重要环节,也是一个系统项目。数字化规划不是一蹴而就的,整个企业数字化转型的过程是要分阶段完成的,是循序渐进的。这里借鉴相关数字化规划理论将数字化工厂规划划分为以下几个阶段:现状评估、战略分析、需求分析、目标规划、整体规划蓝图、核心业务系统设计、IT 基础架构设计和标准体系设计。

4.2.1　现状评估

现状评估阶段的主要目标是分析企业现有的数字化应用状况,讨论和评估未来的应用建议。制造企业数字化应用现状评估可以从以下几个角度进行:企业管理模式诊断与分析;企业关键业务流程梳理;企业数字化现状与能力评估;标杆分析,企业与优秀数字化企业的差距识别。具体工作内容列举如下:从一线车间到高层管理,进行实事求是的现状调研;对中高层进行访谈,以了解企业的战略方向、管理瓶颈、信息需求等;对业务部门进行访谈或问卷调查,以了解企业的管理特点、IT 工具应用状况等;从运行环境、功能、业务流程支持、动态数据、静态数据等角度对数字化程度进行系统的测评;将企业现状与数字化工厂要求相对比,提出合理建议;抓住主要矛盾,找出企业数字化转型的痛点与关键点,做出系统留或废的决定,深化重点方向。

这一阶段的主要工作成果有调研提纲及访谈纪要,务必做到实事求是,真实地反映企业目前的数字化应用现状;形成数字化应用现状评估报告,根据该评估报告进行下一行阶段的工作。

要对现状进行科学准确的评估,需要具有可信性的评估机制、标准,需要权威的评估人员或机构的指导。比如 e-works 公司进行数字化工厂现状评估的方法是建立三级评估模型,从上到下分别为智能化级、数字化级、自动化级;每个评价点根据行业内企业应用的实际进行 0~100 分的评分,具体为:智能化级(60~100 分)、数字化级(30~60 分)、自动化级(1~30 分);对企业多项指标的分数进行加权汇总,得出企业数字化工厂建设最终的成熟度等级以及未来数字化工厂建设的重点;在成熟度确定上参考国际 CMMI(capability maturity model integration,能力成熟度模型集成)等级认证的思路,根据不同的权重与分数划分不同的等级,指导行业内企业的智能化工厂建设。

本阶段的工作重点是对公司的数字化应用现状进行全面的分析;对管理问题进行梳理与分析,清晰定义业务管理中存在的问题;对现有的信息系统给出明确的结论,如替换或深化等。这一阶段的主要任务和交付成果归纳如表 4.1 表示。

表 4.1 阶段性任务与交付成果

主 要 任 务	交 付 成 果 举 例
(1) 对企业数字化应用成熟度评估体系的设计思路及具体内容进行沟通培训; (2) 结合公司业务特点形成企业数字化成熟度模型; (3) 配套评估形成详细调查问卷; (4) 通过关键用户访谈,对公司的数字化现状进行全面评估; (5) 对管理问题进行诊断与分析,提出优化建议; (6) 完成数字化评估报告的撰写	(1) 企业数字化成熟度模型; (2) 现状评估调查问卷; (3) 企业数字化现状评估分析报告

4.2.2 战略分析

战略是指对全局的筹划和指导。战略分析是指通过资料的收集和整理,分析组织的内外环境,包括组织诊断和环境分析两个部分。

1. 数字化工厂战略

近年来,几乎所有行业的公司都采取了许多举措,以探索新的数字化工厂技术并利用其优势。这通常涉及关键业务运营的转换,并影响产品和流程以及组织结构和管理概念。公司需要建立管理实践来管理这些复杂的转换。一种重要的方法是制定数字化工厂战略,将其作为中心概念,以整合公司内部数字化工厂的建设协调性、优先级顺序和实施。

数字技术的开发和集成通常会影响产品、业务流程、销售渠道和供应链,从而影响制造企业内部的生产制造和外部的销售服务。数字化战略规划的潜在好处是多方面的,包括销售和生产率的提高、价值创造的创新以及与客户互动的新颖形式等,结果就是整个业务模型都可以重塑或替换。由于这种广泛的范围和深远的影响,数字化工厂战略需寻求协调和确定数字化转型的许多独立线程的优先级。为了考虑其跨公司的特点,数字化工厂战略可以跨越其他业务战略,因此公司其他战略应与之保持一致,如图 4.1 所示。

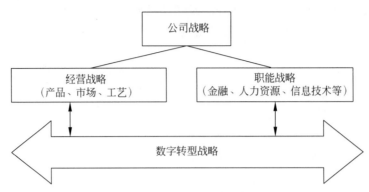

图 4.1　数字化工厂战略与公司其他战略之间的关系

数字化工厂战略具有不同的视角并追求不同的目标。从以业务为中心的角度来看,着重于由于新技术而导致的产品、流程和组织方面的转变。它们的范围经过更广泛的设计,并明确包括与客户或完全与客户有关的界面上的数字活动,例如数字技术作为最终用户产品的一部分。由于数字化工厂战略超越了流程范式,并且包括对产品、服务和整个业务模型的更改以及对它们的影响,因此这与流程自动化和优化形成了明显的差异。

战略具有较高的抽象性,制定过程也需要深入思考。在明确了数字化战略的地位后,还应认识到以下六点。

(1) 坚持以价值为导向。要注重数字化转型的实效,把数字化转型的短期价值和长期价值有机结合,不忘企业的盈利本源。

(2) 明确战略目标。时时刻刻要梳理目标意识,以企业上下目标一致增强凝聚力,实现上下同欲,共同进退。

(3) 做好战略间的衔接。厘清不同战略间的关系,制定数字化转型的战略纲要,制定数字化发展规划,强调其整体性、协同性,更要体现其可操作性。

(4) 体系化能力。规划数字化转型蓝图时要坚持价值导向、战略引领、创新驱动、平台支撑,形成组合拳,体现体系化的设计和系统化的思维。

(5) 规划落地。数字化转型规划不求大而全,不用面面俱到,不讲技术原理,最重要的是指明转型的发展方向和重点。

(6) 数字化转型需要找准切入点去突破,快速见到实效才能更好形成共识。但这个切入点必须是端对端、全场景、全链条的,不能仅关注局部,否则难以在整体上见效,领导和业务部门也不会重视。

2. 战略分析的实施

战略分析包括确定企业的使命和目标,了解企业所处的环境变化,清楚这些变化将带来机会还是威胁。通常战略分析可以分为战略扫描、明确目标与责任、制定战略路线图三部分。

1) 战略扫描

战略扫描也可称为战略环境扫描,可分为如下三步。

(1) 外部环境扫描。外部环境扫描主要强调宏观环境和行业环境。对于宏观环境,可以采用 PESTEL(政治-P、经济-E、社会-S、科技-T、环保生态-E、法律-L)分析模型进行扫描分析。值得关注的是在数字经济时代,PESTEL 分析必须把互联网及其对经济、社会、产业等的影响以及进一步发展的趋势作为重点分析对象。

行业环境扫描可运用"波特五力＋利益相关者模型"开展。波特五力分析模型被广泛运用于行业进入取舍的决策,同时也可以运用于集团与单体公司的战略环境扫描。在管理咨询的实战中,有人提出对"波特五力分析模型"进行改进,增加了其他特殊利益群体(即其他战略利益相关者)的分析维度,例如汽油行业的变化会影响汽车行业的需求与竞争格局等。

(2) 内部环境扫描。内部环境扫描可以采用"波特内部价值链模型"对企业的内部环境进行详尽的扫描并记录分析结论以供分析。

(3) SWOT 分析。在历经内外部环境分析后,可以运用 SWOT 分析(strengths weaknesses opportunities threats,态势分析),它是一个被普遍采用且比较成熟的战略分析工具,不仅用于集团战略和业务单元战略的分析,还用于职能战略的分析。图 4.2 为某公司的 SWOT 分析示例。

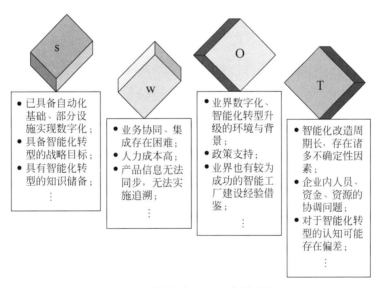

图 4.2 某公司 SWOT 分析示例

2) 明确目标和责任

企业可在前述分析的基础上,制定明确的数字化工厂战略,并基于转型的要求转变战略,以成功指导企业的数字化工厂建设为宗旨。考虑到转型的特点,企业可用目标管理的方式自上而下地推行实施项目。高层管理者率先明晰数字化工厂建设的框架、蓝图、路线等,发起数字化转型的号召,并制定转型项目的战略目标;管理者将任务予以分解,下发给各个部门,再由部门通知到员工,确保公司全员对于转型变革无抵触并能够积极响应;管理者建立适当的评估机制,对项目完成情况予以评价,找出问题所在。

此外,要分配好权利与责任。企业应对组织结构进行调整,明确岗位职责,将战略目标层层划分落实到个人;做好授权,给予项目人员一定的权利;成立数字化转型委员会等团体,负责数字化工厂建设的工作任务;建立数字化管理模式,对转型团队人员进行人员画像,清晰落实任务与责任;建立激励机制与惩罚机制,选择合适的管理方式;建立阶段性评估机制,对任务落实情况进行评估,对偏离目标的情况予以纠正。

3)制定战略路线图

企业如果在启动数字化转型时能够全面思考,成功的概率将可望提升。有企业采用数字化战略路线图的方式作为思考数字化转型的框架,帮助企业更好地从战略层面出发,驱动数字化转型,避免误区。数字化战略路线图包含以下四方面(见图4.3)。

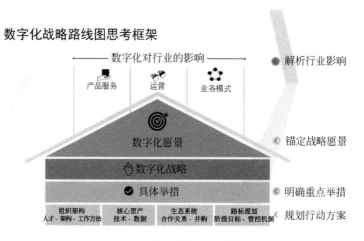

图 4.3　数字化战略路线图

（1）解析数字化对于行业的影响。

企业首先聚焦分析数字化给所处行业带来的影响。数字化的影响是多方面的,从产品服务层面、运营层面到商业模式层面都可能出现变化。关键在于企业要保持开放的视野,同时愿意积极拥抱数字化带来的变化。以达美乐比萨外送餐厅连锁店为例,数字化虽然没有改变达美乐的核心产品比萨,但是却大幅增强了达美乐在速度和配送上的便利优势。

（2）锚定数字化的战略愿景。

在梳理数字化的影响后,企业需要进一步明确数字化的战略愿景,并具体论述在数字化的影响下自身的价值主张、竞争优势以及希望达成的目标。例如,大型跨国汽车制造商雷诺在深刻认知数字化的影响后,设定了一个明确的目标——利用数字化战略将息税前利润提高 25%,同时也清楚定义了数字化技术在各个部门的收益,并最终取得了成功。

（3）明确重点举措。

企业应围绕数字化愿景,从客户体验优化、运营效率提升和新业务模式拓展等方面出发,梳理应用场景及关键举措,并根据应用场景的影响力和可行性对其进行优先级排序,从而明确各阶段重点举措。例如,联合利华将数字化战略的重点放在了活化数据价值及聚焦精准营销、生产、分销等场景,在全球 20 多个国家建立了数字化中心。

（4）规划行动方案。

在规划数字化转型的具体行动方案阶段,企业需要重点关注四方面:①组织架构:企业需要定义面向数字化的组织结构和工作方式,识别数字人才缺口,建设数字人才梯队;

②核心资产：分析数字化的关键差距，包括数据资产、技术资产等，制定缩小差距的具体方案；③生态系统：企业应明确价值链数字化的独特优势，挖掘潜在合作机会并识别合适的数字化伙伴，借助生态系统推动数字化；④落地规划：企业需要明确定义各个关键举措的落地计划及阶段目标，并成立数字化转型管理办公室进行统筹管理。

4.2.3　需求分析

需求分析的目标是对公司的发展战略、业务管理目标和其他相关企业要求等企业业务目标进行讨论，提出与之匹配的数字化需求。有需求才有动力进行供应和需求分析，明确企业此时应该做哪些工作，为数字化工厂的建设提供充足的准备。

企业要进行业务模式的改进，就需要对现阶段的业务模式与管理模式进行系统分析，从中找到具体的需要改进的地方。针对目前的企业数字化需求分析，其来源大致包括：企业的现状调研；企业在规划期间内的发展目标、指导方针和发展策略；企业的快速发展对数字化与自动化的需求；严酷的市场竞争对新产品快速开发、上市的要求；精细化的产品成本管控需求与严格的产品质量的要求；企业 KPI(key performance indicators，关键绩效指标)考核体系；企业组织架构；企业现有的管理流程、管理特点及难点；工厂布局规划、工艺规划、设备规划等；各种先进制造技术和方法的综合应用情况；上级主管部门对数字化建设的要求等。

此阶段要做好以下几项工作。

1. 基于组件的建模

业务组件模型是把企业的营销、研发、工艺、制造、管理、服务等业务功能转变为业务模块(即业务组件)。业务组件可以比喻为搭建企业的积木或者部件，这些组件共同组成了企业的业务，企业的日常运营就是通过不同组件之间的串联形成的。如工艺规划就是由工艺设计、装配仿真、加工仿真、布局仿真等组件组成的。业务组件对于数字化工厂的建设至关重要，制造企业应在数字化工厂规划阶段厘清需要健全的业务组件以及所需达到的数字化程度，然后应用数字化工厂技术将各业务组件进行打通链接，形成互联互通、综合集成、数据分析与利用的数字化业务架构，进而进行数字化工厂的建设实施。

2. 数字化建设目标与管理目标的融合

在指导公司架构出业务组件的基础上，从业务未来发展的角度提出对数字化的需求，制定各业务组件的管理目标和未来数字化目标，使数字化目标与业务需求相匹配，并通过业务组件的分析明确业务管理需求，这样可以最大程度地保证业务需求的全面，以及与公司管理的匹配。

3. 业务流程建模与优化

企业业务流程的建模不是一朝一夕的，尤其是要进行数字化业务流程的重塑。企业应在分析现有业务流程的基础上，依据现有的基础和目前的需求分析，结合数字化工厂的技术与方法进行业务流程建模和优化。如 e-works 公司的业务流程建模与优化步骤如图 4.4 所示。

本阶段的工作重点是管理目标与数字化建设目标清晰化的匹配以及全面梳理公司的数字化建设需求。

交付物是阶段性成果落地实践的成果：讨论确定公司数字化业务组件，形成企业业务

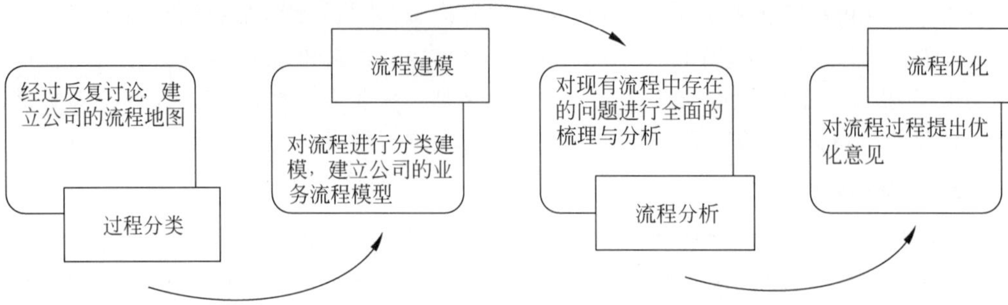

```
┌──────────────────┐      ┌──────────────┐        ┌──────────────┐      ┌──────────────┐
│ 经过反复讨论，建   │      │   流程建模    │        │ 对现有流程中存在 │      │   流程优化    │
│ 立公司的流程地图   │      └──────────────┘        │ 的问题进行全面的 │      └──────────────┘
└──────────────────┘      对流程进行分类建         │ 梳理与分析     │      对流程过程提出优
              模，建立公司的业               化意见
     ┌──────────┐          务流程模型           ┌──────────────┐
     │ 过程分类  │                              │   流程分析    │
     └──────────┘                              └──────────────┘
```

图 4.4　业务流程建模与优化步骤

架构；分析业务组件中的管理目标与数字化目标；对数字化应用需求进行全面梳理，例如表 4.2 所示某企业简化的业务需求分析。

表 4.2　企业业务需求分析示例

业　　务	需　求　描　述
生产制造	实时透明，减少失误，及时纠偏； 构建全流程的生产管理系统，掌握各业务环节信息，全程透明可追溯； 自动化排产管理； 支持大数据分析，动态优化设计； 与物流供应链高度协同，降低库存成本
质量	支持大数据分析、在线检测、实时自动检测； 标识化管理，如对设备进行标识，对产品进行标识标号，可完整查询产品的生产履历、物料信息等
设备	预测性维护保养，设备异常监控报警，保证设备高效可用； 建立统一的设备综合管理平台
能源	建立统一的能源管理平台，实时采集监控工厂能源信息； 动态分析能源使用情况，支持计划与排产，仿真分析能源利用
工艺	工艺过程全要素仿真，工艺参数自动化下发，安排科学合理的工艺路线
物流	供应链高度协同，自动化仓储；优化智能计算，制定合理的运输路线以及布局
监控	对人员管理、设备、关键工序进行视频监控
人员	对人员信息、工作情况、绩效考核等信息上系统，实行便捷化管理

4.2.4　目标规划

1. 总体目标规划

由于经济、政治、文化等因素的影响，企业需要在发展初期就考虑各种因素，确立总体的目标规划。总体的目标规划界定了整个阶段需要做的所有工作，为数字化工厂建设与企业其他建设划清边界，便于工作独立、有序地开展。

2. 明确企业数字化工厂战略目标与分项目标

总体目标规划界定了工作范围和目标要求，接下来企业需从制定好的战略目标进行内部划分。数字化工厂的战略目标是对企业数字化转型的纲领性要求，是企业数字化工厂规划的愿景目标，而愿景目标是进行数字化工厂规划的核心和基点。它给出了数字化工厂规划、建设的方向、指导思想等，比较宏观。数字化工厂的分项目标是对战略目标的具体划分，是在结合企业数字化现状的基础上所做的阶段性目标，侧重于微观，从企业的内部着手，兼顾企业数字化转型全生命周期的每个阶段，任务比较明确并且各不相同。

从目标管理的角度来看，确定数字化工厂的总体目标与分项目标是应用目标管理的理念来进行数字化工厂规划的体现，而目标管理是企业进行项目建设的有效管理方法。目标管理认为企业的任务必须转化为目标，企业管理人员必须通过这些目标对下级进行领导并以此来保证企业总目标的实现。目标管理是一种程序，通过对目标以及任务的划分，促使企业全员有序参与企业的项目建设中去。这与数字化工厂的建设、实施、运营的理念是相通的，数字化工厂也强调要进行企业的全过程、全员、全要素的数字化，这也是两者相契合的地方。数字化工厂的战略目标与分期目标示例如如图4.5所示。

为支持XX集团中长期发展战略目标，XX的长期目标是：以"成为国际著名的机电智能化系统解决方案的提供商"为目标，以模式创新为引领，以"万物互联、信息融合、虚实结合"为指导思想，以构建覆盖"智能设计、智能供应链、智能制造、智能管理、智能产品与服务"产品全生命周期无缝集成的虚拟信息系统为核心，推动XX商业模式、制造模式、运营模式、决策模式的创新，实现XX的"产品个性化、设计协同化、供应敏捷化、制造柔性化、服务主动化、决策智能化"，打造"智能制造+绿色制造"的智能XX。

(a) 数字化工厂战略目标范例

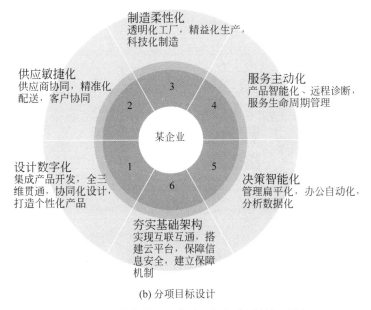

(b) 分项目标设计

图 4.5　数字化工厂战略目标与分项目标示例

3. 明确核心指标

在分项目标的基础上明确未来数字化工厂要实现的核心指标。这一项要求是对制造企业数字化成果的具体化、数据化等的量度，也是对企业数字化成果的明确要求。制造企业在确立核心指标时,要结合自身数字化工厂建设的目标和数字化工厂的规划路径与业务流程,对数字化工厂规划与建设的全生命周期进行分阶段、分要求。

4.2.5 整体规划蓝图

在明确了数字化工厂的基本理论以及所制定的目标后,就要勾画出数字化工厂的形态,这是对战略目标的形象化表达。前期的战略目标是对数字化工厂的概念性描述,这并不能让企业上下全体都明确数字化工厂的建设思路、方法、模式等。只有设计出数字化工厂的整体框架,勾勒出数字化工厂的整体面貌,才能使制造企业全体都能够对数字化工厂的建设心中有数,这也是数字化工厂建设与实施的基础。整体框架的设计一般要包括构建完整的数字化规划蓝图,明确数字化战略目标,建立与业务匹配的 IT 应用架构,构建 IT 系统运行基础的技术架构及建立完善的 IT 治理架构等内容。

在数字化战略目标确定后,要规划出未来的数字化整体框图(在自动化层面,需与公司自动化部门共同设计,如图 4.6 所示)。该框图是企业战略与数字化总体目标的支撑框架,通过该框图可以明晰地知道未来的数字化建设蓝图分为哪些系统,各在哪个层面,它们之间的系统逻辑关系如何,并为后续的分系统设计提供基础。

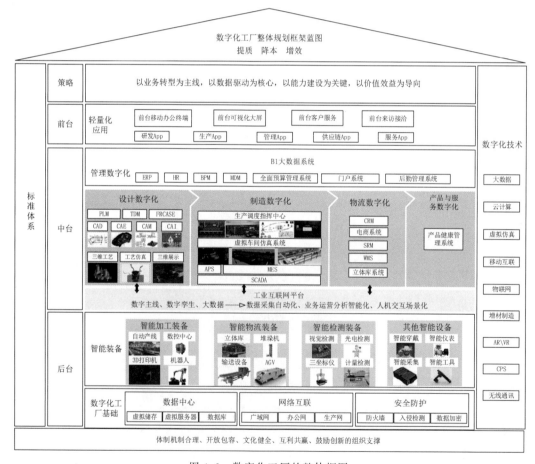

图 4.6 数字化工厂的整体框图

综上所述,数字化工厂的规划蓝图要在数字化工厂内涵、战略目标、建设要领以及企业需求的考量基础上制定,应由企业经过商议讨论后制定。这里给出数字化规划蓝图的示例,以供读者参考。图4.6试图以"前台＋中台＋后台"的模式来搭建整体的框架蓝图,采用以后台沉淀知识,中台集成共享和智能分析,前台可视化、轻量级应用、面向用户的整体架构理念,这也是基于中台的优势来说的。如果企业没有条件建设中台,也可将建立统一平台作为集成的依据(如工业互联网平台)。基于业务、数据、新能力和价值效益的重要性,明确以业务转型为主线、以数据驱动为核心、以能力建设为关键、以价值效益为导向的数字化工厂策略,是十分有必要的,本书也将按照这一策略理念来贯穿数字化工厂的规划、建设、实施等内容。

4.2.6　核心业务系统设计

数字化整体规划确定后,便有了关于数字化工厂的蓝图,下一步就是要找出数字化工厂的主要矛盾,也即关键问题——核心业务,从而进行核心业务系统的设计。企业首先要明确目前阶段的核心业务系统是什么,进而有针对性地先建设紧要的核心系统,然后再逐步地将需要的系统有序地规划设计建设。为了明晰相关系统的设计,本书从普适性的角度,以某企业的仓储物流和自动化产线系统为例进行说明。

1. 仓储物流系统设计

1) 自动化、数字化仓储物流现状

自动化仓储装置是现代物流技术的核心环节,可用于多形态零部件的存储及便捷性管理,同时适用于大型、大流量及高速物流的自动化处理,具有有效提高空间利用率、加快物料的存取节奏和降低劳动强度等特点。自动导引车是一种沿预先设定轨迹行驶的自动化无人驾驶的智能搬运设备,属于移动式机器人,是构成现代工业自动化物流系统的关键设备之一。自动导引车具有灵活、智能的显著特点,能快捷地实现系统重组,完成生产过程的柔性化运输。

有关学者对建立数字化仓储物流管理的可行性和效益进行了研究。物流业流程较多,所需要存储与监测的数据也比较多,如业务流程中货物的交接信息、货物状态信息、货物出入库信息等。在货物仓储环节,货物的监测也是一个重要的方面。总之,数字化仓储物流管理系统涉及物流作业的各个环节。

数字化工厂的建设需要自动化技术装备作为支撑,通过引入数字化工厂技术,来提高仓储物流的自动化程度,进而达到数字化仓储物流管理。

2) 系统工作流程分析

数字化仓储物流管理系统主要包括入库登记管理、出库登记管理和仓储实时管理三个作业流程。在这三个主要的环节中,都有相应的数字化仓储物流管理的措施。在仓储物流规划环节,要关注的不仅仅是仓储,更要在物流环节进行研究。例如使用系统布置设计(systematic layout planning,SLP)方法对物流以及非物流关系进行分析,然后明确作业单位位置以及相关图示,实现对于仓储物流的最优规划设计。

(1) 入库作业流程。

入库是仓储物流管理系统中很重要的一个流程,该流程涉及信息比较多。在货物入库的时候会有货物的交接流程,需要将交接双方的信息记录并存储;交接过程中还要将货物状态的信息进行存储。货物的交接完成之后,货物入库的相关信息、存储货物的入库位置、入库时间以及入库相关业务流程人员等的信息都需要进行采集与记录。也就是说,入库流程为货物扫描—信息核对—货物入库。

(2)出库作业流程。

货物出库流程是货物扫描—信息核对—货物出库。出库也是仓储物流管理系统中一个重要的环节。货物的出库包括对出库订单信息进行采集记录,对出库位置进行查询等;仓储管理人员根据订单进行拣货,并根据相关的信息的分析与计算得出拣货的最优路径,进而减少货物拣货所用的时间,提高仓储物流业本身的效率。拣货完毕后就是货物的交接。这里货物交接的双方主要是拣货人员与货物的配送人员,在这个过程中要记录货物出库的状态、交接双方的信息以及交接的时间等。

(3)库存管理作业流程。

库存管理是数字化仓储物流管理系统的关键,也是核心。库存管理的实际任务就是实现仓储货物本身品质的保存与控制。该系统利用射频技术中的电子标签以及传感器技术等实现货物保存的环境参数的采集。环境参数采集完毕后就会通过信号传输电路,以控制芯片实现信息的传输与存储,利用数据处理模型来对输入的环境参数进行分析,得出一些针对环境参数变化所需要的指令。这些指令被传输到设备处理器,最后实现仓储货物环境参数的自动调整。仓储监控分为业务管理、货物安全管理、货位管理和库存管理四方面。

(4)生产线物流分析与对比。

这里以某车间的系统布置设计为例,当自动化仓储物流管理系统应用之后,将生产线物流从工艺流程角度进行了定性分析比较。根据物流及管理的不同,将不同作业单位关系强度分为五个等级,如表4.3所示。

表4.3　作业单位间的关系分级

物流关系程度	代　号	路线占比/%	承担物流比例/%
必要	A	5	40
特别重要	E	10	30
重要	I	15	20
一般重要	O	20	10
不重要	U	—	—

然后对各作业单位间的物流强度大小进行排序,同时从工作流程、管理系统、人员联系等一系列非物流角度考虑划分相关关系的强度等级,绘制作业单位间的关系分级图,如图4.7所示。

从分析结果可以看出,生产线中的重要物流主要发生于立体库、升降库、装配一区、装配二区、装配三区及机加区之间。立体库、升降库在物理位置上介于装配区与机加区之间,通过库的南北出入口实现贯通。

通过系统布置设计分析,可优化工厂与物流布局,减少无效的搬运和流动,提升物流衔接紧密度,优化车间的物流搬运周转率。

3)系统需求分析

将数字化仓储物流管理系统应用于仓储物流企业所涉及的方面主要包括货物入库管

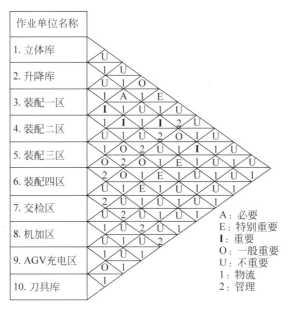

图 4.7 作业单位间的关系分级示例

理、货物入库分配、入库监控、入库组盘等。入库管理模块主要包括入库相关数据的采集、入库数据传输、入库数据的处理、入库叉车导航系统的设计和货物的分配方案等。货物入库相关数据的采集可以通过无线射频技术中的电子标签技术实现交接双方以及货物状态信息的采集，货物入库数据的传输可以通过相关的传输电路来实现，入库数据的处理可以通过上位机软件中的功能算法来实现，叉车导航系统的设计也可以在上位机软件中实现然后将导航的信息传输给叉车驾驶人员，货物的分配方案可以通过对数据库中库存的分析来对入库货物的位置进行制定。

监控系统模块也是数字化仓储物流管理系统所不可或缺的，该系统主要包括以下几方面：仓储货物环境参数的采集、环境参数的传输与转化、环境参数的存储与处理、环境参数的调整等。环境参数的采集可以通过相关的传感器技术来实现，参数的传输与转化可以通过相关电路的控制层来实现，参数的存储与处理可以通过上位机软件中的功能模块来实现，参数的调整可以通过相关的机械设备实现。也就是利用采集层实现环境参数的采集，利用传输层实现环境参数的传输与转化，利用数据库与数据处理层实现参数的存储与处理，利用处理层实现参数的调整。

4）系统设计

数字化工厂的仓储物流设计要体现出对于数字化工厂技术的应用，至少在自动化水平上要有一定程度的提高，因此就要对企业的仓储物流系统进行设计与改造，以提高自动化水平和数字化程度。

要完成对于射频技术下数字化仓储物流管理系统的设计，首要的就是要对该数字管理系统的功能进行设计。功能设计完成之后，再对其进行硬件和软件的设计。该数字化管理系统所要完成的功能是和仓储物流管理系统的业务流程相关的。对仓储物流系统进行功能设计，首先要对仓储物流系统的业务流程进行分析，其中最为关键的几个业务环节分别是货物的入库环节、出库环节以及仓储环节。货物入库环节的主要功能是实现货物实体的入库以及货物信息的入库,货物信息的入库主要是通过手持射频设备扫描电子标签,将货物的信息传输到该数字化管理系统的数据库中。在仓储环节,通过各种传感器所采集到的环境信息来对货物进行安全的监控。

数字化集成制造生产线中的实际应用自动化仓储系统与自动导引车集成之后可构成一个完整的自动化仓储及物流配送系统,实现物料从存储、出库及配送全过程的自动化管理。目前,自动导引车广泛应用于世界各国的物流产业,尤其是在汽车制造及装配环节,比如丰田、大众、通用等汽车的生产线。

物料编码系统可以将生产线上的各类制造资源、人员、产品等信息进行编码,通过与制造执行系统集成,实现产品在生产线制造全过程加工信息的自动记录和产品在生产线全生命周期的位置追踪,形成产品加工过程数据包,为质量追溯提供数据支撑。编码成为生产线中人员、物料及制造资源的身份标签,通过扫码即可实现信息的高效化识别和传递。以某航天制造企业中的数字化集成制造生产线为例,其采用的物料编码系统以人、机、料、法、环5要素来定义编码规则,利用该编码规则实现了产品全生命周期的实时跟踪,具体编码规则如图4.8所示。

编码规则				
人(1)	机(2)	料3	法(4)	环(5)
一线(01)人员	设备(01)硬件	零件(01)	工艺(01)工艺	立库(01)网络
二线(02)人员	附件(02)硬件	标准件(02)	质控卡(02)调度	货台(02)网络
	工装(03)工具	辅料(03)	交接单(03)工段	AVG(03)网络
	刀具(04)工具	仪器(04)	审理单(04)检验	托盘(04)网络
	夹具(05)工具	电缆(05)	偏移单(05)工艺	工位(05)网络
	量具(06)工具	原材料(06)	质疑单(06)工艺	周转(06)网络
	工具(07)工具	组批码(07)	废品单(07)检验	货架(07)网络
	终端(08)工具	其他(08)	订制单(08)工段	刀库(08)网络
			物流(09)工段	料盒(09)网络

图4.8 编码规则

有学者基于提高仓储物流系统自动化、数字化、智能化的需求,提出了基于编码的自动化仓储物流管理系统。通过研究集中物料管理与自动化物料配送技术,实现了生产线管控系统与自动化物流仓储控制系统的集成,实现了毛坯、半成品、成品、工装的自动出入库和自动运输过程控制,管理任务执行进度和物料流向,最终实现了生产线内部物流的自动化管理,大幅减少了物料周转的等待与查询追踪时间,提升了生产线物料精准配送能力。基于编码的自动化仓储物流系统总体框架如图4.9所示。

结合编码系统对产品在生产线内的全生命周期的追溯和统计,对物料的去向和状态进行实时跟踪,以实现对生产过程的透明、严格管理。物料追溯与统计过程如图4.10所示。

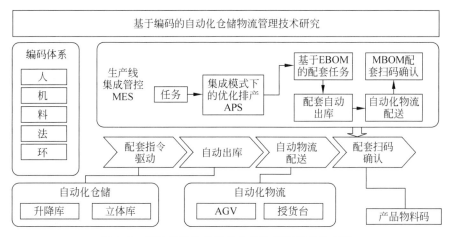

图 4.9　基于编码的自动化仓储物流系统总体框架

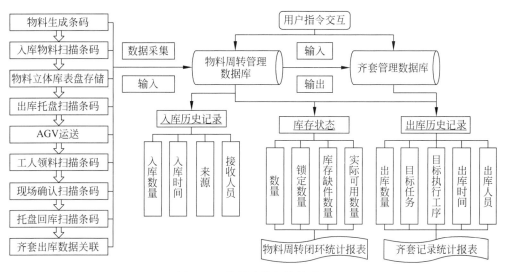

图 4.10　物料追溯与统计过程

2. 自动化产线系统设计

自动化产线是通过控制系统、传送系统，按照产品的生产工艺来控制整线所有自动化设备与辅助设备进行产品生产的系统。

在产品全生命周期过程中，数字化工厂在实现系统集成的基础上，为制造企业提供了一个系统性的整体规划平台，极大地降低了企业从产品规划至产品生产制造全过程中各环节的难度及规划管理成本，有效地提高了生产系统实现的成功率。前面对数字化工厂的整体规划与运行框架进行了全面的介绍，但是针对具体环节的规划工作，还需要更深入地对相关领域的知识和技术进行研究。在数字化工厂体系下，对制造业的产线进行仿真规划是一个非常重要的环节。合理的产线规划方案可以通过对瓶颈工序的改善以及生产资源设备的合理规划来优化产线配置，同时也可以通过对产线上的物流设备的调度策略进行分析与优化，在不需要投入额外成本的情况下，充分发挥产线生产资源的最大产出能力，有效地提高车间产线的总体产出效率。

数字化工厂的自动化产线系统设计是在现有的产线基础上进行改进设计,可以将系统设计划分为规划准备阶段、调研分析阶段、方案设计阶段、产线仿真与效果评估阶段四个阶段。

1) 规划准备阶段

产线规划准备主要的工作首先是对企业的产线现状进行调研和判断,并对生产线的人员、设备、布局等问题进行检测和实地访谈,以获得真实的信息;然后是开始组建进行研究自动化产线规划设计的核心团队,负责在数字化工厂的整体规划下进行自动化产线的规划设计。

2) 调研分析阶段

对现有的产线进行改造,要做的是认清现状,对现有的资源、设备等进行清点,进而弄清楚目前的需求状况;对设备进行需求分析,以便进行设备或者工艺的改进。生产线总体规划中给出了产线的设备选择结果、相应的设备配置参数以及产线上的设备控制策略等,但是在未考虑产线动态运行的情况下,这种初始规划结果往往不够合理。因此还需要在产线运行的情况下,对产线上设备的加工参数、服务策略等因素进行分析判断,并且考虑设备的故障、修复时间对产线产能造成的影响,评估在当前的设备与参数配置下,能否及时地处理所有生产任务。在必要的时候,需要对设备的加工参数进行调整,或者更换产线设备;对产线的生产状况进行分析,以确定生产节拍;对在制品、产成品进行共性分析,以优化现有的工艺路线。此阶段着重应对实地调研而来的信息进行分析,明确改进需求和优化需求。

3) 方案设计阶段

现在需在前述阶段的基础上进行整体的方案设计。产线总体规划主要为了确定产线的设备及参数配置、产线间与产线上合理的产线物流策略与控制规则,并且在满足生产现场的空间限制条件下,给出合理的产线布局方案。

此阶段可以细分为产线布局规划、生产物流规划和生产信息流规划三个阶段。

(1) 产线布局规划。

产线布局规划的内容主要是在产线的仿真模型基础上,对产线上设备的操作动作进行模拟分析,确保产线设施布局的合理性,避免设备运行路径产生干涉等问题。在此阶段,需要对有共性的产线设计通用结构,并确立一套企业独有的自动化产线方案。

(2) 生产物流规划。

产线上和产线间的物流规划同样是在仿真模型动态运行的基础上进行的。根据模型运行结果,可以对车间物流策略的合理性进行评估,对车间物流设备的控制策略与运行参数进行验证,以及对仓库和车间物料缓冲点的库存水平进行分析优化。在此阶段,可进行标准包装设计和柔性产线方案。

(3) 生产信息流规划。

产线要进行产品生产,需设计多个系统。如何打通多系统、多主体、多目标之间的鸿沟,实现数据、信息等的自由有序流通也是数字化工厂规划与建设的应有之义。要实现这一规划,首先要对数据、信息的流通格式进行转换。企业要制定统一的标准作业流程和规范,同时应用数字化工厂技术对业务流程进行改造,实现信息化、数字化的流程设计。

4) 产线仿真与效果评估

在前述工作完成之后,就要对设计的产线进行仿真和运行效果的评估了。评估侧重于成果性的指标,比如可以将产线运行时的生产效率、生产平衡率、产品合格率、自动化生产嫁接率、在制品库存率等指标进行综合评估。

例如要进行人机工程分析,可利用仿真模型模拟产线上人员的操作流程,来反映产线操作人员的运动空间和劳动强度。通过仿真分析,对产线人员的动作流程以及运动路线等进行优化,在提升人员效率的同时降低劳动负荷。

此外,还对产线平衡进行分析。产线平衡是产线规划分析中的一个重要内容,其关键在于找出产线瓶颈,对所有引起瓶颈约束的因素进行优化,包括对产线加工资源的重新分配、产线加工参数的重新配置以及工序流程的优化等,来达到消除产线瓶颈的目的,实现产线各工序间加工能力的相对平衡,最大化产线的产出能力。

4.2.7 IT 基础架构设计

一般企业的 IT 系统环境由服务器、网络设备、终端、外设、辅助设施等基础设施构成底层支持系统,对外体现出的是由这些基础设施共同支持完成的各类业务系统。对企业最终用户而言,他们所接触的就是业务系统,业务系统是否稳定直接影响到企业的日常生产运作。对于 IT 部门而言,主要任务就是保持各生产系统的稳定、安全,快速解决各类故障,尽快恢复生产能力,同时为企业领导提供决策支持的必要信息。

在实际生产中,由于业务量的不断增加,业务类型不断扩展,尤其是企业数字化转型的要求,原有的基础设施已无法安全支撑整个企业系统的正常运行。于是,为了满足建设的需要,需不断添加新设备,更新换代旧设备,导致 IT 基础设施变动频繁。一些为临时性的项目搭建的临时环境以及受机房条件限制而临时摆放的机器等纷乱繁杂,缺乏统一的管理和维护。由于没有统一的管理,设备的配置信息、存放地点、用途、与其他设备的关联等重要信息渐渐模糊,最终导致只有设备的直接管理员才了解基本情况。进行设备维护或故障处理时往往很被动,只能依靠个人经验干活,处理效率较低。特别是网络管理方面,网络设备量大、类型多、关联错综复杂,而且网络施工人员性质复杂,施工时多是带着纸质的图纸到现场进行工作,施工过程中经常可能产生改动。如果没有及时有效的维护手段,长时间后可能导致最终设备关联关系与保留的资料不符,为以后的维护带来很大的困难。

基于此,要完成数字化转型,必须对传统的 IT 架构进行再设计。应结合当前最新网络技术,从网络架构规划设计(有线与无线)、网络域的划分、虚拟局域网设计、网络域通信设计、网络安全控制技术的角度出发,建设一个高效、安全、灵活易扩展并满足未来数字化工厂的网络架构;设计终端标准化、统一化管理方案,包括客户端计算机权限、客户端计算机防病毒、客户端计算机补丁更新、客户端计算机安装规范、桌面计算机管理要求等工作等。其中,要处理好工业以太网和企业互联网的接口连接问题,这是数字化工厂数据信息在企业内层级流动的关键。

1. 企业 IT 架构设计的可参考理论

企业进行 IT 架构设计目的就是为了服务企业的建设、生产等活动,因此可借鉴信息技术基础设施库(IT Infrastructure Library,ITIL)来拓展设计思路。

信息技术基础设施库是英国政府中央计算机与电信管理中心在 20 世纪 90 年代初期发布的一套 IT 服务管理最佳实践指南。在此之后,该中心又在 HP、IBM、BMC、CA 等主流 IT 资源管理软件厂商近年来所做出的一系列实践和探索的基础之上,总结了 IT 服务的最佳实践经验,形成了一系列基于流程的方法,用以规范 IT 服务的水平,并在 2000 年至

2003 年期间推出了新的 ITIL V2.0 版本,这就是目前的 ITIL 标准。ITIL 为企业的 IT 服务管理实践提供了一个客观、严谨、可量化的标准和规范,企业的 IT 部门和最终用户可以根据自己的能力和需求定义自己所要求的不同服务水平,参考 ITIL 来规划和制定其 IT 基础架构及服务管理,从而确保 IT 服务管理能为企业的业务运作提供更好的支持。ITIL 主要包含以下几部分,如图 4.11 所示。

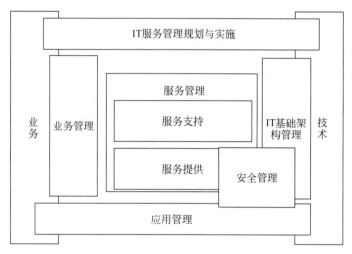

图 4.11　ITIL 框架

ITIL 与传统质量管理的思想一脉相承,是将传统质量管理方法运用于 IT 运营维护实践,其核心思想是以客户满意度作为衡量 IT 服务质量的标尺。

2. 基础架构管理模型

针对基础设施方面没有统一的管理和维护手段等问题,有学者提出了 IT 基础架构管理模型的设想。IT 基础架构管理的目标是确保 IT 基础架构稳定可靠,并能够满足业务需求和支撑业务运作。

IT 基础架构管理模型主要包括三个层面,即业务层、服务层、基础设施层,其中基础设施层抽象为软件、硬件和软件模块,如图 4.12 所示。

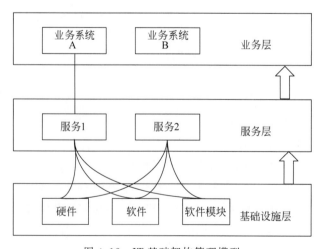

图 4.12　IT 基础架构管理模型

各层面介绍如下。

（1）业务层。业务层是各类业务系统的抽象。所谓的业务系统就是用户日常使用的各类维持生产的应用系统，是用户直接接触或操作的层面，具体来说就是指企业的财务系统、营销系统、办公自动化系统等。

（2）服务层。服务层是 IT 基础架构管理模型的核心层，是为构建系统而抽象出来的一个逻辑层，其中的服务起着联系基础设施层和业务层的纽带作用。针对 IT 基础架构管理模型来说，服务定义如下：一个或一组软硬件对外提供的某一功能。

（3）基础设施层。基础设施层主要是指构建系统的各类底层支持，这里抽象为软件、硬件和软件模块。模型中所定义的软件，指的是实际安装后的软件实例。软件介质只有在安装完成之后才产生软件实例。软件模块主要是针对数据库而言的。一个安装完成的数据库可以理解为软件实例，而在数据库基础上建的数据库实例可以理解为软件模块。硬件主要是指机器设备，软件和软件模块都是基于硬件的。

整个系统共设计了三个逻辑层面，每一层只严格与相邻的层面发生交互。这样的设计简化了系统实现的复杂度，而且满足实际使用效果。

4.2.8 标准体系设计

数字化工厂强调的是集成的理念。企业要实现集成，首先就是建立通用的标准，以标准为准线实现企业系统、业务等的集成，最终达到综合集成、互联互通，才能真正实现数字化工厂。为让企业数字化工厂建设事半功倍，达到较好的效果，降低企业的风险，需建立数字化制造体系框架、编制标准体系表，作为工作规范的依据。

但是，在实际的工厂运营中，多数企业并没有建立完整的标准体系，针对建立的某项数字化标准也很少，且仅用于某个型号的产品中，没有经过正式的工程验证。此外标准不协调的情况比较明显，尤其在数字化制造中，个别专业领域还存在空缺，采用国际或国外先进标准的情况也比较差。因此，着手建立适合制造企业的数字化工厂标准体系是很有必要的。

1. 数字化工厂的标准与规范

数字化工厂与标准化工作有着密切的联系。采用数字化技术实施数字化制造必须标准先行，标准化是数字化工厂、智能工厂的技术基础。技术标准已经成为高科技产业竞争的制高点。

数字化工厂最基本的特征是多项技术的"系统集成"，而标准化是系统集成的重要基础。标准化工作应包括统一术语定义、统一设计与实施、统一体系结构、统一数据交换方式、统一信息分类编码、统一接口规范、统一支撑环境等。为了规范和指导数字化工厂标准体系的设计和实施，提供相关标准的制定方法和指导，可以充分参考国内外工业自动化系统与集成的相关标准与规范，再结合企业的实际，建立数字化工厂标准体系，提出适合数字化工厂所需要的标准建议。

2. 标准体系的内涵与编制原则

标准体系是由若干个相互依存、相互制约的标准组成的具有特定功能的有机整体。标准体系并不是标准的简单堆积，而是相互联系的。标准体系内部具有有序性、系统性和完整性的特点，在实施标准化的同时要以标准体系为指导，避免单个、孤立、缺乏系统地编制标准。标准体系中的标准之间相互联系从而形成结构，这种层次结构能够反映标准之间的主要关系，通过对标准体系的结构进行分析和设计，用来指导标准的编制和使用。

数字化工厂标准体系的编制原则主要包括全面性、先进性、协调性、实用性等。

（1）全面性。要求标准体系应包含数字化工厂标准化所需的全部标准，并根据当前数字化工厂的技术研究与开发水平，完成数字化工厂建设所必需的标准分类，标准体系全局框架完整合理。

（2）先进性。应与制造业数字化转型升级总体部署相匹配，充分借鉴吸收产业界与学术界成功的经验和范例，并学习接纳新的数字化工厂建设与实施的理念方法，保持先进性。

（3）协调性。应与企业数字化工厂战略规划和总体设计相匹配，标准体系内相关标准之间协调一致，做到层次清晰分明，符合数字化工厂的总体要求。

（4）实用性。框架结构要能够符合企业数字化工厂的特点，具有一定的通用性；也应包含制造过程中相应子系统所需要的标准。

3. 与数字化工厂相关的标准体系

目前尚无数字化工厂的标准体系规范模板，但与数字化工厂相关的数字化车间、智能制造已经有成文的标准体系规范，产业界的专家学者、研究机构也提出了自己的标准体系。

1）《国家智能制造标准体系建设指南》

国家智能制造标准体系按照"三步法"原则建设完成。首先，通过研究各类智能制造应用系统，提取其共性抽象特征，构建由生命周期、系统层级和智能特征组成的三维智能制造系统架构，从而明确智能制造对象和边界，识别智能制造现有和缺失的标准，认知现有标准间的交叉重叠关系；其次，在深入分析标准化需求的基础上，综合智能制造系统架构各维度逻辑关系，将智能制造系统架构的生命周期维度和系统层级维度组成的平面自上而下依次映射到智能特征维度的五个层级，形成智能装备、智能工厂、智能服务、智能赋能技术、工业网络等五类关键技术标准，与基础共性标准和行业应用标准共同构成智能制造标准体系结构；最后，对智能制造标准体系结构分解细化，进而建立智能制造标准体系框架，指导智能制造标准体系建设及相关标准立项工作。

（1）智能制造系统架构。

2015年12月30日，工业和信息化部、国家标准化管理委员会共同组织制定了《国家智能制造标准体系建设指南》（2015年版），并建立动态更新机制。按照标准体系动态更新机制，扎实构建满足产业发展需求、先进适用的智能制造标准体系，推动装备质量水平的整体提升。为进一步加快推进智能制造发展，指导智能制造标准化工作的开展，2018年8月14日，工业和信息化部、国家标准化管理委员会共同组织制定了《国家智能制造标准体系建设指南》（2018年版）（以下简称《指南》（2018））。

根据《指南》（2018），智能制造系统架构从生命周期、系统层级和智能特征三个维度对智能制造所涉及的活动、装备、特征等内容进行描述，主要用于明确智能制造的标准化需求、对象和范围，指导国家智能制造标准体系建设。智能制造系统架构如图4.13所示。

（2）智能制造标准体系结构。

智能制造标准体系结构包括"A 基础共性""B 关键技术""C 行业应用"三部分，主要反映标准体系各部分的组成关系。智能制造标准体系结构如图4.14所示。

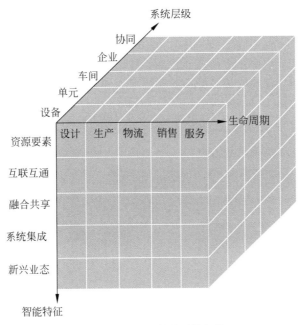

图 4.13 智能制造系统架构

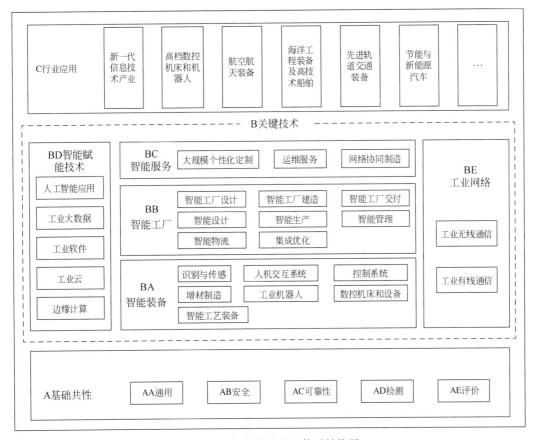

图 4.14 智能制造标准体系结构图

智能制造标准体系结构中明确了智能制造的标准化需求,与智能制造系统架构具有映射关系。以大规模个性化定制模块化设计规范为例,它属于智能制造标准体系结构中"B 关键技术-BC 智能服务"中的"大规模个性化定制"标准。在智能制造系统架构中,它位于生命周期维度设计环节,系统层级维度的企业层和协同层,以及智能特征维度的新兴业态。

　　图 4.15 通过具体的映射图展示了智能制造系统架构三个维度与智能制造标准体系的映射关系。由于智能制造标准体系结构中"A 基础共性"及"C 行业应用"涉及整个智能制造系统架构,映射图中对"B 关键技术"进行了分别映射。

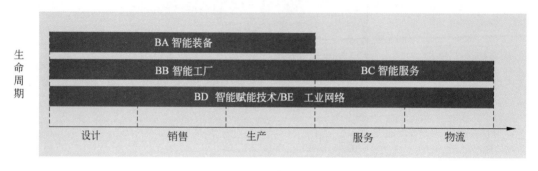

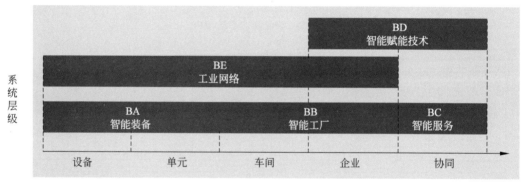

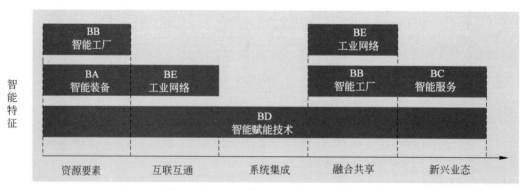

图 4.15　智能制造系统架构各维度与智能制造标准体系结构映射

　2)数字化车间的标准体系架构

　　2019 年,国家市场监督管理总局和中国国家标准化管理委员会联合发布了 GB/T 37393—2019《数字化车间通用技术要求》。该标准认为数字化车间标准体系由一系列标准构成,标准体系架构如图 4.16 所示。

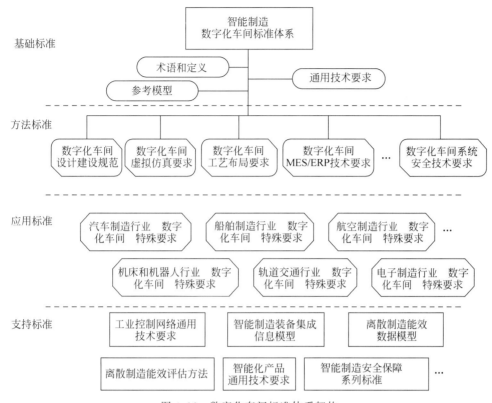

图 4.16　数字化车间标准体系架构

其中,第一栏为标准体系中的基础标准,本标准为基础标准;第二栏为方法标准,是第四栏技术支持类标准在数字化车间环境中的映射,是数字化车间标准建设的重点;第三栏为应用标准,是基础标准和方法标准在特定行业领域的应用,例如汽车制造、船舶、航空、轨道交通等;第四栏为支持标准,不是数字化车间标准的重点工作内容,但对本标准体系中第二栏的方法标准起到支撑作用。

近年来,关于数字化工厂的研究增量开展,关于数字化工厂标准体系构建的研究也不断地得到扩展。何薇等构建了航天制造型企业数字化标准的体系框架,建立了术语和特殊符号、数字化设计、数字化管理、数字化制造、信息技术安全 5 大类标准和 59 个子类标准;白景卉等从系统建模与体系结构、通用基础、数字化工艺设计、数字化制造、生产管理管理、质量保证保证、支撑环境 7 大类标准和 26 个子类出发来研究数字化车间的标准体系;张俊涛等建立了基础标准、数字化设计标准、数字化建造标准、数字化经营运作与管理标准、数字化系统集成标准、数字化支撑环境标准 6 类数字化造船标准。

企业应基于已有的研究,根据企业的实际情况构建出适合制造业数字化工厂的标准体系结构,来指导和推进企业数字化转型。

4.3　本章小结

本章主要基于数字化工厂规划的内容和步骤构建了数字化工厂规划体系,将整体规划和分步实施相结合,以保证数字化工厂规划能够落地并为数字化工厂的建设、实施、运营及评估提供指导。

第5章 数字化工厂建设

新一代信息技术的迅猛发展极大地拓展了制造业的广度和深度。随着现代制造对产品开发要求的不断提高，以及产品逐步转向多品种、小批量的订单模式，企业内各系统之间的统一性与有效整合问题逐渐凸显，因此有必要对企业内部进行梳理，在原来信息化建设的基础上，充分考虑制造企业未来发展的需要，推进现代制造企业的数字化工厂建设。数字化工厂作为信息技术和制造技术融合的最佳结合点，作为制造企业迈向智能工厂的基础，研究其如何建设，探讨数字世界与物理世界之间怎样实现无缝衔接，具有十分重要的意义。

5.1 数字化工厂建设概述

5.1.1 建设原则

在数字化工厂建设过程中，要遵循以下几个原则。

1) 统一规划与管理

"统筹规划，资源共享"是数字化工厂建设的核心。在建设全过程中统一规划，并在企业领导的大力支持下，由项目实施小组指导各部门进行数字化建设，实现数字化网络的整合，共享资源，防止重复建设。"应用主导，面向市场"是数字化建设的内在动力和重要手段。信息化发展重在信息技术的普及应用，要重视需求导向和应用效果。

2) 选择最适合的技术

在数字化建设过程中，要依据企业自身的功能、用途需求选择最适合的技术，而不是最先进的技术。先进的技术并不一定能在企业数字化建设中发挥最大的效用。同时，也要考虑其适用范围，若该项先进技术的适用范围狭小，外部接口性不佳，只能在局部范围内适用，则其使用成本过高，也是一种资源的浪费。

3）层层推进，追求实效

制造业的数字化工厂建设是一个大的系统工程，并非几天、一个月就能建设好并投入使用的，它需要一个较长的实施周期，不能跨越式建设；每个阶段的建设都以前一阶段的建设为基础，需要逐步推进；而且在建设过程中准备时间较长，因为很多问题并不是技术上的问题，而是管理、组织方式的变革。例如在一些传统制造企业中，无论是组织架构还是人员观念的改变，都不是一步到位的，需要充分的准备，理清思路，通过一步一步实践取得成就，让管理者与员工切身感受数字化建设所带来的好处，以更好地推进数字化的建设。

4）系统本身要"扁平"

在数字化建设的过程中，我们肯定会碰到的一个问题都是"信息孤岛"。在信息化建设过程中，企业为了提高作业的效率等，肯定开发了各类系统，但由于不具备统一性，就会造成所谓的"信息孤岛"。为了解决这一问题，要全面推进数字化建设，要对数据进行必要的集中与统一，淘汰一部分不合适的系统，这也是系统扁平化提出的需求。但具体也要依情况而定，对于某些系统可以考虑是否可以建立桥梁等。

5）以"应用"促"建设"

数字化工厂的建立，其主动对象还是人。在这一过程中，不仅仅是让人去适应先进的技术，更是要让人们了解这项技术的好处，通过培训实践，发挥其主观能动性，吸收员工参与到数字建设中来。员工是数字化工厂建设现场的第一人员，要充分考虑他们的意见与想法，这样数字化工厂建设的推进才会更加顺畅，其实际效果才能得到更好的提高，建设更为有效。

5.1.2　难点与问题

数字化工厂内容庞大，体系较多，企业在建设中往往存在诸多问题，也成为企业数字化转型中的障碍。本书在这里将归纳诸多企业在建设过程中存在的共性难点与问题。

1）环境的变化与不确定性增加

当今企业内外部环境愈发复杂，新技术、新要求等层出不穷。面对企业之前的业务、系统、思维与当今新的变化，企业周边的不确定性增多。例如引入新技术、新系统等，企业无法预知是否带来效益，无法预知的风险因素增多。随着大环境的推动，企业需要提高对数字化的重视程度，要主动拥抱数字化；在数字化转型过程中，数据资源的重要性、数字化投入的"常态化"，需要企业建立数字化规划与IT治理体系等越来越多的新内容，因此碰到的问题逐渐复杂与深入。

2）多车间、多业务系统存在整合问题

随着企业规模的扩大，多车间、多系统建设已成常态化，往往带来整合集成问题。例如系统间数据的共享、人员的管理等，正困扰着多数企业。如何合理地整合集成海量信息数据、管理多系统是当下需要解决的重要问题。

3）现有业务系统应用深度不够

引入新系统的目的在于数字化、集成化地完成业务，获取更多价值。但由于企业对系统的认知不足、对数据信息的整合不够等，导致系统应用浮于表面，仅仅应用了基础功能，因此也无法达到数字化工厂的要求。以ERP系统为例，存在如下问题：基础数据和动态数据存在问题，数据无法为决策提供支持；很多业务游离在系统之外，无法纳入规范化管理；

系统功能应用不完全,许多功能未应用,在很多企业中沦为记账工具;重建设、轻运维,中层领导应用系统较少;业务流程未优化,系统运行效率低下等。

4) 战略规划、管理方式、生产执行间无法匹配

战略规划为企业项目建设提供方向性指引,是企业稳定运营的方向盘;良好的管理模式为企业业务的正常运转保驾护航;生产执行是企业的根本性支柱。然而,企业在数字化建设中却经常存在三者无法匹配的问题。例如,数字化建设缺乏整体规划,导致内部系统按部门需求建设,各自为政,相互独立;数字化无法为集团管控提供有力的支撑,无法与集团发展战略相适应;重项目建设,轻日常运维,导致系统没有发挥出应有的价值;数字化缺乏统一要求与指导,导致后期数字化建设路径混乱;系统重复性建设,导致资源浪费;以旧的管理模式对接数字化工厂建设,缺乏对于组织文化的营造;数字化能力不足,导致数字化建设无力运行、流于形式等。

5) 数据无法有效管理

数据作为工业企业的"血液"和数字化转型的关键核心要素,地位无比重要。然而在企业内往往存在以下问题:数据采集设备与技术不足;一物多码现象普遍存在,系统中的数据不具有可信度;数据分散在多个系统中,管理混乱;数据无法为决策服务,甚至导致错误决策;数据安全问题缺乏统一管理,存在隐患;数据治理体系不完善,不重视对数据的治理。

综上所述,企业的数字化工厂建设要有基本能力、知识、数据治理、业务整合集成等方面的储备和建设,以保证数字化工厂持续稳步有序地推进。

5.2 数字化工厂建设架构

企业架构是把企业的商业愿景和业务战略转化为有效的信息化建设和管理的过程。为了明确数字化工厂的总体框架与建设思路,清楚各业务系统、业务流程的布局安排,需要制定数字化工厂建设架构。架构的制定以业务战略为指导,对企业的战略目标进行分解,进而转化为日常业务运作的过程。基于前述内容的分析,笔者试图以中台思维来构建数字化工厂的建设架构。中台的理论知识在本书 2.2.1 节中已经阐述,构建依据参考图 2.4 所示的中台架构图,建设思路为"前台+中台+后台"(见图 5.1)。

数字化工厂建设架构的建立首先考虑了其应有的核心功能和基本要素,完善的功能和有活力的建设要素可以为数字化工厂建设及后续的实施运营提供充足的动能;其次,基于对已有研究的归纳总结,从研发设计数字化、生产运行数字化、企业管理数字化和支撑保障数字化四个方面论述数字化工厂建设内容;最后,结合"前台+中台+后台"的建设思路,搭建数字化工厂建设架构。结合 2.2.1 节对数字中台的介绍,这里综合考虑以数字中台的思想将建设数字化工厂的基础设施、业务系统、设备资源等沉淀为企业后台,将业务系统、设备等产生的数据信息等利用工业互联网的连接、聚合、分析功能来统一构建企业的数字中台,作为企业的核心业务能力和智能中心。前台则基于中台和后台的数据、信息等放置工业 App,以可视化的方式连接客户、第三方合作者等群体。而数字化技术、标准和规范则为数字化工厂的建设提供支持。架构图同时将层级、平台整合进去,以符合中台的特征,以有效提高企业的资源整合效率。

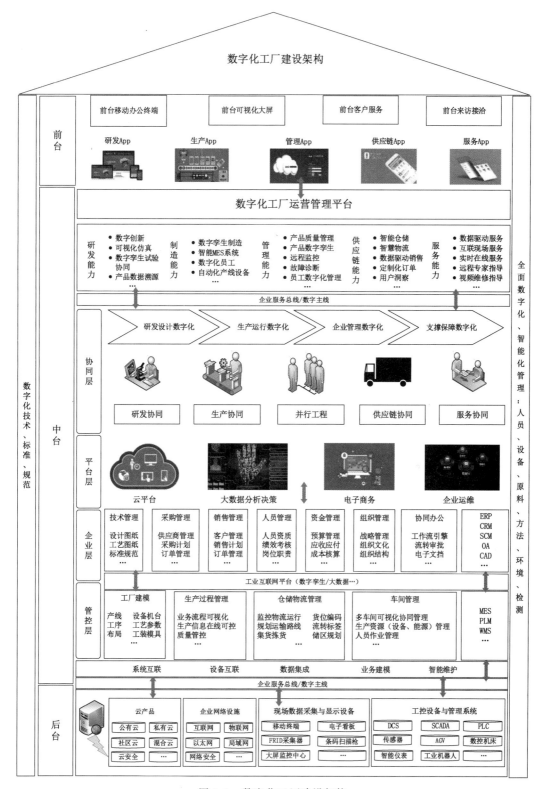

图 5.1 数字化工厂建设架构

通过中台的搭建,聚合业务、技术、知识、数据等,进而将其沉淀、加工为有价值的信息,一方面供给前台使用;另一方面以中台的智能、连接、聚合功能,及时洞察到环境的变化、客户的需求并反馈给后台,使得机会、风险、需求等重要信息及时地被企业获取,从而赢得先机。

5.2.1 数字化工厂建设应具备的核心功能要素

数字化工厂建设应实现三个核心功能,分别是互联互通、系统集成、数据信息融合。

1. 互联互通

数字化工厂的核心是连接,要把设备、生产线、工厂、供应商、产品、客户等紧密地连接在一起。数字化工厂适应了万物互联的发展趋势,将无处不在的传感器、嵌入式终端系统、生产加工检测设备通过信息化系统形成一个网络,使得生产设备之间、设备与产品之间以及数字世界(虚拟世界)与物理世界之间能够互联,使得机器、工作部件、系统以及人通过网络持续地保持数字信息的交流。

(1)生产设备之间的互联。生产设备之间互联是指单机设备的互联,不同类型和功能的单机设备互联组成生产线,不同的生产线间互联组成数字化车间,不同的数字化车间互联组成数字化工厂,不同地域、行业、企业的数字化工厂互联组成一个制造能力无所不在的数字化制造系统联盟。

(2)设备与产品的互联。产品和生产设备之间能够通信,使得操作人员能够随时了解产品目前所处的加工阶段、下一步的操作以及产品的制造时间等信息。

(3)虚拟与现实的互联。通过信息化手段将物理设备连接到互联网上,让物理设备具有计算、通信、控制、远程协同等功能,从而实现虚拟网络世界与现实物理世界的融合。

2. 系统集成

数字化工厂将传感器、嵌入式终端系统、控制系统、生产加工检测等物理设备通过信息化手段形成一个网络,使得人与人、人与设备、设备与设备以及服务与服务之间能够互联,从而实现企业横向集成、纵向集成以及未来价值链端到端的集成。

1)横向集成

横向集成是指企业通过信息网络所实现的一种资源整合,包括生产线设备与设备之间、生产线和生产线之间、车间和车间之间、工厂和工厂之间的联网,这是实现数字化工厂的物理基础,也是未来实现企业间资源共享的基础。

为了实现某一智能产品的生产,也许需要世界范围内的资源配置,需要分布在全球的机器设备连接产品所需的自动化系统。生产智能产品的价值网络横向地集成了各个智能工厂的相关信息,以为智能制造服务。得益于互联网基础设施的完善,企业间的横向集成将在全球范围内进行。那些IT系统和企业计划过程也许是跨洲的、越洋的、分布在互联网所在的任何地方。价值网络所连接的公司也可能分布在互联网所在的任何地方。信息物理系统价值网络的横向集成是在世界范围内网络制造的成功经验基础上(如 A380 飞机的制造),在物联网和服务互联网(Internet of service, IoS)的支持下实现的新的互联网网络制造,其机理如图 5.2 所示。价值网络也包含了所连接的实体间的商业价值链。

2)纵向集成

纵向集成指企业内部信息流的集成。采用统一的数据库和软件平台对设备资源数据、生产过程数据、产品数据等信息进行管理,使得主要设备互操作性和关键信息一致性得到

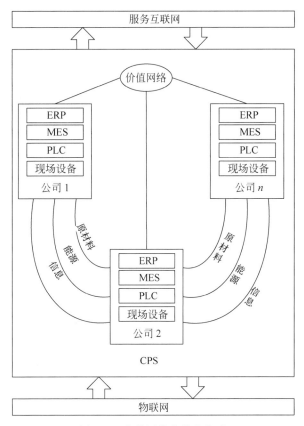

图 5.2　价值网络的横向集成

解决,数据或信息可以自上而下和自下而上地有效流动,从而为下一步的大数据分析和高级智能决策奠定基础。

3) 价值链端到端集成

价值链端到端集成指围绕产品全生命周期的价值链创造。通过价值链上不同企业资源的整合,实现从产品设计、生产制造、物流配送到使用维护的产品全生命周期的管理和服务,即将产品制造企业的分析需求、获取订单、供应链和制造、物流交付、获取收入、售后服务直至获取新的订单的整个循环集成起来。

信息孤岛是当前我国制造业企业在信息化升级建设中普遍遇到的问题。信息孤岛的存在阻碍了各个生产单元之间信息的有效传递,从而对整个生产系统带来了负面影响。PLM 关系集成模型可以用于描述企业中各个数字业务或者各个学科之间的关系。事实上,企业在信息化的过程中建立系统也正是为了解决众多的业务问题。从底层技术角度来看,只要实现对 PLM 关系集成模型中的关系管理,就能实现端到端的整体协同,因此这是一种不错的解决方案。

从业务场景模型(见图 5.3)中,可以看出如下信息。

(1) 需要多个 IT 厂商的共同努力才能为制造业提供完整的支撑。

(2) 数据的交换与互通在制造业的四大关键环节中均有存在。

(3) 业务场景模型的中间是一个主系统模型,实现了与各个信息系统的关联。

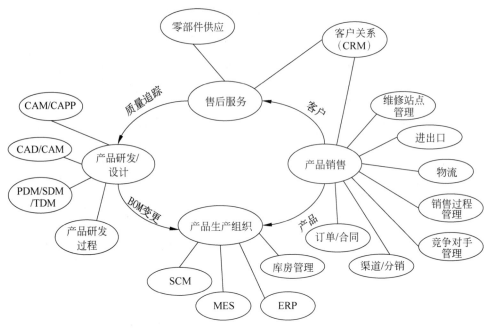

图 5.3　端到端的制造业业务场景模型

3. 数据信息融合

数据信息融合在系统集成和通信的基础上,利用云计算、大数据等新一代信息技术,在保障信息安全的前提下,实现数据信息协同共享,主要包括以下三种数据信息。

(1)产品数据信息:包括产品全生命周期各阶段的数据信息。产品的各种数据信息被传输、处理和加工,使得产品全生命周期管理个性化服务成为可能,使得产品管理能够贯穿其全部生命历程,使得用户能够参与产品设计、加工的各种活动中。

(2)运营数据信息:包括企业内部的生产线、生产设备的数据,它可以用于对设备本身进行实时监控,并反馈到生产过程中,使得生产控制和管理最优化;还包括经济运行、行业、市场竞争对手等企业外部数据,通过对采购、仓储、销售、配送等供应链环节上数据采集分析,可以减少库存、动态调整生产、改进和优化供应链。

(3)产业链数据信息:包括客户、供应商、合作伙伴等数据信息。通过了解技术开发、生产作业、采购销售、内外部后勤等产业链各环节竞争要素等数据信息,为企业管理者和参与者提供价值链的信息,使得企业有机会把价值链上更多的环节转化为企业的战略优势。

5.2.2　基本要素

数字化工厂建设是制造企业数字化转型的基础实践方式。企业面临着复杂多变的内外部环境,要实现转型就需紧紧把握好被誉为工业血液的数据,以数据的自动循环流动化解复杂不确定的系统和环境,实现资源的优化配置,顺利地进行数字化转型。那么应该从哪些方面入手进行数字化转型呢?

中国数字化企业联盟认为可以从运营管理、商业模式、行业平台生态以及数字化力等方面入手;中国数字化学会认为可以从战略(业务和数据)、数字化基础设施和能力以及数字化产品全寿期业务系统等方面入手；国信院（北京国信数字化转型技术研究院，以下简称国信院）和中信联（中关村信息技术和实体经济融合发展联盟，以下简称中信联）则认为要以战略、数据、能力、系统方案、价值体系推进数字化转型。

基于第4章数字化工厂的规划内容，下面结合笔者从相关的研究报告、白皮书等资料中的提炼归纳，给出数字化工厂建设四大要素并明确以业务为转型重点，以数据为关键驱动，以新能力为核心主线，以价值为引领导向，然后辅以中台（平台）搭建为载体的建设思路，以此来推进数字化工厂建设。如图5.4所示，在以平台或中台为载体的基础上，业务、数据、能力、价值四大要素相辅相成，彼此交互。其中图中带箭头的虚线代表各要素之间的交互关系，每一个箭头表示一个节点（用1,2,3,…,8编号），每一节点的含义已在图中标示。以业务和数据为例，通过业务转型，将业务系统产生的有用记录和信息等转变为可存储、可流动的数据，实现业务数据化；进一步，以业务系统沉淀的数据加工、封装、复用，以数据驱动业务，反哺业务，最终释放数据价值，并升级为新的业务板块。另外，这里辅以PDCA（计划、执行、检查和处理）循环明确即使是新型的数字化转型，也要遵循这一经典经营管理循环，以稳定有序地促使转型活动的开展。

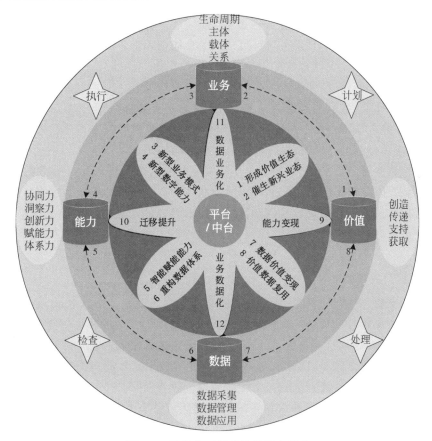

图5.4　数字化工厂建设的基本要素

1. 以业务为转型重点

企业有业务是其得以运行的前提，越来越多的企业把业务转型也作为持续价值创造的战略重心。业务转型包含四部分内容：全生命周期、业务运营主体、业务运营载体和业务运营中的关系，这四部分并非相互独立而是相互作用，以各种关系为媒介，形成一个智能业务闭环，如图5.5所示。

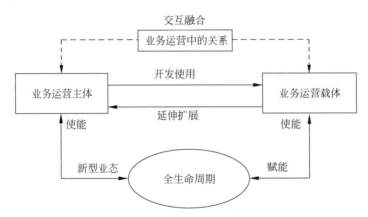

图5.5　业务转型四部分内容的关系

企业业务的最终目的是产品，业务运营与产品应是一体的，都可以从全生命周期来全面反映每一个阶段的运营状况，因此业务转型可从全生命周期入手。本书将其划分为研发设计数字化、生产运行数字化、企业管理数字化和支撑保障数字化，将在5.4节中详细阐述其内容。

业务运营主体应是人员和组织。企业推行转型时应关注人员和组织的作用，通过构建数字转型顶层设计，以组织的维度分步骤、分阶段地对业务进行划分，找出重点业务环节，分清主次，稳步推进；同时关注人员对于转型的态度，培养转型所需人才；营造适宜转型的组织文化，构建转型的组织氛围，发挥转型主体应有的作用。

业务运营载体可以是平台（例如工业互联网平台），也可以是产品与服务的创新等。凡是可以为承载业务升级转型的客体都可以成为载体。企业在转型中应利用有价值载体。

业务转型是基于已有的资源，以新的思维、技术等为依托进行的业务变革，因此需要企业处理各种关系，包括业务流程的设计与管控、生产方式变革和组织模式的变革等，应做好协同调整。

2. 以数据为关键驱动

数据是继土地、劳动力、资本、技术之后的第五大生产要素。中信联认为应充分发挥数据作为信息沟通媒介、信用媒介、知识经验和技能新载体等方面的核心关键作用，有效激发数据创新驱动潜能、资源配置效率，驱动数字化转型快速见成效。

数据驱动包括数据采集、数据管理和数据应用。数据采集是通过采集设备、技术等对设备设施、业务活动、供应链、产业链、全生命周期全过程乃至产业生态相关数据的采集等。数据管理包括数据的集成共享和数据治理。数据集成共享是指多源异构数据在线交换和共享等；数据治理是为了管控数据，提升数据的价值，是数字化转型的基础。数据应用强调通过数据建模以及基于模型的决策支持与优化等。

3. 以新能力为核心主线

新能力已经成为数字化转型中常见的词汇，但这种能力只是一种综合能力，是伴随着数字化转型产生的,因此也可称为数字化能力或者新型能力,代表着企业的软实力,却是企业的核心竞争力,具有不可迁移、不可替代、不可模仿性。通过新型能力建设,能够充分发挥信息技术的赋能作用,打破工业技术的专业壁垒,支持业务的按需调用,以快速响应市场需求变化,形成轻量化、协同化、社会化的业务服务新模式,动态响应用户的个性化需求,获取多样化的发展效率,开辟新的价值增长空间。

根据业界对新能力的描述,可将其归纳为五个要素:协同力、洞察力、创新力、赋能力和体系力。

(1)协同力。协同力是指企业的业务、数据信息、人员、资源等要素之间基于某种触发事件所表现出的集成、调配和共享的能力,它是企业内部数字化、网络化健全的产物。企业在数字化运作过程中将内外部信息通过各种渠道进行相互传递、流动和集成共享,从而形成跨所有客户触点进行渠道整合和链接的能力。

(2)洞察力。洞察力是企业内外集成能力的体现,指企业基于对数据的聚集、融合和分析而获得的对信息的研判能力,对市场、未来的预见能力,以及对客户需求的响应和服务能力。洞察力基于大数据分析,可帮助企业进行预测和决策,感知客户行为和市场环境变化,进而洞悉市场趋势,把握商机。

(3)创新力。创新力是企业形成核心竞争力、加速完成数字化转型的硬核力量。对企业而言,创新有内源性创新和外源性创新两种。内源性创新意味着企业具备可供创新的文化、资源、氛围、人才等,是需要企业逐步建立起来的;外源性创新是企业通过合作、交流、购买等方式获得的,可转化为企业的内源性创新。大部分企业以外源性创新开始。

(4)赋能力。赋能力是指企业通过变革技术、思维、文化、企业环境等,使得组织和个人能够敏捷、有效完成工作目标,从而达成组织使命和战略目标。对于数字化转型,企业需要及时将转型所需的能力赋予组织和员工,主要包括人才开发能力、知识赋能能力等。

(5)体系力。体系力是在数字化转型过程中企业需要具备标准体系能力、技术体系能力和治理体系能力。标准体系能力要求企业掌握数字化转型的相关国家和地方标准、行业标准,并建立自己的标准体系(质量标准、工艺标准等);要对需要使用的技术形成体系(IT软硬件、网络、设备设施和平台),便于技术的应用和扩展;建立相匹配的治理体系并推进管理模式持续变革以提供管理保障,包括组织文化、组织结构、管理方式和数字化治理。其中对于治理体系,中信联[①]和国信院[②]也给出了明确的划分:组织文化可以从价值观、行为准则等方面入手,建立与新型能力建设、运行和优化相匹配的组织文化,把数字化转型战略愿景转变为组织全员主动创新的自觉行为;组织结构可以从组织结构设置、职能职责设置等方面,建立与新型能力建设、运行和优化相匹配的职责和职权架构;管理方式可以从管理方式创新、员工工作模式变革等方面,建立与新型能力建设、运行和优化相匹配的组织管理方式和工作模式,推动员工自组织、自学习、主动完成创造性工作;数字化治理可以运用架构方法,从数字化领导力培育、数字化人才培养、数字化资金统筹安排、安全可控建设等方面,建立与新型能力建设、运行和优化相匹配的数字化治理机制。

---

① 中关村信息技术和实体经济融合发展联盟
② 北京国信数字化转型技术研究院

4. 以价值为引领导向

价值效益导向型的转型是新时代数字化转型的需求,符合企业的最终目的。以价值效益为导向实际上贯穿了整个数字化工厂的基本模型,因为任何生产要素都能发挥价值。因此企业需要明确几个问题:哪些核心过程、相关方能够创造价值?怎么传递价值给相关方才能互利共赢?如何最大化获取价值?需要什么资源来支撑价值获取?中信联认为按照业务转型方向和价值空间大小,数字化转型可实现的价值效益可分为生产运营优化、产品服务创新、业态转变三个类别,这也为企业提供了一定的参考。

5. 以平台为载体

如2.2.1节所述,中台以其聚合、共享、快捷、知识沉淀等特性对前台业务形成强有力的支撑。中台可将共性技术、数据、知识等进行聚合、沉淀,搭建统一平台,支撑业务前台,连接反馈后台,从而促使企业数字化转型取得显著的成效。在数字化转型的过程中,有条件的企业要建设数字中台,其强大的聚合输出能力可以为企业转型提供强大支撑;当然不具备中台条件的也可以建立统一平台,总之利用平台的集成共享能力,将技术、数据、创新、能力模块化放置于平台,也可以为转型提质增效。

数字化工厂建设基本模型的建立,提出了建设的重点,为转型企业提供一定的参考。

5.3　数字化工厂的建设内容

由5.2节的数字化工厂建设架构可知,数字化工厂建设内容可以分为研发设计数字化、生产运行数字化、企业管理数字化、支撑保障数字化四个部分,这里通过罗盘图(见图5.6)进行详细展示。它们既是业务流程,又与企业的数据、能力和价值密切关联。笔者认为可以在总体上以业务为主线,同时把数据、能力和价值三要素统筹考虑,制定各自的建设方案,做到主次分明,重点建设数字化工厂。通过这四个部分的建设,带动产品设计方法和工具创新、企业管理模式创新、企业间协作关系创新,实现产品设计制造和企业管理信息化、生产过程控制智能化、制造装备数控化,本节将详细介绍数字化工厂的建设内容,可为制造企业的数字化工厂建设提供一定的参考借鉴。

5.3.1　研发设计数字化

研发设计数字化是指以实现新产品设计为目标,以计算机软硬件技术为基础,以数字化信息为辅助手段,支持产品建模、分析、修改、优化以及生成设计文档等相关技术的有机集成应用,以实现产品设计方法和设计过程的数字化和智能化,从而缩短产品研发设计周期,提高产品的研发创新能力。

随着企业全球化进程的不断加快以及市场对产品要求的不断提高,现代制造业也面临着诸多新的挑战,主要表现在:产品复杂性不断增加;激烈的市场竞争对产品开发时间提出了更高的要求,导致生命周期不断缩短;产品的设计风险和各种不确定因素增加;产品设计要更多地考虑环境和社会因素等。企业要想提高自身竞争力,获得更好的收益,就必须适应、满足竞争激烈的市场需求,就必须生产出交货期更短、质量更高、成本更低、服务质量更优以及满足环境保护要求的新产品。这就要求制造企业的研发设计能力不断增强,重视研发设计数字化的建设。

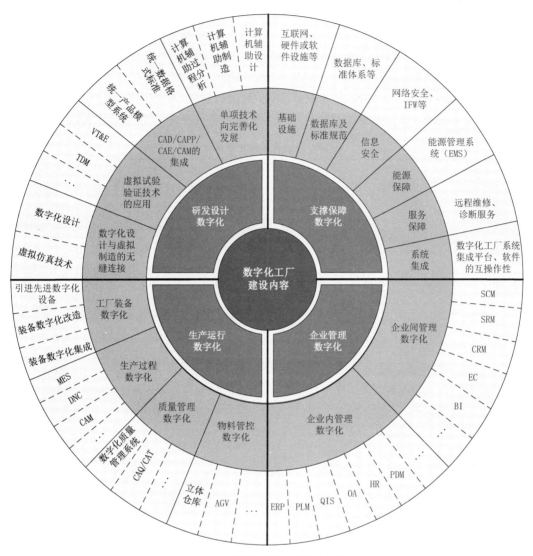

图 5.6　数字化工厂的建设内容

研发设计数字化建设并不仅仅是将产品设计过程从原来的人工操作转移到计算机辅助人操作,而是一个系统、集成的建设,是数字化工厂建设中的一个重要组成部分。研发设计数字化建设主要包括单项技术向完善化发展、CAD/CAPP/CAE/CAM 的集成、虚拟试验验证技术的应用三个方面。

1. 单项技术向完善化发展

1) CAD 技术的应用提升

CAD 是一种应用计算机软硬件系统提供数字化几何建模、特征建模和各种数字化设计的计算机辅助工具,辅助人们对工程和产品进行设计的技术。CAD 的功能一般有几何建模、特征建模、参数计算等,以及一般软件使用操作、数据存储和显示、输出等。

CAD 系统主要包括几何建模和数字化预装配,前者是 CAD 系统最基本的功能,后者是在几何建模的基础上延伸出的一项基本功能,有助于几何建模更加完善、精确、合理。

几何建模是以机械结构为基础的产品开发过程中最基础的工作,涵盖了从产品最初的概念设计到后续的产品维护的全过程,为产品开发设计者提供产品草图设计、详细设计、零件装配与装配模拟等功能。几何建模的基本功能随着CAD技术的发展以及外部需求的不断提升,逐步从早期的二维建模、线框建模,发展到曲面建模、实体建模,再到现今的三维参数化建模、特征建模,逐步朝着集成化、网络化、智能化和可视化的方向发展,如表5.1所示。

表5.1　各类建模方法

类　型	定　义	特　点
二维建模	主要是点、线的生成和编辑	用于计算机辅助绘图,缺点在于二维视图的表达方式很不直观
线框建模	通过由许多线性元素互相连接而构成物体的立体线型框架模型	构造基本的线框元素,为实体建模、曲面建模等其他应用建立基本元素;缺点在于缺乏面的信息,易引起多义性
曲面建模	定义基本的曲面,对基本曲面进行剪裁、过渡、拼接等编辑处理	CAD和计算机图形学中最活跃、最关键的学科分支之一
实体建模	用实体体素构成产品集合形状	与线框模型相比,可严格定义产品的几何形状,不产生二义性;与曲面模型相比,具有封闭、有向的特点
三维参数化建模	通过参数化方法建立产品三维模型	主要用于实体体素的参数化定义、界面轮廓的参数化定义、实体体素的相对位置定义、参数管理、参数值驱动模型的修改、参数分析及空间元素的参数化定义
特征建模	通过数字化方法来表示产品模型中特定工程意义的形状和功能的两种特征属性	为开发过程后续环节提供具有特定应用的信息,是CAD发展的一个里程碑,是产品设计、工艺过程设计、数控加工自动编程及数控检验等环节集成需要的结果

数字化预装配是指在产品数字化定义的基础上,利用计算机模拟产品的装配过程,以检查产品的可装配性,主要用于在产品设计过程中及时进行静、动态界面设计以及干涉检查、工艺性检查、可拆卸检查和可维护性检查等。通过数字化预装配过程,可以使设计者在开发的初期阶段就能够对所设计的产品进行分析与协调,提高设计的速度与质量。

数字化工厂的建设对CAD技术提出了更高的要求。而CAD技术的不断发展、完善,其所提出的三维几何模型也能够为数字样机建立提供更广泛的公共几何模型基础和进一步技术应用发展的空间,是研发设计数字化建设的重要内容。

2) CAM技术的应用提升

CAM技术是指将计算机系统用于制造过程的工艺过程设计、工艺参数设计、加工制造的控制、生产计划及管理等制造活动中的所有技术,其最重要的组成部分是计算机辅助工艺过程设计、计算机辅助数控编程和加工过程仿真、计算机辅助工装设计及计算机辅助检测和检验等。

(1) 计算机辅助工艺过程设计。

计算机辅助工艺过程设计(computer-aided process planning,CAPP)是实现CAD/

CAM 一体化、建立集成制造系统的桥梁。CAPP 是一种通过计算机技术,以系统化、标准化的方法,辅助确定零件或产品从毛坯到成品的制造工艺流程规划的方法与技术。它通过加工工艺信息(材料、热处理、批量等)的输入,利用人机交互方式由计算机自动生成零件的工艺路线和工序内容等工艺文件。与传统的手工工艺过程设计相比,CAPP 能够显著提高工艺文件的质量和工作效率,减少工艺编制工作对工艺人员技能的依赖,缩短生产准备周期,便于保留企业生产经验,建立工艺知识库,便于改进工艺方法,引入新工艺。

根据工作原理的不同,目前的 CAPP 系统常用的工艺设计方式有四种,即检索式、变异式、创成式、人工智能式,如表 5.2 所示。

表 5.2 各类 CAPP 系统对比

类 型	特 点
检索式 CAPP 系统	将各类零件的工艺规程输入计算机,对已建立的工艺规程进行管理,其功能相当于一个工艺文件的管理系统
变异式 CAPP 系统	在成组技术的基础上,利用零件的相似性建立具有相似工艺过程的一组零件的标准工艺
创成式 CAPP 系统	通过输入或读取的零件信息,依靠系统中储存的知识、规则、逻辑和决策规划及有关的制造工程数据信息自动进行工艺规划
人工智能式 CAPP 系统	利用专家系统技术来生成工艺规划方法,一般有数据、知识、控制三级结构,用来实现专家系统的智能功能

目前占多数的还是检索式、变异式或半创成式的 CAPP 系统,原因之一在于工艺规划问题本身的复杂性和知识表达的“瓶颈”与推理的“匹配冲突”,同时,CAPP 系统无法直接从 CAD 系统中读取零件信息也是一个重要原因。

数字化工厂的建设对 CAPP 提出了新的要求,也为 CAPP 的进一步发展提供了坚实的基础。CAD/CAPP 集成成为 CAPP 应用的关键技术,特征建模和特征识别技术正是为解决 CAD/CAPP 集成而发展起来的。CAPP 的总体发展趋势是集成化、网络化、智能化。

(2)计算机辅助数控编程和加工过程仿真。

计算机辅助数控编程和加工过程仿真是指利用计算机程序控制数控机床,按数字化产品描述进行产品的加工制造和加工过程仿真,在某些情境下是狭义的 CAM 的概念。CAD 中的设计结果(零件几何模型)经过 CAPP 系统生成工艺流程图后,最终在 CAM 中生成加工轨迹并进行仿真,产生数控加工代码,控制数控机床进行加工。

数控加工技术的应用水平直接反映了数字化工厂建设的程度。计算机辅助数控编程和加工过程仿真改变了传统的人工手动编程,大大提高了产品的开发效率和质量。

(3)计算机辅助工装设计。

工艺装备是产品制造过程中必备的设备和工具,用来保证产品的质量,提高劳动效率,减轻劳动强度。有关资料表明,根据我国现有生产水平,生产准备周期一般要占整个生命周期的 $50\%\sim70\%$,而工艺装备的设计周期又占生产准备周期的 $50\%\sim70\%$,因此工艺装备开发设计的效率与质量至关重要。

计算机辅助工装设计摆脱了传统的依靠工艺人员的经验应用绘图工具进行设计的方式,而是采用数字化的方法,应用计算机辅助设计技术(CAD/CAE/CAPP)对工艺装备进行设计。同时,在工装设备标准化、模块化的基础上有效地利用成组技术形成工装设备知识库,应用专家系统自动进行工装的模块化组合设计,从而大大提高工装设计的质量与效率。

数字化工装系统能够直接利用产品零部件的三维数字化信息进行工装的三维设计,并对设计的工装进行虚拟装配,或利用数值仿真来模拟工装使用中如何安装产品、检测和提高安装定位精度、预测产品的加工质量等。

3)计算机辅助工程分析技术的应用。

计算机辅助工程分析(computer-aided engineering,CAE)主要指依托计算机系统提供的强大计算分析工具对产品模型进行工程计算分析、校验和仿真模拟的技术。借助 CAE 能够在设计的初期,依据科学预测与数值分析提高设计的决策水平与能力。计算机辅助工程分析多应用于产品结构静/动力学分析、装配件结构分析、变形装配件公差分析、气动分析、流场分析等。

CAE 可取代相当部分的传统物理试件和实验,设计者能够更快捷、更方便地判断所设计的产品功能、性能和各种指标的优劣,进行设计方案的校验、评价分析和仿真优化,甚至能够实现某些物理实验难以做到的分析评价及仿真,减少了物理实验及试件的制作,从根本上改变了传统设计中依赖试凑、类比和定性分析的原始做法,实现了迅速、直观、准确的量化评价和预测。

2. CAD/CAPP/CAE/CAM 的集成

所谓 CAD/CAPP/CAE/CAM 的集成,是指完成新产品的零件设计、工艺设计、零件制造全过程自动化中的信息共享。通过建立集成的信息基础设施构建集成系统,以解决产品数据的集成应用,实现各分系统间的"无缝"集成,从而最大限度地提高产品的设计、研发数据信息的共享,降低数据的冗余,实现信息的顺畅流动,解决产品研发过程中的"信息孤岛"问题。

CAD/CAPP/CAE/CAM 的集成主要通过采用统一的格式来描述零件设计、工艺设计、零件制造全过程中的零件信息,实现 CAD/CAPP/CAE/CAM 的集成;也可通过计算机辅助软件实现产品模型间的自动转换和数据交换,减少信息传递和人工输入的差错,保证零件信息描述和表达的统一,提高产品设计研发的效率与质量。CAD/CAPP/CAE/CAM 的集成保证了产品信息数据流的畅通,最终保证了 NC 加工的精度,真正实现了研发设计数字化。

CAD/CAPP/CAE/CAM 集成的实现在技术上具体有两种方式,如表 5.3 所示。

表 5.3 CAD/CAPP/CAE/CAM 的集成方式

方　式	内　　容	优　缺　点
方式一	通过数据交换,开发专用的接口文件或采用数据交换标准,如 STEP、IGES、DFX 等来实现集成	只能为某一类型产品开发特定使用,系统的可扩展性不好
方式二	以 PDM 系统为基础平台,建立统一的产品模型,开发集成的 CAD/CAPP/CAE/CAM 系统	属于并行的集成方式,系统的可扩展性好,支持产品的并行开发模式

3. 虚拟试验验证技术的运用

虚拟试验验证(virtual test and evaluation,VT&E)是指运用系统工程、虚拟现实和计算机仿真技术,以虚拟样机和真实的试验数据为基础,构建数字化的试验和测试环境,以分析、评价产品的功能和性能是否符合要求,为产品的成功试验、开发提供可靠的支持。这大大简化了产品的实际研发过程,用数字化的形式代替了传统实物样机的实验,减少了产品开发试验的费用和成本,大幅地缩短了研发周期,提高了产品研发的成功率。

综合国内外对虚拟试验验证的相关定义和研究,虚拟试验验证可具体分为虚拟试验和虚拟验证两大块内容,两者相辅相成,缺一不可。虚拟试验是指以数字化模型、传感和测量模型为基础,运用可视化的渲染和交互机制,建立一个以虚拟样机为主的数字化环境,以模拟真实的物理试验过程。虚拟验证是指运用特定试验方案和方法,在数字化的虚拟环境中进行一次或者多次的虚拟试验,并通过对试验得到的数据作合理分析,考核、评价复杂产品的性能,进而为实物验证提供坚实的支撑。

虚拟试验验证和实物试验验证的关系是相互并存的,取长补短,虚实结合。虚拟试验验证并不是为了完全取代实物试验验证,而是对实物试验验证的强有力补充,是降低实物验证风险和提高实物试验验证效率的有效手段。在产品的设计研发阶段,通过虚拟试验验证对设计的初步模型进行验证,依据其试验验证所得到的分析结果,不断修改和逐步优化产品模型,以使大多数问题在制造实物样机之前就及时得到修正,可提高实物试验验证的效率和成功率。

5.3.2　生产运行数字化

企业要在工厂的车间级完成数字化转型,就意味着对涉及生产运行的全流程进行数字化的变革。生产运行过程是一个动态过程,从开始投料到最终形成产品,需要对其中的人、设备、物料、产品等进行管控和优化,以保证生产运行过程的可靠性、高效性、优化性。生产运行数字化建设可以分为工厂装备数字化、生产过程数字化、质量管理数字化和物料管控数字化四个子部分来建设。

1. 工厂装备数字化

企业在信息化阶段已经建设了较好的网络环境,各个环节已基本实现联网。然而作为生产制造的执行系统,生产制造装备如果不能数字化,其运行的实时情况就无从知晓,从而形成一个个信息孤岛,成为制约数字化工厂的瓶颈。

工厂装备的数字化是数字化工厂建设的前提与基础,为设计、研发、生产计划等各个环节提供基础数据的支持,如机床的加工时间和故障率、刀具的寿命与损耗等。及时准确的工厂装备数据是数字化工厂的基础。如果没有生产制造装备实时信息的及时反馈,即使有再好的网络环境和管理软件,其信息化管理的程度也会大打折扣。管理者必须尽可能实时掌握生产的动态,并及时做出反应。所以对现场的工厂装备进行数字化至关重要。

现有装备数字化改造主要分为工厂装备数字化改造和工厂装备数字化集成。提升制造企业的装备能力,实现工厂装备的数字化,并不能完全依赖于先进机电装备的大批量采购,应根据实际需求合理引进,实现资金的合理利用。因此,工厂装备的数字化建设不仅包括引进先进的数控装备、工业机器人等,也包括将企业现阶段存在的普通机床进行数字化改造;最后将包括数控装备在内的各种装备进行数字化集成,消除各个装备之间的"信息孤岛",更有效、快速地实现装备数字化的建设,如图5.7所示。

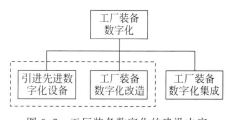

图 5.7　工厂装备数字化的建设内容

工厂装备数字化改造侧重于单台装备数字化,装备数字化集成则是面向车间层装备和区域装备的数字化,两者相辅相成,都是建设工厂装备数字化不可或缺的因素。

1) 工厂装备数字化改造

工厂装备数字化改造主要是对现有的设备进行数字化提升,一般分为经济型数字化改造和高档型数字化改造两类。经济型数字化改造主要是对普通机床、中小型装备的改造,通过采用 PLC、CNC 系统、数字驱动电机以及其他数字化外设,对原机床电气系统进行替换和提升。高档型数字化改造主要是针对大型装备、已有数控装备的数字化翻新和改造,一般改造内容多,技术水平提升明显。工厂装备数字化改造是一种适合我国国情的中小企业装备能力提升手段。中小型企业在发展过程中需要不断地提高装备能力,但限于资金因素的制约,不可能大量新购装备。若对原有装备进行数控化、自动化技术改造,可以达到投资少、见效快的效果,其主要优点如下。

(1) 提高产品质量,同时降低因废品而产生的损失。这是因为相较普通装备,数控装备有更高的加工精度,加工出的产品尺寸一致性更好,合格率更高。

(2) 可以解决复杂零件的加工精度控制问题。如一个复杂工件,原来由一个高级车工用双手摇动两个手柄,边加工边对样板,每件费时费力,且质量无法保证。而改造后的经济型数控机床能提高加工效率数十倍。

(3) 适用于多品种、中小批量产品的自动化生产,对产品的适应性强。在普通车床上加工的产品,大都可在经济型数控车床上加工。加工不同零件时,只要改变加工程序,就能很快适应和达到批量生产的要求。

(4) 价格便宜,性能价格比适中。与标准数控机床相比,价格降低 45%~76%,因此适合于改造在装备中占有较大比重的普通车床。

(5) 节约大量工装费用,降低生产成本。

(6) 减轻工人的劳动强度。使用经济型数控机床,可将工人从紧张、繁重的体力劳动中解脱出来。

(7) 增强了企业的应变能力,为提高企业竞争能力创造了条件。

2) 工厂装备数字化集成

在数字化工厂中,工厂装备已经不再是孤立的工厂加工设备,而是网络环境下与工程设计系统、管理信息系统直接连接的一个有加工能力的节点。装备能力不仅体现在设备单台能力方面,更体现在由单台装备组成的装备系统方面。因此,从装备系统角度进行能力提升,是装备能力提升的另一个重要方面。工厂装备数字化集成提升技术主要指通过数字化手段,将多台装备集成为一个装备系统,以实现装备的数字化管理、调度、优化,从而提高装备的利用率和运行效率。

(1) 数控装备的 DNC 集成。

装备集成技术研究目前主要集中在数控设备的 DNC 集成方面。DNC 是 direct numerical control 或 distributed numerical control 的简称,意为直接数字控制或分布式数字控制。DNC 的最早含义是直接数字控制,指的是将若干台数控装备直接连接在一台中央计算机上,由中央计算机负责 NC(numberical control,数字控制)程序的管理和传送,如图 5.8 所示。当时的研究目的主要是为了解决早期数控装备因使用纸带输入数控加工程序而引起的一系列问题和早期数控装备的高计算成本等问题。

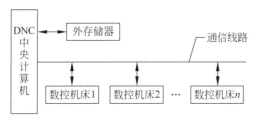

图 5.8　DNC 概念示意图

20 世纪 70 年代以后,DNC 的含义由简单的直接数字控制发展为分布式数字控制。它不但具有直接数字控制的所有功能,而且具有系统信息收集、系统状态监视以及系统控制等功能。

20 世纪 80 年代以后,随着计算机技术、通信技术和计算机集成制造系统技术的发展,DNC 的内涵和功能不断扩大,与六七十年代的 DNC 相比已有很大区别。它开始着眼于车间的信息集成,针对车间的生产计划、技术准备、加工操作等基本作业进行集中监控与分散控制,把生产任务通过局域网分配给各个加工单元,并使其信息相互交换而物流、仓储等系统可以在条件成熟时再扩充,既适用于现有的生产环境,提高了生产率,又节省了成本。

20 世纪 90 年代,DNC 得到了新的发展概念。如美国计算机集成制造公司副总裁 D. L. Firm 提出的 Broad Scope DNC,认为在计算机集成制造的推动下,DNC 已不仅仅作为编程系统(DNC 主机)和 CNC 机床的一种连接方式,而是可扩充到支持车间级数据的人工采集(通过键盘录入)、半自动采集(使用条形码)和全自动采集(通过全闭环系统的离散信号采集)。

随着计算机技术、网络通信技术的快速发展,原有的 DNC 技术无论在装备集成深度还是广度上,都存在明显的不足。特别是可靠性高、成本低廉的嵌入式技术的发展,使普通设备、数字化设备的集成方便易行。通过该技术,不仅能使车间相关设备全部集成起来,而且对于实现 CAD/CAPP /CAM/PDM/ERP 的全方位集成起到了重要支撑作用。

由于车间装备现场环境的限制,采用各种小型化、一体化计算机系统是实现装备集成的有效手段。目前,一体化工控机在车间装备集成中得到了一定范围的应用,但其存在价格高、附件装置多等缺陷。一种新的趋势是采用信息化终端,它体积小、摆放方便、成本低,可实现一机配置一台终端,是车间设备集成的一种切实可行的方法。

(2) 基于信息化终端的车间层装备集成。

车间设备层信息化系统是基于以太网的网络设备集成系统,它是在装备上嵌入基于 B/S 模式的信息化终端,从而实现车间设备层与设计和管理层的信息双向传输。

① 基于信息化终端的设备集成网络结构。

基于信息化终端的设备集成网络结构如图 5.9 所示。利用信息交互终端可以将车间设备集成为 Intranet 的一个站点,将设备信息融合集成到企业信息系统或其他应用中,同时可通过 Internet 实现远程控制和管理及远程机床故障诊断和维护。这样,设备层数控系统在 Internet/Intranet 技术支持下直接联网构成基于 Web 网络环境的站点,通过共享分布式网络数据库技术成为工艺信息、NC 程序、生产管理、制造控制和工况信息等制造信息中心,成功能和工厂其他应用实现融合集成的一种网络化分布式数字制造系统。

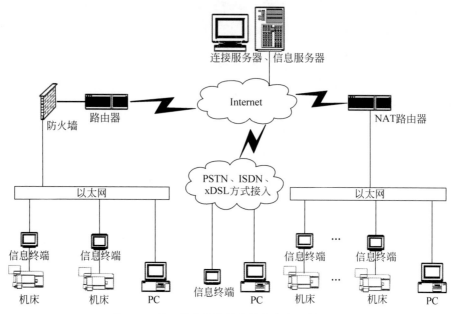

图 5.9　基于信息化终端的设备集成网络结构

制造企业车间层数控设备通过此信息交互终端、信息技术和制造技术、生产管理和制造控制融合集成,支持企业实现网络化制造及企业集成,能较好地解决企业纵向和横向间的信息集成,从根本上填补了现存制造车间与设计层间存在的鸿沟,提高企业的整体制造技术水平、生产率、创新能力和快速响应能力,从而提升了企业综合竞争力,以适应全球竞争的新经济环境。

嵌入信息化终端后,设备网络系统能实现以下功能:工作任务单下达;二维和三维零件图下达,加工工艺单下发,加工过程示教,多媒体演示;作业计划管理;生产工艺管理;设备资源管理;现场信息反馈和采集;工作过程音视频对话;装备工作状态监视与控制。

② B/S 结构模式。

B/S(browser/server)模式是指在 TCP/IP 的支持下,以 HTTP 为传输协议,客户端通过浏览器访问 Web 服务器以及与之相连的后台数据库的技术及体系结构。它由浏览器、Web 服务器、应用服务器和数据库服务器组成。B/S 模式突破了传统的文件共享及 C/S 模式的限制,实现了更大程度的信息共享。任何用户只要通过浏览器即可访问数据库,从而克服了时间和空间的限制。

基于 B/S 模式的信息系统通常采用三层或更多层的结构:浏览器、Web 服务器和数据库服务器。以 Web 服务器作为系统的核心,用户端通过浏览器向 Web 服务器提出请求(HTTP 协议方式),Web 服务器根据需要再和数据库服务器发出数据请求。数据库服务器则根据检索与查询条件返回相应的数据结果给 Web 服务器,由 Web 服务器把结果翻译成 HTML 或各类脚本语言的相应格式发回至浏览器,用户通过浏览器浏览所需结果。下面以三层的 B/S 结构为例加以分析。

三层的 B/S 结构以访问 WEB 数据库为中心,以 HTTP 为传输协议,客户端通过浏览器访问 Web 服务器和与其相连的后台数据库。其三级结构组成如图 5.10 所示,从左到右分为如下三个层次。

第一层是客户端(即浏览器),主要完成客户和后台的交互及最终查询结果的输出功能。在客户端向指定的 Web 服务器提出请求,Web 服务器用 HTTP 协议把所需文件资料传给用户,客户端接收并显示在 WWW 浏览器上。

第二层 Web 服务器(即功能层),主要完成客户的应用功能,即 Web 服务器接受客户请求,并与后台数据库连接后进行申请处理;然后将处理结果返回 Web 服务器,再传至客户端。

第三层数据库服务器(即数据层),数据库服务器应客户请求独立地进行各种处理。与传统的 C/S 模式相比,B/S 结构把处理功能全部移植到了服务器端,用户的请求通过浏览器发出,无论是使用和数据库维护都比传统模式更加经济方便;而且使维护任务层次化,管理员负责服务器硬件的日常管理和维护,系统维护人员负责后台数据库数据的更新维护。

图 5.10　三层的 B/S 结构

由以上的比较分析可知,三层结构也可以理解为增加了 Web 服务器的 C/S 模式。

③ 面向产品数据安全的外协车间数控装备集成技术。

当前,企业装备能力不平衡现象较为明显,主要表现为:一些企业由于产品结构调整等原因,致使部分高档数控装备处于显性闲置(完全不用)或隐性闲置(开工率不足);而另一些企业生产任务饱满,但由于数控装备或应用人才缺乏,急需寻求外协加工。因此,通过外协加工可有效利用区域装备资源,提高重大装备利用率,减轻企业自身设备、人员及技术方面的压力。

在现有条件下,要共享外协企业的数控机床进行产品加工,企业必须把产品的全套资料(包括产品图纸甚至产品的三维 CAD 模型)提供给外协厂,整个过程中存在很多数据泄密环节(见图 5.11),其数据安全性不能得到保障,给企业带来了损失,因此许多企业为了数据安全原因,宁愿自己额外添置数控设备,或者等待本单位设备排产也决不进行外协加工。所以,数据安全问题正越来越成为制约区域数控装备共享的"瓶颈"问题。

3) 引进先进智能数控设备

引进先进智能数控设备包括购置智能数控机加设备、工业机器人等。例如智能数控机床,机床内设置了多处传感器。如果机床出现故障,设备振动幅度等传感器采集到的信息就会发生变化。在连接机床的计算机屏幕上,机器振动幅度曲线实时推进显现,能更好地监测和验证机床稳定性。依托边缘计算网关和工业边缘计算管理平台,动态信号采集分析系统将采集到的数据经过网关过滤后,实时上传到边缘计算云平台进行分析处理。

工业机器人的应用越来越广泛。相比于传统的工业设备,工业机器人有众多的优势,例如工业机器人具有易用性、智能化水平高、生产效率及安全性高、易于管理且经济效益显著等特点。由于工业机器人技术发展迅速,与传统工业设备相比,不仅产品的价格差距越

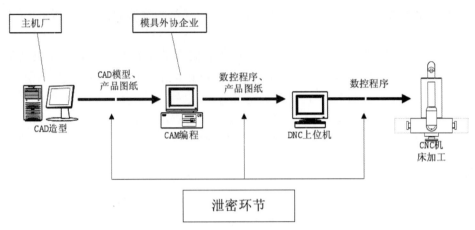

图 5.11　共享数控机床的数据泄密环节示意

来越小,而且产品的个性化程度高,因此在一些工艺复杂的产品制造过程中,可以让工业机器人替代传统设备,这样就可以在很大程度上提高生产效率。工业生产中焊接机器人系统不仅能实现空间焊缝的自动实时跟踪,而且还能实现焊接参数的在线调整和焊缝质量的实时控制,可以满足技术复杂产品的焊接工艺及其对焊接质量、效率的迫切要求。另外随着人类探索空间的扩展,在极端环境如太空、深水以及核环境下,工业机器人也能利用其智能顺利完成任务。

2. 生产过程数字化

传统企业的生产信息(机加工、热处理等)大都是通过纸面方式进行记录的。由于生产信息比较多,容易出错,而且质量检验信息只记录结果,不登记具体数值,因此质量部门只知道检测结果,而不清楚检测数值。而当产品质量出现问题时,收集当初的生产信息和检验信息就比较困难,尤其是大批量生产的产品,问题更是严重。因此进行生产过程和生产管理的数字化势在必行。

生产过程数字化主要是指运用先进制造技术、控制技术、信息技术和管理技术,通过对生产过程实现自动化的检测、控制、调度、优化、管理和决策,以提高车间现场生产计划的适应性、实时性、灵活性,提高产品的质量和生产效率,缩短合同交货期,提高组织与管理的有效性,最大化企业的资源利用率,优化与改善制造过程等目标。由此可见,生产过程的数字化是一项系统的转型。近年来,产业界和学术界的专家学者,试图利用制造执行系统(MES)来实现生产过程的自动化、数字化和透明化,具体来说是以制造执行系统为核心,包括计算机辅助制造(CAM)、快速原型法以及分布式数控(DNC)联网集成、数字化检测、生产调度指挥中心等,建立统一集成的平台来实现生产过程的数字化。事实上,企业数字化转型就是要将各业务环节数字化,利用数据打通业务、系统、设备等之间的鸿沟,使得生产过程与其他业务环节的连接更加透明,更加可集成。

近年来,越来越多的制造企业建立了企业内部的管理信息网络,并引入了 ERP、JIT、OPT 等理论和方法,并基于这些理论在实际的企业管理中成功实施了 MRP/ERP 等生产管理系统的应用。但是,企业在努力解决管理流程化、信息集成化和决策科学化的同时,还需要解决更复杂的车间生产过程管理问题。由于车间生产管理强调生产计划的执行以及生产现场数据的采集和回馈,而 ERP、JIT 等强调企业的计划性,因此在车间生产管理和控制上,ERP、JIT 等生产管理系统就显得力不从心,其原因如下。

(1) 按照 MRP/ERP 的方式组织生产,存在四个明显的问题:产品结构的不确定性;实际工作提前期有偏差;工时定额数据过旧;生产现场的反馈失效易导致计划不准确。因此,在实际应用过程中存在在制品的库存量过多的问题,造成管理混乱和资金占用过多。

(2) 目前 MRP/ERP 软件大多属于企业的上层生产计划管理系统,其中一些软件的开发初始点是财务管理和物料管理,车间生产管理层级上基本不能完善地解决生产、调度过程中出现的复杂多变问题,软件的适应性比较差。例如,大多数 MRP/ERP 商品软件只能做到零部件级生产计划,且其计划的精度只能精确到日,生产计划比较粗糙,以致难以充分利用企业的所有资源和能力,满足生产任务的要求,进而可能引发新一轮的设备采购。

(3) 随着市场竞争越来越激烈,上层计划管理系统(MRP/ERP 等)受市场影响越来越大,以致生产计划的适应性问题愈来愈突出,计划跟不上变化。面对客户对交货期的苛刻要求、更多产品的改型和订单的不断调整,计划的制定和执行应该依赖于市场和实际的作业执行状态,而不是单纯以物料和库存汇报来控制生产。

基于上述内容可知,企业已无法有效应对当前竞争加剧、动态多变的环境。为了生存发展,适应时代要求,业界和学界进行了长期的实践和研究,认为利用数字化手段应对更复杂的车间生产过程管理,将数字化应用从需求管理延伸到生产过程管理,即实现生产过程数字化,已成为当今制造企业提高自身竞争力的关键途径,也是建设数字化工厂的一项重要内容。

为解决生产计划的适应性以及增加底层生产过程的信息流动,提高计划的实时性和灵活性,实现生产过程的数字化,美国先进制造研究(AMR)机构于 20 世纪 90 年代初提出了"制造执行系统"(manufacturing execution system,MES),其定位于重点解决车间生产管理问题,即基于信息通信技术建立面向车间生产过程的信息管理系统。

针对传统企业的生产过程问题,基于 MES 可以建立统一集成的平台,从而使生产正常而有效地进行。制造执行系统是数字化工厂的核心,其通过数字化生产过程控制以及依靠现代设计的自动化和智能科技手段,使现代化工厂的制造控制体系更加智能,生产过程更加透明,生产信息更趋于集成一体化,现代装备的数控技术优势更加明显。

下面阐述利用 MES 实现生产过程的数字化:首先介绍 MES 的设计方案,基于 MES 的结构特点对企业传统的生产执行过程进行改造;其次以生产过程数字化的内容展开说明,包括对产品、人员、工单等的使用方式的变革,这些环节的数字化变革使生产过程逐步数字化、智能化;最后基于数字化工厂集成的特点,搭建生产过程管理平台,加速、规范企业生产制造活动的数字化。

1) MES 的设计方案

(1) MES 的技术架构。

MES 是一个基于 B/S 架构的 4 层应用系统,包括数据库层、应用逻辑层、服务传递层、展示层。如图 5.12 所示,MES 底层数据库层支持 SQL Server、Oracle 等数据库管理系统;应用逻辑层采用.NET 开发,主要包含系统的业务逻辑和规则;服务传递层则利用 IIS (internet information services,网络信息服务)技术实现;展示层通过页面展示系统具体的功能模块。

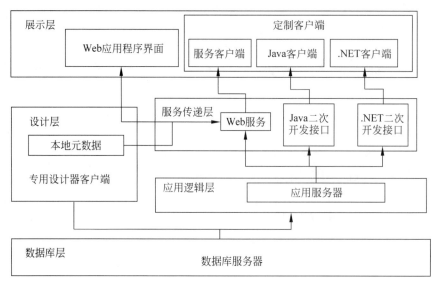

图 5.12　MES 技术结构

① 展示层。展示层为用户提供了多种访问应用 MES 的方式和界面。企业可以根据业务和用户情况选择最适合的客户端。

② 服务传递层。服务传递层运行在 Web 应用服务上，负责展示层和应用逻辑层之间的通信；发布 MES 的面向服务的体系架构服务对象，为客户端提供业务逻辑服务。

③ 应用逻辑层。应用逻辑层用来管理 MES 的业务逻辑服务器和服务器端组件，从数据库检索数据并将数据存入数据库。作为 MES 最核心的组件，应用逻辑层包括 UI(user interface，用户界面)框架、XML(extensible markup language，可扩展标记语言)框架、业务逻辑服务、数据模型和业务建模拓展框架等。

④ 数据库层。数据库层用来管理 MES 的数据库，可以根据实际业务的需求配置业务数据库的服务器、报表数据库的服务器等。MES 支持 Oracle、Microsoft SQL Server 数据库系统。客户能够部署一个单一中央数据库，集中管理多车间、跨地域的制造数据，也可以部署多个单一数据库管理工厂制造数据。

（2）异地多站点 MES 的硬件架构与部署。

MES 支持把所有的分布站点集成到一个单一的逻辑站点，目的是把分散的、孤岛式的制造单元集成到一个虚拟的协同制造环境中，实现数据同步、信息交互、业务集成，让跨地域的制造单元好像在一个地点一样，达到本地制造的协作效率，从而确保分布式产品制造的成功，降低制造成本，提升交货能力。异地多站点网络部署如图 5.13 所示。

2）生产过程数字化的内容

传统企业的生产过程大多是以人力负责生产信息的收集和处理，但由于生产信息繁多且不易被及时收集，往往导致信息收集不准确，甚至是缺失遗漏，并且也无法实现信息的追溯，直接影响到产品的质量。数字化工厂本身就要求生产过程人机交互，由数字化智能设备或者系统负责信息的采集和预处理，再由人来根据信息进行决策，因此可以有效地解决生产过程的信息不连续、质量问题频发等的问题。例如，西门子作为数字化工厂的领先者

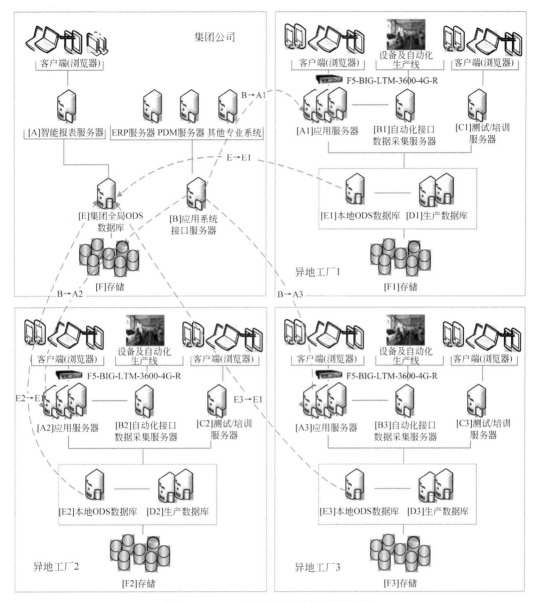

图 5.13　MES 异地多站点网络部署架构

和标杆企业,就使用了一套工业软件来实现生产过程的数字化,有效地保证了生产过程的良好运行。本部分将结合西门子的 SIMATIC IT 制造执行系统平台来说明生产过程数字化的基本内容。

(1) 产品定义和产品生产。

MES 产品定义管理器是制造执行系统中的一个组件,用来更简便地管理产品和生产,让不同产品能被配置在系统中,并让操作人员在生产过程中尽量节省工作,以便提高生产效率。产品定义管理器的功能是在配置过程中定义说明各种产品和生产所需的资源、步骤、过程,是按照国际标准 ISA-95 来制定的,以最大限度地满足行业规范。

产品定义管理器就是要回答"如何来生产"一个产品,建立每一个生产步骤的描述、生产途径、生产线关系等,还需要把设备、物料、人员和各种相关参数一并关联起来。也可以这样来理解:当要生产一个确定的产品时,由具备何种技能的人员在什么设备上进行生产,需要什么样的物料,所有这些信息都是产品定义所需要的。

① 理论框架。

• 产品生产规则。

产品生产规则是指产品的生产必须符合一定的规则。

根据 ISA-95 国际标准,产品生产规则定义了生产一个产品的步骤,给出了基本问题"这个产品是怎样生产的"的答案。

• 产品段。

产品段是指产品成品的各个阶段。

根据 ISA-95 国际标准,产品段定义了完成每个特定生产步骤的变量、物料、设备等资源配置,回答了一个生产中的基本问题:"一个生产操作的完成需要什么样的资源?"产品段是直接和产品操作相关的,对应于生产中的流程段,不同点是流程段不和具体产品相关,而产品段和某一特定产品紧密相关。

• 产品段的资源类型。

每个产品段都会给出相应的资源,大致分为变量、设备、物料、人员。在相应的生产步骤中,这些资源会共同参与,以完成特定产品的生产。

对于一个产品来说,MES 应当给出它采用的生产工艺流程。这里介绍产品定义管理器使用的规范,包括产品生产规则,管理产品生产规则的生命周期、版本,产品段的生成和管理,以及定义后的合格检测。

② 产品生产规则。

在产品定义管理器中,生成产品生产规则是第一步。产品生产生规则有以下两种。

• 标准型规则:允许在生产系统中定义。

• 变量型规则:是一类特殊的规则,其用途是在标准型规则中作为某类输入。

对产品生产规则可以做全新定义,也可以重用。产品生产规则拥有可重用性,这大大提高了产品生产的速度;在同类系列产品只有少量配置不同但基本生产都相同的情况下,应用不同版本号来表达不同型号;版本高的产品并不表明是现有产品,版本低的产品依然可以恢复生产。

在生产过程中,工单会和产品生产规则关联,这样一来,生产的流程就和客户所需要的订单在生产体系上匹配起来。产品生产过程清晰以后,就知道具体的生产线是否可以生产这种产品。

③ 产品生产规则的生命周期。

任何一个产品都有生命周期,产品生产规则也一样,它在发布给生产之后就不可以再进行编辑。管理生命周期是配置生产的重要环节。

产品定义管理器提供标准型和变量型两类产品生产规则,基本的生命周期如下。

• 开发状态(DEV)。

• 标准状态(STD)。

产品定义管理器中的生命周期有两个主要特性。

- 启用：确定规则是否能在工单管理器建立生产工单时被使用。
- 编辑：确定规则的配置可以被编辑或消除。

关于生命周期中的开发状态，其规则一般是用来进行开发和测试的，不会要求任何审核，并且此类开发状态的规则可以随时转换成标准状态的规则。

关于生命周期中的标准状态，标准状态有若干个生命周期环节，每个状态都是启用和编辑特性的组合，它们决定了此状态情况如何工作。以某规则为例，它以编辑作为状态的开始，正常情况下下一步是等待批准。在编辑和等待的情况下，此规则是可以被修改的，但不能被用来生成生产工单。并且在这两种情况下，状态可被转换到开发状态。从等待变成批准后，规则就不能再被修改了，而工单可以由此创建。另外，批准也可以直接转变为废弃，即不被批准。

总体来说，MES对产品进行定义之后，产品的性质和生产过程就都有了明确的系统信息。实际将依据定义在系统中的信息进行产品的生产，使得生产过程更加清晰、透明。

（2）人员管理和生产规划。

工厂生产一般来说都需要生产调度，而人员管理是生产调度中的重要环节。不同技能和不同班次的人员在生产过程中，都需要针对不同产品进行编排。人员管理是制造执行系统要建立的一个组件，用于实现便捷地管理人员，在工厂中能够按照系统配置的技能进行一系列工作。

人员管理器主要针对生产过程中的人力资源进行管理，其在ISA-95的规范中帮助回答了"什么时间有什么产品被生产出来"的问题，因为人员记录了产品生产的进度。在系统中进行配置的时候，需要把各种人员特质，例如资质、分组等都配置出来。此外，系统也需要指定人员到各个班组，还可以查看人员操作的过程记录。最终的人员数据和生产数据将会被系统整合，例如某操作员完成了什么任务、操作了哪台机器、使用了哪些物料、完成了哪个工单等。

（3）工单管理数字化和制造执行。

工单管理的重要性是不言而喻的，因为只有有了工单才有生产。在我们定义好了生产系统之后，就可以根据生产的定义阐述工单执行了。MES将工单作为它的一个组件，可用来更简便地实现系统操作与过程控制，让生产能在要求的时间内开始。

工单管理器不但和客户订单相关联，也和产品生产、生产排程有紧密的关系。在ISA-95国际标准里，工单管理器帮助回答了"什么可以被生产"的问题。工单管理器可以根据生产运行条件来构建工单的层级关系。

工单管理器的功能是为了让工单能够在系统遵循规则的情况下被结构性配置，以最大限度地满足市场行业规范。

① 工单层级模型。

工单管理器使用规划树来管理工单结构，如图5.14所示。

- 规划：任务的最上层是规划，用来定义特殊生产排程，并收集某时间段内的生产要求。
- 工单：规划将一系列的生产要求归组，工单则用来定义特殊的生产要求，可由多个

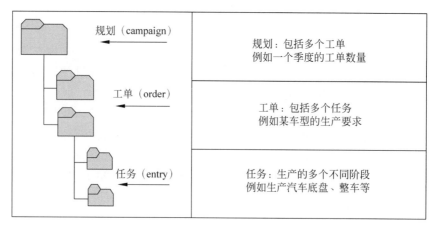

图 5.14　工单结构层级

需求子集组成。

- 任务：工单是由系列要求阶段组成的，任务则用来定义特殊的需求子集，以支持生产操作。

② 时间范围。

时间范围可以是生产要求的计划阶段，用来确认分配时间的合理性。规划的配置过程会确认配置的阶段是否合理，用以限制规划的开始和结束时间。工单管理器中的时间范围表达了某确定的时间段，例如月、年。工单也可与时间范围关联，用以限制工单的开始和结束。

③ 家族和类型。

工单虽然可以用层级的方式来划分，但要按照具体情况清楚归类工单也不是一件容易的事情。SIMATIC IT 采用家族和类型两种归类方法。

- 家族：代表汇集起来的、有共同目的的工单、任务。
- 类型：用于定义有相同特性的工单、任务。

3）综合生产过程的管理思想

制造企业所应用的信息系统种类繁多，其中主流系统包括以数据管理、文档管理、工艺设计、工装管理等为主的产品数据管理系统；以资源、财务、供应、营销、计划等管理为主的企业资源计划（enterprise resource planning，ERP）系统；以底层控制、数控程序管理、机床状态监控等管理为主的分布式数控（distributed numerical control，DNC/MDC）系统；以制造数据、计划排产、产品跟踪、质量控制、生产过程控制等管理为主的 MES，以及其他一些信息管理系统，如质量管理系统、编码系统、库存管理系统等。各个系统间通过 MES 搭建起一个以工艺数据为基础、以计划管理为驱动、以质量管理为核心的，包含物料管理和设备管理的综合生产管理平台，将计划层与底层控制层有效、有机地集成起来，向下发出大生产指令计划，向上收集产品生产信息，可有效记录生产的过程信息和质量信息，为生产过程的优化和资源的统筹安排、调度提供方便，从而实现精细化和数字化的生产过程管理。

MES 的成功实施与建设能提高产品制造生产的柔性和及时性，最大化企业的资源利用效率，促进生产过程的数字化，加强企业的纵向管理，是数字化工厂建设的重要组成部分。

3. 质量管理数字化

质量管理数字化也叫数字化质量管理,它将现代信息技术、自动化技术、先进制造技术、现代测量技术与现代质量管理模式相结合,综合应用于企业的市场营销、产品设计、制造、管理、试验测试和使用维护等全生命周期质量管理的各个阶段。通过质量数据的自动实时采集、分析与反馈控制,以及质量信息资源的共享和质量管理的协同,建立一套以数字化、集成化、网络化和协同化为特征,预警和报警相结合的企业质量管理新体系。

1) 质量管理数字化的意义

制造企业实现质量管理数字化对于数字化工厂的建设具有重要意义。

(1) 提高质量数据的有效性。质量管理的基础就是质量数据,如果没有大量、准确、及时的质量数据作保证,决策者就无法全面掌握企业的质量状态,就只有依靠经验、凭感觉作决策。在传统质量管理模式下,大量的质量数据靠手工处理,靠纸质文件记录和传递,使得信息的透明度差,造成数据不准确、不及时、不全面,导致质量数据的有效性差。利用计算机管理质量数据,结合现代化的数据采集方法,可以大大提高质量数据的有效性,为质量管理打下坚实的基础。

(2) 提高质量数据的利用率。在 ISO 9000 提出的八项质量管理原则中,一条非常重要的原则就是"基于事实的决策"。决策依赖事实,事实来自数据,因此必须提高数据的利用率。在传统质量管理模式中,由于数据的有效性差和分析处理手段落后,造成数据的利用率极低。利用计算机处理质量数据,将数据全部存储在计算机中,再使用计算机提供的数据查询和统计处理功能,可以方便地实现质量数据的分析和处理,从而大大提高质量数据的利用率。

(3) 强调按规范办事,消除人的"随意性",提高管理水平。在现代企业管理中,标准化是基础。标准化工作包括流程的规范化、工作的规范化、数据的规范化等。但在传统企业中,标准化工作的水平比较低,造成没有规范可依或者有规范但不遵守的局面。也就是说,工作人员的随意性很大,这是传统企业管理水平和产品质量难以提高的主要原因之一。利用计算机管理后,工作流程、操作程序和数据(数量和质量)都处在计算机管理下。如果不按规范工作,流程就无法进行下去,计算机就会进行预警和报警,从而在最大程度上消除了工作人员的随意性。

(4) 解决质量体系管理的"两张皮"现象,提高质量体系的运行质量。质量管理体系是个非常庞大复杂的系统,它的建立和运行涉及企业的方方面面,要对它进行全面实时的控制难度极大。另外,质量体系的规范主要体现在质量体系文件中。建立了质量体系的企业都有大量的文件,但如何使这些文件与质量体系的实际运行结合起来,仍然是个没有解决的问题。这一事实造成质量管理体系的"两张皮"现象,即一方面建有大量的质量体系规范,另一方面员工仍然根据自己的方式进行工作。"两张皮"现象使得质量体系流于形式,对企业质量管理水平的提高很难起到应有的作用。利用计算机管理质量体系后,可以将质量管理流程建立在计算机中,借助于计算机控制流程的运行,强迫工作人员按流程办事,可以有效解决质量体系管理的"两张皮"现象。

(5) 推进统计质量控制技术的应用。统计质量控制技术的提出已有半个多世纪的历史,在质量管理中曾经发挥了巨大的作用。在现代质量管理模式中,统计质量控制技术的作用非但没有削弱,反而发挥着越来越大的作用,"六西格玛"质量管理就是个典型例子。因此可以说,统计技术仍然是现代质量管理的基石。由于人员素质等各种原因,统计质量控制技术在我国一直应用得很不理想,其主要原因是需要操作人员具备数理统计知识,需要大量的数据作为支撑,在应用时还需要进行大量的计算工作。采用计算机技术后,数据靠数据库管理,采用简便易用的统计分析软件,可以将操作人员从复杂的计算中解放出来,非常有利于统计技术的推广应用。

2) 质量管理的数字化架构

数字化质量管理系统又称为 e-质量管理系统,其核心是质量管理的数字化。数字化质量管理架构如图 5.15 所示。

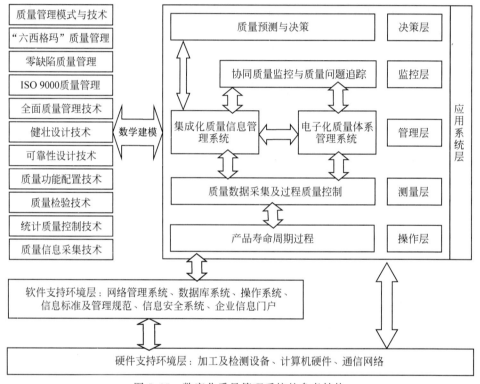

图 5.15　数字化质量管理系统的参考结构

数字化质量管理系统从大的层次上可以分为硬件支撑环境层、软件支撑环境层和应用系统层。硬件支撑环境层为数字化质量管理系统提供硬件支撑,包括加工及检测设备、计算机硬件、通信网络等,其中检测设备包括各种计量器具、条码数据采集系统。软件支持环境层为数字化质量管理系统的运作提供软件保证,包括网络管理系统、数据库系统、操作系统、信息标准及管理规范、信息安全系统、企业信息门户等,其中企业信息门户为数字化质量管理系统与企业其他数字化应用系统的数据交换提供信息通道。应用系统层可分为操作层、测量层、管理层、监控层和决策层,各层的主要功能如下。

（1）操作层。操作层指的是产品质量形成的各种过程,包括市场调研、设计开发、试制、生产准备、加工制造、质量检验和试验、包装运输、应用及售后服务等。操作层完成产品的设计与制造,并产生质量管理中所需的各种数据,数字化质量管理系统以操作层作为管理与控制的主要对象。

（2）测量层。测量层的主要功能是通过各种测量和评审手段从操作层采集各种数据，包括通过产品设计质量评审采集产品研发过程的各种数据，通过质量检验采集产品生产过程的各种数据，通过过程评价采集经营管理各种过程的工作质量数据，通过质量体系评审采集质量体系运行有效性方面的数据，并通过对数据的统计分析（特别是控制图技术）实现质量管理系统的控制和持续改进，是提高数据有效性的基本保障。

（3）管理层。管理层主要包括电子化质量体系管理和集成化质量信息管理两大部分内容。电子化质量体系管理是将质量体系过程流程化并建立在计算机中，通过计算机控制质量体系的运行有效性。集成化质量信息管理主要是借助于数据库管理技术对数字化质量管理系统的各种数据进行全面管理，包括应用各种统计分析工具对数据进行处理和分析。

（4）监控层。监控层主要用于对质量管理体系的运行过程进行监控。由于质量管理体系基本上覆盖了产品质量形成的各种过程，因此只要能够保证质量管理体系的正常运行，企业的质量管理水平和产品质量就有了保障。监控层利用可视化技术和各种主动监控与追踪技术，实现对企业质量状态的全面监控和报警。在发生质量问题时，监控层可以从集成化质量信息管理系统提取信息，从而实现质量问题的追踪和处理。

（5）决策层。决策层根据质量体系的运行结果和来自集成质量信息管理系统的统计信息，对企业的质量现状进行分析，发现质量管理中存在的问题；也可采用各种数学方法对质量的发展趋势进行分析，作出实事求是的决策。为了保证数字化质量管理系统的有效运行，需要采用数学建模技术将各种现代质量管理模式和技术转化为数字化质量管理系统可以接受的形式。从计算模式看，数字化质量管理系统主要采用由数据库服务器、应用服务器和浏览器组成的三层结构形式，即通称的B/S模式。

3）数字化质量管理系统中的质量数据采集

数字化质量管理系统中的质量数据采集技术如前所述。质量数据的有效性是质量管理的核心，要实现数字化质量管理，必须首先解决质量数据的采集问题。质量数据一般可以分为四种。

（1）通过质量检验获得的检验数据，包括原材料检验数据、外协件检验数据、配套件检验数据、加工过程检验数据、装配过程检验数据、成品实验数据等。

（2）通过质量体系评审获得的数据，包括内审结论和不合格项、管理者评审结论、外部审核结论和不合格项等。

（3）通过过程评审和评价获得的数据，包括设计评审结果、工作质量评审结论等。

（4）与质量数据有关的其他数据，包括检验人员代码、质量问题代码、质量故障代码、工序号、零件号等。

在这四种类型的质量数据中，有些可以采用测量仪器设备进行自动采集，有些可通过手工采集，有些则可通过条码系统进行采集，还可通过数据接口的方式从其他数字化应用系统采集数据。

4. 物料管控数字化

物料管控数字化的重点是建立数字化仓储、自动配送传输装置、公共资源定位等物流管控条件。数字化仓储目前是一个研究的新方向，也是实现物料管控数字化的重要环节。

后两者属于物联网技术在物料管控环节的应用,可以实现物流过程的自动化、数字化与智能化。

1) 仓储、物料传输等过程的数字化建设

在建设现代化仓储系统的过程中,最为关键的是要实现信息化、数字化管理。现代化的仓储系统与传统仓储系统有着显著的区别,现代化的仓储系统对计算机信息技术、网络技术及机械自动化技术都有很广泛的应用,如使用计算机信息管理系统、货物电子标签技术、电子数据交换技术、网上订货系统等,不仅可以用于仓库与上游供货单位的信息交流,还可以和下游提货单位保持良好的信息沟通。自动化的入库作业、出库作业和一体化的分拣、装卸、运输过程既有效地节约了人力资源成本,同时又提高了工作效率。日新月异的计算机信息技术、网络技术和机械自动化技术为信息化仓储系统提供了很好的技术支持,同时现代化的仓储系统也可以推动和促进供货方和提货方的信息化改造进程。

建设现代化仓储系统的关键是以信息数字化带动仓储现代化,没有信息数字化就没有仓储的现代化。数字化仓库指的就是运用现代信息技术来实现仓库管理并保障仓库的合理高效运行。就目前情况而言,大多数企业的仓储系统都依赖于以笔和纸张为基础手段的文字系统来记录、追踪、管理进出的货物,仓库中各个系统之间的通讯也依靠有线的通信手段来实现。

与有计算机信息技术支持的现代仓储管理信息系统相比,人为因素的不确定性不仅极易导致操作上的失误,而且效率低下,最终致使企业仓储效率降低以及人力资源的严重浪费,企业效益严重下降。与此同时,随着经济全球化的进程,货物种类的增多、数量的增加以及出入库频率的剧增,使企业对于仓储的需求越来越多元化,这种传统的人工模式必将严重地影响企业的正常运行,数字化仓库的建设势在必行。

目前,有关学者认为仓储管理成本高的主要原因有以下几点。

(1) 仓库存储空间没有被充分利用,造成浪费。

(2) 仓库作业流程时间长,导致效率低下。

(3) 仓库区域设置复杂、缺乏合理性,对相关仓库作业造成不利影响。

(4) 硬件条件落后,机械化程度低,人力资源浪费严重。

(5) 仓储系统与运输系统等物流中的其他系统衔接不够好。

为了有效地降低仓储管理成本,最大限度地提升仓储管理效率,一方面在硬件上可以使用一系列现代化的设备,让仓库管理人员从繁重的体力劳动中解脱出来,从而大大地提高仓库管理的效率和服务质量;另一方面在软件上,可使用信息化仓储管理系统来避免和减少仓储管理过程中因为人工失误而出现的错误,这样既提高了效率,又降低了成本。

2) 物料管控中的数字化相关设施建设

物料的管控主要发生在企业内部。对传统的人力管理物料进行数字化改造,就要利用相关的数字化技术和理念,使之应用在实施过程中,目前主要包括仓库存储方式、射频识别技术、无线传感网络以及仓库管理信息系统。

(1) 仓库存储方式。

仓库存储方式主要有平库(地面和低层货架)和立体仓库两种。由于库房受到层高和成本限制,一般的小型仓库多采用平库的存储方式,采用单货格、双货位模式,存/取货方式为人工(小型货物)或叉车(大型货物),托盘的使用方式也根据具体的存/取货方式而定。在大型货物的平库中,巷道中多采用普通叉车作业,当然也可以使用自动导引车或者是驶入式货架存储。立体仓库也称为自动存取系统适用于规模比较大的企业物流系统,是一种先进的存储方式,主要优点是机械化程度高、存/取货物速度快,基本实现了存/取货物的自动化。立体仓库主要由立体高层货架、堆垛机和传动控制系统组成。由于四向进叉式托盘的具体受力和变形状态等特点,在目前的立体仓库中主要采用横梁挂片式货架,再根据货物的重量、尺寸、堆垛机相关参数以及仓库的地形特点进行设计。

(2) 射频识别技术。

射频识别技术(RFID)是一项非接触性自动识别技术,它兴起于 20 世纪 80 年代,无须人工干预,可工作于各种恶劣环境。它的核心工作原理是通过无线射频信号来自动识别目标并获取目标对象的相关数据,可识别移动物体并可同时识别多个标签,操作快捷方便。但这样的技术并不是一项新兴技术,它的出现要追溯到 19 世纪 40 年代的第二次世界大战期间,当时这项技术被用来分辨敌方飞机与我方飞机。近些年来,随着科学技术的不断发展,相关技术领域出现了突破性进展,RFID 也再次登上历史舞台,开始呈现出良好的发展势头和更加宽广的应用前景,目前在身份识别、生产自动化控制、交通、车辆管理、军事领域以及仓储系统等方面都有应用。

(3) 无线传感网络。

无线传感网络是由大量的传感器节点组成的网络,微小而且价格低廉,通过无线通信的模式相互通信,并通过自组织网络的方式形成一个多级网络,其目的是通过相互协作采集其覆盖目标区域内的特定对象的相关信息。

然而这种无线传感网络技术(如蓝牙、红外等)对于网络通信中的高延时和高能耗等问题不能很好地予以解决。ZigBee 技术的出现很好地解决了这一问题。ZigBee 技术是一种低功耗、低传输速率、低成本的短距离信息传输新技术,它的低复杂性、低功耗都满足了数字化仓库对无线传感网线的需求。此外 ZigBee 网络层规范由 ZigBee 联盟制定,它主要可以实现自组织网络、路由发现、路由维护等功能,可支持多种网络拓扑结构。在 ZigBee 技术的理论体系结构中,所有的标准都是通过协议来表示的,每层协议完成各自的任务,还要向上提供服务;而每层协议之间则是通过管理实体服务访问点以及数据实体服务访问点进行信息交互。ZigBee 体系结构从下至上依次分为四层,分别是物理层、媒体接入控制层、安全层/网络层和应用层,各层间的关系如图 5.16 所示。

(4) 仓库管理信息系统。

随着社会经济的发展,企业对仓储系统的要求越来越专业化。过去那种手工操作的工作运行方式已经远远不能满足要求,于是仓库管理信息系统应运而生。仓库管理信息系统是现代化仓储系统中进行货物管理和操作作业的业务操作系统,它能使仓储服务得到高效的执行和准确的监控,对仓库各个作业环节实施全过程的管理和控制,并实现对货物的出/入库等操作,从而实现仓储系统的自动化管理和操作。目前,条码技术和 RFID 技术已较广泛地应用到国内外的仓库管理信息系统中,便携终端、数据库和计算机网络都很好地支持了仓库管理信息系统的应用。仓库管理信息系统在软件模式上主要有 B/S、C/S 两种,Web技术、远程通信技术的发展也极大地完善了仓库管理信息系统的功能。

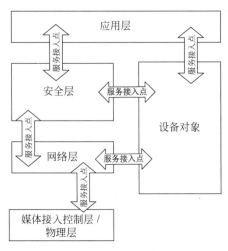

图 5.16　ZigBee 的结构关系

　　物联网下的数字化仓库给产品嵌入 RFID 电子标签,经 RFID 阅读器将标签内部的物品信息读取之后,由节点自带的无线收发单元通过无线自组织网络、计算机网络将物品信息自动录入企业的数据库系统中,在计算机管理软件的支持下,实现仓库内各作业环节的数字化信息采集,并通过数字化仓库管理系统进行统一的管理与控制,从而实现整个工厂的物料管控数字化建设。数字化仓储管理结构如图 5.17 所示。

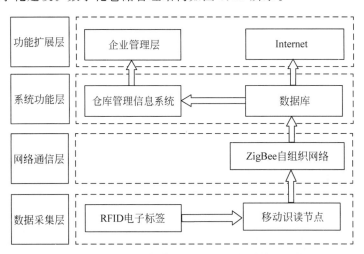

图 5.17　基于物联网技术的数字化仓储管理结构

5.3.3　企业管理数字化

1. 企业管理数字化概述

　　企业管理数字化主要是指通过实现企业内外部管理的数字化,促进企业的重组和优化,提高企业的管理效率,促进企业资源的最大化利用,并采用电子商务的手段提高企业的市场拓展和应变能力。建设管理数字化可提高现代制造企业的现代化管理水平、科学化经营管理与决策能力、行业快速响应的企业间协作能力、产品的全面质量管理与保证能力。

当今企业市场竞争日趋激烈,顾客对产品质量和供货时间的要求越来越高,同时产品复杂程度增大,这些都给企业带来了现实的压力。然而,压力也意味着转机,通过实现生产管理数字化,可以大大提高企业的管理水平,最大化、最优化企业的各项资源,增强企业的综合竞争能力,具体效益如下。

（1）缩短交货期。

（2）降低研发和制造成本。

（3）优化资源配置。

（4）提高协作能力。

（5）积累管理知识。

（6）实现产品全生命周期追踪。

（7）改进业务流程和服务流程。

（8）提高企业产品质量。

对现代制造企业而言,企业管理数字化是建立在其先行实施的管理信息化基础上的。信息化是为数字化服务的,是数字化的使能器。数字化的本质是使企业的所有资源和经营行为,包括管理规则、业务与流程、生产哲理、决策与执行行为、生产资源等完全实现信息的量化与可储存化,使整个生产经营系统无论是资源还是经营行为完全可视化、透明化,在系统内留有痕迹,从而极大地提高企业运营系统的可控性,使企业内部的业务集成与协同、企业间的业务集成与协同成为可能。

企业集成一般划分为信息集成、过程集成和企业间集成三个层次,从信息化是否完整的角度可将其信息化划分为不完全信息化与完全信息化两类。不完全信息化是指局部的信息共享,主要特征是只涉及结果性的静态信息管理与集成;完全信息化则更加关注企业深层次的运行过程与变化,包括决策与执行过程、流程与动态运行过程等方面。因此,不完全信息化对企业而言是表面化的和浅层的数字化,其作用是有限的信息共享;而完全信息化则为企业构造了一个健全而敏捷的数字化神经系统,这个神经系统植根于企业的各个运营细节,它不仅能将执行结果而且能把执行过程中的所有信息与数据及时、准确、全面地采集到,将这些信息迅速传递到企业的管理中枢并能对异常情况及时做出响应。这一数字化的神经系统对企业系统来说是完整的,没有盲区,因此,它是企业响应内外部变化必不可少的管理与控制系统。显然,不完全信息化是难以达成这一目标的,只有完全信息化才能实现企业的管理数字化,因此,企业的管理数字化必须建立在完全信息化的基础上。企业的信息化与集成阶段的关系如图 5.18 所示。

2. 企业管理数字化的目标与内容

1）企业管理数字化的目标

现代制造企业管理数字化的目标是实现实体企业资源、业务、流程及生产运作模式规则的数字化,并在此基础上进一步实现企业间相关业务、流程与共享资源的数字化,从而使企业不仅能够实现实体企业内部管理的数字化,同时具备参与供应链数字化管理和进行敏捷制造的能力。

基于上述目标,现代制造企业不能把其企业信息化目标简单设定为提高本企业业务生产的经营效率与效益水平,也不能仅仅实现本企业内部的管理数字化,而必须使其信息化工程的目标既面向内部供应链业务集成,又可敏捷地与其他相关企业组成虚拟企业,以支

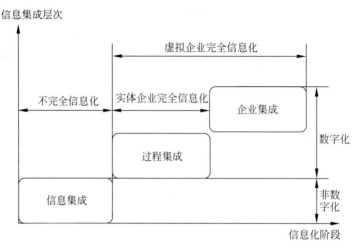

图 5.18　　企业的信息化与集成阶段关系图

持供应链管理,实现企业之间的管理数字化。

2) 企业管理数字化的建设内容

将信息技术和管理技术用于企业管理领域,可提高企业的管理水平和经营效益。总体上可以将企业管理数字化分为企业内管理数字化和企业间管理数字化两大部分,二者可以实现集成。

企业内管理数字化建立以产品为主线的 PLM 和以物料流为主线的 ERP 企业内管理数字化框架,辅助相应的办公自动化、质量信息系统、试验数据管理系统、产品数据管理系统(试验数据管理和产品数据管理系统重点在产品研发设计数字化阶段使用)、合同管理系统、人力资源管理系统、财务管理系统、设备管理系统、知识管理系统、企业门户平台、数据决策支撑系统等条件手段。

企业间管理数字化在企业内管理数字化的基础上进一步实现企业间的相关业务、流程与共享资源的数字化,从而使企业具备参与供应链数字化管理和敏捷制造的能力,重点建设供应链管理(supply chain management,SCM)系统、客户关系管理,以及商务智能(business intelligence,BI)等内容。

实施针对实体企业资源、业务、流程与运行规则等的数字化量化工程及信息化工具与系统,不仅要实施企业资源计划系统、针对产品数据源管理的产品数据管理系统、质量信息系统以及行政管理数字化工具办公自动化系统、供应商关系管理系统、客户关系管理等管理数字化系统,更要在实施这些系统之前先重点对企业的上述过程与资源进行全面系统的数字化量化以及为便于数字化量化而对运营系统进行的优化与调整等工作。此外,还需要集成涉及加工过程、装备的相关支持工具和制造执行系统等和数据信息,并在此基础上进一步实施支撑虚拟企业的管理数字化工具供应链管理系统、电子商务系统以及企业信息统一集成平台(或称信息集成门户)系统。

简而言之,管理数字化最重要的支撑系统是 ERP、PDM 系统(实体企业内部)和 SCM 系统(企业之间)。此外,完整的管理数字化系统还必须集成与企业业务相关的其他业务子系统,是一个以业务管理为核心的基于 ERP、PDM 和 SCM 的企业大集成系统,其系统结构如图 5.19 所示。显然,这样的系统是庞大的,企业必须制定可持续发展策略,分阶段实施方可逐步实现管理数字化的大集成系统。管理数字化是推进现代企业管理的思想工具,是促进管理机制转变的突破口。

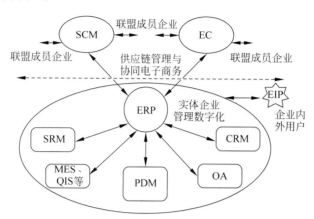

图 5.19 企业管理数字化的系统结构图

3. 企业资源计划与管理

1) 制造资源计划

制造资源计划(manufacture resource plan,MRPⅡ)既体现为一种先进的管理模式,又体现为一种集成化管理与决策信息系统,它是以计划为主导的管理模式和系统。计划层次从宏观到微观,从战略到操作,由粗到细逐层优化,实现了对制造企业全部资源(物料、设备、人力、资金、信息)的有效计划管理,其主要原理如图 5.20 所示。

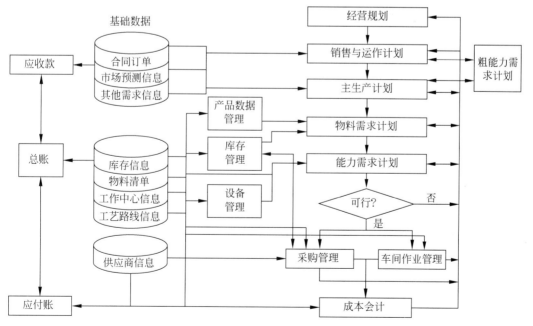

图 5.20 MRPⅡ原理图

其主要业务流程包括如下。

（1）经营规划。经营规划是企业为一定的目的而策划、制订的比较全面、长远的发展计划。

（2）销售与运作计划。销售与运作计划也是企业中长期计划的一种，它把经营规划中用货币表达的目标转化为产品的产量目标，从而对经营规划进行落实和细化。

（3）主生产计划。主生产计划是企业计划期内独立需求型产品的一种生产安排，它依据获得的订单和市场预测，确定在各个生产周期内独立需求性产品的生产数量和生产规格。

（4）物料需求计划。物料需求计划是一种管理相关需求的计划，是对主生产计划的细化和落实。它依据主生产计划和物料清单（bill of materials，BOM），将独立需求的计划分解展开并规划相关需求，从而获得外购零件和原材料的需求计划及企业自制零件的生产计划。

（5）能力需求计划。能力需求计划是对 MRP 计划依据工艺路线和能力文件进行能力核算与能力平衡，确保 MRP 计划可执行性的一种规划分析方法。

（6）车间作业管理。车间作业管理主要对企业自制零件依据工艺路线和工艺过程进行全面的管理。

（7）采购管理。采购管理主要是对企业外购原材料、外购零部件的采购需求和采购过程进行全面的管理。

（8）库存管理。库存管理是为达到合理控制库存量的目的而对库存项目信息（制成品、备件、装配件、子装配件、零部件和采购物料等，统称库存项目）和库存过程信息（出库、入库、调拨、盘点等）进行全面管理，维护其完整性和准确性，同时还要进行库存信息分析、控制库存量等。

2）企业资源计划

企业资源计划既体现为一种先进管理模式，又体现为一种集成化管理与决策信息系统，也体现为企业决策与管理层对企业实施现代化管理的软件平台。可简要概括为，ERP是以 ERP 原理为核心、以 ERP 软件为平台的现代企业管理系统。

ERP 系统的主要功能如图 5.21 所示。

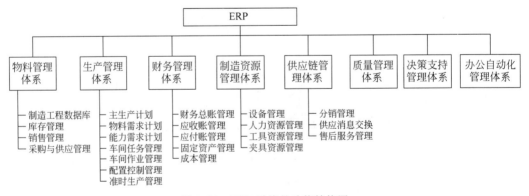

图 5.21　ERP 系统的功能结构图

从管理思想的角度来看，ERP 是在 MRPⅡ的基础上，考虑企业内外部资源的集成管理与多类型制造企业的混合管理发展而成的面向供应链的现代企业管理模式。从软件产品的角度来看,ERP 是以现代管理思想为核心,采用先进的软硬件技术实现的现代管理软件产品。从管理系统的角度来看,ERP 是整合企业现代管理理念、业务流程、软件产品和数据信息于一体的人机交互管理系统,实现企业内外部物流、信息流、价值流的集成。

4. 供应链管理与电子商务

1) 供应链管理

供应链管理是指对供应链上供应者与需求者之间的各种需求与交易进行物流、资金流和信息流的集成化管理。SCM 主要强调企业之间的信息共享、计划管理与经营协调,强调从管理单个企业到管理有供需关系的所有企业,不仅强调范围的扩展,而且强调总体上的优化。

供应链管理主要围绕供应、生产作业、物流和需求订单来实施,其主要功能如下。

(1) 供应链计划与协调。

(2) 比价采购与供应商伙伴选择。

(3) 分布式库存管理和供应商管理库存。

(4) 分销管理。

(5) 配送与运输管理。

(6) 销售与客户服务管理。

(7) 财务预算和清算管理。

除此之外,还包括多渠道服务管理、信息交换管理以及与 ERP 系统的集成等功能。

SCM 覆盖了供应链上的所有环节,将整个供应链的需求计划、生产计划、供应网络计划整合在一起,加强了对供应链上企业的协调和企业外部物流、资金流、信息流的集成,弥补了 ERP 的不足,提高了整个供应链对客户的响应能力和竞争能力。这种企业间的供应链的本质在于使供应链上下游企业以适当方式联合共享计划信息,减少因需求预测不准确而生产过多或生产不足,从而最大限度地减少整个链条上的成本。

2) 电子商务

电子商务是指业务交往的各方通过电子方式进行其业务活动的总称,也指买家、卖家在计算机网络上实现的买卖交易。电子商务技术的出现缩小了企业与企业之间、企业与个人之间的时空距离,改变了人们传统的思维模式和企业的生产经营模式。

电子商务的典型功能有企业信息门户管理、电子信息交换平台、电子交易、网上招投标、电子支付、物流服务、电子商务安全保障等功能。

5. 集成化管理的实现

要实现管理数字化,除了所实施的管理系统必须支持企业内部的业务集成和企业间的业务集成外,支持这些管理系统的企业业务、资源、流程和规则等的数字化量化是不可缺少的基础。企业必须在规划实施其管理信息化方案的同时,重视传统工业工程技术的应用,将其业务、资源、流程和规则等全部数字化量化,为管理信息化和管理数字化提供必要的基础数据与支持。基础工作是一项长期的积累工作,企业必须高度重视和持之以恒,把管理基础的数字化工作与管理信息化和管理数字化系统实行同样重要的对待才能取得预期的效果。任何业务、资源、流程和规则等的不完全数字化量化和数字化量化不彻底都会严重影响到管理信息化与管理数字化的实施效果。

全面集成的数字化企业的发展目标是:通过全面采用先进的信息技术,实现设计数字化、制造装备数字化、生产过程数字化、管理数字化,并通过集成实现企业数字化;实现客户、企业和供应商的无缝集成,实现人、技术、经营目标和管理方法的集成;实现企业不同产品线的均衡发展。全面集成的数字化企业不仅为用户提供满足其需求的产品,更重要的是实现对产品全生命周期的管理和服务。从某种角度来说,现代企业的竞争是供应链与供应链之间的竞争,是先进生产集成运作模式之间的竞争。然而,无论是数字化企业的实现还是供应链管理与先进生产运作模式的实现,都离不开管理数字化的支撑。

要成功实现企业内外部的各项集成,必须解决好以下问题。

1) 业务内容、流程的集成与集成规则

管理数字化必须能够支撑企业内外部供应链的业务集成。因此,在实施相应的信息系统之前,必须深入分析企业内外部业务集成的规律、特点和需求,优化并建立业务集成的模型,确定集成的内容、流程与规则,为开发或选取相应的业务集成工具或系统提供依据与需求。

2) 业务集成系统与工具的开发

由于支撑企业内外部业务的系统不止一个且须同时运行,因此,在规划、开发支撑企业内部和企业间业务的业务系统时,必须同时考虑业务自身管理和业务集成这两种需求,必须依据这两种需求来选择或定制相应的业务集成系统与工具,这对业务系统的选择与定制提出了更高的要求。

3) 集成技术与接口

对不少制造企业而言,能否把多年信息化实施形成的异构系统及其管理的业务集成起来是其最终能否实现管理数字化目标的重要条件。由于各信息产品开发商在规划开发其软件时并未考虑与企业其他相关业务管理系统之间的集成接口与需求,因此,要把这些系统按企业业务集成的需要改造成相互集成的一个大系统是十分困难的,必须在集成技术与接口标准上进行突破,制定相关的集成技术标准,按集成技术与接口标准要求开发可重用的集成中间件产品,方能有效解决当前困扰许多企业的"信息孤岛"问题,为实现管理数字化扫除障碍。这对实现实体企业与虚拟企业的管理数字化都是非常重要的。

5.3.4 支撑保障数字化

支撑环境和运行条件作为数字化工厂的支撑保障条件,需与产品研发、生产制造、企业管理数字化条件同步开展。支撑保障数字化主要包括以下六个方面建设内容。

1. 基础设施

(1) 网络基础:包括异地网建设和本地局域网建设。异地网建设包括不同企业之间以及本企业不同地点的网络建设;本地局域网建设目前包括涉密网、工业互联网(又称物联网、含能源互联网)、国际互联网等。

(2) 数据中心/灾备中心:包括机房建设,研发、生产、管理各类应用系统的硬件服务器,高性能计算集群系统,以及数据存储与备份软硬件配置。

(3) 总控中心:即数字化工厂的信息中心,将反映企业运营状况的信息系统在总控中心进行集中监控管理,从而实现信息系统管理效率和管理质量的同步提升。

2. 数据库及标准规范

数据库建设根据产品研制需要建立设计、工艺、制造、试验等各环节产品专用数据库,以及关系数据库、文件数据库、实时数据库等通用商业数据库系统,如 Oracle 数据库、SQL Server 数据库,以及数据库的管理系统。标准规范建设是指依据国家信息化相关标准体系,根据公司级信息化标准体系,建立数字化工厂标准体系库,包括数字化管理标准、测试与试验标准、设计标准、产品信息交换标准等。标准规范体系的建设具有很强的客户化性质,不存在现成的固定模式的商业软件。

3. 信息安全

信息安全是指保障网络安全稳定运行,重点建设面向涉密网络的物理安全、信息安全、运行安全和保密管理等信息安全防护体系,建设面向工业互联网的工业防火墙、工业通讯网关、工控网络安全监测审计系统、安全监测平台、工控网络安全防御平台、工业信息安全在线监测预警平台、工业互联网可信计算机主动免疫平台等。

4. 能源保障

以建设能源互联网为信息运行载体,结合能源管理模型的虚拟仿真,通过建设能源管理系统,综合采用计算机技术、数据库技术、网络技术、仪表控制技术,对数字化工厂运行所需的各种能源(供电、供水、供气、供暖等)的详细使用情况进行在线监视、动态分析,实时掌控能源消耗,以便及时查找能耗弱点,动态进行用能调整,实现实时测量、数据处理、远程控制等功能。

5. 服务保障

服务保障是指后方技术保障人员应用远程通信技术指导前方的装备操作或维修人员对装备的故障进行排除,迅速恢复装备的性能,重点包括远程诊断和维修服务(如与维修保障机构搭建远程诊断系统)、可视化维修服务如建设交互式电子技术手册、维修知识服务(如培训或公司门户)、便携式维修辅助设备、维修服务管理等五部分内容。

6. 系统集成

系统集成是指通过构建面向研发设计、生产制造、经营管理的数字化工厂集成支撑平台(利用应用软件接口和协议可使各类软件系统具有互操作能力),有效支持数字化工厂的各阶段集成,使企业各功能系统协同地工作。从目前的发展趋势看,研究人员认为以研发为主的企业可以建立以产品数据管理为核心的集成平台,以制造为核心的企业可以建立以 ERP＋MES 为核心的集成平台,研发制造混合型企业可以建立以 PLM 为核心的集成平台,实现产品生命周期的集成。

5.4　数字化工厂的建设模式与阶段

根据业界的研究探索现状,目前数字化工厂的建设可以分为原生型和非原生型两种。由于二者的基础、现状等情况不一样,因此在建设时还是需要加以区分对待的。

原生型数字化工厂的建设类似于新建项目,是一个从无到有的过程,因此需要在一开始就采用数字化手段,对规划设计、采购建设、试验验证等阶段所产生的数据信息进行管理,以便于后续数字化、智能化技术、设备、人员等的介入。另外笔者认为,原生型数字化工厂的建设应包含从外部厂房建造到内部车间建设的全过程,外部厂房可以利用建筑信息模型技术,实施建筑全生命周期的运维。它的好处是有了厂房的数据模型后,可以为后期车间的建设提供可视化仿真模拟,便于车间内的设备、生产线、仓储物流等的规划布局,大大降低后期的偏差,从而节省资源、人力和成本。对于内部车间建设而言,基于厂房模型进行仿真规划、布局、模拟,做到最大限度地利用空间,在设计阶段即可完成后期的部分工作,大大提高了效率。

非原生型数字化工厂的建设类似于项目的改扩建,是一个改造升级的过程,需要企业内部信息技术部门、管理部门等的合作。非原生型数字化工厂的建设对象大多是旧厂房,经历了诸多的变更和改造,在三维模型这方面比较欠缺,因此需要在改造时采用逆向建模的方式,实现对于基础数据信息模型的建立。非原生型数字化工厂的改造通常是升级版的,比如从数字化工厂1.0到数字化工厂X.0,是一个较为复杂、庞大的工程,因此需要企业予以重视,建立团队,以合适的方法进行管理,引入必要的资源以及企业上下的通力合作。

数字化工厂建设不是一个单一的建设项目,它与企业的信息化水平、管理方式、技术水平、人才、环境等息息相关,建设的水平和程度也受制于这些因素,需要企业结合实际情况做好规划和实施策略。因此,数字化工厂建设具有长期性、阶段性、综合性的特点,需要充分考虑企业现有的硬件、软件、人力、财力、需求等,踏踏实实地做好规划,并完成每一阶段的建设,最终实现数字化工厂。无论是原生型还是非原生型,数字化工厂建设一般可分为三大阶段,如图5.22所示。

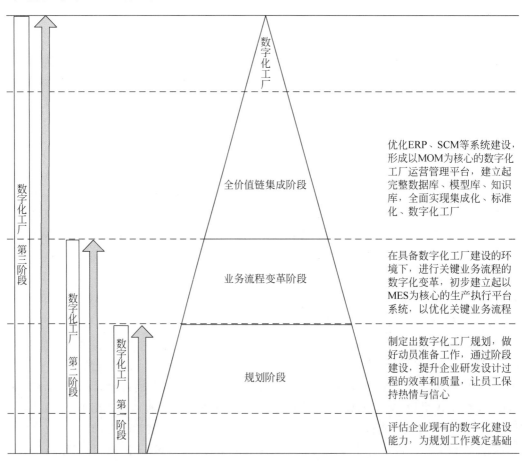

图 5.22　数字化工厂建设阶段

1）第一阶段：规划阶段（局部信息化、数字化）

规划阶段的主要任务是做好数字化工厂规划，挖掘可以建设数字化工厂的条件，具体做法是：以工厂装备数字化和研发设计数字化为主，辅以企业管理数字化的部分功能的建设；调查分析现场基础设备的建设水平，了解现有的产品研发设计流程与先进程度，收集企业内部的第一手资料，找出企业基础设施建设的薄弱环节，计算现有工厂装备的生产能力与集成水平，分析现有设计研发过程的优劣之处，提出具体的实施步骤。传统的设计研发方式以及先进数控机床的引进会给员工带来心理上的不适应，要充分将员工吸入到工厂装备和设计研发数字化的建设过程中来，通过演示、培训，让员工明白数字化工厂的建设是必要的、可行的。通过第一阶段的建设提升企业研发设计过程的效率和质量，增强企业工厂装备的生产能力，力求在初期达到立竿见影的示范，让员工保持热情与信心，同时做好基础数据源的建设，为下一级各个系统之间的集成打下基础。

2）第二阶段：业务流程变革

第二阶段主要在初步实现工厂装备数字化和研发设计数字化的基础上，结合生产现场的具体情况，实现生产过程数字化建设，主要做法是：在具备数字化基础的环境下（包括设备、人才、技术等），通过对制造执行系统的实施，优化整个生产流程，采集更详细的数据，完善计划排程系统；对质量管理、设备维护、文档控制、客制报表等功能做到深入的实现与应用，并初步实现 MES 系统与设计研发各软件系统的集成，实现企业关键业务流程的数字化变革。在此阶段，员工应该逐渐掌握数字化工厂的操作流程。

3）第三阶段：系统集成、全价值链集成

第三阶段主要根据企业的实际需要，完善 ERP、SCM、QIS 等系统的进一步建设，主要做法是：在 MES 实施的基础上扩展至 MOM（manufacturing operations management，制造运营管理）系统，并将 ERP、SCM、QIS 等涉及企业生产运营的系统进行集成，形成数字化工厂运营管理系统；优化系统与系统、系统与设备间的接口格式，使各个系统做到无缝对接，真正实现集成化；建立完整的单一基础数据库，使企业的各项业务真正实现数字化，消除各系统之间的"鸿沟"，打通信息交流壁垒，彻底实现"数字化工厂"的概念；掌握使数字化工厂达到成熟的技术与方法，形成数字化工厂技术体系；在管理上实现平台化管理，使企业内的人、设备、资源、资金、数据、模型等都能够在数字化工厂平台上进行统一的调度与管理，达到在线化协同，实现所见即所得的数字孪生环境。在此阶段，企业形成以自身为核心的一个数字化生态系统，形成产业链的上下游贯通和价值链的全集成。此时，企业员工已经熟练掌握全部数字化控制技能。

5.5　数字化工厂建设应用示例

1. 数字化工厂建设标杆

西门子安贝格工厂是全球知名的数字化工厂。图 5.23 非常清晰地展示了西门子的一个数字化工厂的嬗变过程和日益成形的工业 4.0 工厂建设足迹。从 1982 年开始引入车间管理系统起，到射频识别技术的引入，到数据优化的管理，到工艺路线管理系统，这是一个蝶变的过程，也是一个持续改善的过程。这座外观与工人数量基本维持原状、连生产面积都未增加的工厂，三十多年一直在向着工业 4.0 自我进化。在这个演化过程中，该工厂的产能较 26 年前提升了 8 倍,每年可生产约 1200 万件 SIMATIC 系列产品,按每年生产 230 天计算,差不多平均每秒就能生产出一件产品。

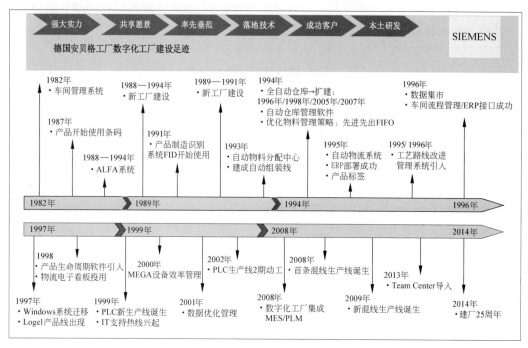

图 5.23　安贝格工厂数字化大项建设足迹

西门子成都工厂作为安贝格的姊妹工厂,是西门子在德国之外的首家数字化企业,也是西门子在全球第三个工业自动化产品研发中心。2011 年 10 月,西门子与成都市政府双方签署投资协议;2013 年 9 月,工厂正式建成投产,从签署协议到全部建成只用了不到 3 年的时间。西门子安贝格工厂的 30 年是先驱的探索,西门子成都工厂的 3 年是在安贝格工厂 30 年经验和技术积累基础上的厚积薄发。沿着标杆工厂的建设足迹,我们会发现,做到这个高度不可能是一蹴而就的,需要在最佳实践的基础上科学规划,摒弃浮躁,脚踏实地,不断前行。

2. 新的研究视角——基于虚实结合技术的数字化工厂整体解决方案

1) 传统工厂建设模式

工厂建设是一个系统工程。传统工厂常规建设项目在完成环评、规划审批等前期相关审批后,会由设计单位主导,参照相关工业建筑设计标准、产品工艺要求进行厂房整体设计、配套设计和工厂布局设计,最终设计以平面施工图为标准输出。在设计图纸获得批准认可后,建设项目进入到厂房建设阶段。在工厂产品工艺流程及生产布局规划设计方面,要考虑的因素非常多:各工序的人、机、料、法及其平衡匹配,设备能力和数量配比,工艺路线及节拍平衡,人流、生产物流方式及物流路径,缓存区设置,环境、健康、安全等要素。传统的设计方式在遵循相关设计标准的同时,更多地依赖设计者的经验和积累,很多设计问题往往在建设过程甚至试制生产过程中才被发现并进行修正和调整,因此建设周期、建设成本和建设质量都会受到诸多影响。传统工厂的建设模式示意如图 5.24 所示。

图 5.24 传统工厂的建设模式

2）数字化工厂建设模式

根据 2.4 节的论述,数字化工厂的定义有着众多不同的表述,其中德国工程师协会定义的数字化工厂强调数据可视化及工厂未来预测。

在国内,上海东方申信科技发展有限公司(简称"东方申信")依托上海交通大学计算机集成制造研究所二十多年的制造业信息化研究开发与应用积累,广泛研究并分析了国内外数字工厂的发展现状,在国内率先提出虚实结合的数字化工厂定义,即将虚拟仿真技术、信息技术、自动化技术、管理技术等融合运用于企业工厂运行中,实现多视角信息、多层次业务的高度集成,实现生产运行自动化和智能化,支持动态环境下的快速变化和精准决策。该数字化工厂的定义更多强调虚实结合,强调虚拟工厂技术与物理工厂技术的有效融合和贯通应用。同时,虚实结合的数字化工厂定义强调几个特征:

（1）高融合。强调虚拟仿真技术、信息技术、自动化技术、管理技术等多种技术的融合。

（2）大数据。可以从时间域、空间域,通过数据多视角、多层次地展现工厂视图,实现过去可追溯、现在可控制、未来可预测。

（3）动态化。具备高柔性,生产可按需组织并实现快速响应。

（4）智能化。具备自学功能,并可以实现复杂预测,支持精准决策。

采用数字化工厂技术改进工厂建设模式,可有效破解传统工厂建设模式中的技术难题。这些难题往往在建设过程中甚至在试制生产过程中才被发现并进行修正和调整,从而带来高风险、高成本。在规划设计和技术改造设计阶段,场地利用是否最大化、设备配置是否合理、各工位和生产线人员配置是否合理、物流设施和物流路径调配是否合理、生产节拍是否均衡、生产班次安排是否合理、多生产模式的有效性推演/工厂预设产能是否能够有效达成、空间域和时间域的系统干涉校验等复杂系统问题都可以通过建立虚拟工厂,并通过生产系统仿真来进行计算分析和模拟运行;以优化目标为导向,通过资源调整和虚拟仿真优化,输出理想的工厂建设和实施方案;利用数字化工厂技术输出的方案进行工厂建设和实施,可以从源头消除很多潜在的问题,大大降低工厂建设过程中的修正调整成本,有效保障建设工期和建设质量。利用数字化工厂技术实现工厂规划建设的模式如图 5.25 所示。

相对于传统的工厂建设模式,数字化工厂建设模式因为有虚拟工厂尤其是 3D 可视化虚拟工厂这个载体,充分考虑产品类型和产品工艺、生产计划和产量要求、生产制造资源的可用性和有效性,可以有效地实现规划设计的全员性参与,并可以全方位、多维度地进行评估分析,通过各种可能的制造模式进行能力测算和组织模式推演及优化。数字化工厂建设

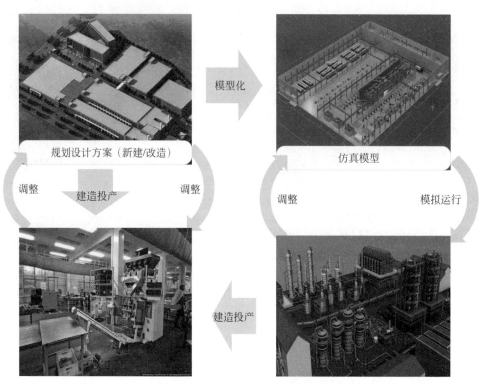

图 5.25　数字化工厂建设模式示意图

模式已经得到越来越多的工业企业的认可。德国的大众汽车、中国的三一集团等都已经将数字化工厂纳入到工厂规划建设企业标准中。

3）虚实结合的数字化工厂建设推进

虚拟工厂技术包括生产要素单元 3D 可视化建模技术、建筑信息模型技术、生产物流仿真技术、生产制造资源系统仿真技术、虚拟现实及虚拟漫游技术、虚拟制造与装配技术、虚拟监控技术等。虚拟工厂技术广泛应用于系统对象干涉校验、制造资源评估、生产过程可视化、生产计划仿真、3D 作业指导、数字沙盘与虚拟漫游、工厂 3D 可视化虚拟监控、制造模式推演等应用领域。

物理工厂技术除了传统的 CAD、PLM、ERP、自动化等相关技术以外，还包括设备物联组网和数据采集技术、产品制造工艺数据协同管理技术、制造执行和生产管理技术、智能控制技术、立体仓储技术、设备维护维修管理技术、机器人等。物理工厂技术主要应用于实际工厂运营中的精详设计、精准控制、精密加工、精准物流、精确维保、精益生产和精细管理。

数字化工厂的规划建设、投产运营及优化改进是企业两化融合不断深入的过程。在这个过程中，虚拟工厂与物理工厂不断迭代，支持企业生产制造资源系统优化和管理提升中各环节的 PDCA 循环得到闭环改进和提升。不管是规划建设开始阶段还是投产运营过程中的技术改造，优化项目都会预设项目建设目标和阶段计划，明确定义资源要素的类型、数量和优先级，然后通过虚拟工厂技术对设计方案进行仿真、分析、验证，并在模拟分析的基础上进行优化和完善。在模拟分析的基础上，项目建设单位针对设计优化方案进行有效实施和建设落实，在工厂运营中实现设计制造协同，保障数据源统一和快速无误传递。对设备进行适度、有效的维护管理可保障生产系统的安全可靠运行,同时有效的设备互联和底层通信实现可以保证控制指令准确无误地下达。物理工厂技术旨在提供支持智能制造的生产管理系统,以实现优化业务模式的完美固化。虚实结合的数字化工厂推进模式如图5.26所示。

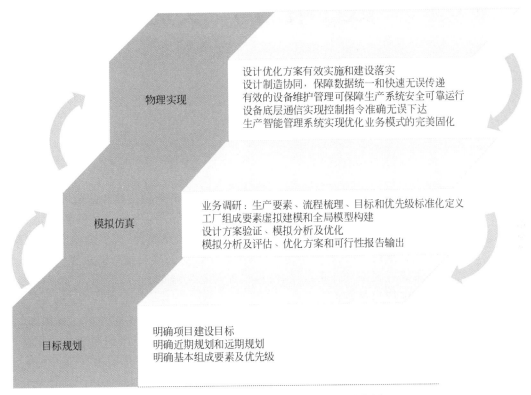

图 5.26 虚实结合的数字化工厂推进示意图

作为一个由大量生产制造资源组成的复杂系统,数字化工厂的优化和固化都是动态过程中的相对平衡,所以系统的优化和改进也是一个持续过程。虚实结合的数字化工厂解决方案充分利用了虚拟工厂技术和物理工厂技术的特点,以尽量低的成本、最适当的技术方案和最小的风险,获取最大的可靠性保障和尽量大的收益。以三一集团某事业部为例,通过规划建设阶段几个月的数字化工厂的实施应用,修正厂房结构规划漏洞十余处,调整工位布局30多处,厂房面积利用率提高近10个百分点,有效节约设备投资2800万元,效果卓著。

5.6 本章小结

本章基于数字化工厂建设理论和工业企业所面临的问题构建了数字化工厂建设架构,明确了数字化工厂建设应有的核心功能和基本要素(业务、数据、能力、价值),进而基于现有研究探讨了数字化工厂的建设内容,梳理了数字化工厂的建设模式和阶段,最后介绍了数字化工厂建设的实际案例。

第6章 数字化工厂实施

第 5 章系统地论述了数字化工厂建设的架构内容和阶段等。本章将在数字化工厂建设的基础上探讨数字化工厂实施的相关问题。建设有建立设置的含义,侧重于从无到有,有增加新设施、充实新文化的过程;实施是指开展、施行的意思,是用实际行动去落实施行的过程。因此,两者既有区别又有联系,建设过程即含有实施的内容,实施是对建设的深化施行和落地实践。

数字化工厂实施是对数字化工厂建设策略、规划方案的具体细化,是实现数字化转型的重要落地环节。如今,世界范围的制造企业正在逐步地进行数字化转型。具体表现为:企业对数字化的重视程度越来越高,由被动接受到主动变革;"数据"的资源作用由隐形逐渐显性化;数字化投入逐渐"常态化";数字化规划与 IT 治理体系越来越受到重视;数字化建设的深度和复杂度逐步加大等,这些表现在数字化工厂实施环节愈发常见,成为推动企业数字化转型的重要力量。穷则变,变则通,通则达,数字化工厂的建设和实施是企业生存发展、重新获得竞争优势的优选方案。在此过程中,企业以运动、发展的思维主动进行数字化转型,方能在当前动态多变的环境下达到提升自身竞争力的目的。

6.1 数字化工厂实施中的问题

任何事物都处在绝对运动与相对静止的状态,数字化工厂的实施无时无刻不在呈现出动态的演变路径。任何事物也时时刻刻都有矛盾和问题,数字化工厂也不例外。在实施阶段,面对企业内外复杂多变的环境、企业自身的状况等因素,数字化工厂的实施过程也暴露出很多的问题:现有业务系统如何整合?轻运维导致系统功能应用不足,是替换还是深化?战略、管理、执行如何匹配?数据如何有效管理?这些都伴随着数字化的实施而产生,而如何解决这些问题也成为数字化工厂实施的关键环节。

传统制造业在实施数字化转型过程中,有些企业自觉无从下手,有些企业花费了大量的人力、物力和财力去搞数字化建设,最后却发现并没有发挥出应有的价值,这也是最大的问题。造成这一问题的核心原因就是忽略了企业从盈利出发的顶层设计,对生产过程未进行有价值的整合,空有其"形",未有其"魂",整体推行过程中效果不佳。

结合相关的研究,下面列出数字化工厂在实施中存在的问题。

(1) 企业缺少长远的数字化工厂规划战略和蓝图。尽管智能制造与工业 4.0 推动了传统制造业向数字化升级发展,业界和学界围绕数字化工厂进行了大量的研究,但仍未能给出关于企业如何实现"数字化"工厂具体的、普适的实施方案与路径。业内相关知名企业也仅是结合自身实践给出特定行业相关的数字化工厂解决方案,而中小型企业则是摸索学习,难以做出或者不知如何进行数字化工厂的战略规划。

(2) 企业在推进过程中要求短期出成效,过于强调信息化或自动化产生的效益或回报,未考虑通过数字化管理迈向智能制造是一个长远的、系统性的工程。

(3) 企业不具备推行数字化工厂的基础条件。许多企业本身管理基础薄弱,流程与标准缺失,此时导入数字化工厂项目,无疑会水土不服,适得其反。

(4) 企业管理者没有对数字化转型达成共识。企业的数字化转型实质是一场数字化的变革,而组织变革要求上下层管理者处于一种"同欲"的氛围中,以减少组织变革的阻力与不确定性。企业管理者对数字化转型未达成一致,将成为数字化工厂建设的阻力。

(5) 业务价值体现不足。数字化工厂的建设要实现全业务流程的数字化,提高业务的价值,但由于数字化工厂建设受多种因素的影响,导致企业具体的业务价值体现不出来。

(6) 数字化转型中的职责和权力不清晰,决策及执行困难。组织变革需要对组织的业务模式、管理模式、文化氛围等重新设计与塑造,需要管理者向下属授权,并分配好人员的职责。若此类工作没有做好,将导致具体的行动方案难以贯彻执行,直接影响数字化工厂的建设和实施。

(7) 缺少资金支持。数字化工厂的建设与实施是一项复杂的综合项目,需要购买设备和资源、引进人才和技术等,因此需要资金的支持,然而在实施中往往有企业存在资金不足而被迫放弃的情况。

(8) 企业技术能力不足。在数字化工厂的实施中,数字化工厂技术是数字化工厂成功实施的关键。数字化转型不仅要求企业能够迅速学习和掌握新技术,还需要将新技术融会贯通形成组合优势,并且在业务变革上找准结合点,使之运用和改变现有业务。数字化转型对企业驾驭新技术提出了极大挑战。

(9) 文化观念的冲突。未来的数字化企业将以完全不同的形态和方式运行。数字化转型过程将极大地突破传统企业的"舒适区",在缺乏经验的未知领域探索,新旧两种文化观念将存在长期的冲突。

(10) 组织与人才的组合与匹配。为了有效推进数字化转型,必须同时进行组织机构的变革。转型本身是动态的,在转型过程中如何建立并调整与转型匹配的组织机构是转型综合挑战的一个重要方面。

此外,转型人才也是行业转型过程中面临的一大挑战,数字化转型不仅需要新技术人才、业务创新人才,更需要能够将新技术与业务结合起来的跨领域人才,培养高水平的转型人才队伍是转型不可回避的问题。

6.2 数字化工厂实施的框架模型与技术路线

在长期的信息化建设发展过程中,业界已经在战略规划、建设实施等方面形成了成熟可行的理论、方法、实践与模型工具,但正如前文所述,数字化转型时代有其独特的特点与挑战。在数字化工厂规划、建设的基础上,本节以行业领先的企业数字化转型方法为参考,充分融合业界头部企业数字化转型建设的成功实施方法,进而归纳出数字化工厂实施的普适性方法与路径。笔者按照从顶层设计到具体方法论实施的顺序,以系统、联系的观点看待数字化工厂的实施,试图为企业的数字化工厂的实施提供一定的参考。

6.2.1 数字化工厂实施的框架模型

根据归纳总结,给出数字化工厂实施的框架模型(见图 6.1),从以下几方面对模型进行阐述。

图 6.1 数字化工厂实施的框架模型

1. 顶层设计

本模型中顶层设计代表了数字化工厂的四个重要板块,战略地位自然不言而喻。根据金蝶国际软件集团、清华大学产业研究院等的调研,数字化运营管理、数字化商业模式和数字化服务营销是企业转型比较集中的几大板块,因此下面从这几方面归纳顶层设计。

2. 指导思想

指导思想是具体实践活动的指南。笔者将数字化工厂实施的指导思想归纳为:明确方向目标,清楚数字化工厂实施的总方向,保障组织按正确的方向前进。找准状态体现的是企业应认清自身在各模块中的优劣;另外也需要对比行业其他企业以明确差距,界定好目前的状态和将要达到的状态,做到自知自觉。适配标准讲的是企业将意欲数字化的部分比对国家、行业等权威的标准指南,以确保企业的数字化建设有迹可循,最大化数字化转型的价值。实施方案是指企业在做好准备工作后按照制定好的数字化工厂解决方案进行实践实施,此阶段需要做好风险管控。闭环优化包含对实施效果的评估、纠偏和优化,便于企业下一步的复盘优化和继续改造升级。

3. 阶段与状态

阶段是指企业数字化工厂实施过程中的区间段落,具体可划分为现状评估、识别基础与明确方向、目标实践与风险管控、纠偏调整四个阶段。状态是指企业数字化工厂实施所具有的形态,具体可归纳为安于现状、保守改进、片面进取和卓有成效四种状态。实践证明,组织及组织人员准确把握实施的阶段,保持高昂统一的精神状态,对于组织目标的实现至关重要。依据已有研究,对数字化工厂实施的四种状态作如下描述。

(1)安于现状。此类企业满足于现有的业务水平,对数字化持观望漠视态度;企业数字化水平低,缺乏创新。若此状态持续,会导致企业发展受限,甚至停滞不前难以维持。

(2)保守改进。此类企业能够看到数字化的优势,期望通过数字化转型、实施数字化工厂来变革现有业务,解决企业发展的瓶颈和问题。但由于管理者对数字化持有怀疑,因此仅限于单一业务数字化,跟随趋势保守改进,后期往往会因遇到困难而使数字化建设被迫中止。

(3)片面进取。此类企业虽然完全接受数字化,能够大刀阔斧地进行数字化变革,但由于对数字化理解片面,认为投入数字化技术、设备、方案等来建设和实施数字化工厂就可以,实际上容易使企业的数字化改造与原有业务不匹配,企业变革偏离正常轨道导致转型失败。

(4)卓有成效。此类企业对数字化转型有着深入的认识,能够结合企业的实际需求和痛点进行数字化,重视数字化能力的建设,能够将数字化与企业业务正确结合并产生可量化的价值效益,具备持续改进优化的能力,往往成为数字化工厂成功建设的标杆企业。

图 6.2 给出了数字化工厂实施中企业的四种状态,企业可以结合此图对照自己的状态并有所作为。

4. 实施要素

实施要素来自数字化工厂规划、建设确立的四大要素,即以业务为转型重点,以数据为关键驱动,以新能力为核心主线,以价值为引领导向,并且明确企业要以中台/平台为载体,

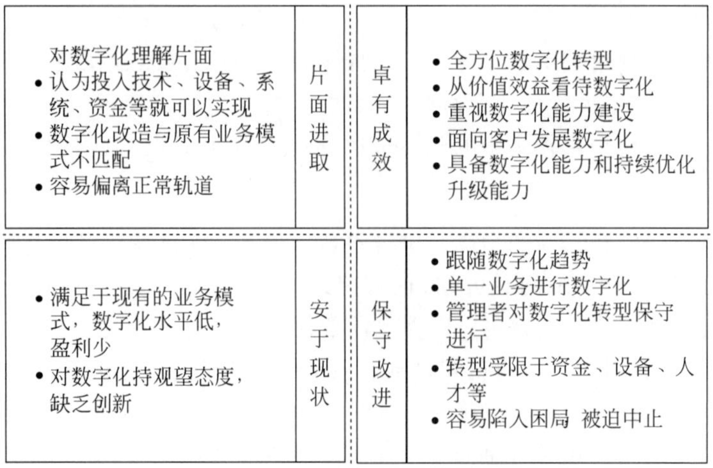

对数字化理解片面 • 认为投入技术、设备、系统、资金等就可以实现 • 数字化改造与原有业务模式不匹配 • 容易偏离正常轨道	片面进取	卓有成效	• 全方位数字化转型 • 从价值效益看待数字化 • 重视数字化能力建设 • 面向客户发展数字化 • 具备数字化能力和持续优化升级能力
• 满足于现有的业务模式，数字化水平低，盈利少 • 对数字化持观望态度，缺乏创新	安于现状	保守改进	• 跟随数字化趋势 • 单一业务进行数字化 • 管理者对数字化转型保守进行 • 转型受限于资金、设备、人才等 • 容易陷入困局 被迫中止

图 6.2　数字化工厂实施四态图

以中台/平台的建设着力推进数字化工厂的建设。

(1) 业务要素除了把握好 5.2 节中的四大要素，更要管理业务的创新转型。通过对业务的数字化转型提升单项业务的数字化水平，获取基于单项业务数字化带来的增效、降本、提质等价值效益，进而集成协同多业务，促进业务模式转型，推动数字化业务的发展。

(2) 数据要素主要涉及对企业内外部数据的采集处理、分析、集成、共享以及支持企业决策优化应用。

(3) 能力共分为五种：①协同力：主要体现为对业务、数据、资源等的集成、调配和共享能力，是企业内外部由单一业务向生态级业务转型的主要能力。②洞察力：是对内外部数据信息等的聚合分析、预测决策，以供企业及时把握市场先机，获得所需资源。③创新力：在企业内，创新可以分为业务创新、产品创新、技术创新、制度创新等。数字化转型要求企业在已有的基础上进行数据信息的分析研判，对传统的知识、技术、资源等进行突破，以获得新的价值效益，以价值效益验证创新的可行性。④赋能力：包括对组织的赋能、人员赋能以及其他赋能。对组织赋能可以来自内部，即人员对组织赋能，提升组织竞争力；也有组织外部的赋能，即企业间的合作交流、培训学习，使得企业获得发展所需的技术、知识等。赋能能力是企业数字化转型需要予以重视的一项能力。⑤体系力：即企业对标准体系、技术体系和治理体系的建立。标准体系对于企业具有权威的指导作用，例如我国的《国家智能制造标准体系建设指南》及 GB/T 37393—2019《数字化车间通用技术要求》等对企业的数字化工厂建设指明了方向，当然企业也可以根据实际建立自己的标准体系；技术体系是企业将建设需要的技术进行整合，形成企业自己的技术体系；治理体系的作用在于为数字化工厂的建设提供保障，中信联和国信院将治理体系划分为组织文化（价值观、行为准则等）、管理方式（管理方式创新、员工工作模式变革等）、组织结构（组织结构设置、职能职责设置等）、数字化治理（数字化领导力培育、数字化人才培养、数字化资金统筹安排、安全可控建设等）。

(4) 中信联和国信院指出，数字化转型的价值可以分为对生产运营、产品和服务以及业务转型的价值。

对生产运营的价值主要指提升生产质量、降低成本和增加效率。提升质量,包括设计质量提升、生产/服务质量提升、采购及供应商协作质量提升和全要素全过程质量提升;降低成本,包括研发成本降低、生产成本降低、管理成本降低和交易成本降低;提高效率,包括提高规模化效率、提升单位时间价值产出、提高多样化效率和提升单位用户价值产出。

对产品和服务的价值主要指主营业务增长、服务延伸与增值、新技术和新产品。主营业务增长,包括提升主营业务核心竞争力和推动主营业务模式创新;服务延伸与增值,包括依托智能产品和服务,提供延伸服务和拓展基于原有产品的增值服务;新技术和新产品,包括通过融合创新,研制和应用新技术、创新智能产品和高体验性产品或服务。

对业务转型的价值主要指绿色可持续发展、数字新业务、用户和生态合作伙伴连接与赋能。绿色可持续发展是将以物质经济为主的业务体系转变为以数字经济为主的业务体系,重构绿色产业生态。数字新业务,一方面是将数字资源、数字知识、数字能力等进行模块化封装并转化为服务,另一方面是形成数据驱动的信息生产、信息服务新业态,实现新价值创造和获取。用户和生态合作伙伴连接与赋能,一是增强用户黏性,利用"长尾效应"满足个性化需求,创造增量价值;二是利用"价值网络外部性"快速扩大价值空间边界,实现价值效益指数级增长。

5.　实施步骤

根据数字化工厂建设的特点,应明确数字化工厂的实施步骤。

(1)调研诊断,知己知彼。企业应借助诊断平台或者组织团队对企业现状进行诊断,对行业状况进行调研,清楚自己的状态,了解所在行业、地区的数字化情况。

(2)战略规划,试点先行。战略规划已在前述说明,企业应按照战略规划的内容,在企业内建立试点,按照先局部试点再推广的形式。企业在规划阶段可以建立激励机制和容错机制,以鼓舞士气,降低试错成本,使得企业可以更好地迎接数字化带来的机遇和挑战。例如西门子认为利用状态机原理可以赋予企业更大的进行数字化探索的自由度,并通过容错机制进行风险控制。

(3)需求分析,分解目标。需求分析是企业明确转型任务的前提,企业应针对需求和痛点有章法地制定子项目标,为自上而下地实施数字化工厂建设提供便利。

(4)分清主次,蓄势待发。企业在制定目标和执行任务时,首先要分清楚优先级,先抓关键部分开展工作;然后确定好整体的目标规划,对目标和任务开展优先级和项目工作结构分解,并准备好资源、工具设备。

(5)稳步推进,适时评估。企业应针对主要任务继续划分阶段和主次,按步骤流程稳扎稳打;同时每一阶段完成后均应及时做好评估;针对出现的偏差,要及时纠正,进行反馈。

(6)兼收并蓄,赋能升级。在数字化工厂的建设过程中,企业应及时关注行业的最新动态,加强沟通交流学习。一旦有新的可行方法、技术,要及时地为我所用,自我赋能,推进数字化工厂的升级。

6.　基础保障

数字化工厂的实现需要企业上下的通力合作。企业应盘点现有的数据、技术、能力、人才等基础性资源,为数字化工厂提供后备支持。同时企业更应该首先营造数字化的文化氛围,发挥文化潜移默化的作用,利用好这些无形的资源。

6.2.2 数字化工厂实施的技术路线

领先的工业企业已经在数字化工厂的建设和发展方面迈出了坚实的步伐,在提升生产效率的同时,能够迅速可靠地生产出更多定制化、高质量的产品服务于市场。对于许多没有打算建设数字化工厂的企业而言,缺乏一套切实可行的方法论作为指导是让他们裹足不前的一大阻碍,这正是数字化工厂先行者们不可或缺的一大要素。有了数字化战略、愿景、目标后如何在实际中推进,这也是一大问题。综合考虑这些因素可知,企业所需要的不仅仅是一套清晰的愿景,更需要一张切实可行的数字化路线图。基于此,笔者根据数字化工厂实施框架模型绘制了数字化工厂实施技术路线,如图6.3所示。

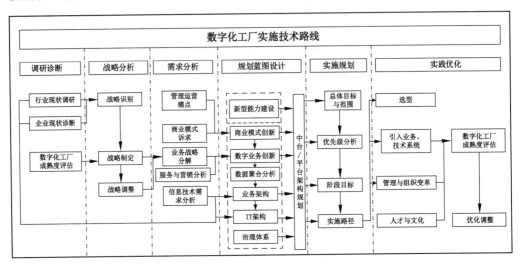

图 6.3　数字化工厂实施技术路线

数字化工厂实施技术路线图融合了 PDCA 的过程方法,按照调研诊断、战略分析、需求分析、规划蓝图设计、实施规划和实践优化方法,协同企业战略、业务和技术等部门,让数字化工厂的顶层设计得到有效执行。

制造业的数字化工厂建设是一个大的系统工程,并非几天、几个月就能建设好并投入使用,需要一个较长的实施周期,不能跨越式建设。

每个阶段都是以前一个阶段为基础逐步推进的,而且很多问题并不是技术上的问题,而是管理、组织方式、观念的变革。这是对管理者真正的考验。管理者需要痛下决心,付出耐心。同时,这也对数字化工厂的咨询顾问提出了非常综合的要求,如需要了解企业管理、懂技术实现、懂生产运营等。此外,员工的士气也是一个重要考量。这是一个学习型的渐进过程,三方都必须深浸其中,才能全面地推进数字化工厂建设。

6.3　实施管理方法

数字化工厂实施的主要任务是细化前期制定的各种计划并将之付诸实践,确保各项建设按照计划准确、及时、合理地开展。这是建设数字化工厂的关键环节,也是资金、时间、人力投入最多的环节。因此,必须予以高度的重视并有效执行企业的数字化工厂战略规划。此时,不仅要完成计算机硬软件方面的选型、采购、安装和调试工作,也要在组织机构、生产流程调整及计算机网络、制造装备和人员培训方面做大量的工作。

数字化工厂的建设实施必须在科学的方法论指导下,按照规范化的工程建设程序科学实施。一般可分为项目组织、专家指导、项目准备、各方协调、开工建设、上线切换、项目控制这几个阶段,而人员培训、项目管理和变革管理则贯穿整个实施过程,每一个实施阶段都有相对应的、明确的任务。

1. 项目组织

为了顺利实施数字化工厂的各项建设,企业内部应建立专门的组织机构,以负责项目的实施。常用的、行之有效的一种组织方式是:企业与具体负责实施项目软件系统的外部咨询机构或 IT 企业合作,共同建立三级组织机构并分工协作。

第一级是项目领导小组。项目领导小组由企业的"一把手"任组长,其成员包括项目可能涉及的业务领域的高层经理以及咨询公司或 IT 公司负责本项目的总监,小组内通常还设有一名日常协调人。领导小组的主要工作有:制定方针策略,指导项目推进小组的工作;审定项目目标、范围以及评价考核标准;批准项目计划、监控项目进程;解决项目推进小组不能解决的问题;研究确立企业业务流程和组织机构的优化与重组;审批新系统的工作准则和工作规程,以保证项目能够正常进行。咨询公司项目总监的职责有:对项目中的各种意外情况和困难情况提出咨询意见,避免项目方向发生大的偏差;帮助项目顺利、高效地实施。

第二级是项目推进小组。项目推进小组由领导小组的日常协调人任组长,其成员包括项目涉及的各部门的负责人、咨询公司本项目组的组长以及一名日常协调人。项目推进小组的主要工作有:制定项目计划,保证计划实现;指导、组织和推动各职能组的工作;组织并开展调查分析工作,对流程优化问题提出解决方案和建议;组织并开展企业各级人员的管理培训、技术培训,担负起教导员的工作;主持制定新的工作准则和工作规程;提交各阶段的工作成果报告,对领导小组负责并汇报工作。

第三级是项目职能组。大的项目通常由若干子项目组成,每个子项目均建立相应的职能小组,组长由相关业务部门的负责人担任,其成员包括项目涉及的关键岗位上的业务骨干。职能组的主要工作有:研究本部门或职能范围内的流程优化与重组的方法和步骤;明确本部门业务对软件功能和性能的需求,提出本部门与其他部门相关联的业务对软件的需求;掌握与本部门业务有关的软件功能,准备并录入数据;培训本部门的相关人员;参与制定工作准则和工作规程;做好系统切换工作,运行新系统。

此外,还有一个由若干参与该项目的咨询顾问或实施工程师组成的咨询顾问职能组。咨询顾问职能组的主要工作有:主持项目的管理与培训工作;负责流程调查分析与优化重组工作;负责项目的分步实施工作;对项目领导小组、推进小组、职能组的工作进展给出咨询意见。

2. 专家指导

数字化工厂的建设对企业的绝大多数人来说都是一件没有经验可循的事,错误决策的代价往往数倍或数十倍于聘用专家的费用,因而向专家咨询是十分必要的。

首先,系统实施需要管理专家的加入。现代化管理是先进的管理思想、管理模式、管理方法、管理技术、管理手段及管理者的高度统一和协调一致。管理专家在对企业的经营管理现状进行调查诊断的基础上，结合企业的实际情况，为企业推荐、设计新的管理模式和组织结构模式，并且进一步对企业的业务流程进行优化、设计，这是企业信息化建设和系统实施的关键。

其次，系统实施还需要软件应用专家的支持。先进的企业经营管理理念和模式、先进的业务流程和解决问题的方案，最终都要在软件系统的应用中体现出来。即使是相同的模式、相同的方案，采用不同的软件，其实现方式也是不一致的。另外，为达到系统目标，各软件系统的实施也可能采取不同的方式和方法。在具体的应用解决方案和实施方案中，许多问题包括方式、方法、业务规则、参数设置等都与具体采用的软件密切相关。软件应用专家参与方案的设计将提高方案与应用软件的结合度。

3. 项目准备

数字化工厂建设进入系统实施的启动阶段后，企业应充分做好项目启动的准备工作。在项目准备阶段，企业应明确定义项目实施的工作边界，主要包括：确定详细的项目实施范围、实施模块、实施地点；定义递交的工作成果，评估实施过程中的主要风险，制定项目实施的时间计划、成本计划、预算计划、人力资源计划和主体计划；明确项目的主要阶段、各阶段的主要工作和时间进度；落实项目组织，明确每个项目成员的责任；筹备并召开项目启动会等。充分的准备工作可以确保项目有一个好的开端。

4. 各方协调

企业数字化工厂的建设内容很广，复杂性很高，影响项目建设成功的因素远远超出了纯技术范围，其中人的因素是主导因素。在系统的实施和应用过程中，企业应该对以下两类关系加以协调：一是管理人员与软件实施技术人员关系的协调。企业的所有管理人员不仅是企业管理软件的最终用户，还是企业管理信息化的建设主体，只有他们才能以系统的观点观察、分析系统的业务流程，对新系统提出明确的要求。企业的高层领导人员参与管理信息化建设过程，有利于调动企业各部门和所有管理人员实施、应用企业管理软件的积极性，并且保障管理人员与系统实施人员之间的交流活动正常进行，促进实施过程，确保资金到位。二是企业信息部门人员与外部专家、技术队伍关系的协调。由于企业自身经验和信息技术力量有限，为了更好地实施信息化建设项目，通常会聘请较多的外部专家和技术人员。这种方式最大的优点是充分利用了专家智慧和外部技术力量，但企业也应当重视本企业信息中心的技术力量，让企业信息中心的人员与外部专家、技术人员多沟通、多合作，共同承担企业管理软件的实施任务。否则，一旦外部人员撤离，企业管理信息系统的维护、扩展和发展都会陷入困境。

5. 开工建设

项目正式开工建设以后，先要进行系统的安装、调试，然后进行参数设置。各类大中型企业的管理信息系统类软件都预留了各项参数，客户可以根据自身的特点进行设置，这也是通常所说的客户化。客户化是系统实施过程中最复杂、最关键的一步。参数设置是否正确直接关系到软件功能的发挥及系统的平稳运行。通常参数的设置需要客户与咨询顾问双方共同讨论，因为只有将企业的特点与软件的功能紧密结合才能使软件功能得到最大程度的发挥。参数设置完成后，就可以对系统进行测试和试运行了。当然，有的项目不仅需要完成大量的客户化工作,还需要对部分系统进行二次开发,这样将耗费相当长的时间。

6. 上线切换

系统通过测试和试运行评估之后,就可以正式上线运行了,进入另一个关键环节——系统切换。系统切换是指新系统替代老系统的过程,或者将手工系统或旧信息系统转换为新信息系统的过程。

常用的系统切换方式有四种,它们有各自的特点和适用条件。一是直接切换,即在某一个时间点让老系统退出,新系统上线。这种方式简单、迅速,切换成本低,但风险很高,通常用于那些简单、可靠,即使新系统发生故障损失也不大的情况。二是并行切换,即新旧系统同时运行一段时间,待新系统被证实能够有效运行时,老系统才彻底退出。这种方式的可靠性高,但费用也高,通常适用于那些对可靠性要求苛刻,或者系统一旦发生故障损失就巨大的情况。第三是分段切换(也叫逐步切换),即新系统分阶段逐步交付使用,老系统分阶段逐步退出运行。这种方式可以有效地控制系统切换的风险和成本,但分段会增加系统的接口,使技术难度加大,切换过程本身的管理也较麻烦,那些难以分段的系统就更不适合采用这种方式了。第四是试点切换,这种方式适用于既想提高切换的可靠性,又想降低切换成本和难度的情况,其具体做法是先在一个或少数几个点上用直接切换的方式(当然也有采用并行切换方式的情况)让新系统运行一段时间,待试点成功以后再全面铺开。这种方式的代价是完成全部切换工作需要更长的时间。

7. 项目控制

严格而科学的项目控制是项目成功实施的保障。数字化项目的控制要求与普通项目的控制类似,程序和方法也基本相同。报告机制、沟通机制、问题跟踪机制、文档管理机制等都是项目控制的有效机制,这里不再赘述。

综上所述,需要特别指出的是,企业数字化工厂的成功实施并不是项目建设的结束,而是一个新的开始。此外,项目的建成也只是阶段性的,随着企业自身情况、环境因素、信息技术的变化与发展,建成的数字化工厂还需要不断调整。因此,只要企业还在继续生存并追求发展,其数字化工厂的完善、优化工作就只有开始,没有结束。

6.4　本章小结

本章紧承第 4 章和第 5 章数字化工厂的规划和建设内容,进一步探讨了数字化工厂的实施,首先阐述了数字化工厂实施中的问题;进而基于数字化工厂规划体系和建设基本模型以及相关研究,构建了数字化工厂实施框架模型和技术路线,为数字化工厂的实施提供了顶层理论指导和具体实施路线;最后探讨了数字化工厂实施中的管理方法。

第7章 数字化工厂运营

数字化工厂运营是对数字化工厂规划、建设、实施等成果的应用和维护,是数字化工厂从理论构建到车间级、企业级的数字化转型的具体实践与应用,在整个企业数字化转型中占有重要地位。数字化工厂运营是一项系统工程,现代企业在企业车间管理系统上所选用的是制造执行系统(MES)。MES是一个车间级的综合管理系统,作为企业上层事务处理和低层设备控制系统之间的中间桥梁,在生产计划的优化调度、生产过程的改进等制造运行方面起着越来越重要的作用,并得到工业界广泛的认可和应用。但是由于MES缺乏一个通用且明确的对象范围,面向特定问题的不同MES产品间有差异性,造成了MES的概念具有一定的模糊性。另外,MES以对生产运行的管理为核心,功能十分有限,难以充分满足现代企业对复杂问题处理能力的要求,进而直接影响对生产运行的管理。针对这些问题,美国仪器、系统和自动化协会(ISA)于2000年首次确立了制造运行管理(MOM)的概念,从而避免了对MES边界的争论,以边界更广义的制造运行管理作为该领域的通用研究对象和内容,并构建了通用活动模型。

本章将从系统的视角,对MES和MOM这两个涉及工厂运营管理的系统进行展开,分析将其应用于数字化工厂的运营管理上也是可行的。

7.1 数字化工厂运营的问题

数字化工厂建设实施落地后便涉及运营管理的问题。数字化工厂是通过对企业传统的生产经营管理模式进行彻底变革,来提高企业的竞争力,使其适合市场发展。但是在用新的技术、组织方式、理念等去改造传统企业时,往往会遇到很多问题。数字化工厂运营的问题涉及产品全生命周期,与生产管理密切相关。这里在借鉴相关研究的基础上,将数字化工厂的运营管理问题归纳为运营数据集成管理、生产数字化管理、供应链数字化管理、质量数字化管理四方面。

1. 运营数据集成管理的现状与问题

运营数据集成管理方面存在以下问题。

1）异构系统集成性差

制造企业为了生产需求往往会引入多个系统，例如三维 CAD、三维 CAE、ERP 系统、PDM 系统、MES 系统等众多异构系统。这些异构系统来源于不同厂家，采用不同的技术平台开发，接口不规范。如何实现以 PDM 系统为基础平台，基于 MBD 的技术集成整合三维 CAD、三维 CAE、三维工艺、虚拟现实等系统，并与 ERP 系统进行无缝集成，实现对产品设计过程及产品设计规范、标准、经验等知识的统一管理，实现知识复用，解决多系统集成问题，成为企业构建集成环境要面临的一大难题。

2）数据管理不规范

主数据标准不统一，存在数据种类繁多、信息系统功能重合、数据多头维护、数据流向混乱、数据描述尺度不一等问题，如何实现跨异构系统数据高效、无缝集成就变得十分困难。为此，需要规划数字化工厂的数据规范体系，实现基于主数据的数字化工厂数据集成，提高数字化工厂建设的灵活性和规范性，支撑数字化工厂集成化、融合化目标达成。

2. 生产数字化管理的现状与问题

生产数字化管理方面仍存在以下问题。

1）生产过程数据传递落后

企业内多系统无法对接，例如已经建立 MES 系统，但与 PDM 系统、SAP 系统没有实现对接，车间生产计划的编排与制造指令的下达、生产任务的接收与反馈、生产过程的监控、生产车间的异常反馈依然依靠纸质计划传递，各环节容易出现错误，导致订单延期。

2）技术数据传递落后

相关研究表明，车间往往存在装配作业指导书、技术图纸、工作联系单均以纸质传递的现状，数据更新速度较慢，查询过程较为烦琐，不能有效指导工人作业。

3）物料传递无法监控

物料、余料在生产车间流转时通过人工标注在物料上的标识信息进行识别，很难实现对物料在生产车间的整个流转过程的全程跟踪。

4）设备故障与预警不及时

设备运行状态（如开机、待机、报警等）信息只能人工汇报，无法准确地采集设备的状态信息，管理人员无法及时获取设备运行的真实情况；所有的设备维护记录表都是纸质单据，查询追溯困难；统计算法不明晰，无法细化到每台设备，不能精确到每日、每周。

5）生产管理指挥调度零散

生产计划下达、生产计划执行跟踪与监控、物流调度、质量问题反馈、设备监控等缺少统一监控平台。

6）产品制造过程自动化程度低下

在实际生产中，诸多工序往往采用人工方式加工，自动化程度很低，主要是人工操作，劳动强度大，工作效率低，生产过程存在安全隐患；同时测量和定位过程复杂，手段落后，手工测量误差大。

3. 供应链数字化管理的现状与问题

目前企业在供应链应用上已经实施 SAP、ERP 系统,已覆盖了企业销售管理、物料管理、采购管理等功能,但供应链管理仍存在以下问题。

1)信息传递零散

信息化系统未能将销售管理、生产管理、库房管理、采购管理、财务核算等环节数据打通,存在物料需求信息传递不准确、不及时等现象。

2)客户关系管理形式单一

虽然通过 ERP 系统实施销售订单管理、销售发货、销售发票管理,但是在前端的销售预测、销售机会分析以及销售过程、销售技术服务管理方面仍存在缺失,对客户关系管理存在不利影响。

3)供应商管理传统

技术信息、采购信息、质量问题反馈等信息没有与供应商形成互联互通,没有形成供应商的评估、绩效考核、份额透明等机制。

4)产品发运及运输状态不容易监控

目前大多数企业仍然采用传统物流方式,往往造成运输过程无法追踪,易造成损失。

4. 质量数字化管理的现状与问题

1)质量信息存储分散

企业质量信息分散存放于不同车间、不同信息系统,无统一集中的质量管理系统,无法建立完整的产品质量档案。

2)质量信息采集落后

制造过程质量信息采集手段落后,自动化程度较低;未集成应用条码、二维码、射频识别等技术,无法实现产品质量信息 100% 可追溯。

3)质量信息分析方法单一

当前对质量数据,各部门依靠 Excel 柱状图、折线图等对数据进行分析,对信息统计分析能力较弱,不能快速实时找出影响产品质量的关键因素;没有建立质量分析的反馈机制,不能有效地为产品设计与质量控制提供准确的改进依据等。

对于制造企业的车间数字化管理,目前依然存在很多的盲区,如车间现场到底是怎样的状况?生产计划的执行是否到位?产品追溯的体系是否完善?如何实现生产数据的实时自动采集?车间人员如何调度、管理?设备的实时使用状态如何?……这些制造过程的"黑箱"已经严重束缚了现场管理以及智能化水平的提升。因此针对这些问题就需要建立起数字化工厂运营系统,运用 MOM 的理念建设完善的数字化工厂运营系统来解决这些问题,助推企业的数字化转型。

7.2 数字化工厂的运营管理系统

从 20 世纪 70 年代后半期开始,工业企业就开始关注生产运营的问题,出现了一些解决单一问题的车间管理系统,如设备状态监控系统、质量管理系统以及涵盖生产进度跟踪、生产统计等功能的生产管理系统等。但各企业引入的只是单一功能的软件产品或系统,而不是整体的车间管理解决方案。

随着制造业的发展,单一功能的系统已无法满足制造业的发展需求。1990年,美国先进制造研究协会(Advanced Manufacturing Research,AMR)首次提出了MES概念,将位于计划层与控制层的中间位置的执行层叫作MES,明确了MES的地位。自此MES正式被用于企业的制造执行,在工厂的运营中发挥着不可替代的作用,同时也成为产业界与学术界关注的解决企业车间管理的方案。但是,MES在应用中也暴露出很多问题,例如MES所应用的各行业之间差异巨大,不同的MES产品的设计理念和发展历程也不相同,所以MES和业务系统及控制系统之间的边界往往很难清晰地界定。另外,MES以对生产运行的管理为核心,对维护运行、质量运行和库存运行等管理则弱化为功能模块,功能十分有限,难以充分满足新形势下制造业数字化、网络化、智能化的发展要求,进而直接影响对生产运行的管理。针对这些问题,美国仪器、系统和自动化协会于2000年发布了ISA-SP95标准,首次确立了制造运营管理(MOM)的概念,从而避免了对MES边界的争论。MOM针对更广义的制造运行管理划定边界,作为该领域的通用研究对象和内容,并构建通用活动模型应用于生产、维护、质量和库存这4类主要运行区域,详细定义了各类运行系统的功能及各功能模块之间的相互关系。

2013年以后,随着德国工业4.0、美国工业互联网、中国制造2025等规划和政策的出台,智能制造成为全球制造业的发展目标。MES作为实现智能制造的重要推手,得到了广泛关注,引发了新一轮的应用热潮,企业对于将MES与MOM应用于运营管理的需求越来越强烈。我国自2000年开始逐步引入和实施MES系统来解决企业发展的问题,至今仍然存在很多障碍,不仅阻碍了MES系统的深入发展,而且对于企业运营管理内容和范围不断扩大的需求也无法响应,因此对于制造企业的数字化运营管理系统的研究与应用是十分迫切的问题。本节从目前企业采用的MES和MOM两个管理系统出发,阐述它们各自的基本理论要点以及实际的应用实施,为数字化工厂的运营问题提供借鉴。

7.2.1 制造执行系统

1. MES概述

1) MES的定义

目前为止,人们对MES还没有统一的定义,具有代表性的是MES国际联合会(MESA)的定义。MESA对MES的定义是:MES是一些能够完成车间生产活动管理及优化的硬件和软件的集合,这些生产活动覆盖从订单发放到出产成品的全过程,它通过维护和利用实时准确的制造信息来指导、传授、响应并报告车间发生的各项活动,向企业决策支持过程提供有关生产活动的任务评价信息。

上述的定义中强调了四点。

(1) MES在整个企业信息集成系统中承上启下,是生产活动与管理活动信息沟通的桥梁,需要与计划层和控制层进行信息交互,通过企业的连续信息流来实现企业信息全集成。

(2) MES的目的在于优化管理活动,是对整个车间制造过程的优化,而不是单一地解决某个生产瓶颈,它强调精确的实时数据。

(3) MES是围绕企业生产这一为企业直接带来效益的价值增值过程进行的,它强调控制和协调。

（4）必须提供实时收集生产过程中数据的功能，并做出相应的分析和处理。

MES 是用来帮助企业从接到订单、进行生产、流程控制一直到产品完成，主动收集及监控制造过程中所产生的生产资料，以确保产品质量的应用程序。

通过关联式资料库、图形化使用界面、开放式架构等信息技术，MES 能将企业生产所需的核心业务，如订单、供应商、物料管理、生产、设备保养、质量等流程整合在一起，将工厂生产线上实时的生产数据，以 Web 或其他通知方式准确地传送给使用者查看。当生产活动发生紧急事件时，还能提供现场紧急状态的信息，并以最快速度通知使用者。企业引入 MES 的目的在于致力于降低没有附加价值的活动对工厂运营的影响，进而改善企业流程，提高生产效益。

2）MES 的分类

随着信息化技术的不断进步，MES 也在不断发展，传统的 MES（Traditional MES，T-MES）大致可分为两大类。

（1）专用的 MES（Point MES）。它主要是针对某个特定的领域问题而开发的系统，如车间维护、生产监控、有限能力调度等。

（2）集成的 MES（Integrated MES，I-MES）。该类系统起初是针对一个特定的、规范的环境而设计的，目前已拓展到许多领域，如航空、装配、半导体、食品和医疗等行业，在功能上它已实现了与上层事务处理和下层实时控制系统的集成。

虽然专用的 MES 能够为某一特定环境提供最好的性能，却常常难以与其他应用集成。集成的 MES 比专用 MES 迈进了一大步，具有一些优点，如单一的逻辑数据库、系统内部具有良好的集成性、统一的数据模型等，但整个系统的重构性能弱，很难随业务过程的变化而进行功能配置和动态改变。

美国先进制造研究协会研究小组在分析信息技术的发展和 MES 应用前景的基础上提出了可集成的 MES。它将模块化和组件技术应用到 MES 的系统开发中，是两类 T-MES 系统的结合。从表现形式上看，I-MES 具有专用的 MES 的特点，即 I-MES 中的部分功能作为可用组件单独销售。同时，它又具有集成的 MES 的特点，即能实现上下两层之间的集成。此外，I-MES 还具有客户化、可重构、可扩展和互操作等特性，能方便地实现不同厂商之间的集成和原有系统的保护以及即插即用等功能。

3）MES 的特点

MES 的特点可总结如下。

（1）实时性。MES 可实时收集生产过程中的数据和信息，并做出相应的分析处理和快速响应。

（2）信息中枢。MES 可通过双向通信，提供横跨企业整个供应链的有关车间生产活动的信息。

（3）软硬一体。MES 是一个集成的计算机化的系统（包括硬件和软件），它是用来完成车间生产任务的各种方法和手段的集合。

（4）个性化差异大。MES 是负责车间生产管理的系统。由于不同行业甚至同一行业的不同企业的生产管理模式都不同，因此 MES 的个性化差异明显。

（5）二次开发较多。由于 MES 的个性化差异明显，导致 MES 系统在实施时往往需要二次开发。

4）MES 的优势

MES 系统可为工厂带来的好处如下。

（1）优化企业的生产制造管理模式，强化过程管理和控制，达到精细化管理目的。

（2）加强各生产部门的协同办公能力，提高工作效率，降低生产成本。

（3）提高生产数据统计分析的及时性、准确性，避免人为干扰，促使企业管理标准化。

（4）为企业的产品、中间产品、原材料等质量检验提供有效、规范的管理支持。

（5）掌控计划、调度、质量、工艺、装置运行等信息情况，使各相关部门及时发现问题和解决问题。

（6）最终可利用 MES 建立起规范的生产管理信息平台，使企业内部的现场控制层与管理层信息互联互通，以此提高企业的核心竞争力。

2．MES 的功能模型

MES 本身也是各种生产管理的功能软件集合。通过业界在 MES 上的长期实践，MESA 给出了 MES 功能模型（见图 7.1），共分为 11 个主要的 MES 功能模块。从图 7.1 中可看出，MES 与其他管理系统之间有功能重叠的关系，如制造执行系统（MES）和企业资源规划（ERP）中都有劳务管理，MES 和供应链管理中都有调度管理等。各系统重叠范围的大小与工厂的实际执行情况有关，但每个系统的价值又是唯一的。

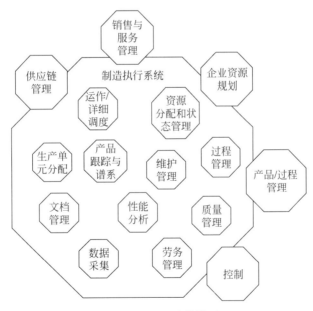

图 7.1　MES 功能模型

（1）资源分配和状态管理。对资源配置和状态信息进行管理，包括机床、辅助工具（如刀具、夹具、量具等）、物料、劳动者等其他生产能力实体以及开始进行加工时必须具备的文档（如工艺文件、数控设备的数控加工程序等）和资源的详细历史数据。此外，对资源的管理还包括为满足生产计划的要求而对资源所做的预留和调度。

（2）运作/详细调度。在具体生产单元的操作中，根据相关的优先级、属性、特征以及配方，提供作业排程功能。例如，当根据形状和其他特征对颜色顺序进行合理排序时，可最大限度减少生产过程中的准备时间。这个调度功能的能力有限，主要通过识别替代性、重叠性或并行性操作来准确计算出作业时间、设备上下料，以做出相应调整来适应变化。

（3）生产单元分配。生产单元分配是以作业、订单、批量、成批和工单等形式管理生产单元间工作的流动。分派信息用于作业顺序的制定以及突发事件时的实时变更。生产单元分派功能可用于变更车间已制定的生产计划及对返修品和废品进行处理，并用缓冲区管理的方法控制任意位置的在制品数量。

（4）文档管理。文档管理用于管理生产单元有关的记录和表格，包括工作指令、配方、工程图纸、标准工艺规程、零件的数控加工程序、批量加工记录、工程更改通知以及班次间的通信记录，并提供了按计划编辑信息的功能。它将各种指令下达给操作层，包括向操作者提供操作数据或向设备控制层提供生产配方。此外它还包括环境、健康和安全制度信息以及 ISO 信息的管理与完整性维护，例如纠正措施控制程序。当然，文档管理还有存储历史信息功能。

（5）数据采集。数据采集负责采集生产现场的各种必要的实时更新的数据信息。这些现场数据可以从车间手工输入或由各种自动方式获得。

（6）劳务管理。劳务管理可提供按分钟级更新的内部人员状态，作为作业成本核算的基础，包括出勤报告、人员的认证跟踪以及追踪人员的辅助业务能力，如物料准备或工具间工作情况。劳务管理与资源配置功能相互作用，共同确定最佳分配。

（7）质量管理。质量管理对生产制造过程中获得的测量值进行实时分析，以保证产品质量得到良好控制。该功能还可针对质量问题推荐相关纠正措施，包括对症状、行为和结果进行关联以确定问题原因。质量管理还包括对统计过程控制和统计质量控制的跟踪以及实验室信息管理系统的线下检修操作和分析管理。

（8）过程管理。过程管理用于监控生产过程、自动纠错或向用户提供决策支持以纠正和改进制造过程活动。这些活动具有内操作性，主要集中在被监控的机器和设备上，同时具有互操作性，可跟踪作业流程。过程管理具有报警功能，使车间人员能够及时发现超出允许误差的过程更改。通过数据采集接口，过程管理可以实现智能设备与制造执行系统之间的数据交换。

（9）维护管理。维护管理可用于跟踪和指导作业活动；维护设备和工具，以确保它们能正常运转并安排进行定期检修；对突发问题进行即刻响应或报警。它还能保留以往的维护管理历史记录和问题，帮助进行问题诊断。

（10）产品跟踪与谱系。产品跟踪与谱系提供工件在任一时刻的位置和状态信息，包括进行该工作的人员信息，按供应商划分的组成物料、产品批号、序列号、当前生产情况、警告、返工或与产品相关的其他异常信息。其在线跟踪功能也可创建相应的历史记录，使得零件和每个末端产品的使用具有追溯性。

（11）性能分析。性能分析提供按分钟级更新的实际生产运行结果的报告信息，对过去记录和预想结果进行比较。运行性能结果包括资源利用率、资源可获取性、产品单位周期、与排程表的一致性、与标准的一致性等指标的测量值。性能分析包含统计过程控制和统计质量控制，从不同功能提取度量信息，当前性能的评估结果以报告或在线公布的形式呈现。

在敏捷制造模式下,MES除了具有上述常规的功能之外,还应该具有实现生产单元动态重构以及通过网络对外交流和合作的功能,如外协生产管理。当车间的任务不能完成时,可直接通过网络在网上寻求合作伙伴,实现跨车间乃至跨厂的资源组合,实现企业之间加工设备及资源的共享,构造虚拟车间。另外,车间也可直接接受其他车间或企业的生产任务,作为其他虚拟企业或虚拟车间的一部分。

MES功能模型是MESA在实践和研究的基础上给出的,用于对MES的设计开发以及建设实施等的指导和参考借鉴,最终设计开发出的MES具备何种功能,是由设计开发者根据MES使用方的具体情况而定,不能一概而论。尤其是当前MES定制化的发展趋势,使得MES的设计开发以及实施的难度增大,按照使用方的需求开展工作成为业界对于MES的共识。研究者可以根据MES功能模型,结合具体研究背景和企业实际需求进行深入探究,对其进行改善优化,赋予它新的功能和价值。

3. MES与数字化工厂的关系

1) MES是数字化工厂的核心

2000年,针对生产制造模式新的发展,咨询机构ARC详细地分析了自动化、制造业以及信息化技术的发展现状,针对科学技术的发展趋势对生产制造可能产生的影响进行了全面的调查,提出了多个导向性的生产自动化管理模式,指导企业制定相应的解决方案,为用户创造更高价值,其中从生产流程管理、企业业务管理一直到研究开发产品生命周期的管理而形成了"协同制造模式"。按照这一模式,数字化工厂可以从三个维度来进行描述,如图7.2所示。

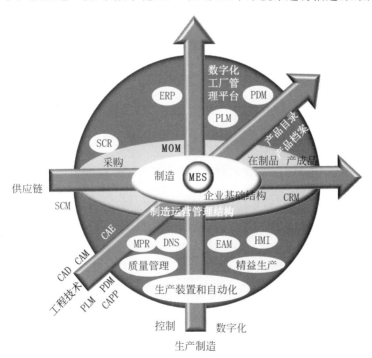

图7.2 数字化工厂的三个准度

（1）生产制造。借助于基础层、执行层和管理层的3层数字化工厂分层结构（见图7.3），通过计划MRP展开上游生产环节的生产计划,把生产计划细化后派分到设备/人工；根据生产进展和异常情况进行动态排程、分批次管控或单台管控、设备联网采集和控制、采集实绩并报工。

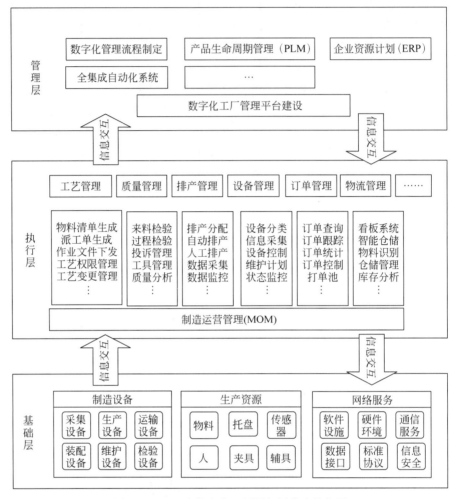

图 7.3　MES 在数字化工厂层级划分中的位置

（2）供应链。通过供应商关系管理、采购物流和制造物流,令外购、自制和外协物料"准时"调达生产现场;进行批量或单件管控,支持智能料架、自动导引车和集配等,并对在线库、扣料、在制品和成品进行管控;支持生产判断和缺料预警。

（3）工程技术。MES 可管理 MBOM、辅助工艺或现场工艺,支持差异件指示、装配指示、现场看图和装配仿真等,并根据关重件、物流追溯和 MBOM 等形成产品档案。在"个性化生产"时代,产品档案是客服支持（customer service and support,CSS）的主要数据源。

生产是工厂所有活动的核心,MES 是数字化工厂三个维度（生产制造、供应链和工程技术）的交叉点和关键点,是数字化工厂的"大脑"。在智能制造时代,MES 不再是只连接 ERP 与车间现场设备的中间层级,而是智能工厂所有活动的交汇点,是现实工厂智能生产的核心环节。当然 MES 是包含在 MOM 之中的,MOM 是 MES 新的发展与升级。最终生产、维护、库存等信息汇总于 MOM 所在的数字化管理平台,为数字化工厂运营服务。

2）MES在数字化工厂层级中的位置

基于以上的论述可知MES与数字化工厂具有相通性，MES的功能是数字化工厂建设、实施及运营所需的，那么所需的功能有哪些？如何确定？对于这些问题，目前尚无定论。由于两者均具有很强的实践性和专业性，需要针对具体行业或企业的数字化工厂建设和应用场景才能说明。2018年，工业和信息化部、国家标准化管理委员会共同组织制定了《国家智能制造标准体系建设指南》，明确了智能制造的实施标准，也给出了智能工厂的建设标准，为数字化工厂的建设提供了行动指南。2019年，由国家市场监督管理总局和中国国家标准化委员会共同制定了《数字化车间通用技术要求》，明确指出了数字化车间的体系架构与建设要求。因此，本书结合以上两个标准和相关理论，给出MES在数字化工厂中的层级与位置来进一步说明其与数字化工厂的关系，并以MES部分功能为例具体说明其在数字化工厂中的应用。

从图7.3中可以看到，MES占据了数字化工厂的执行层，并且也为管理层所用。

数字化工厂的体系结构分为基础层、执行层和管理层，由数字化设备将收集到的重要信息与管理层的ERP和PLM进行信息交互，ERP与执行层的MOM之间进行信息交互，PLM将数字产品信息传递到执行层的工艺设计、执行与管理系统，同时MOM与工艺设计、执行与管理系统也存在信息交互；MOM将生产订单等信息传递给基础层生产资源、制造设备、检测工具等，工艺设计、执行与管理系统将生产工艺、物流信息等传递给制造设备、自动导引车等，同时基础层又会将收集到的信息反馈到MOM与工艺设计、执行与管理系统中；最终的信息都将呈现在MOM中，便于统一的管理。

（1）基础层。数字化工厂的基础层包括数字化工厂生产制造所必需的各种制造设备、生产资源以及所需的网络公共服务，其中制造设备承担执行生产、检验、物料运送等任务，大量采用数字化设备，可自动进行信息的采集或指令执行；生产资源是生产用到的物料、托盘、工装辅具、人、传感器等，本身不具备数字化通信能力，但可借助条码、射频识别等技术进行标识，参与生产过程并通过其数字化标识与系统进行自动或半自动交互。

① 制造设备。制造设备的数字化功能主要分为数据采集和操作功能两部分。数据采集部分是对制造设备进行数据采集和分析，对制造进度、现场操作、质量检验、设备状态等生产现场信息进行采集和跟踪，并对这些信息进行分析。数据采集的接入主要采用如下方法：采集二维码，经可编程控制器转换为可识别数据并上传到车间MES系统数据库；材料托盘全部带有射频识别标签，由读出/写入设备与PLC相连，再连接到MES系统；自动导引车、生产设备全部采用以PLC为控制核心的自动化设备，通过光电（光电开关、编码器）、磁感应、霍尔效应、热阻、图像识别、语音等方式采集数据，并将工件、设备、人员、物料等信息上传给MES系统，车间设备的电压、电流、相位、功率因素等能效参数也通过PLC采集上传给MES系统。

关于操作功能部分，MES系统负责制造设备的执行管理，如订单信息、排程管理、生产信息统计、资源信息以及人机接口信息、设备及生产信息、报警信息、作业及维修指导等信息。其中在操作时，网络构成与接口上PROFINET的实时通道和等时同步通道可以实现毫秒级到微秒级的响应速度，已被工业自动化业界广泛采用。最终的信息将经过以太网进入MOM系统，并在管理层可视化、可追溯。

② 生产资源。企业可通过应用射频识别技术、可编码原料、原料处理设备、模具等将收集的信息传送给生产设备控制系统,即将产品从原料到成品整个流程的所有信息记录并连接起来。

③ 网络服务。车间网络为企业数字化提供支持和保障。首先,企业应按照数字化工厂的假设要求,配备必要的软件设施,并搭建与之匹配的硬件环境,为企业的制造运营提供网络通信服务。其次,企业应重视集成环境的建设,通过统一数据接口建立健全相关标准协议来增强设备、系统、应用程序等之间的互操作性,以实现信息的集成共享复用。最后企业要重视信息安全,制定与国家发布的安全政策标准、工控安全策略等相匹配的企业信息安全防护标准,定期对企业信息系统进行"体检",及时发现漏洞,维护企业信息安全。

（2）执行层。执行层也即数字化工厂的运营管理层,通过工艺管理、质量管理、排产管理、设备管理、订单管理、物流管理等环节将信息集成于制造运营管理平台,有效地实现运营数据的共享与存储。

① 工艺管理。建设数字化工厂,要求工艺管理实现数字化,可以借助一体化网络与车间作业工位终端实现无纸化的工艺信息化管理,并以可视化工作流技术实现制造流程再造、工序流转和调度的数字化管控以及工艺纪律管理,具体功能包括。

工艺权限管理。工艺执行权限主要实现组织结构管理、人员管理、访问规则管理等。一般情况下,组织结构由 group(组别)、role(角色)、user(用户)和 person(人员)构成,通过访问规则的定义来实现对用户操作权限的控制,如用户、角色、工作组对数据仓库或具体文档的操作权限;根据岗位职责进行相应权限的分配,对应授权人员可进行相关工艺的上传、下载、查询、修改等。

工艺变更管理。主要实现工艺变更、工艺优化数据版本管理等。工艺变更应符合标准变更工作流程以及控制、跟踪机制,结合产品数据的状态管理,可以在规范管理更改过程、保证更改的可追溯性的同时,提供准确、及时的更改传递机制,保证更改结果的正确性和一致性。

可视化工艺流程管理。通过可视化工艺流程实现工序间的流转管理,并对工艺流程中各工序点进行属性设置,快速实现数字化车间的生产流程再造,实现数字化车间生产工艺流程的快速切换。

作业文件管理。作业文件包括生产流程工艺、工艺卡、工艺图纸、质检工艺标准卡、标准工艺参数卡等,并以版本号区别。

作业程序管理。作业程序通过工艺编码或生产计划号、工单号与数字化装备关联,并以版本号区别。

工艺优化管理。对采集的机台工艺参数的实际值或质检数据进行统计、分析、预警,以实现工艺优化。

生产求助管理。作业人员针对工位发生的各种问题发出求助呼叫信息,上传生产现场可视化管理系统,可触发声光报警、显示终端、广播等,提示相关人员注意,以便及时处理问题。

② 质量管理。质量管理包括来料检验、过程检验、投诉管理、工具管理以及质量分析模块。它通过检验计划与生产计划紧密的结合实现生产的闭环管理,通过各种测量工具等方

法采集现场的相关数据。

质量数据采集与监控。MES对接收到的PLC发送的不合格品信号进行记录和统计,定时刷新系统质量监控页面;通过统计过程控制图方式展示每个设备每个时段的不合格品数量,并根据不合格品的发展趋势进行预警。

质量追溯与改进。质量追溯与改进系统是数字化车间在引入质量追溯软件框架的基础上自主开发的生产软件。该系统贯穿整个生产过程,其主要的功能包含追溯产品中使用的原材料状况及记录通过每道生产工序的时间及结果;实施全面产品质量过程管控,并将所收集的数据用于质量分析改进。

③ 排产管理。排产管理是指通过数字化工厂的计划排产管理模块实现车间计划与调度,即根据预先定义的生产约束条件、规则矩阵、预设指标和排产产能策略等条件,实现全自动排产、半自动排产或人工排产;结合甘特图等方式,综合显示设备实时状态信息、已排产订单工序、关联关系、工具资源分配情况,便于计划员检查现场排产情况和执行状态,实现生产过程透明化的需求。除了生产订单排产,还可以针对设备预修、维修任务、模具换针任务等,创建MES中的工作计划工单,调动生产车间、工具车间、设备维护等团队完成指定任务。

④ 设备管理。车间设备管理包括设备状态监控、设备维修维护和设备运行分析等。设备状态监控是指数字化车间采用MES制造执行系统中的设备管理模块对设备的状态进行监控。设备维修维护可使操作工及设备维修人员在设备终端上查看设备维护内容及周期、系统自动计算维护周期并通过图示在终端给出提示信号。设备运行分析是指智能生产线的数据采集与控制系统对设备实时状态和维护维修过程中搜集的数据进行采集、自动统计并分析与设备相关的指标。

⑤ 订单管理。订单管理是指通过订单管理模块完成工艺执行与管理。该系统可将ERP系统的生产订单数据、BOM、工艺路线等主数据准确实时传入MES系统,经排产后下达车间现场;实现无纸化信息流传递,提高计划与车间执行层面的联动性;在移动或者平台终端上显示设备实时运行状态,支持状态转换,自动记录设备作业周期、产量、合格品/不合格品数量;查看本工位上的待生产订单,登录或退出订单工序,查看订单工序完成情况、订单产品BOM、工序配套、工具资源和准备状态等信息;在所使用的终端上还可以即时打开本工序订单相关的操作文档手册,方便车间现场员工使用;执行过程和结果信息,最终汇入MOM订单管理模块;通过订单相关报表获取订单完成的各种时间状态组成,分析订单执行周期内的瓶颈;通过订单与质量相关报表分析订单与班组、设备、工具之间的关联关系,以分析、定位质量问题。

⑥ 物流管理。物流管理包括内部生产物流和成品物流。内部生产物流是在生产工艺中的物流活动,包括收货和发货环节。其中收货环节包括提前发货通知的创建、货物的清点、货物的上架,发货环节包括订单发货、生产发料看板及生产发货。成品物流系统的主要功能部件采用模块化、标准化设计,并应用条码技术、变频调速、高速数据采集、人机界面、工业现场总线、以太网及PLC控制等先进控制技术,在系统的管理调度下完成物品的包装输送及出库业务。该系统通过核心ERP系统下达业务指令,实现业务信息流的自动传递,减少仓库对人员的需求和依赖。

（3）管理层。在基础层、执行层的一系列操作下，所有的信息都可以集成在 MOM 平台上，使得数据、信息随时可查，实现管理数字化，这也是企业数字化工厂建设的要求，即制定数字化管理的流程，进而将集成自动化系统、MES 和企业 PLM/ERP 连接起来，实现整个企业层级自下而上的数字化驱动，完成数字化工厂平台的搭建，实现企业全生命周期的技术状态透明化管理，灵活快速地适应市场的需求，真正实现企业的数字化转型升级。

① 数字化管理流程的制定。企业进行数字化工厂的建设时，首先要在战略规划中明确地制定数字化建设的规划与流程，将其融入企业的经济规划和管理中，并做好控制工作；按照目标管理理念的流程，以自下而上或者自上而下的方式制定总目标与分目标，并由管理者带领执行，保证上下同心，共同完成数字化工厂的规划与建设。

② 产品生命周期管理。产品生命周期管理（PLM）是一种应用于单一地点的企业内部、分散在多个地点的企业内部以及在产品研发领域具有协作关系的企业之间的，支持产品全生命周期的信息创建、管理、分发和应用的一系列应用解决方案，它能够集成与产品相关的人力资源、流程、应用系统和信息。

PLM 的主要管理内容是产品信息。只有拥有具有竞争能力的产品，才能让企业获得更多的用户和更大的市场占有率，所以针对制造业的信息化过程应该以用户的"产品"为中心，把重点放在为用户建立一个既能支持产品开发、生产和维护的全过程，同时又能持续不断地提升创新能力的产品信息管理平台上。PLM 解决方案把产品放在一切活动的核心位置，可以从 ERP、CRM 以及 SCM 系统中提取相关的信息，从而允许用户在企业的整个网络中共同进行概念设计、产品设计、产品生产以及产品维护。PLM 解决方案为产品全生命周期的每一个阶段都提供了数字化工具，同时还提供信息协同平台，将这些数字化工具集成使用。此外，还可以使这些数字化工具与企业的其他系统相配合，把 PLM 与其他系统集成和整合成一个大系统，以协调产品研发、制造、销售及售后服务的全过程，缩短产品的研发周期，促进产品的柔性制造，全面提升企业产品的市场竞争能力。PLM 系统完全支持在整个数字化产品价值链中构思、评估、开发、管理和支持产品，把企业中多个未连通的产品信息孤岛集成为一个数字记录系统。PLM 构件可分为对象构件、功能构件和应用构件三个层次。对象构件单元提供系统的基本服务，如事件管理、数据连接管理等，是与应用相分离的；功能构件则提供特定的 PLM 功能服务，如数据获取与编辑、数据管理与查询、数据目录管理、模型管理等，是 PLM 构件开发中的核心；应用构件为特定的应用服务，直接面向 PLM 用户，响应用户的操作请求，如产品配置、变更控制、文档处理等，是最上层的 PLM 构件。企业应根据 PLM 系统的实际需要，选择重用对象并对其进行概括提炼，明确它的算法和数据结构的软件构架，对重用对象匹配进行实例化，最后根据重用技术提供的框架，将已实例化的包含在可重用零部件库中的软件零部件合成一个完整的软件系统。

PLM 打破了限制产品设计者、制造者、销售者和使用者之间进行沟通的技术桎梏。通过互联网进行协作，PLM 可以让企业在产品的设计创新上突飞猛进，同时缩短开发周期，提高生产效率，降低产品成本。PLM 在市场竞争的带动下，越来越多地被企业所重视和广泛应用，这些企业认为在现阶段各类软件技术逐渐趋于成熟的情况下，利用软件重用技术开发与设计 PLM 软件系统不但可以提高软件的开发效率，提高软件品质，并且对软件的应用商大有益处，可从整体上提高企业的核心竞争力。Teamcenter 等 PLM 软件系统可提供和安排合理的集中式应用程序的灵活组合,并能够以合理的方式从战略上提高 PLM 的成熟度。Teamcenter 平台具有强大的核心功能,是适用于 Teamcenter 应用程序的坚实基础。用户可以灵活选择部署选项(内部部署、云和 Teamcenter Rapid Start),并通过创新型界面获得直观的 PLM 用户体验。

③ 全集成自动化系统。关于全集成自动化系统,这里以西门子集成自动化系统为例来介绍。该系统是实现智能控制生产过程的核心部分,实现了对工厂的柔性操控、自动化物流运营、敏捷制造,达到了智能工厂对生产业务功能的要求。西门子集成自动化系统是一个以工业以太网(或工业总线)为基础的技术解决方案(见图 7.4),它集成工厂的生产管理系统、人机控制、自动化控制软件、自动化设备、数控机床,形成工厂的物理网络,实时采集生产过程数据,分析生产过程的关键影响因素,监控生产物流的稳定性和生产设备的实时状态,以实现智能控制整个工厂的生产资源、生产过程,达到智能化、数字化生产的目的。通过集成自动化系统、MES 和企业 PLM/ERP 的连接,实时监控设备生产状态和完备率,评估投产风险和预估成本,为企业提供了可靠的投资保障。

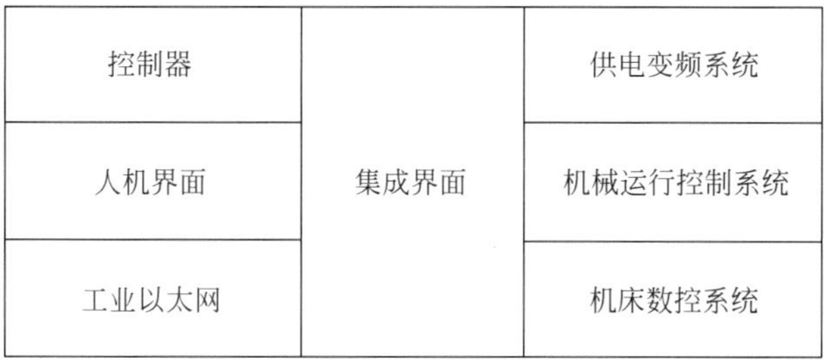

控制器		供电变频系统
人机界面	集成界面	机械运行控制系统
工业以太网		机床数控系统

图 7.4　集成自动化系统

④ 企业资源计划。企业资源计划(ERP)由美国 Gartner 公司于 1990 年提出,是 MRPⅡ下一代的制造业系统和资源计划软件。ERP 除了 MRPⅡ已有的生产资源计划、制造、财务、销售、采购等功能外,还有质量管理、实验室管理、业务流程管理、产品数据管理、存货管理、分销与运输管理、人力资源管理和定期报告系统。目前,在我国 ERP 所代表的含义已经被扩大,用于企业的各类软件都已经被纳入 ERP 的范畴。它跳出了传统企业边界,从供应链范围去优化企业的资源,是基于网络经济时代的新一代信息系统。它主要用于改善企业业务流程,以提高企业的核心竞争力。

ERP 汇合了离散型生产和流程型生产的特点,面向全球市场,包罗了供应链上所有的主导和支持能力,协调企业各管理部门围绕市场导向,更加灵活或"柔性"地开展业务活动,实时地响应市场需求。为此,我们需要重新定义供应商、分销商和制造商之间的业务关系,重新构建企业的业务、信息流程及组织结构,使企业在市场竞争中有更大的能动性。ERP 是一种主要面向制造行业进行物质资源、资金资源和信息资源集成一体化管理的企业信息管理系统,是一个以管理会计为核心,可以提供跨地区、跨部门甚至跨公司整合实时信息的企业管理软件,也是针对物资资源管理(物流)、人力资源管理(人流)、财务资源管理(财流)、信息资源管理(信息流)集成一体化的企业管理软件,如图 7.5 所示。

ERP 把客户需求和企业内部的制造活动以及供应商的制造资源整合在一起,形成一个完整的供应链,其核心管理思想主要体现在以下三方面:对整个供应链资源进行管理,精益

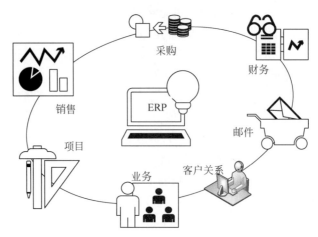

图 7.5　ERP 涉及的业务活动

生产、敏捷制造和并行工程,事先计划与事前控制。

ERP 应用成功的标志是:系统运行集成化,软件的运作跨越多个部门;业务流程合理化,各级业务部门根据完全优化后的流程重新构建;绩效监控动态化,绩效系统能即时进行反馈,以便纠正管理中存在的问题;管理改善持续化,企业建立了一个可以不断自我评价和不断改善管理的机制。ERP 具有整合性、系统性、灵活性、实时控制性等显著特点,其供应链管理思想对企业提出了更高的要求,是企业在信息化社会、在知识经济时代繁荣发展的核心管理模式。

基于以上分析可知,MES 在管理层与基础层之间架起了一座桥梁,实现了两层级之间的无缝连接,为企业数字化工厂建设打通数据信息的"鸿沟",帮助企业实现数据信息在企业内自由流动和共享。通过 MES 把管理层的生产计划、相关决策等信息与基础层的人员、设备、作业情况等信息联系起来,解决了企业管理与企业底层控制之间脱节的问题,使企业生产制造的执行过程实现了数字化、透明化,为企业快速响应市场奠定了基础。

MES 的关键作用是优化整个生产过程,它需要收集生产过程中大量的实时数据,并对实时事件做出及时处理,同时又与管理层和基础层保持双向通信能力,从上下两层接收相应的数据并反馈处理结果和生产指令。图 7.6 反映了 MES 在企业中的数据流图。因此,不同于以派工单形式为主的生产管理和以辅助物料流为特征的传统车间控制器,也不同于偏重以作业与设备调度为主的单元控制器,MES 作为一种生产模式,把制造系统的计划和进度安排、追踪、监视和控制、物料流动、质量管理、设备的控制和计算机集成制造接口等作为一体去考虑,最终实施制造自动化战略,为企业数字化工厂建设提供支撑和保障。

4. MES 主流技术

由于 MES 处于 ERP 和过程控制系统之间,既要实现 ERP 内部系统和 ERP 外部网络收发信息,又要传递信息给过程控制系统。因此,MES 开发与实施涉及的关键技术包括计算机操作系统、数据库技术、MES 体系结构、开发应用技术等。此外,进行 MES 的开发和实施还需要考虑 MES 系统的可配置性。根据相关专家学者对于 MES 的调研以及近年来所涌现的新技术,国际 MES 产品的主流技术情况如下:支持的平台方面,主要有 Windows 系列、UNIX、Linux 等系统;支持的数据库方面,主要有 Oracle、SQL Server、DB2、

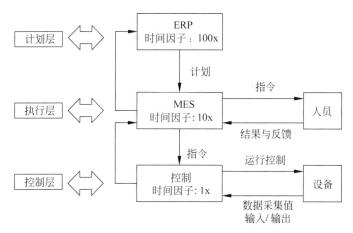

图 7.6 MES 在企业中的数据流图

Progress、Informix、Ingress、Sybase 等；应用技术方面，MES 系统的开发主要采用 DCOM、COM＋、Active-X、XM L、DotNET、J2EE、ODBC、OLE、OPC 等技术；系统架构方面，MES 系统主要采用 C/S、Web 使能、瘦客户端、分布式结构、负荷平衡等体系结构；系统可配置性方面，部分 MES 厂商的产品定位是使产品尽可能适合特定的用户群，相反有些厂商则为用户提供柔性的可配置工具来迎合客户的需求，以赢得广大的市场。

作为承上启下的车间级综合信息系统，MES 涉及底层自动化系统和各类设备的信息采集，需要承接 ERP 下达的生产计划，实现设备与工装管理、质量管理、人员派工、在制品管理、生产追溯、车间排产等功能的集成应用，并与仓储物流系统集成。MES 系统的应用与制造企业所处的行业、产品特点、工艺路线、生产模式、设备布局、车间物流规划、生产和物流自动化程度、数据采集终端、车间联网以及精益生产推进等诸多因素息息相关，常具有行业特质。同时，MES 的应用又与车间无纸化、多工厂协同、混流生产联网应用、工业大数据、数字孪生、信息物理系统等诸多新型技术交叉，正在不断进化。

5．MES 与其他系统的集成分析

1）MES 与 ERP 的集成

从生产计划的角度看，ERP 在生产计划的前端，MES 在生产计划的后端，MES 需要以 ERP 生成的"粗"计划作为其计划的源头和基础。ERP 系统与 MES 系统的集成主要包括如下几部分功能：ERP 系统向 MES 系统提供车间生产任务数据，作为 MES 排产计划的来源；MES 系统向 ERP 系统提供限额领料需求，以实现系统自动领料；ERP 系统向 MES 系统提供零件限额领料的详细信息，使车间及时了解生产准备情况；MES 系统向 ERP 系统提交完工入库信息，以实现系统自动入库；ERP 系统接收 MES 系统提供的零部件完工信息后自动反馈到生产计划，从而实现计划的闭环控制管理，使生产管理人员及时掌握车间任务进度。

因此，车间工作订单信息、配套加工领料单信息、物料编码基本信息、物资库存质量信息、配套单据及配套结果信息等基础信息都存储在 ERP 中；车间领料信息、在制品信息、车间完工反馈信息等生产车间的信息都存储在 MES 中。

2）MES 与高级计划排程系统的集成

高级计划排程系统（advanced planning and scheduling，APS）通常被用来制订车间作业计划,是一套基于优化生产原理的生产排产软件。对于高级计划排程功能,最重要的就是基础数据的准确以及有明确的业务管理需求。

APS需要的基础数据如表7.1所示。

表 7.1 APS 需要的基础数据

主 要 大 类	详 细 数 据
物料	生产提前期、采购提前期、最大/小库存量、现存量、可用量、在途量、安全库存量、经济批量等
物料清单	BOM 版本、材料消耗定额、替代件等
工艺及工艺路线	工艺路线、替代工序、工序优先级、工序制约关系、加工工序、准备时间、转移时间等
工作中心	设备能力、设备效率、替代设备、瓶颈设备等

APS需要输入的信息如下。

(1)生产任务。MES向APS提供车间的生产任务信息。

(2)加工工艺。由MES或者其他系统向APS提供工艺规程要求的内容,至少包括加工工序、各工序所需要的工装工具及其他物料、各工艺加工工时和所需工种,所需加工设备组(工作中心)以及图纸、加工说明等辅助性内容。

(3)库存数据。由MES或者其他系统向APS提供制订计划时的物资库存、可用的工装工具和刀具库存、近期计划等信息。

(4)设备信息。由MES或者设备管理系统向APS提供可用设备能力、时间模型及设备所属设备组(工作中心)等内容。

(5)工人信息。由MES或者劳动力管理系统向APS提供各工人加工技能、时间模型及所属班组等信息。

APS向MES输出的信息如下。

(1)排程仿真及结果对比分析。由于APS引擎内置大量的排程策略,采用不同的排程策略将得到不同的排程结果。因此,要将仿真得到的不同排程结果进行对比分析,以得到需要的结果。

(2)排程结果。排程结果是指准备下达给班组的指导工人加工的排程方案。方案可细化到某时某工人在某设备上加工某工序,需要配备何种工装工具及刀具,准备哪些物资辅料。比较好的排程结果还会包括该工序的详细制造指令,信息更为详备。

(3)MES与质量管理系统(或ERP质量管理模块)的集成。质量管理系统用于为生产提供质量标准,并进行质量标准及其相关内容的管理与质量检查。质量管理的精度是产品以及车间检查的关键点。而MES则用于对车间生产的每个工位、工序进行质量跟踪及管理。

(4)MES与CAPP、PDM的集成。CAPP用于保存结构化工艺文件数据,PDM用于工艺文件的管理和归档。三者之间的集成包括:CAPP与MES之间通过集成实现工艺数据从CAPP向MES中的导入,同时在CAPP中实现工艺文件的自动查错;CAPP与PDM之间通过集成实现工艺文件在PDM中的流程审批和归档管理,包括CAPP与PDM中产品结构树的统一、MES与PDM中产品结构树的统一、CAPP与PDM审批流程的统一。

(5)MES与设备管理系统的集成。设备管理系统用于存储设备基础信息和各类计划信息。设备基础信息主要包括设备台账信息,设备操作、日检、保养、维修规程信息,设备技术精度信息等。计划信息主要包括各类保养计划、维修计划、润滑计划等。

MES 向设备管理系统提供的信息主要有作业实施信息、生产调度信息、设备状态信息和设备运行信息。通过对这些信息的统计分析,获取设备管理的决策信息,如设备故障频率、设备能力数据等。

(6) MES 与人力资源管理系统的集成。人力资源管理系统用于存储车间人员的基础信息,包括人员信息、岗位信息、技能信息、技能等级、工作制度、人员成本、人员薪酬等。

MES 将生产过程中产线人员的精细化考勤数据和排班数据反馈给人力资源,以便清晰了解产线人员的工作状况和技能状况,并为统计分析企业的人员绩效提供基础信息。

(7) MES 与 DNC 的集成。MES 负责生产作业计划。当车间生产调度将某道工序派往某台机床时,需要向 DNC 系统传送该工序的零件号、工艺规程编号、工序号、设备号。DNC 接收该信息后,需要根据零件号、工艺规程编号、工序号三个条件,在产品结构树下检索到该零件节点,并在该节点下根据工艺规程编号、工序号和设备号检索加工代码(按代码属性检索),检索到后将这些代码传送到 DNC 通信服务器相应的设备节点下。

DNC 与 MES 的集成实现了车间计划指令与机床的物理关联,同时机床的生产状态能及时反馈给 MES,为 MES 的工序加工计划提供可靠的依据。

6. MES 应用实施分析

1) 不同行业 MES 的需求差异

MES 是带有很强的行业特征的系统,不同行业的企业 MES 应用会有很大的差异。

医药、化工、电力、钢铁、能源、水泥、食品等以大批量生产为主的典型的流程生产行业主要采用按库存、批量、连续的生产方式。因此,将各种不同的自控系统联网,通过自动采集生产过程的数据来实现企业的生产信息集成,建立全范围的实时和历史数据库,是流程生产企业实现 MES 应用最关键、最核心、也是最基础的任务。

典型的离散制造业主要包括机械、电子、航空、汽车等行业,这些企业既有按订单生产的,也有按库存生产的,既有批量生产的,也有单件小批生产的。注重生产计划的制订和生产的快速响应是离散行业 MES 系统应用的关键。表 7.2 展示了流程制造业与离散制造业的 MES 应用对比分析。

表 7.2 流程制造业与离散制造业的 MES 应用对比分析

MES 应用的不同点	流程制造业	离散制造业
产品结构	通常用配方来描述产品结构关系,最终产品分为主产品、副产品、协产品、回流物和废物	采用"树"型的产品结构,最终产品由固定个数的零件或部件组成,且这些部件之间的关系非常明确和固定。最终产品固定单一
生产计划管理	主要是大批量生产。只有满负荷生产,企业才能将成本降下来,在市场上具有竞争力。因此,在生产计划中,年度计划更具有重要性,它决定了企业的物料需求	主要是单件、小批量生产。由于产品的工艺过程经常变更,因此,采购和生产车间需要很好的生产计划系统,特别需要计算机来参与计划系统的工作

MES 应用的不同点	流程制造业	离散制造业
作业计划调度	只存在连续的工艺流程，因此在作业计划调度方面，不需要也无法精确到工序级别，而是以整个流水生产线为单元进行调度。从作业计划的作用和实现上，比离散制造企业相对简单	采用生产作业计划调度，需要根据优先级、工作中心能力、设备能力、均衡生产等方面对工序级、设备级的作业计划进行调度。这种调度是基于有限能力的调度并通过考虑生产中的交错、重叠和并行操作来准确地计算工序的开工时间、完工时间、准备时间、排队时间以及移动时间。通过良好的作业顺序，可以明显地提高生产效率
作业指令下达	不仅要下达作业指令以及面板数据接口数据，而且要将作业指令转化为各个机组及设备的操作指令和各种基础自动化设备的控制参数，并下达给相应过程控制系统	将作业计划调度结果下达给操作人员的方式一般采用派工单、施工单等书面方式进行通知，或采用电子看板方式让操作人员及时掌握相关工序的生产任务
工艺流程	生产设备按照产品进行布置	多数企业生产设备的布置不是按产品而是按照工艺进行布置。因每个产品的工艺不同，生产过程中要对所加工的物料进行调度，中间品需要进行搬运
库房物料管理	由于是连续生产方式，一般不设中间半成品库房，配方原料的库位一般设置在工序旁边。配方领料不是根据工序分别领料，而是根据生产计划一次领料放在工序库位中。通存点常采用罐、箱、柜、桶等进行存储，存储数量可以用传感器进行计量	一般对半成品库也设有相应的库房，各工序根据生产作业计划以及配套清单分别进行领料，存储地点多为室内仓库或室外露天仓库
自动化水平	自动化水平较高，多采用大规模生产方式。工艺技术成熟，多采用过程控制系统，控制生产工艺条件的自动化设备较成熟	自动化水平大都较低，加工过程主要是离散加工；产品的质量和生产率很大程度依赖于工人的技术水平；自动化设备是单元级的，如数控机床。因此对于离散制造业的 MES 应用，数据采集是难点
设备管理	设备是一条固定的生产线，投资比较大，工艺流程固定，其生产能力有一定的限制。生产线上的设备维护特别重要，不能发生故障	可以单台设备停机检修，并不会影响整个系统生产
批号管理和跟踪	生产工艺过程中会产生各种协产品、副产品、废品、回流物等，物资的管理需要有严格的批号	虽然现在很多离散制造企业也在逐渐完善批号跟踪管理，但离散制造业一般对这种要求并不十分强调

2）MES 在企业实施中的共性难点分析

MES 系统的实施与其他信息系统的实施一样需要按照信息系统项目管理的要求来进行，其工作的重点是明确项目范围，形成项目团队，确定项目需求，合理选择供应商，有计划组织实施及实施上线后的定期评估和持续优化等环节。

目前,企业在实施 MES 系统时存在以下共性难点。

(1) 缺乏配套的知识、技术以及专业人才。目前企业 MES 的实施往往由两类不同知识结构的人才来进行,一类是 IT 人员,另外一类是工控人员(或设备管理员)。MES 是一个专业交叉很强的综合项目,而这两类人员在知识结构上存在差异(IT 人员不熟悉设备、控制等,而工控人员不熟悉 IT),因此无论由谁来主导,在 MES 项目实施前均存在一定的心理障碍。即便有的企业在实施 MES 的过程中将这两类人才整合为一个项目组,但如果双方缺乏合理的沟通机制,在理解上也会出现偏差。

(2) 前期信息化实施的矛盾集中体现。企业实施 MES 的动力来源于前期信息化项目。尤其是 ERP 项目实施应用相对较好的客户,在 ERP 深化应用的过程中,发现仅靠 ERP 系统并不能很好地解决生产管理的问题(如信息及时反馈、质量管理、高级计划排程等),进而希望通过 MES 的实施解决之前 ERP 项目应用中的问题,因此前期 ERP 等项目应用中的矛盾和问题就浮出水面。对 IT 人员而言,这无疑是一个巨大的挑战。此外,MES 的定位是制造执行,它不能解决所有涉及生产管理的问题。

(3) 涉及企业最核心的业务,针对性强。因为 MES 的实施必然会涉及制造企业最核心的业务——生产,而且具有很强的针对性,个性化也非常强,因此企业在实施 MES 的时候需要慎重考虑生产的实际状况。

(4) 系统庞大,各模块的实施先后问题无法把握。MES 是一个庞大的系统,模块与模块之间的逻辑关系如何? 实施的先后顺序是什么? 实施的前提是什么? 这些问题难以把握。

(5) 与 ERP 等系统之间的边界不清晰。MES 在功能的描述上很多与 ERP 一样,在功能上也存在一定的重叠、交叉,那么 MES 真正的内涵、外延如何? 与 ERP 之间的边界如何界定? 如果对 ERP 和 MES 没有深入的研究,是很难界定的。

(6) 供应商关注重点各不相同。各 MES 供应商因为进入该领域的背景不同,其关注点也不相同。很多功能似乎都是企业需要的,但如何选择真正适合自己的,是企业在选型决策时面临的困难。

因此,企业在实施 MES 之前,必须结合生产特点、管理要求,形成规范的 MES 需求,在此基础上指导实施和应用。

3) MES 需求分析示例

从企业的角度来看,MES 能够得到较好的理解与需求分析,进而成功实施才是最重要的。那么如何针对企业自身的状况进行需求分析呢? 这里以 e-works 为例进行介绍。

第一,结合企业的生产工艺特点,重点阐述生产环节需要监管的重点环节和重点要求。

第二,明确需要实施的项目范围。图 7.7 为某电子企业与企业高层管理者共同确定的 MES 项目实施范围,其中实线框表示一期主要实现的内容,虚线框为未来实施的功能。在高级排程及工厂资源规划未实施前,生产计划管理、车间人力资源管理和设备管理的相关信息直接与生产过程的可视化进行集成。另外,数据采集应涵盖生产计划管理、车间人力资源管理、设备管理、质量管理等环节。

第三,明确了项目范围后,就要细化地提出对 MES 系统整体的性能要求,即可集成性、

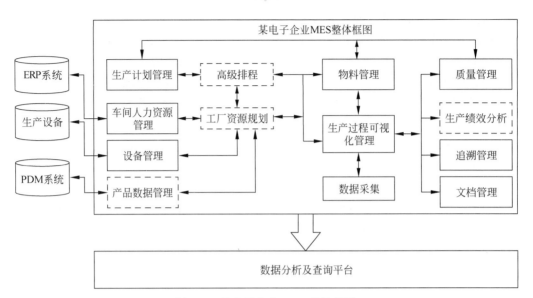

图 7.7　某电子企业 MES 整体框图

可配置性、可适应性、可扩展性和可靠性等要求。

第四,分层级地对相关业务明确细化的需求。如以"生产过程可视化"为例,提出了如下的需求。

(1) 生产控制:能够准确知道实时的生产进度,实时掌握线边仓的物料信息,记录每个料站料卷的上下料记录和操作人员信息。

(2) 抛料率分析:计算抛料率。当抛料率超过临界值时报警,并进行抛料原因的分析。

(3) 上料防错:对 SMT 机台和组装进行上料防错,并及时给出警示信息,记录操作错误的人员信息。

通常很多企业对 MES 的需求就进行到上述细度,但这并不能进行规范的需求描述,还需要更进一步细化的描述。

第五,解决集成问题,一方面要重点解决好与其他系统之间的集成,尤其是与 ERP 系统的集成;另一方面要解决好与设备等的集成问题,包括描述清楚要实现的目标要求及实现机理(实现机理也可由未来的供应商拿出具体的解决方案)。在解决集成问题的同时,需要明确各系统之间的边界问题。

第六,要明确划清 MES 与其他系统之间的关系,如图 7.8 所示。

首先要解决的是 MES 可能会与哪些系统发生关系。通常而言,与 MES 发生紧密关系的系统有 ERP、SCM、PDM、自动化设备、QIS、EAM、eHR、安全管理等。

其次要分清楚各种系统所擅长的功能。以 EAM 为例,MES 侧重的是设备状态、设备维修、设备能力、设备使用等管理,而 EAM 则可实现对设

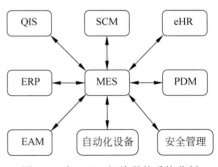

图 7.8　与 MES 相关联的系统分析

备的全生命周期管理,包括设备采购、设备维修、设备跟踪、设备处理等。

再次要对系统之间的关系进行切割(划清系统边界)。例如让 EAM 侧重于设备资料、设备维修等方面的管理,MES 侧重于设备实时状态、运行效率等方面的管理。

最后,划清系统边界后,要考虑清楚系统间集成的方式。

4)MES 实施阶段划分

MES 实施阶段划分的思路是:在集成的前提下实现可视化,在可视化的基础上实现精细化,在精细化的前提下实现均衡化,如图 7.9 所示。

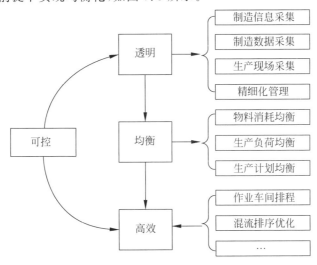

图 7.9　MES 的实施阶段

透明的目的就是要实现生产过程的可视化和精细化生产。要做到这一点,首先要实现的是制造信息的采集,这是很多企业实施 MES 的初衷,也是很容易见效的环节。但要实现真正"透明",仅仅完成制造数据的采集是远远不够的,关键是要实现制造数据(物料数据、产品数据、工艺数据、质量数据等)的集成。只有实现了集成,才能通过逐步地细化(从控制的力度看,为车间→工序→机台→工步……从控制的范围看,为计划执行→物料→工艺人员→环境……)实现生产过程的可视化管理。

其次要在透明的基础上实现均衡生产。众所周知,只有实现了均衡生产,才能实现产品质量、产品成本、产品交货期的均衡发展。目前很多企业质量不稳定、制造成本高,其核心就是生产的不均衡。

在均衡的前提下,通过优化(PDCA 循环)实现高效的生产,这是 MES 实施的真正目标。

7. MES 应用成熟度分析

我国制造企业在引入和实施 MES 的过程中,具体发展的水平与实施的深度参差不齐。为了让企业在实施过程中清楚所处的阶段与位置,明确实施 MES 所需要和能够达到的层级与级别,以及如何在已有的基础上深化 MES 的应用,这里采用 e-works 给出的 MES 深化应用五级成熟度模型为例进行说明,如图 7.10 所示。

1)初始级

初步实现了生产现场的闭环管理,建立了围绕以生产任务单为核心的信息化管理,包

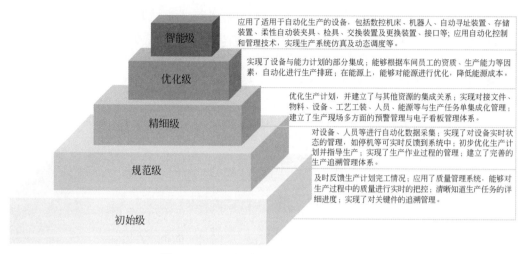

图 7.10　MES 深化应用五级成熟度模型

括生产计划的下达、生产过程控制、完工等都已经纳入信息系统管理,但管理还仅限于物料、设备等关键性资源,例如。

（1）能够应用数据采集工具,及时反馈生产计划的完工情况。

（2）能够应用质量管理系统,对生产过程中的质量进行实时把控。

（3）能够实现部分车间生产的作业管理,并清晰地知道生产任务的详细进度。

（4）实现了对关键件的追溯管理。

2）规范级

生产车间的各项核心资源都覆盖了信息化管理,如设备、技术文件、工装、人员等,生产人员能够清晰地把控车间各项核心资源的使用情况、空闲情况等,使车间作业中的各项要素能够得以有效的配合与管理,例如。

（1）实现了对设备、人员、工装、能源等多项资源的自动化数据采集。

（2）与设备集成,实现了对设备实时状态的管理,如停机、维修等可实时地反馈到系统中。

（3）能够初步应用生产排程系统,并得出初步优化的生产计划并指导生产。

（4）根据不同的行业特点实现了生产作业过程管理,如电子行业的上料防错等。

（5）建立了完善的生产追溯管理体系。

（6）建立了覆盖生产过程的文档管理体系。

3）精细级

生产车间的主要资源已经都纳入了信息化系统管理之中,实现了集成化的管理以及主要资源的精细化管理,并能根据现有资源情况初步进行优化,例如。

（1）能根据现有的资源情况,优化得出排产到分钟的生产计划;建立了与其他资源的集成关系,如得出排产计划的同时下达工装计划、设备作业计划等。

（2）在生产准备阶段,实现了对技术文件、物料、设备、工艺工装、人员、能源等生产任务单的集成化管理。

（3）设备等方面的管理更加深入,对设备维修的管理,包括维修计划、维修任务、维修成本等都纳入了系统管理。

（4）建立了生产现场多方面的预警管理与电子看板管理体系。

4）优化级

在精细级基础上，实现了对各项资源的优化利用，系统能够有效指导现场生产作业，例如。

（1）在设备上，实现了设备与能力的计划的部分集成。如进行能力计划运算时考虑设备的维修计划，得出最优化的生产计划。

（2）在人员上，能够根据车间员工的资质、生产能力等因素自动化进行生产排班。

（3）在能源上，能够对能源进行优化，降低能源成本。

5）智能级

建立了覆盖底层设备、过程控制、车间执行、管理控制等无缝一体化的信息系统，实现了生产计划的下达、排产、生产加工、完工反馈等过程的无人化或少人化，例如。

（1）应用了适用于自动化生产的设备，包括数控机床、机器人、自动寻址装置、存储装置、柔性自动装夹具、检具、交换装置及更换装置、接口等。

（2）应用了连线技术，可以根据工艺设计，将各种设备连线，形成一个自动化生产有机整体，包括 FCS、FMS、FML、FA 等，实现了与设备、与 MES 系统的实时通信与控制。

（3）应用了自动化控制和管理技术，包括分布式数字控制技术、生产规则和动态调度控制技术、生产系统仿真技术等。

7.2.2　制造运营管理系统

1. MOM 提出的背景及概念

自从美国先进制造研究协会于 1990 年首次提出制造执行系统的概念以来，MES 已经逐渐成为国内外学术界和产业界研究与应用的热点，并在实践中取得了长足发展和广泛应用。MES 国际联合会于 1997 年陆续发表了 MES 白皮书，分析了应用 MES 的作用与效益，论述了 MES 与计划系统和控制系统集成的可行性，给出了 MES 的描述性定义，并提出了含有 11 个功能模块的 MES 功能模型。但在 MES 的发展与实践过程中也遇到了一些问题，例如边界模糊、功能有限等问题。于是，美国仪器、系统和自动化协会于 2000 年开始发布 ISA-SP95 标准，首次正式确立了制造运营管理的概念，并由国际标准化组织和国际电工委员会联合采用，正式发布为国际标准 IEC /ISO 62264《企业控制系统集成》。自该标准正式发布以来，国内外学术界和产业界都开始重视对它的理解和使用。如何将该标准用于指导制造企业信息化的研究与实践，已成为该领域的新课题。

IEC/ISO 62264 标准对制造运营管理的定义是：通过协调管理企业的人员、设备、物料和能源等资源，把原材料或零件转化为产品的活动。它包含管理那些由物理设备、人和信息系统来执行的行为，并涵盖了管理有关调度、产能、产品定义、历史信息、生产装置信息以及与其相关的资源状况信息的活动。

IEC /ISO 62264 标准的主要贡献是定义了用于描述企业各类制造资源的数据对象模型，以及用于描述企业制造运行过程的通用活动模型。通过数据对象模型及其属性的定义可实现数据的标准化，通过通用活动模型的使用可实现管理的规范化，从而实现数据和管理活动的分离，有利于系统设计、产品开发和工程实施。

2. MOM 的功能模型

ANSI/ISA-95 标准定义了企业控制系统集成时所使用的模型和术语（ANSI/ISA-95.00.01—2010）、对象模型（ANSI/ISA-95.00.02—2010）、制造运营管理活动模型（ANSI/ISA-95.00.03—2013）、制造运营管理对象模型和属性（ANSI/ISA-95.00.04）、业务与制造间事务（ANSI/ISA-95.00.05）以及消息服务模型（ANSI/ISA-95.00.06）。其中第四部分（ANSI/ISA-95.00.04）和第六部分（ANSI/ISA-95.00.06）目前还在开发中。

ANSI/ISA-95 标准中引入了企业控制系统集成的层级模型，IEC/ISO 62264 标准以美国普渡大学企业参考体系结构为基础明确了该模型的 5 级层级，将企业的功能划分为 5 个层次，如图 7.11 所示。在这个具有 5 个层次的模型中，第 0 层是实际的生产过程；第 1 层定义感知和操作实际生产过程所涉及的活动，其活动执行的时间片段范围为秒级或更快；第 2 层定义监视和控制生产过程所涉及的活动，其活动执行的时间片段范围可以为小时、分、秒；第 3 层定义生产所需最终产品涉及的工作流活动，包括维护记录和协调生产过程的活动，其活动执行时间片段范围可以为天、班次、小时、分或秒。MES/MOM 的主要功能都位于第 3 层；第 4 层定义与管理制造组织的业务相关的活动。与制造相关的活动包括建立工厂计划（如物料使用、配料和发货等）、决定库存水平、确保物料按时配送到正确的位置进行生产等。第 3 层的信息对第 4 层的活动至关重要。第 4 层活动执行的时间片段范围典型为月、周、天等。

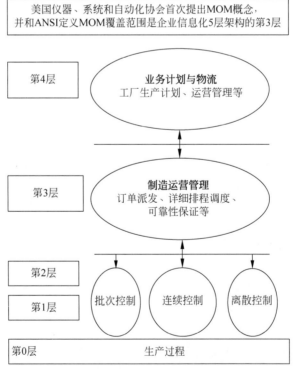

图 7.11　MOM 功能模型

该模型明确地指出了制造运营管理的范围是企业功能层次中的第 3 层。该层定义了为实现生产最终产品的工作流活动,包括生产记录的维护和生产过程的协调与优化等。由此,针对制造运营管理的研究可转化为两方面:一是针对制造运营管理内部的整体结构、主要功能及信息流走向的定义;二是针对制造运营管理与其外部系统(即第4层的业务计划系统、第2层及其以下的过程控制系统)之间信息交互的定义。

3. MOM 的整体结构

IEC/ISO 62264 标准参考美国普渡大学的计算机集成制造参考模型,给出了企业功能数据流模型,定义了与生产制造相关的12种基本功能及各个功能间相交互的信息流。在此基础上,根据业务性质的不同,该标准又将功能数据流模型中 MOM 的内部细分为4个不同性质的区域,生成了如图 7.12 所示的 MOM 模型,实现了对 MOM 的结构划分。

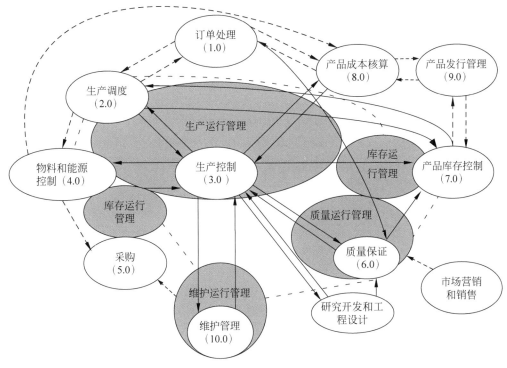

图 7.12 MOM 模型

MOM 模型不同性质的主要区域为生产运行管理、维护运行管理、质量运行管理和库存运行管理。图中粗虚线代表企业的业务计划区域与制造运行区域之间的边界,即给定了 MOM 的范围;白色椭圆和带箭头的实线段分别表示企业中与制造运行相关的基本功能及各功能之间交互的信息流;阴影区域则表示 MOM 内部所细分成的四类不同性质的主要区域。

MOM 关注的范围主要是制造型企业的工厂,生产运行是整个工厂制造运行的核心,是实现产品价值增值的制造过程;维护运行为工厂的稳定运行提供了设备可靠性保障,是生产过程得以正常运行的保证;质量运行为生产结果和物料特性提供了可靠性保证;库存运行为生产运行提供了产品和物料移动的路径保障,并为产品和物料的存储提供了保证。由此可见,维护运行、质量运行和库存运行对制造型企业不可或缺。同时,生产运行、维护运行、质量运行和库存运行的具体业务过程又相互独立、彼此协同,共同服务于企业制造运行的全过程。因此,采用生产、维护、质量和库存并重的 MOM 系统设计框架,比使用片面强调生产执行的 MES 框架更符合制造型企业的运作方式和特点。

4. 制造运行信息的交互

为了实现 MOM 与业务计划系统(第四层)之间的信息更有效地集成与共享,IEC/ISO 62264 标准对 MOM 内部四类不同性质的区域进行了归纳与整合,将其与业务系统间交互的信息均归为四类,分别是运行定义信息、运行能力信息、运行调度/请求信息和运行绩效/响应信息。这 4 类信息可根据其所应用的制造运行管理区域进行细化,如图 7.13 所示,从而使得交互的制造运行信息能够形成一个完整的逻辑闭环。

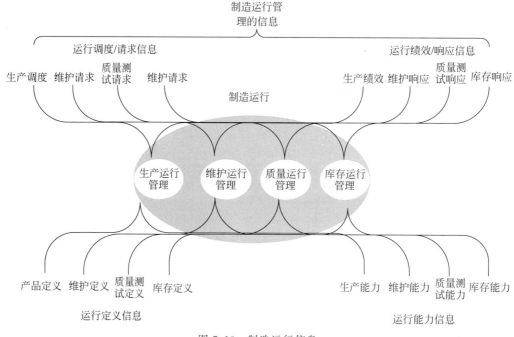

图 7.13 制造运行信息

5. MOM 活动模型

在明确了 MOM 的范围、结构和信息交互的基础上,IEC/ISO 62264 标准采用 UML (unified modeling language,统一建模语言)建立了企业信息资源对象模型,描述了企业信息的基本结构,首先建立三类基础资源对象模型(即人员模型、设备模型和物料模型),作为企业信息构建的基础;使用并汇集这三类基础资源模型,辅以特定的参数描述和属性描述,联合生成过程段模型。过程段是指企业中一个生产段所需的所有资源和能力的汇集,可视为企业生产过程的基本粒度。过程段对象模型是描述企业信息资源的基本单位。通过过程段模型与前面定义的三类基础资源模型的联合使用和汇集,便可生成与制造运行信息相对应的对象模型,即运行能力模型、运行定义模型、运行调度模型和运行绩效模型,从而使 MOM 与业务计划系统之间相交互的制造运行信息有了对象模型的支撑,为 MOM 软件产品和软件系统的开发与集成奠定了坚实的基础。

如图 7.14 所示,IEC/ISO 62264 标准定义了 MOM 通用活动模型模板,给出了 MOM 内部的基本体系框架,作为描述与研究制造运行管理的基本工具。

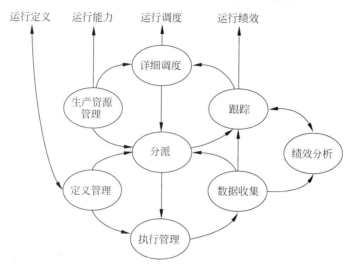

图 7.14 MOM 通用活动模型模板

该模型中的椭圆框表示企业 MOM 内部的主要活动,带箭头的实线则代表了这些活动之间相互传递的各种信息流。通过这些活动和信息流的定义,可以清晰地反映企业 MOM 的基本业务过程,实现对从原材料、能源和信息到产品的转换过程中的成本、数量、安全和时间等参数的协调、指导和追踪。

MOM 通用活动模型模板在实际使用时,需细化到 MOM 的四类主要区域。例如,当该模型模板用于描述生产运营管理时,它将会细化生成一个更为具体的生产运营管理活动模型,如图 7.15 所示。该模型的主要活动已细化到与生产直接相关,各活动之间的信息流也被进一步地细化描述,并扩展了它与第 1、2 层生产控制功能之间的信息交互。

在生产运营管理活动模型实际应用时,业务系统通过调用产品定义管理和生产资源管理的信息,结合第 4 层的相关活动与信息,形成生产调度信息传递给详细生产调度模块,并通过该模块分解为详细生产进度表;再通过生成分派模块进一步生成生产分派清单,最后通过生产执行管理模块形成操作命令,下达给第 1~2 层的生产控制功能。实际的生产功能需要再结合产品定义管理所提供的生产规则,完成由生产执行管理下达的操作命令,并以操作响应的形式,将实际的生产结果反馈给生产执行管理模块。同时,通过生产数据收集模块从实际生产过程及生产运营管理模块实时获取并存储设备和流程的特定数据和操作响应信息,形成生产和资源的历史数据,传递给生产跟踪和生产绩效分析模块,进一步形成生产跟踪报告和绩效分析结果反馈给 MOM 的其他活动,并形成生产绩效信息反馈给第 4 层业务系统。

类似地,MOM 通用活动模型模板同样可以用于描述其他三类制造运营区域,形成维护运营管理活动模型、质量运营管理活动模型和库存运营管理活动模型。以上这 4 类运营管理活动模型之间通过详细调度模块相交互,共同为 MOM 提供了模型化的描述与支撑。

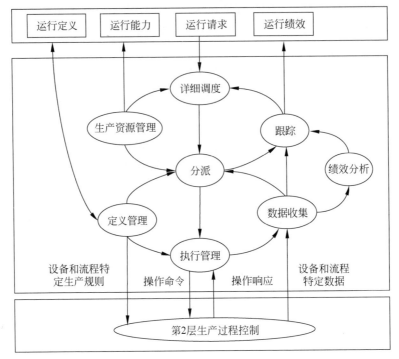

图 7.15　MOM 的活动模型

6. MOM 系统的构建

根据以上的分析可知,MOM 系统是在 MES 的基础上融合了其他的功能与软件而成的。而且随着对 MOM 研究的深入,一些制造企业已经能够掌握 MOM 的理论与功能,并能够结合自身的实际情况加以灵活运用,将 MES 等软件整合进 MOM,形成了 MOM 系统。为了更加清晰地明确 MOM 系统,就需要界定好 MOM 系统所包含的内容。本书在参考相关专家学者研究的基础上给出了 MOM 系统的内容界定,如图 7.16 所示。

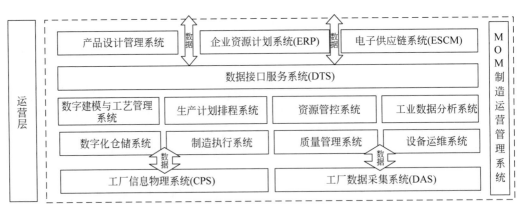

图 7.16　MOM 系统的内容

从图中可以看到 MOM 系统位于运营层,负责整个工厂的运营管理工作。MOM 中共有 14 个子系统,涵盖了数字化工厂的业务与产品全生命周期的管理,此时 MES 已成为

MOM 的一项子系统。在运营层的底部,工厂数据采集系统(DAS)、数字化工厂信息物理系统负责与物理世界相连和采集信息,并将信息连接至中部 8 大系统用于业务运作,然后在数据接口系统处理数据,再与其他层相连接,是整个数字化工厂的核心功能层。

7.2.3 从制造执行系统到制造运营系统

MES 与 MOM 在时间上是有先后关系的,但它们的关系不局限于此。本节将从范围、本质、内容、责任对象、技术的先进性和部署的灵活性几方面来比较 MES 与 MOM 的区别,如表 7.3 所示。

表 7.3 MES 与 MOM 的比较分析

视 角	MES	MOM
范围	一种解决具体问题的标准软件产品。涉及的范围与界线不够明确清晰	一个运营管理平台,由多种软件集成,覆盖范围广,涉及企业的各业务模块
本质	一个软件产品或软件系统的概念,只是为了解决某一类 MOM 问题而设计开发出来的软件产品;MES 自身概念的模糊性和边界范围的不确定性,使该领域通用的研究对象与研究内容并不明确,不利于该领域进一步发展	将各种 MES 类产品所涉及的对象范围进行抽象化,并对其通用内容的上限进行界定。MOM 的提出则可以解决 MES 自身问题,明确作为该领域的通用研究对象与内容,从而使该领域的研究更加清晰化
内容	通常是以生产运行为核心,其他几部分运行管理弱化为功能模块,处于辅助生产运行的位置,功能有限,并没有采用与生产运行管理相类似复杂程度的框架来描述	将生产运行、维护运行、质量运行和库存运行并列起来,用一个统一的通用活动模型模板来描述,并详细定义了通用活动模型内部的主要功能及各功能之间的信息流
责任对象	以企业的生产管理为核心,运营功能较弱	一开始就是面向企业的运营,包含了生产制造、质量管理、库存管理等涉及整体运营的模块,将所有模块整合到一个体系框架内
技术的先进性	以基于客户的服务器和 Web 端的服务为主,技术相对单一	整合了多个软件系统,可用的技术较多,例如客户端的服务、Web 服务、移动终端、云服务、物联网等先进技术
部署的灵活性	一旦部署完成往往难以调整,对于客户化服务也较难实现	具有较高的灵活性,以服务化、可配置化等方式和手段来实现与多变的环境相适应

总体来看,MES 可以视为针对 MOM 问题的一种具体实现方式,或是一种为解决某一类 MOM 问题而设计开发的软件产品实例。MOM 的提出并不是要替代 MES,而是要为该领域确立一个通用的、明确的研究对象和研究内容,并提供一个主体框架,而 MES 依然会作为该领域最常见的软件产品和软件系统。基于 MOM 确立的主体框架,进一步向集成化、标准化的方向发展,从而更易于实现集成和共享,更便于维护和升级。二者可以共存于企业的运营管理系统中,为企业的数字化转型与升级服务。

从制造执行到制造运营,MES 也进行了一系列的发展演变,如图 7.17 所示。首先是经典 MES,其功能特征较为单一,只需按照行业特性进行应用即可;随着工厂系统的增加和生产规模的扩大,企业引入其他系统(EMI、SPC 等)配合 MES 进行协作共同完成工厂业务,此时协同生产管理(collaborative production management,CPM)开始出现,由单一式生产向协同式生产迈进。在此过程中,美国 ARC 基于协同制造理念,提出运营管理平台(operation management platform,OPM),同时将 MES 纳入其中。OPM 强调将与生产运行相关的多种系统纳入同一平台,以实现各系统之间的关联与耦合;随着信息技术的发展,互联互通和集成技术的提高,业界以 MES 为基石,将各种理念、技术、平台等进行整合,提出 MOM,即基于知识、优化、指标、数据、约束的实时、敏捷、柔性、可组态的 MES;MES 与 MOM 代表了制造企业对于生产制造、执行和运营多软件、多系统整合集成的要求以及最新的集成成果。MOM 的出现为 MES 与其他管理系统边界模糊、功能重复等问题提供了解决方案。

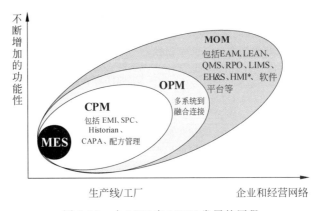

图 7.17　由 MES 向 MOM 发展的历程

随着软件系统的增多,带来了成本、人力等的增加,因此明确各软件系统之间的关系对于制造企业提质增效、降低成本、高效运作来说是十分必要的。图 7.18 展示了系统与系统之间的关系。

7.3　数字化工厂的运营管理框架

数字化工厂是一项系统工程,涉及多个业务模块。在 7.2 节的运营管理系统中,着重讲述了 MES 与 MOM 的内涵、特点及应用,它们是面向制造企业的运营过程服务的。在企业数字化工厂的运营管理中,将 MES 和 MOM 纳入运营体系结构中,以实现数字化工厂的分层管理,提高运营管理的专业化程度和效率。

本节首先将给出数字化工厂的平台架构,并在架构中展示 MES 与 MOM 对于数字化工厂运营管理的功能与作用。基于对已有研究的分析,从数字空间和物理世界两个维度来看待数字化工厂,进一步将数字化工厂划分为三层,分别是设备层、工厂运营层和集团层三层,以实现数字化工厂运营的层次化管理;同时也将 MES 与 MOM 共同纳入数字化工厂平台架构中,试图为数字化工厂的运营管理搭建一体化平台,具体如图 7.19 所示。

从现实与虚拟的角度来看数字化工厂,可以将其划分为物理世界和数字空间两个维

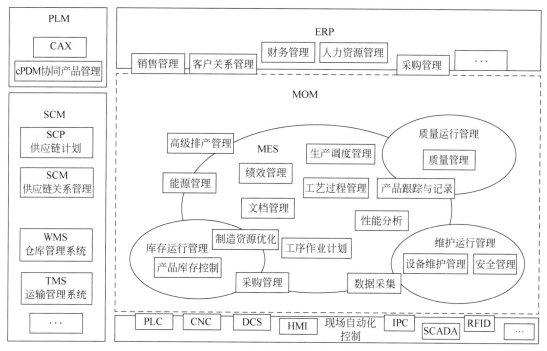

图 7.18　系统与系统间的关系

度。从工厂整体的运营角度可以将其划分为设备层、运营层和集团层三个层次。现实和虚拟的结合可以丰富数字化工厂的研究视角,有助于更好地搭建起数字化工厂的平台体系架构。

1. 物理世界

物理世界就是数字化工厂的物理实体部分,它不仅包含物理设备,还包含:物流单元、机加车间与装配车间构成的车间现场;设备、网络以及现场总线与控制设备相连组成的车间物联网控制系统,控制着车间现场的运行;监控、采集等设备组成的控制设备,监管着现场硬件设备的作业。从物理世界的视角看是设备层。在设备层(见图 7.19)中,主要是以物理设备为工具进行日常的生产作业活动。基于设备类别和功能的不同,又可将设备层分为车间现场、数控与采集以及网络互联三个层级,其中车间现场层(车间作业设备)、数控与采集层(数字控制与数据采集设备)以及网络互联层(通过互联网络实现数据信息的交换)之间存在数据和指令的交换,以完成工厂内的作业活动。

2. 数字空间

数字空间部分是数字化工厂的灵魂与大脑,是数字化工厂内数据、信息等的分析、管理、决策的场地。数字空间部分由工厂运营层和集团层所构成。

1) 工厂运营层

工厂运营层由 MOM 系统所构成,它负责着车间、工厂的运营管理工作。MOM 系统通过数字化工厂信息物理系统、数据采集控制系统收集处理来自物理空间的信息与数据,然后借助数字建模与工艺管理系统、生产计划排程系统、资源管控系统、工业数据分析系统、数字化仓储系统、制造执行系统、质量管理系统、设备运维系统处理由规划设计到运维产品

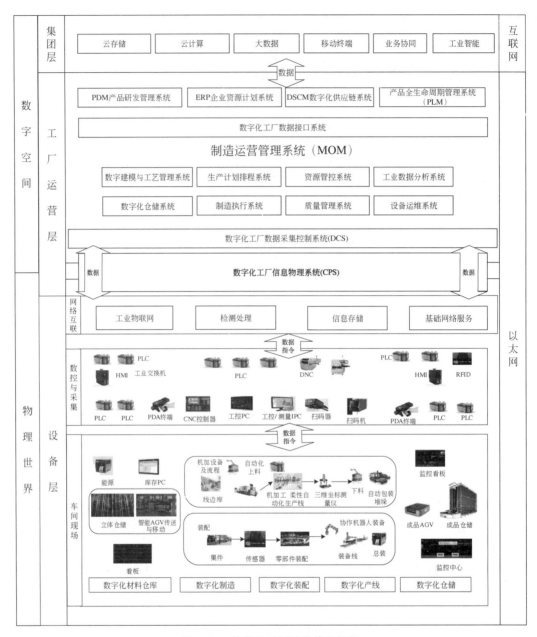

图 7.19　数字化工厂运营管理框架

全生命周期的各项业务,进而将数据通过数字化工厂数据接口系统传入企业资源计划系统、数字化供应链系统、产品全生命周期管理系统、产品研发管理系统等,由工厂计划层进行数据分析以及决策管理。运营层中有数字化工厂信息物理系统,它横跨物理世界与数字空间,实现物理世界与数字空间的交互。

　　2)集团层

　　工厂运营层的数据最后将进入工厂的集团层或者协同层,在集团层内通过大数据分析、工业移动终端(例如工业 App 等)、工业智能等进行数字化工厂内外信息的交流与协作,从广义上来运营数字化工厂,建立数字化工厂生态圈与生态系统,使数字化工厂不断得到更新与进化,从而更快地迈向智能工厂和智能制造。

总体上来说,数字化工厂运营管理框架的建立可以系统地厘清数字化工厂的体系结构。在构建框架时,既要保证体系的完整性和丰富度,也要精简和清晰。将某些联系密切的层级进行合并归类,以较少的层次来划分数字化工厂符合数字化工厂集成性的要求。比如图7.19中,数字化工厂运营管理中的设备层就将与之联系密切的产线、单元等整合了进去,在一个层级中形成关于物理世界的整体体系;而在数字空间中,工厂运营层就把工厂所进行的业务,比如数据采集、制造执行、供应链等,整合在一个数字化工厂运营管理系统(平台)中,使得数字化工厂的所有信息、数据可以集成管理、运用,真正实现可视、可追溯,达到所见即所得的要求,而这些也是制造企业所要达到的目标,并且精简的层次结构也有助于数字化工厂的理解与把握。

7.4 制造执行系统应用案例

7.4.1 MES助推江铃汽车生产的精益化进程

如图7.20所示,江铃汽车股份有限公司(JMC)是以商用车为核心竞争力的中国汽车企业,连续多年位列中国上市公司百强。

图7.20 江铃汽车股份有限公司

JMC在现有主厂区外,已投产的小蓝30万辆新整车基地占地200亩,新建中压、年接、涂装、总装等生产线和整车研发中心、生产线及装备自动化、柔性化程度瞄准国际先进水平,产品按世界级乘用车品质标准规划生产。JMC建立了国家级技术中心,架构了先进的全球数字化设计平台,与福特汽车公司全球同步开发设计和发布新产品,公司被认定为国家高新技术企业。JMC产品包含"全顺"汽车、"凯运"轻卡、"宝典"皮卡、"域虎"皮卡、"取胜"SUV等。

1. 精益化管理呼唤MES

JMC在推行精益化管理之前,生产现场整体的生产节拍慢,生产线边堆放着密集的物料,生产、物料、质量等信息需要通过人工进行维护,工作量大且易出现问题。随着JMC产量的增长及产线的建设,解决这些问题也变得更加紧迫。精益化的生产是整车制造的趋势所在。要实现汽车的精益化生产,摆在车间层面的一个最核心的问题就是如何将生产过程中车辆的各种信息流加以综合利用,通过信息系统的加工进一步地提炼,使其延伸到工厂的自动设备、质量管理、供应链、成本控制、物流管理等各个环节,从而实现管理效率和资源配置的优化。

为配合年产三十万辆生产线的建设,决定建设 MES 项目来支持 JMC 的生产运作和管理,适应公司产量快速增长和车型平台增加的需求,并能同其他业务和系统整合。

2. 按需选型,注重行业积累

在 MES 系统的选型方面,JMC 有自己明确的目标。汽车制造业在整个制造业内属于信息化起步早、自动化程度高的行业,具有较好的信息化基础。同时,JMC 本着打造透明工厂、实现智能制造的目标来实施 MES 系统,要求 MES 系统具有平台化、柔性化、定制化的特点。其次,JMC 在 MES 系统的选型过程中充分考量了供应商的综合能力,包括供应商以往的实施案例,对行业的认知、实施能力、风险管控能力、沟通能力等综合因素。因此他们选择的供应商要求具备:对汽车行业有深入的了解,有着丰富的行业经验,熟知汽车制造业的各种制造模式,拥有汽车企业 MES 系统实施的经验;经验丰富的实施团队,能够引进其他汽车厂的先进经验并结合 JMC 的需求进行优化,重组江铃现有的流程业务;能实现本地化运维,快速现场解决问题,保证 JMC 的生产,提高江铃的整体制造水平。

3. 系统实施,有的才能放矢

针对在生产排产、厂内物流、质量管理等方面存在的突出问题,JMC 的 MES 系统搭建了生产管理、物科管理、质量管理、Andon、PMC、AVI、RC 等模块,如图 7.21 所示。

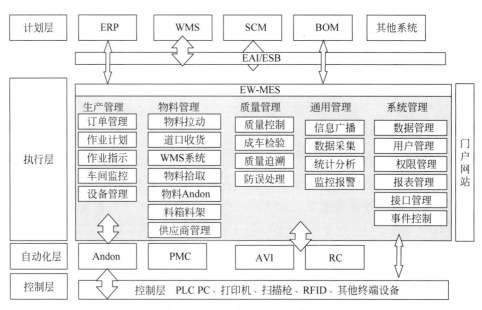

图 7.21　JMC 的 MES 功能框架

在生产管理方面,JMC 需要根据多种制约因素进行有限生产排程。MES 系统有效地解决了 JMC 的生产排程问题,充分考虑了生产订单的排程要求,并实现了与物料管理的协同,推动了业务的整体融合。MES 在焊装车间主要通过扫描条码和 RFID 两种方式进行跟踪,根据不同车型指导焊接机器人进行焊接操作,并通过补焊、调整、报交合格后下线。焊与涂之间的 WBS(焊接车间积放链运输系统)区为焊装车间范围,根据车型颜色进行路由运算,排序后进入涂装生产,并在 WBS 区通过 RFID 进行跟踪。涂装车间通过耐高温、耐腐蚀的射频识别标签进行跟踪。因为涂装车间的高温以及工艺限制,RFID 是最适合的方式。涂、总之间的 PBS 区(汽车涂装工艺车间与总装工艺车间之间的缓冲区)属于总装范围,根据总装生产要求,连续出车时天窗与车型比例要进行出车控制,并同步拉动物料配送,进行生产协同,打印装配指示单,进行关键件绑定及防错,并对拧紧、加注、检测数据进行集成。总装通过条码扫描方式进行跟踪。

在物料管理方面,所有厂内外物料的调达完全按照 MES 的指令执行。如使用 AGV 小车配送 KIT(英文原意为"成套",KIT 供给即为成套单辆份供给)件。通过 JIS(just in sequence,及时供货的一种特殊而极端的状态)排序、JIT 拉动、批量配送、双箱系统等方式调配不同的物料,保证厂线的物流调达。MES 可自动发出指令(生成打印单据及 LED 大屏、短信、邮件提示等),这样不仅减少了物流人员订单跟踪、配送指令等待、生成进度催问、打印单据的工作量,还提高了其他岗位员工的工作效率。

在质量管理方面,JMC 严格执行福特质量标准。生产质量通过对生产过程中工艺、设备状态、物料参数等进行管控,层层把关。数据采集根据不同设备、不同参数要求,分为 OPC 采集、接口通信、数据库交互、文件传输等。质量追溯是 MES 系统质量管理的重要核心目标,通过车辆可追溯生产过程中的人、机、料、法。

同时,JMC MES 系统与以下系统进行对接,通过系统集成保证了数据的准确可靠,消灭了信息孤岛,实现了人、机、料、法、环的闭环管理。

(1) SAP ERP。生产订单、BOM 数据、工艺路径、过点反馈等信息通过 Web Service 方式进行数据交互,保证了计划与生产的数据实施交互。

(2) WMS(warehouse management system,仓库管理系统)。通过物料拉动信息、JIT、JIS 等,实现了物流与生产的有效协同。

(3) QLS(quality logistics systems,质量后勤系统)。提供生产过程质量信息、工艺质量参数数据,保证车辆质量的合格可靠。

(4) SRS(supplier rating system,供应商评估系统)。实现供应与生产的高度配合,提高企业与供应商的作业效率,实现供应商协同。

4. MES 打开精益生产新局面

JMC 以 MES 实施为切入点,引入工业 4.0 先进管理思想,并以"互联网+汽车制造"着力打造透明工厂,实现了生产智能化、设备自动化、物流精益化、信息透明化。

1) 生产智能化

(1) 实现订单自动排程,为每台车安排合适的生产计划,优化并降低生产成本,同时支持未来个性化定制需求。

(2) 车间生产现场、质量追溯等数据实时采集,打造透明化工厂。

(3) 与移动互联网技术结合,使用手机 App 程序,使相关人员能更快捷地获取相关信息。

2) 设备自动化

(1) 自动化设备的引入大大提高了生产效率,利用 MES 系统将流程固化及标准化,并把人的经验参数化,降低了人员培训成本。

（2）自动化设备数据采集可以自动形成统计分析报表，极大减少了车间统计人员的工作量。

3）物流精益化

（1）以条形码技术实现出入库数据自动采集，极大地提高了工作效率；以电子单据取消纸质单据，初步实现无纸化。

（2）仓库的精益化管理提升了库存周转水平，减少了仓库零部件的积压，降低了库存资金占用。

（3）以自动引导车实现配送智能化，按设定的路线进行自动化配送，配送过程无人化。

4）信息透明化

（1）利用工业总线、以太网、条形码及射频标签技术，实现车间物联网和采集数据自动。

（2）设备信息与软件信息互联互通，控制生产线的自动化运行，及时发现设备异常问题；设备运行过程透明化，确保生产连续性，为智能化生产提供基础。

总的来说，MES 项目给 JMC 带来了生产管理上的变革，提升了精益化生产管理水平，优化了企业内部流程。JMC 后续推进目标锁定了生产线设备智能化水平改造，全面实现了设备物联网；信息化向客户延伸，逐步推进客户个性化定制，未来实现 C2M，即工厂直接面向客户；应用移动互联网、云计算及大数据，形成了更有价值的精准化客户营销模式和智能制造生产体系。

7.4.2 MES 实现约克空调透明化生产

约克空调（见图 7.22）1874 年成立于美国宾夕法尼亚州的约克镇，目前是全球最大、最专业的独立暖通空调和冷冻设备制造商，被公认为世界制冷技术应用领域的先导，产品应用于巴黎埃菲尔铁塔、东京世贸大厦、香港中环广场、国家大剧院等。广州约克空调冷冻设备有限公司成立于 1995 年，主要产品以中央空调的商用设备和末端设备为主。公司年销售额接近 20 亿。在中国的中央空调行业中，约克空调在国外品牌中排名前三。

图 7.22　约克空调

当前，约克空调以按单设计和按单生产为主要经营模式，属于典型的单件、小批量制造企业。产品分为普通生产、分组生产、主副机生产三类，产品客户定制化程度高。对于家电行业来说，更好的质量、更快的交付、更低的成本才是应对激烈市场的竞争之道。因此，约克空调开始思考如何通过信息化的建设来提高企业管理自动化水平,提高企业自身竞争力。

1. 补全信息系统关键一环

约克空调的基本生产流程举例如图7.23所示。

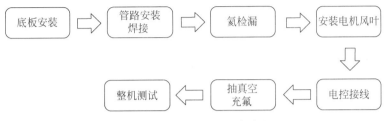

图7.23 约克空调的生产流程

经过多年的建设,约克空调已应用了 SAP ERP 系统、QIS 质量管理系统、TPM 设备管理系统等信息化系统,基本完成了进销存、财务、成本、生产的管理应用,从电算化的角度大幅度地提高了企业的核算能力、工作效率。然而,虽然已应用了多个系统来管理不同的流程,但从实际运作上来讲,ERP 只能管理到计划层,在生产层面,缺乏一个集成的系统去快速响应现场的状况;在信息流的传递上,以往是通过广播、电话、邮件来传递,现在需要通过电子化的手段实现全程的信息流快速、明确地传递;从产品上来说,关键部件和物料的管理都是通过手工、纸质文件来管理的,耗时耗力,需要有一个更好的系统来帮助采集关键数据,实现生产全过程的可追溯以及和供应商的管理互动;从产品质量上来说,需要结合已有的 QIS 质量管理系统对产品质量进行实时管控。

因此,为了企业生产管理体系能高速地运行,让生产现场管理透明化,约克空调决定推行 MES 系统,以提高生产计划人员的决策能力和生产现场的快速响应能力,实现企业各个生产环节中信息的共享与快速传递,实现质量管控和生产追溯,实现企业对供应商的管理与互动,减少生产成本,满足企业需求。

2. 慎重选型

对于家电行业来说,MES 主要有以下特点。

(1) 生产调度:下达加工指令,监控加工指令进度。

(2) 生产跟踪:监控在制品的生产状态和位置,记录产品在各关键工位的加工信息;生产过程引入防呆机制,满足混线生产的管理要求。

(3) 质量控制:对不良品进行维修,提供维修策略建议,实现工厂不良品快速再生产;记录不良品的维修原因、解决方法等信息。

(4) 物料管理:根据生产进度,完成物料的准备、投放等。

(5) 产品追溯:对产品的生产全过程进行记录,如人员、时间、部件等信息,实现可追溯。

在选择 MES 产品的过程中,约克空调希望所选择的 MES 产品除了是一个适合家电行业并且具有稳定性和成熟性的系统之外,MES 的软件商还应该具有强大的服务能力,而且能根据约克的需求进行二次开发,源代码也必须全部提供。最后,这个 MES 软件还应该具有合适的价格。

在经过了详细的挑选和考察后,2010 年,约克空调正式签订了 MES 实施合同,重点模块包括报警管理、生产管理、叫料管理、数据采集管理、QIS 管理、报表管理、看板管理、数据采集管理、供应商生产管理、条码管理等。

经过详细的调研和讨论,约克空调制定了适合其公司生产特点的 MES 系统,主要特点如下。

(1) 具备 SAP 主计划,及时传递信息到生产现场。

(2) 实现缺料信息在部门间的及时传递和处理。

(3) 生产进度实时监控。

(4) 生产过程实时状况跟踪,透明化管理。

(5) 实现生产现场看板管理,生产品质信息及时发布。

(6) 实现关键零部件序列号、批次信息的采集和追踪追溯。

(7) 实现生产异常的快速响应,定责定岗处理。

(8) 建立完善的分析报表。

(9) MES 与 ERP 系统高度集成,MES 实时获取生产计划数据,自动产生 ERP 系统所需要的各类出入库数据。

3. 分步实施,MES 应用循序渐进

约克空调的 MES 系统采取分步实施的方式,在开发过程中充分考虑系统的可扩展性,注重系统平台的灵活性,便于二次开发与部署。

在实施 MES 前,约克首先做了详尽的准备,对现有的 12 条不同的产品线做了分类,将快速流动的流水线和生产节奏较慢的生产线区分开来;同时收集了不同产品的工艺流程,对所有产品的关键部件进行了分类,选择出需要采集数据和进行控制的关键零部件;此外,根据 SAP 的 ERP 计划排产、BOM 表做了一些分类和排查,设定好计划的传递表格等。

在充分的准备后,2010 年 6 月,约克空调 MES 开始了第一期实施,主要实施的功能模块为数据采集、现场报警管理、生产计划管理等。2011 年 11 月开始实施二期项目,主要模块为流程管理、看板管理、生产防错、物料管理等。2012 年实施完毕后,系统进入维护服务阶段。

(1) 数据采集。采用一维条码以及扫描枪、PDA 等,将产品中的关键零部件信息进行收集与扫描,采集信息包括批次、人员、物料、工时、开工与完工时间等。快速流水线上采用自动扫描,普通流水线采用人工扫描,改变了以往靠手工登记信息的方式,实时数据可及时搜集汇总。

(2) 现场报警管理。第一,在来科检验时如果发现有不合格品,系统会触发不合格品单,随后会将这个不合格品单发送给物流部门与供应商;物流部门及供应商会根据这个不合格品单做好货物的补充置换等,以保证运作的需要。第二,如果某个产品在现场出现问题需要返工返修,则会在 MES 中触发返工返修单;返工返修单会自动流向相应部门进行处理,如制定返工工艺等;最终将处理信息发送到流水线,执行返工返修的过程。第三,如果在生产中某个产品出现了质量问题,那么将会生成质量报警;质量报警会在 QIS 系统中对质量问题进行分类并自动生成不合格品单,基于此次质量问题的类别将不合格品单发送到相对应的部门,如质量部门、制造车间、技术部门等;相关部门再来根据不合格品单到现场进行处理。

（3）质量管理。将原有 QIS 系统集成到 MES 中,在生产制造过程中就能对质量信息进行监控与控制;问题触发后能及时反映给相关人员,快速地解决问题,并且将各种信息记录在案;每月会形成一份质量报告供管理层分析。

（4）追溯管理。在应用 MES 之前,约克空调采用纸质产品流程卡的方式来对序列号进行管理,给后续查询带来了不便,无法很快查找出产品对应的物料批次、生产线、生产日期等信息。纸质流程卡不仅查询不便,保存起来也比较麻烦。使用 MES 系统后,MES 会在记录产品序列号的同时将产品流程卡中收集的所有关键部件的信息都记录下来,在哪条线上生产、生产日期、岗位工人、批次、物料供应商、部件出厂序列号等。这样,一旦某个产品出现问题,只需要在 MES 中打开这个产品的电子流程卡,就可以清楚地看见其关键部件的所有信息,给产品的售后带来了极大的便利。

4. 生产透明,MES 带来效益

在约克空调看来,MES 最大的好处就是将原有的一些琐碎的手工记录、产品信息、沟通信息变成了电子流的信息,实现了生产的透明化。

（1）实现生产现场的信息化,以信息化促进生产的自动化,使生产现场的信息得到及时快速传递。

（2）实现自动化车间的现场监控,提高了生产透明度,实现了敏捷管理。

（3）现场响应速度提高 1/4,订单响应速度、产品交付速度、售后反应速度也得到大幅提高。

（4）实现工序级准时配送,提高仓库与车间的协同能力。

（5）对现场工人的绩效考核更加明确。通过数据采集,提高工时统计的准确性,记录每个员工的工作效率和质量情况,在绩效考核时有更详细的数据支撑。

（6）规范生产流程,现场信息的准确性和及时性得到提高。

（7）加强质量管控,提高质量水平。

（8）以生产数据作为基础,生产报表更加明晰,为管理层分析决策提供支持。

（9）降低生产成本与仓储成本,提高企业的信誉与竞争力。

（10）建立生产异常问题的定责定岗机制,使问题能够快速响应与解决;对过往生产异常问题原因进行数据分析,为持续改善提供依据。

5. 后记

在整个约克空调的 MES 项目实施过程中,需求变更的情况非常少。这是因为在实施前,约克空调将现有的流程进行了梳理,制订了详细的项目计划与目标,使项目得以顺利完成。目前,约克空调的 MES 应用非常顺畅,已实现了对整个生产过程的优化与控制,满足企业生产管理的需要,促进企业的信息化与自动化,减少企业运营成本。

7.5 本章小结

本章主要介绍了数字化工厂的运营管理系统,具体阐述了制造执行系统和制造运营管理系统的发展历程、概念、功能及两者的关系等;基于 MES、MOM 与数字化工厂的关系,构建了数字化工厂运营管理框架,有助于提高工厂的运营管理效率。

第8章 数字化工厂评估

工业企业引入和实施数字化的目的的是扭转发展困局,获得竞争优势,提高企业效益。随着数字化工厂在企业内的落地实施,适时的评估必不可少。评估的理论与方法主要来自于业界标杆企业、专家及研究机构等主体长期实践经验的总结。我国一些先进的企业正在建设或者已经成功建设了数字化工厂,并提出了具有自身特色的数字化工厂方案,如海尔的 COSMO、江苏恒通光电项目、苏州博众精工的数字化系统解决方案等,不仅给企业自身带来了新的发展优势,而且产生了良好的示范效应。关于数字化工厂,这类标杆企业形成了一套较为成熟的理论方法,可以为其他企业的数字化工厂相关活动(建设、评估等)提供参考。然而由于企业发展水平、技术、环境等的差异,数字化工厂的建设程度参差不齐,关于数字化工厂的评估难以形成明确统一的标准,企业当前数字化工厂水平如何也无法准确得知。此外,数字化工厂技术在落地实施的过程中存在一系列的难点问题,实施企业在建设中也有诸多的困惑,现阶段尚不能有针对性地对企业的数字化工厂建设水平做出合理的评估,进而也无法对企业提出客观、有效的帮助与建议。

数字化工厂建设是一项系统、集成的工程,其评估是推动数字化工厂升级发展的重要环节。建立一套科学、系统、有效的数字化工厂评估理论,帮助企业落实数字化工厂的建设,提升制造企业数字化技术水平,是十分必要且有现实意义的。

(1)可以帮助企业认清现阶段的发展状况,明确发展方向,找到制约数字化发展的瓶颈与问题,进而有针对性地采取措施,为企业数字化工厂技术的建设提供指引。

(2)根据评估指标体系,帮助企业合理配置数字化工厂建设的资源,提高建设的效率。

(3)指导企业从内部与外部、横向与纵向两方面进行分析比较,找出现阶段发展的不足与差距,尽快提升数字化工厂建设水平。

8.1　现有相关成熟度模型与评估方法

成熟度是一套管理方法论,常用于对事物发展程度的评估研究,目前已被应用在工业4.0、智能制造、工业互联网等多个领域,学术界和产业界对此也开展了一系列研究。如亚琛工业大学、德国人工智能研究中心和弗朗恩霍夫研究院等几家机构联合推出了《工业4.0成熟度指数》,面向企业数字化转型管理,从资源架构、信息化系统、组织结构和企业文化四个关键领域评估了工业4.0能力。我国电子化标准研究院发布的《智能制造能力成熟度模型白皮书(1.0版)》,从"智能＋制造"两个维度,用整体成熟度模型与单项能力模型对智能制造成熟度进行了评估。我国工业互联网产业联盟发布了《工业互联网成熟度评估白皮书》,围绕互联互通、综合集成、数据分析三大要素对工业互联网成熟度进行评估,其评估模型侧重于工业互联网技术要素的评价。

现阶段,已有研究将成熟度理论应用于数字化工厂评估,然而针对数字化工厂评估的研究仍较为零散,尚未形成相对稳定统一的评估模型与方法。本章在借鉴相关领域的成熟度模型及评估方法的基础上,给出数字化工厂的成熟度模型,并阐述了数字化工厂成熟度评估的方法和流程。

8.1.1　现有的相关成熟度模型

制造企业数字化工厂成熟度模型是在建设数字化工厂的制造企业中充分调研后,借鉴权威的成熟度模型,运用科学的理论与方法构建而成,用来评估制造企业数字化工厂技术的应用水平,帮助制造企业认清发展现状,明确发展的水平与方向。

由本书的前述部分可知,数字化是由信息化发展而来的,而数字化又是网络化、智能化的发展基础,因此它们之间关联密切,相互交织,融合发展,因此在发展特点、技术手段等方面都有相通性与相似性。另外,应用于工业4.0、智能制造、工业互联网等方面的成熟度模型都与工业企业数字化转型方向的相关评估相关,对数字化工厂评估具有借鉴与参考价值。因此,这里引用诺兰模型、软件能力成熟度模型、制造成熟度模型、工业4.0就绪度模型、智能制造能力成熟度模型及其评估方法、工业互联网成熟度模型作为构建数字化工厂成熟度模型的参考。

1. 诺兰模型

美国哈佛大学教授Richard Nolan通过对200多家公司、部门的发展信息系统的实践和经验总结,将其研究成果于1973年在ACM上发表。他认为任何组织由手工信息系统向以计算机为基础的信息系统发展时,都存在着一条客观的发展道路,一般要经历从初级到成熟的成长过程这一基本规律。这一揭示信息系统发展阶段的理论称为诺兰模型。之后,经过进一步的验证和完善,1979年,Nolan把信息系统的成长过程划分为初始阶段、普及阶段、控制阶段、集成阶段、数据管理阶段和成熟阶段六个阶段,如图8.1所示。

(1)初始阶段。组织首次引入了计算机,在组织里只有少数人具备计算机使用能力;并且仅仅在个别部门使用,人们对数据信息的处理缺乏控制。

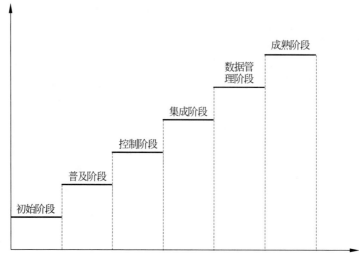

图 8.1 诺兰模型——计算机信息系统的发展道路

（2）普及阶段。信息技术开始应用扩展，计算机的使用得到人们的认可，信息系统的重要性得到重视。此时计算机应用水平不高，没有统一规划，数据冗余性、不一致性、难以共享等问题凸现。

（3）控制阶段。数据处理预算费用升高，管理者成立委员会开始进行规划控制，企业对信息化建设趋向理智，开始进行统筹规划，组织的管理信息系统开始走向正规，但"信息孤岛"现象明显，无法实现数据共享。该阶段是计算机管理变为数据管理的关键，为将来组织信息系统的升级发展奠定基础。

（4）集成阶段。这个阶段，组织机构开始由管理计算机转向管理信息资源，组织试图建立统一的信息管理系统和集中式的数据库，以解决数据共享问题，因此导致预算费用又一次迅速上升。该阶段系统的稳定性差。

（5）数据管理阶段。此阶段，信息系统开始由单项应用向综合应用转变，建立了统一的数据管理体系和信息管理平台，基本实现了数据与信息的统一管理以及数据资源的整合与信息共享，并且开始注重信息系统的建设成本与效益。但在 20 世纪 80 年代，美国信息系统尚处于集成阶段，因此，Nolan 没能对该阶段进行详细描述。

（6）成熟阶段。信息技术在企业广泛应用，信息化应用涵盖企业管理的方方面面，管理信息系统与控制系统正式投入使用，与企业的业务系统进行融合，真正实现信息资源的数字化管理。信息化已成为企业管理的必要手段。

Nolan 模型是描述信息系统发展阶段的抽象化模型，也是揭示企业信息化发展程度的有力工具。而数字化工厂建设的过程也是产品全生命周期数字化的过程，表现为物理信息转化为数字信息的过程，与企业信息化建设的目的是一致的，因此把诺兰模型作为建立数字化工厂成熟度模型的参考模型是可行的。

2．软件能力成熟度模型

1）背景

1987 年，美国卡耐基·梅隆大学软件工程研究所提出了软件能力成熟度模型（CMM）。

该方法最早是用于探索软件开发过程成熟度的一个工具,以不断的优化改进为根本思想,以发展过程和目标管理为手段,对于事物的进化发展阶段作出合理的描述。该模型可以使组织能够轻易地确定当前发展阶段的成熟度,进而从中识别出发展的薄弱环节,紧接着给组织提供阶梯式的改进框架与改进策略。组织只要关注并实施一组有限的关键活动,就能稳步改进整个过程,进而提高组织能力。

2）软件能力成熟度的概念及应用

成熟度旨在确定被评估对象的成熟程度,是对与被评估对象有关的概念、状态以及能力等进行的检查活动。CMM 的核心思想是通过评估组织过程的成熟度进而发现并改进薄弱环节。

CMM 最初是针对软件开发过程提出的,并且是面向过程的持续改进,蕴含全面质量管理的思想。另外,软件开发过程本身也是项目管理过程,符合组织的过程管理。因此,能力成熟度评估的思想和方法被顺理成章地引入到项目管理领域,之后又被引入数据管理、物流管理、智能制造、工业互联网等领域。随后,经过对成熟度的研究与应用,研究人员发现通过成熟度等级识别评判组织的过程管理水平,并持续寻找薄弱环节加以改进的思想方法,可以广泛地适用于其他非结构化工程的过程管理之中。

3）软件能力成熟度模型的框架

软件能力成熟度模型是为开发软件产品而提出的过程改进成熟度模型,归纳了业界关于产品开发管理活动的普遍认可的实践经验,覆盖产品从概念提出到交付的整个生存周期,其目的是帮助软件企业对软件工程过程进行管理和改进,增强开发与改进能力,从而能按时地、不超预算地开发出高质量的软件。过程管理是 CMM 的核心,软件能力成熟度是一个渐进的过程,需要有长远发展的过程作为保障。CMM 从过程管理、项目管理、工程管理和支持管理四方面提出了软件开发过程中需要关注并持续改进的 18 个过程域、52 个目标、300 多个关键实践,包括组织过程定义、组织过程改进、需求管理、技术方案、配置管理、项目计划等。CMM 模型提供了基于过去所有软件组织工程成果的过程能力阶梯式进化的框架,根据组织软件开发能力成熟度的情况分为 5 个梯度,分别为初始级、可重复级、已定义级、已管理级和已优化级,如图 8.2 所示。

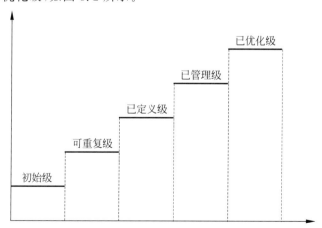

图 8.2　软件能力成熟度模型(CMM)的五个梯度

（1）初始级。

在初始级,组织管理缺乏稳定的环境,表现出较为混乱的状态;管理活动极具经验主义特色,优秀人才和工程实践的价值得不到重视与应用。

（2）可重复级。

在初始级的基础上,管理活动开始摆脱经验主义,组织的政策、程序、控制管理已经建立,基本的管理框架搭建已完成,计划、组织开始趋于规范化。在这个级别下,需对组织的各项规章制度、知识文档管理、例行时间等标准化、程序化,使之在组织项目的质量、合同、进度等方面可以重复。在该级,软件过程能力的特点体现在纪律、标准和管理控制是稳定的、可重复的。

（3）已定义级。

在定义级,过程管理得到重视。项目实施过程开始确立标准并将其纳入执行,体现出实施过程和管理过程的统一,而且软件生产过程的质量、进度和成本得到了控制。在该级,软件过程能力的特点是标准化和相容性,其标志是软件工程和管理过程的稳定性、可重复性。

（4）已管理级。

在管理级,软件过程能力的特点是计量和预测,这种度量为项目的软件过程和产品评估提供了定量基础。通过这种方式进行软件质量管理,并且对这种管理进行量化,最终形成可以度量的结果,进而为实施预测提供基础。

（5）已优化级。

在优化级,持续优化改进的思想得到了根本体现。基于管理及形成的定量过程管理和可预测性分析,再结合组织管理和技术手段,可以客观对项目的生产过程和产品的优劣性进行评估,一方面达到预防缺陷的目的,另一方面结合生产过程的量化数据进行费用或效益的分析,推动组织技术革新管理和过程变更管理。

4）CMM 的实施过程

CMM 的具体实施过程与内容如表 8.1 所示。

表 8.1　CMM 的实施过程与内容

实 施 过 程	内　　　容	关 键 点
确定合理目标	明确当前的自身状况及运作水平,结合 CMM 制定合理的短期与长期目标	企业自身状况与 CMM 的规范要结合
实施 CMM 的人员保证	成立专门的 CMM 实施领导小组,设立适合 CMM 的组织结构,进行人员的配备,并组实施专业的培训	组织结构要具有逻辑性,人员可以兼职,并且需要通过培训保证人员的工作质量
制定简洁实用的软件过程	CMM 的根本思想即持续的优化改进,制定简洁实用的软件过程,以节省时间,提高效率。可采用"试点"项目,在总结以往成功经验的基础上,先试点研究并优化改进,最后推广到整个组织	注重简洁实用性的要求

续表

实 施 过 程	内　　容	关 键 点
定期进行内部评估	组织先进行内部评审或评估。软件企业需定期发动和组织内部成员严格、认真地按照CMM规范评估过程,对自身软件过程进行评审,找出其中的不足点并进行改进	组织先进行内部评审或评估十分重要
正式评估	(1) 企业相关人员填写一份能力成熟度问卷,评估师根据答卷决定评估的重点; (2) 评估师审阅文档,但不得改动。同时,评估师还应与员工广泛交谈(人员选择比例较高,覆盖面也较广),话题重点是高级人员的管理水平; (3) 评估师将严格按照程序对每个关键过程域打分并做出评估报告,仔细分析每个关键过程域的实施情况,指出优劣得失,并要求企业做出改进计划	需要专业的CMM评估师参与

3. 制造成熟度模型

1) 背景

技术风险与制造风险是贯穿于航天等高新工程研制过程中的两大风险。鉴于此,美国航空航天局于1981年提出了度量技术风险的工具——技术成熟度(TRLs),主要是为了更好地完善技术发展以及技术风险的管控和治理。技术成熟度发展到今天,凭借自身准确测量和成熟设计在提前发现问题、降低风险方面的优势被越来越广泛地应用,尤其是被欧美发达国家广泛应用于装备采办项目管理过程中,从而有效降低了装备采办过程中的价格不稳定和拖沓现象。但在关键决策点处以及在采办的主要流程中还缺乏一个能科学度量制造风险的工具。在技术成熟度得到认可和应用的背景下,针对技术成熟度在武器装备研制项目制造风险评估方面的不足,美国联合国防制造委员会于2001年提出了制造成熟度(MRL)的概念,用于识别、控制制造风险,尤其是工程研制前期识别和规避进入批生产阶段的制造风险。经过多年发展,2007年,美国联合国防制造技术委员会颁发了《制造成熟度手册》(草案),并于2010年发布正式版。2011年,制造成熟度评价成为国防部选择总承包商和分包商的硬性要求,并得到美国陆军、空军和众多高新武器研制承包商的应用。

2) 制造成熟度的等级定义与等级划分

制造成熟度用来反映项目中关键制造能力的成熟程度,它把制造能力的强度进行量化,进而可以在实际应用中进行评估提升,是系统工程在制造风险管理的技术拓展与创新应用。

制造成熟度是美军用于控制制造风险的项目管理工具。它基于技术成熟度,同时是技术成熟度的扩展,加强了对装备生产的经济有效性的评估。《制造成熟度等级手册》是美国国防部2011年7月提供的最佳实践版本,其中对MRL各级的定义如表8.2所示。

表8.2　美国国防部的MRL等级划分及定义

等　　级	定　　义
1	确定制造的基本含义
2	确定制造方案

等　级	定　义
3	制造方案的可行性得到验证
4	具备在实验室环境下制造技术原理样件的能力
5	具备在相关生产环境下制造零部件原型的能力
6	具备在相关生产环境下制造原型系统或子系统的能力
7	具备在典型生产环境下制造系统、子系统或部件的能力
8	试生产线能力得到验证，准备开始低速率生产
9	低速率生产能力得到验证，准备开始全速率生产
10	全速率生产能力得到验证，转向精益化生产

由 MRL 的等级划分定义不难发现有两个关键词：制造和环境。这两个关键词可以作为理解 MRL 等级划分的两个维度。制造维即什么是制造，制造出了什么，对应 1～7 级；环境维即在什么样的环境下生产，对应 4～10 级。

3）制造成熟度的评价要素

美国国防部划分了影响制造能力成熟的九个关键要素，分别是技术和工业基础、设计、成本和投资、材料、工艺能力和控制、质量管理、制造人员、设施、制造管理。一些制造要素还可以继续细分为若干制造风险子要素，如表 8.3 所示。

表 8.3　制造成熟度的评价要素

序　号	制　造　要　素	制造风险子要素	说　明
1	技术和工业基础	工业基础；制造技术开发	分析支持设计、研制、使用、系统持续维护保障和最终报废（环境影响因素）的国家技术和工业基础能力
2	设计	可生产性；成熟度	掌握不断演变的系统设计完备度与稳定性及其对 MRL 的相关影响
3	成本和投资	生产成本建模；成本分析；制造投资预算	分析是否有足够的投入来达到目标 MRL 等级，研究达到制造成本目标的相关风险
4	材料	材料成熟度；可用性；供应链管理；专用处理	分析与材料相关的风险，包括原材料、元器件、半成品件、分装件等
5	工艺能力和控制	建模与仿真；制造工艺成熟度；产量和生产速度	分析制造工艺无法反映的关键特性设计意图（例如可重复性和经济可承受性）的潜在风险
6	质量管理	质量管理（包括供应商）	分析控制质量和进行持续改进的风险和相应管理计划
7	制造人员	制造人员	评估支持制造计划所需人员的必备技能和可用性

续表

序　号	制 造 要 素	制造风险子要素	说　　明
8	设施	工装/专用测试和检测设备；基础设施	分析关键制造设施(主承包商、子承包商、供应商、销售商和维护/修理商)的能力与潜在能力
9	制造管理	制造计划和进度安排；物料计划；工具和专用测试设备	分析对需要从设计转化为综合作战系统(满足项目的经济可承受性和可用性目标)的全部元素的管理情况

4) 制造成熟度对数字化工厂评估的可借鉴性分析

MRL 等级是对制造成熟程度进行度量和评测的一种标准。MRL 划分为 10 个等级，体现出了先试验成功后推广的思想。随着制造成熟度等级的提高，制造能力在实际的生产环境中完成验证。它涵盖了从提出制造概念到形成批量生产和精益化生产能力的全过程，体现了从研发设计到生产的一般发展过程。这和数字化工厂的建设过程具有相通性。我国发布的《制造能力成熟度模型白皮书(1.0 版)》《工业互联网成熟度评估白皮书(1.0 版)》以及一些相关成熟度文献里引入 MRL 作为参考模型，如航天制造成熟度、数据管理成熟度等，说明 MRL 成熟度可以作为数字化工厂评估的参考模型。

MRL 对于数字化工厂评估的价值体现在：一是通过 MRL 评价可以帮助制造企业客观地认清数字化工厂建设过程中技术上、管理上、制造上的问题，找出制约数字化工厂建设能力的瓶颈，通过制定制造成熟计划，促进问题解决，提升数字化工厂建设能力；二是通过 MRL 评价可以增强制造企业在产品全生命周期的风险管理能力。

4. 工业 4.0 就绪度模型

1) 背景

德国机械设备制造业联合会在 2015 年 11 月发布了工业 4.0 就绪度模型，给出了一套详细、系统的评价标准。使用相应的评价标准，能够快速得出德国制造及生产企业在工业 4.0 所处的位置，即企业工业 4.0 进行的程度。

随后，德国 VDMA 下属 IMPULS 基金会委托 IW 咨询(科隆经济研究所子公司)和亚琛工业大学工业管理研究所共同推出了工业 4.0 成熟度在线自评测平台，并给出了工业 4.0 的评级体系。其中，就绪度模型主要为了解决两大问题：一是明确当前德国的机械制造工业处于工业 4.0 的哪一阶段，二是要想在企业中成功实施工业 4.0 必须具备的条件以及企业当前哪些情况需要进行相应的改变。

2) 工业 4.0 就绪度模型的架构

VDMA 根据调查问卷分析并提炼出了具有 6 个维度(战略和组织、智能工厂、智能运营、智能产品、数据驱动服务和员工)、18 个域(战略、投资、管理创新等)、每个维度包含 6 个级别的就绪度模型，如图 8.3 所示。其中 6 个维度是一级性能指标，18 个域为二级性能指标如图 8.3 所示。6 个级别分别是门外汉(未规划级)、初学者(初始级)、中级水平(中间级)、经验者(熟练级)、专家(专家级)、顶级玩家(顶级示范级)。

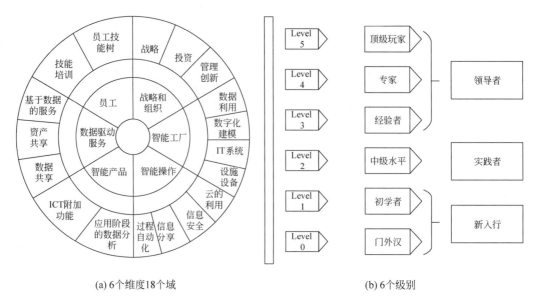

(a) 6个维度18个域　　　　　　　　　　(b) 6个级别

图 8.3　德国 VDMA 工业 4.0 就绪度的评测模型

6 个维度及其特征如表 8.4 所示。

表 8.4　6 个维度及其特征

维　　　度	特　　　征
战略和组织	实施工业 4.0 的战略和组织文化
智能工厂	分布式、高度自动化生产
智能运营	智能生产流程体系
智能产品	用信息通信技术装备物理产品
数据驱动服务	以数据服务作为内嵌的商业模式
员工	合格的知识工作者是成功实施工业 4.0 的关键

该评测模型涉及维度比较全面,且因采用在线模式操作简单,易于推广。德国工业 4.0 工作组认为:该模型可以帮助企业明确工业 4.0 的现状,指导企业找到提高智能制造水平的方法,逐步建立属于自己的工业 4.0 模式。目前已有几百家企业参与了该项评估,并获得了相应的评估和诊断报告。

5. 智能制造能力成熟度模型

关于智能制造能力成熟度,我国相关研究机构基于各自的研究背景分别给出了不同的模型。2016 年 9 月 20 日,中国电子技术标准化研究院发布《智能制造能力成熟度模型白皮书(1.0)版》(以下称"白皮书"),2020 年 10 月 11 日,国家市场监督管理总局和国家标准化管理委员会联合发布 GB/T 39116—2020《智能制造能力成熟度模型》(以下称"模型")、GB/T 39117—2020《智能制造能力成熟度评估方法》,并于 2021 年 5 月 1 日正式实施。两种模型虽然制定者不同,具体内容各异,但总体上的研究思路和制定过程相近,例如在成熟度模型构建上,均是按照成熟度模型架构、成熟度等级、成熟度要求三个主要部分进行。其中对于模型架构,两者均采用三级维度来构建,"白皮书"以维度、类和域来表达,"模型"以能力要素、能力域和能力子域来描述,有异曲同工之妙;在评估方法上,两者虽然表述各异,但均是沿着"选择模型"—"确定评价域"—"制定具体过程"—"计算打分"—"给出被评估对象成熟度等级"的思路进行。因此,本章仅以《智能制造能力成熟度模型"白皮书"(1.0版)》一种模型为例进行详细介绍。

1) 模型概述

2015年,工业和信息化部装备工业司启动智能制造标准化专项工作,将标准化作为推动智能制造发展的重要内容之一,其目的是通过标准化来凝聚行业共识,引领企业向标准靠拢,避免方向走偏,降低融合发展的风险。该模型在参考《国家智能制造标准体系建设指南》的基础上,将智能制造系统架构提出的生命周期、系统层级和智能功能三个维度统筹归纳为"智能+制造"两个维度,并进一步分解为设计、生产、物流、销售、服务、资源要素、系统集成、互联互通、信息融合、新兴业态十类核心能力[见图8.4(a)]以及细化的27个域[见图8.4(b)]。模型中对相关域进行了从低到高五个等级(规划级、规范级、集成级、优化级、引领级)的分级与要求。

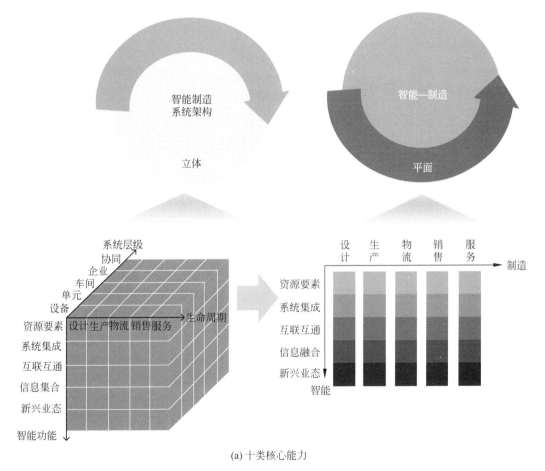

(a) 十类核心能力

图8.4　智能制造能力成熟度要素图

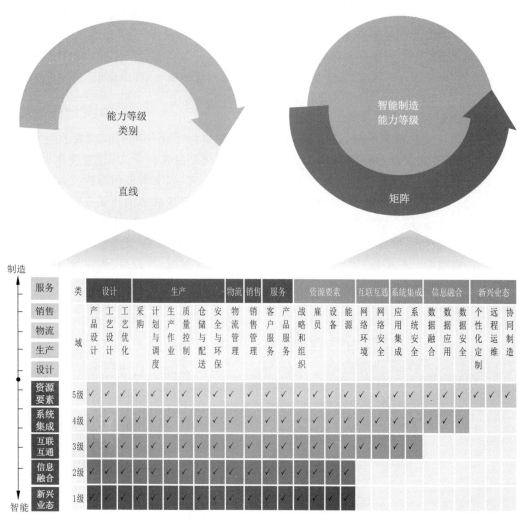

(b) 细化的27个域及五级成熟度

图 8.4　（续）

　　该模型旨在为企业实施智能制造提供指导，帮助企业进行自我评估与诊断，进而找到差距与问题，达到有针对性的提升和改进智能制造能力的目的，同时该模型也可作为使用者的一种分析工具。

　　智能制造成熟度模型对评估指标做了定性要求，在两个维度的基础上将其分解为十类核心能力要素，并将每一个要素分解为域以及五级成熟度要求。如此定性的描述对于指导制造企业评估、分析和改进具有现实意义。模型架构与能力成熟度矩阵关系如图 8.5 所示。

　　模型由维度、类、域、等级和成熟度要求等内容组成。类和域是由维度展开的，等级则代表了类和域在不同阶段的水平，成熟度要求是域在不同等级下所具备特征的定性描述，是判定企业是否实现该级别的依据。

　　（1）维度。"智能＋制造"两个维度是我们论述智能制造能力成熟度模型的起点，代表了我们对智能制造本质的理解，也可以理解为 OT（运营技术）＋IT（信息技术）在制造业中

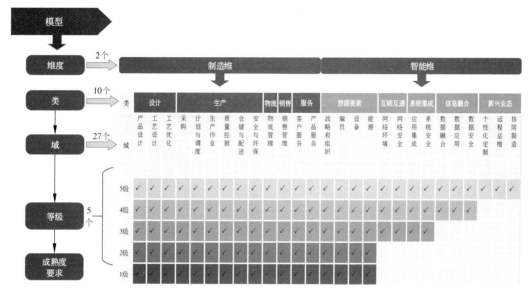

图 8.5　模型架构与能力成熟度的矩阵关系图

的应用。

制造维包括设计、生产、物流、销售和服务 5 类，侧重于各业务环节的智能化应用和智能水平的提升；智能维包括资源要素、互联互通、系统集成、信息融合和新兴业态 5 大类，是在网络物理系统空间完成感知、通信、执行、决策的全过程。

（2）类和域。类和域代表了智能制造关注的核心要素，是对"智能＋制造"两个维度的深度诠释，其中域是对类的进一步分解。10 大类核心要素相互作用才能达到智能制造的状态，其关系如图 8.6 所示。

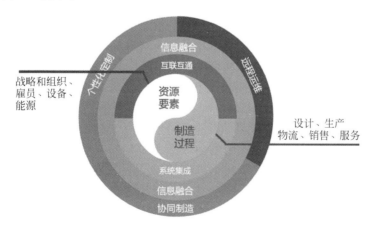

图 8.6　核心要素间关系图

（3）等级。等级定义了智能制造的阶段水平，描述了一个组织逐步向智能制造最终愿景迈进的路径，代表了当前实施智能制造的程度，同时也是智能制造评估活动的结果。智能制造能力成熟度等级如图 8.7 所示。

① 已规划级。在已规划级，企业有了实施智能制造的想法，开始进行规划和投资，但仅

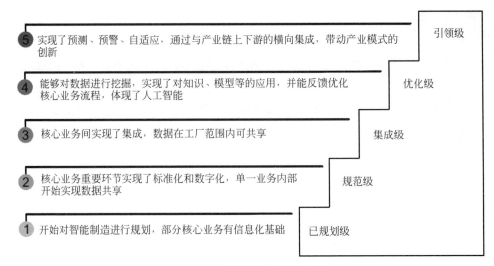

图 8.7　智能制造能力成熟度等级

仅具备实施智能制造的基础条件,部分满足实施智能制造的信息物理环境,还未真正进入到智能制造的范畴。

② 规范级。在规范级,企业已经形成对于实施智能制造的规划,通过技术学习改造,主要设备已具备数据采集和通信的能力,实现了覆盖核心业务重要环节的自动化、数字化升级。通过制定标准化的接口和数据格式,部分支撑生产作业的信息系统能够实现内部集成,数据和信息在业务内部实现共享,企业开始迈进智能制造的门槛。

③ 集成级。在集成级,企业对智能制造的投资重点开始向集成转变,重要的制造业务、生产设备、生产单元完成数字化、网络化改造,能够实现设计、生产、销售、物流、服务等核心业务间的信息系统集成,开始聚焦工厂范围内数据的共享,企业已完成了智能化提升的准备工作。

④ 优化级。在优化级,企业内生产系统、管理系统以及其他支撑系统已完成全面集成,实现了工厂级的数字建模,并开始对人员、装备、产品、环境所采集到的数据以及生产过程中所形成的数据进行分析,通过知识库、专家库等优化生产工艺和业务流程,能够实现信息世界与物理世界互动。从 3 级到 4 级体现了量变到质变的过程,企业智能制造的能力快速提升。

⑤ 引领级。引领级是智能制造能力建设的最高程度。在这个级别下,数据的分析使用已贯穿企业的方方面面,具有对大数据的整合、分析和利用的能力,各类生产资源都得以最优化的利用,设备之间实现自治的反馈和优化,企业已成为上下游产业链中的重要角色,个性化定制、网络协同、远程运维已成为企业开展业务的主要模式,企业成为本行业智能制造的标杆。

2) 模型的应用

根据使用者的不同,智能制造能力成熟度模型分为两种表现形式——整体能力成熟度模型和单项能力成熟度模型。整体能力成熟度模型提供了使组织能够通过改进某一些关键域集合来递进式地提升智能制造整体水平的一种路径,如图 8.8 所示。

单项能力成熟度模型提供了使组织能够针对其选定的某一类关键域进行逐步连续式改进的一种路径,如图 8.9 所示。

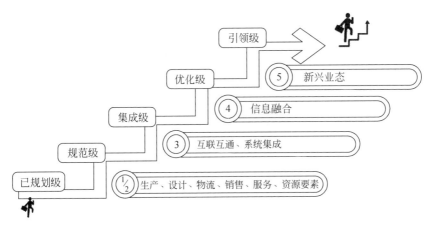

图 8.8　整体能力成熟度模型

图 8.9　单项能力成熟度模型

3）基于智能制造能力成熟度模型的评价方法

（1）模型与评价的关联性。

根据智能制造能力成熟度模型，制造企业可结合实际情况与数据进行自我评估，进而发现问题，找到突破口，对企业现行的目标与计划进行调整改进，以提升企业的智能制造水平。图 8.10 为智能制造能力成熟度模型与评价关系示意图。

（2）评价过程。

制造企业首先应结合自身的发展现状以及战略目标，选择适宜的模型（整体或单项）；然后根据行业特点选择评价域（流程或离散），通过问题调查的形式来判断是否满足成熟度要求；问题来源于成熟度要求，要与其保持对应一致，这是执行评价的主要依据，并依据满足程度进行打分计算，给出结果，如图 8.11 所示。

① 模型的确定。

组织可以根据自身现状以及智能制造发展战略，选择单项能力成熟度模型或整体能力成熟度模型。单项能力成熟度模型主要面向中小企业或在制造维某一类有智能化提升需

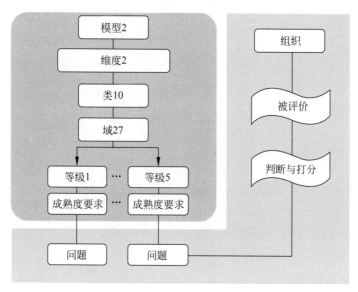

图 8.10 智能制造能力成熟度模型与评价关系示意图

图 8.11 评价过程

求的企业;整体能力成熟度模型主要面向大型企业或在智能与制造各方面发展均衡的企业。

② 选择评价域。

组织可结合流程行业与离散行业的不同特点,对 27 个域进行裁剪,确定适合行业特色的评价域。流程行业主要评价域如图 8.12 所示,离散行业主要评价域如图 8.13 所示。

类	设计	生　　产					物流	销售	资源要素				互联互通		系统集成		信息融合			新兴业态
域	工艺优化	采购	计划与调度	生产作业	质量控制	安全与环保	物流管理	销售管理	战略和组织	雇员	设备	能源	网络环境	网络安全	应用集成	系统安全	数据融合	数据应用	数据安全	协同制造

图 8.12 流程行业主要评价域

类	设计		生　产				物流	销售	服务		资源要素			互联互通		系统集成		信息融合			新兴业态		
域	产品设计	工艺优化	采购	计划与调度	生产作业	质量控制	仓储与配送	物流管理	销售管理	客户服务	产品服务	战略和组织	雇员	设备	网络环境	网络安全	应用集成	系统安全	数据融合	数据应用	数据安全	个性化定制	远程运维	协同制造

图 8.13　离散行业主要评价域

③ 基于问题的评价。

组织应针对每一项能力成熟度的要求来设置不同的问题,并对问题的满足程度来进行评判,作为智能制造评价的输入。对问题的评判需要专家在现场取证,然后将证据与问题比较,得到对问题的评分,也是对成熟度要求的评分。根据对问题的满足程度,设置 0、0.5、0.8、1 共四档打分原则。若问题的得分为 0,视为该等级不通过。如对"产品设计"这个域的一级评价如图 8.14 所示。

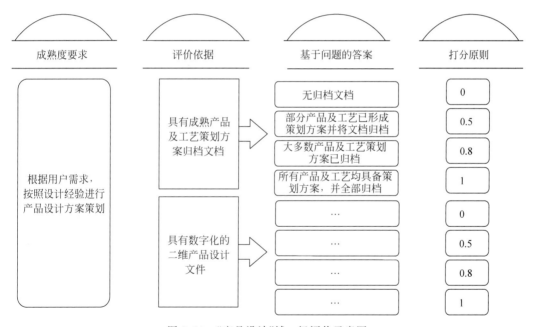

图 8.14　"产品设计"域一级评价示意图

④ 等级与分值。

对成熟度要求打分后,加权平均形成域的得分,进而计算类的得分,最终得到组织的总分值,并评定等级。过程如图 8.15 所示。

对域权重的设定采用平均原则,当组织申请某等级的评价时,该等级内涉及的所有类的平均分值必须达到 0.8,才能视为满足该级别的要求,满足低等级的要求后才能申请更高等级的评价(同一等级内任何一个问题得分 $\neq 0$,任何一个域的得分 $\geqslant 0.5$,否则视为不具备此等级的能力要求)。最终结果与等级的对应关系如图 8.16 所示。

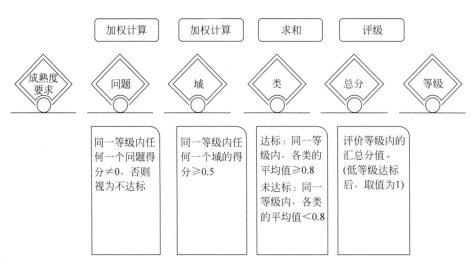

图 8.15　打分评级过程

等级	对应评分区分
5级 引领级	$4.8 \leq X \leq 5$
4级 优化级	$3.8 \leq X < 4.8$
3级 集成级	$2.8 \leq X < 3.8$
2级 规范级	$1.8 \leq X < 2.8$
1级 已规范级	$0.8 \leq X < 1.8$

图 8.16　分数与等级的对应关系

此评价模型涉及内容较多,并且需业界专家在场进行打分。为了保证评估结果的真实性,打分与评价需要客观。

6. 工业互联网成熟度评估模型

1) 模型概述

工业互联网的核心是基于全面互联而形成数据驱动的智能。基于工业互联网的网络、数据与安全,将构建面向工业智能化发展的三大优化闭环,即面向机器设备运行优化的闭环、面向生产运营优化的闭环、面向企业协同、用户交互与产品服务优化的闭环。三大闭环之间是环环相扣、互相贯穿的,机器设备的互联互通、生产运营系统的综合集成为企业协同、用户交互所需的数据流动和协作奠定了良好的基础。

基于此,又考虑到制造企业的行业特性,工业互联网成熟度评估模型包含三大核心要素,即互联互通、综合集成、数据分析利用;两大目标对象,即离散型和流程型制造企业;在核心要素的基础上,提出了 13 个关键能力,其中面向离散行业的有 11 个,面向流程行业的有 10 个,旨在为工业互联网发展提供更科学更准确的指导。具体详见表 8.5 所示。

表8.5　工业互联网成熟度模型的核心与目标对象

3大核心要素	定义	两大目标对象	
		离散型制造企业	流程型制造企业
互联互通	指企业内部或企业内外部之间的人与人、人与机器、机器与机器、机器与产线、产线与产线,以及服务与服务等之间的网络互联和信息互通	生产现场设备中机床、机器人、传感器等占主导	生产现场工艺设备、阀门、仪器仪表设备等占主导
综合集成	指企业内部或企业内外部之间通过数据库的集成、点对点的集成、数据总线的集成、面向服务的集成等多种模式,实现产品设计研发、生产运营管理、生产控制执行、产品销售服务等各个环节对应系统的互集成互操作	现场层、车间层、企业层纵向集成,对产品设计研发系统建设与集成有较高的要求	现场层、车间层、企业层纵向集成,侧重于工艺设计、能源安全管理等方面
数据分析利用	指企业基于互联互通、综合集成所汇聚的各类数据,进行数据分析和深度挖掘,对企业智能化决策与生产、网络化协同、服务化转型等提供支撑和土壤	基于大数据进行新业务和新模式创新,主要体现在产品远程运维、个性化定制、网络化协同等方面	基于大数据进行新业务和新模式创新,主要体现在供应链优化、能耗与安全管理优化等方面

2) 评估模型指标体系

模型对13个关键能力分别给出了相应的能力等级,每个关键能力分为5等级,等级越高,表示能力越强。评估指标坚持易评估可量化的构建原则,分为三层指标评估体系,三大核心要素、13个核心能力分别作为一级指标、二级指标,三级指标充分考虑评估的简单易行,力求突出重点,从近百个评估指标中分别选取了28个和23个,形成了离散行业和流程行业的评估指标体系;最后进行指标权重设置,采用打分制给出相应分值,并对应星级评定,便于评估对象对照分值与星级进行分析。工业互联网成熟度评估模型的关键能力如图8.17所示。

离散行业包括3个一级指标、11个二级指标、28个三级指标,如图8.18所示。

流程行业包括3个一级指标、10个二级指标、23个三级指标,如图8.19所示。

在互联互通要素中,主要评估机床设备、工艺装置、工业机器人、传感设备、智能产线等生产要素的联网能力及网络、信息和安全基础设施建设水平。在综合集成要素中,主要评估企业从现场层、车间层到企业层的纵向集成能力,企业和供应链上下游协同的横向集成水平,以及基于产品全生命周期、工艺和产线等模型的MBE构建的端到端集成能力。在数据分析利用要素中,主要评估企业的数据库、知识库建设情况,以及企业基于数据建模、分析和挖掘是否形成了自反馈、自优化、自决策机制,是否衍生出了创新的业务模式。

3) 权重设置

权重设置将直接影响企业的评估结果,在整套评估体系中至关重要。本模型主要采用专家法、问卷调查法和试评估结果反向调整法,如图8.20所示。

经过三轮修正各指标权重,以一级指标和二级指标的权重值为例,如表8.6所示。

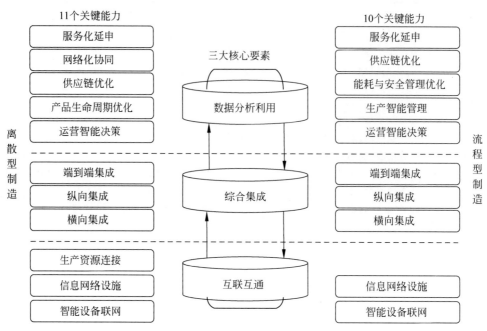

图 8.17　工业互联网成熟度评估模型的关键能力

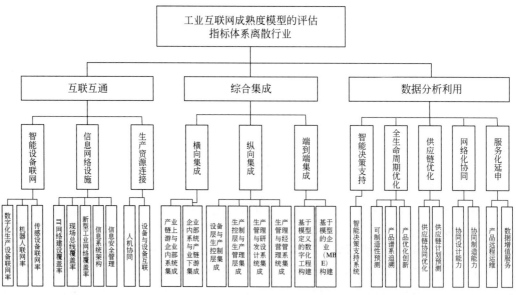

图 8.18　离散行业工业互联网成熟度模型的评估指标体系

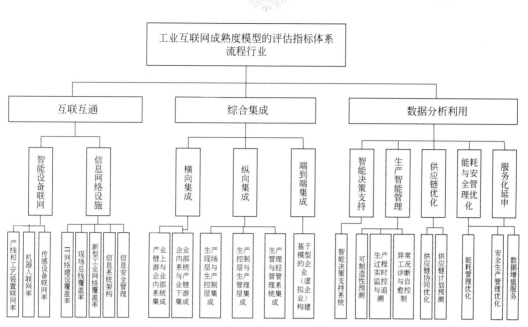

图 8.19 流程行业工业互联网成熟度评估指标体系

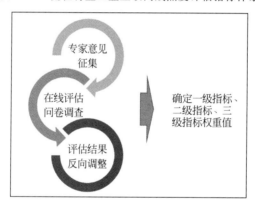

图 8.20 权重设置的思路和修正方法

表 8.6 一级指标和二级指标的权重设置

一级指标	权重	二级指标			
		离散型企业	权重	流程型企业	权重
互联互通	0.35	智能设备联网	0.32	智能设备联网	0.40
		信息网络设施	0.48	信息网络设施	0.60
		生产资源连接	0.20		
综合集成	0.33	横向集成	0.28	横向集成	0.32
		纵向集成	0.48	纵向集成	0.50
		端到端集成	0.24	端到端集成	0.18
数据分析利用	0.32	智能决策支持	0.20	智能决策支持	0.20
		全生命周期优化	0.30	生产智能管理	0.30
		供应链优化	0.25	供应链优化	0.24
		网络化协同	0.15	能耗与安全管理优化	0.16
		服务化延伸	0.10	服务化延伸	0.10

4）模型的评估方法

（1）指标量化采集。

依照评估指标体系，本模型设置了对应的评估问卷。问卷题目包括定量和定性两种，定量指标可以直接采集数值对应不同分值；定性指标对不同发展程度给出阶段性描述，然后根据企业的具体实践情况对应不同分值。

定量题均设置 5 个层级，定性设置 3～5 个层级，设置方法主要依据上文中关键能力的能力等级。每个层级对应一定的分值，以下各举一例，如图 8.21 所示。

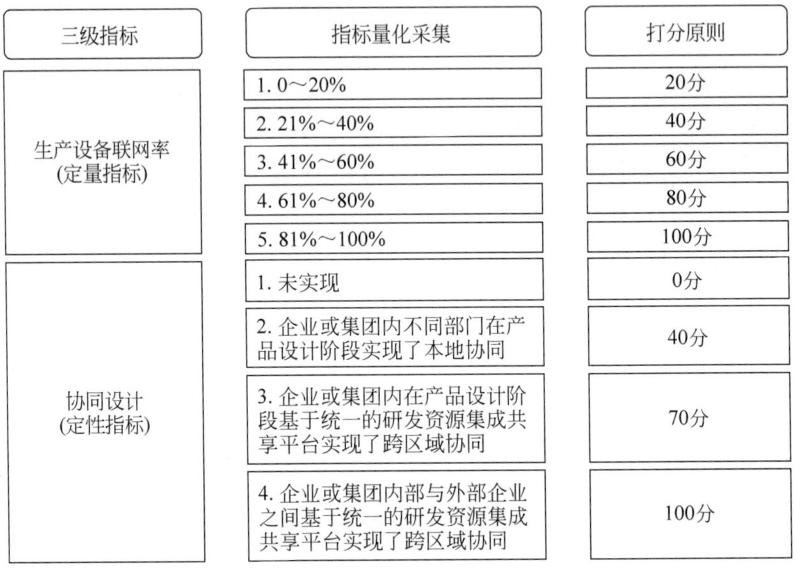

三级指标	指标量化采集	打分原则
生产设备联网率（定量指标）	1. 0～20%	20分
	2. 21%～40%	40分
	3. 41%～60%	60分
	4. 61%～80%	80分
	5. 81%～100%	100分
协同设计（定性指标）	1. 未实现	0分
	2. 企业或集团内不同部门在产品设计阶段实现了本地协同	40分
	3. 企业或集团内在产品设计阶段基于统一的研发资源集成共享平台实现了跨区域协同	70分
	4. 企业或集团内部与外部企业之间基于统一的研发资源集成共享平台实现了跨区域协同	100分

图 8.21　定量指标和定性指标的量化采集及打分原则

（2）结果计算。

各选项均对应 100 分内的不同分值，而且是分值越高越好，因此不需要对指标进行无量纲化处理，可直接应用如下公式中的加权平均模型来计算具体的评价得分情况。

$$\theta = \sum_{i=1}^{m}\sum_{j=1}^{n}\sum_{k=1}^{l}\alpha_i\beta_j\chi_k x_k$$

其中，θ 为工业互联网建设水平的综合评价得分；α_i 为第 i 个一级指标的权重系数；β_j 为第 j 个二级指标的权重系数，χ_k 为第 k 个三级指标的权重系数；x_k 为该企业第 k 个三级指标的得分，其中 $i=1,2,\cdots,m$，$j=1,2,\cdots,n$，$k=1,2,\cdots,l$。

（3）对应星级评定。

评估问卷中每道题的选项设置均依照梯次递进的思路，一定程度上反映了企业工业互联网建设的过程。该模型可以对一级指标和二级指标中的单项能力进行评估，也可以对总体能力进行评估，最终评估结果采取星级制。

一级指标和二级指标的单项能力评估分值和星级对应原则如表 8.7 所示。

表 8.7　单项能力评估分值和星级对应原则

	1 星	2 星	3 星	4 星	5 星
一级/二级指标能力	0～20 分	21～40 分	41～60 分	61～80 分	81～100 分

总体能力评估分值和星级对应时不仅要求总体分值达标,也对单项能力分值设置了门槛,避免了单项能力过于薄弱而总分达标的企业获取较高星级的情况。如果总体分值达标,但某一单项能力分值未达标,则做降级处理。如 A 企业总体分值达到了 3 星,但其中一个单项能力低于 35 分,则只能评定 2 星。总体能力评估分值和星级对应原则如表 8.8 所示。

表 8.8　总体能力评估分值和星级对应原则

综合能力	1 星	2 星	3 星	4 星	5 星
总体分值	0～20 分	21～40 分	41～60 分	61～80 分	81～100 分
互联互通能力分值		>10 分	>30 分	>50 分	>70 分
综合集成能力分值		>10 分	>30 分	>50 分	>70 分
数据分析利用能力分值		>10 分	>30 分	>50 分	>70 分

我国工业互联网产业联盟发布的《工业互联网成熟度评估白皮书》围绕互联互通、综合集成、数据分析利用三大要素对工业互联网成熟度进行评估,并且已推出在线评估服务平台,方便企业进行评估并给出评估结果。该评估服务平台的目的如下。

① 旨在为企业提供一套评价自身实践的方法论,为企业找到工业互联网实施中的主要问题、改进方向和建设路径。

② 为联盟各项工作及我国工业互联网的技术创新、应用实践提供参考和借鉴。

③ 为科研机构和政府主管部门提供有效的数据支撑和决策依据,但其评估模型侧重于工业互联网技术要素的评价,缺乏对于工业互联网平台从建设到应用成效的整体评价分析。

8.1.2　现有的相关评估方法

现阶段,业界关于智能制造、工业互联网等话题的探索与研究持续升温,而进行这些探索与研究的基础——数字化工厂,也一致被学术界和产业界所关注。对于新事物的探索,一般是采用局部试验成功后再推广应用的模式,全国先后有一批先进企业进行了实践。但是这些实践成果究竟如何,能否借此实现企业的转型升级,能否起到示范效应,达到业界提升效益的目的。这就需要采用适当的评估方法对这些成果进行量化分析,进而对制造企业的数字化工厂作出科学、合理、准确的评估。

评估是指依据某种目标、标准、技术或者手段,对收集到的信息,按照一定的程序进行分析、研究、判断其效果和价值的一种活动。评价则是指评价者根据评价标准对评价对象进行量化和非量化的测量过程,最终得到一个明确的结论。评估的本质是事实判断,而评价的本质是价值判断。评价是在评估的基础上做出的,评价对象的个体特征是通过评估获得的。在实际应用中,评估与评价往往相互交融,可通过评估对研究对象进行基于事实的信息获取和判断,进一步利用合适的评价方法对评估所得的信息进行价值判断,最后得出准确的评估结论,以此来指导实践。

基于以上分析,本章将采用评估和评价相融合的方法进行研究。接下来对评估方法和评价方法进行介绍。对于评估方法,采用《智能制造能力成熟度模型白皮书(1.0 版)》GB/T 39117—2020《智能制造能力成熟度评估方法》中所用的评估方法为参考,可参照前面描述。下面将对评价方法进行详细介绍。

现有的评价方法有很多,每一种评价方法都有其适用的领域与范围。数字化工厂建设是一项系统、复杂、多目标的工程,具有阶段性,涵盖产品全生命周期。综合评价法作为一种评价方法,是一项系统性和复杂性的工作,是人们认识事物、理解事物并影响事物的重要手段之一,在经济、社会、科技、教育、管理与工程实践等领域具有大量广泛的应用。基于综合评价基础上的管理与决策旨在服务于管理实践,改善管理过程、优化管理措施并提升管理效果。综合评价法一般分为以下几个步骤:

① 评价目的与流程的确定与设计;

② 指标体系的构建;

③ 指标权重与价值的确定;

④ 数据的获取与处理;

⑤ 评价信息的融合;

⑥ 评价结果的运用;

⑦ 综合评价的实践应用。

下面将介绍几种常用的综合评价方法。

1. 定性评价法

定性研究是根据一定的评价准则与要求以及评价对象的需求,结合一定的观察和分析,对评价对象的特征进行描述、信息分析和处理。定性评价法的主体一般是行业专家或者专业人员。定性评价法的特点是充分利用评价者(专家)的知识、经验、直觉或偏好直接对评价对象做出定性结论的价值判断,如评价等级、评价分值或评价次序等。常用的定性评价方法有专家会议法、用户反馈法、直接评分法和 Delphi 方法等。这类评价方法在战略层次的决策、不能或者难以量化的对象系统或对评价的精度要求不是很高的对象系统中较常用。

2. 定量评价法

定量评价法是评价者围绕被评对象的特征,利用数据或语言等基础信息对被评对象进行综合分析和处理并获取评价结果的方法。定量评价法为人们提供了一个系统、客观的数量分析方法,结果相对更加直观、具体,但往往无法对信息进行深层次的剖析与考察。定量分析法可按类别分为如下 5 种。

1) 经济模型法

经济模型法用于对经济效益进行评价,利用数学函数、公式等量化指标,具有客观实用的特点,具体包括生产函数法、指标公式法、费用效益法、指标模型法等。

2) 运筹学和其他数学方法

运筹学和其他数学方法主要是运用一些数学模型、算法、运筹学进行定量分析、评估,包括层次分析法(AHP)、网络层次分析法(ANP)、模糊数学法(包括模糊综合评价、模糊积分、模糊模式识别和模糊 ANP 等)、灰色关联分析法(GIA)、证据推理法(Evi-ER)、可拓综合评价法、熵权法(EA)、人工神经网络分析方法(ANN)等定量评价方法。这类方法在综合评价过程中应用相对比较广泛。

3）基于统计分析的评价方法

基于统计分析的评价方法也属于定量评价方法，这类方法具有很强的统计学背景。综合评价最早可能起源于统计应用中，早期的简单加权思想就是典型的基于统计分析的评价方法。经过发展，基于统计分析的评价方法常用的有主成分分析法、因子分析法、聚类分析法、判别分析法，该类方法在环境质量、经济效益的综合评价以及工业主体结构的选择等方面得到了应用等。基于统计分析的评价方法主要利用相关变量之间的相关性或相似性来进行排序，其特点是需要依赖大量的统计数据作为支撑，比较适用于经济分析和统计分析。

4）基于目标规划模型的评价方法

基于目标规划模型的评价方法主要是基于多目标决策和多属性决策的思想，利用运筹学中的目标规划模型，对评价方案进行择优。常用的有 ELECTRE 方法、数据包络分析法（DEA）、Topsis 方法等。这类方法比较适合于多目标和多属性决策领域，其特点是择优而非排序。

5）多方法融合的评价方法

上面介绍的都是单一的评价方法，多方法融合的评价方法是指利用不同评价方法在处理指标构建、指标赋权或评价信息上的不同特点和优势，将多个不同的评价方法同时运用于一个综合评价问题中，以提高综合评价的质量。多方法融合的评价方法主要包括组合赋权方法、组合评价方法（特指对多个不同评价方法获取的评价值的组合）、多个信息集成方法的融合方法以及基于赋权方法和信息集成方法的融合方法等。其中，组合赋权方法、多个信息集成方法的融合方法以及基于赋权方法和信息集成方法的融合方法较受学术研究者的偏好，而组合评价方法的研究主要集中于国内的少数学者，尚未形成主流。

上述内容将评价方法划分为定性评价法和定量评价法两种，在实际中可结合业务特点进行应用。对数字化工厂评估可采用定性和定量相结合的方法，使评估结果更加客观。

8.2 数字化工厂的成熟度模型及评估方法

数字化工厂是一项系统工程，具有较强的实践性、复杂多变性、综合集成性等特点，评估作为数字化工厂的重要组成部分，具有一定的复杂性和难度，不可能一蹴而就，需要逐步探索，详细研究。目前，与数字化工厂评估直接相关的研究较少，更多的是相关领域的评估研究，并且现有评估研究通常与成熟度理论相结合。有鉴于此，基于对相关研究文献的综述和已有可参考成熟度模型的思考与借鉴，以及相关评估研究的理论分析，试图建立给出数字化工厂成熟度模型及评估方法模型，以期丰富数字化工厂评估研究。

8.2.1 成熟度模型及评估方法建立的原则

在建立数字化工厂成熟度模型及评估方法前应考虑具有合理的量化程度与可操作性，以尽可能降低主观性。首先，评估的过程应该是从具体的低层次的定量研究到高层次的定性结论，从而增强研究的科学性和说服力；其次，要以工业企业的实际情况和评估方法相配为宜，以真实、合理、有效地去评估工业企业数字化工厂的水平，提出改进建议。成熟度模型及评估方法的建立，有以下六个基本原则。

1）目的性原则

整个模型及评估方法的建立必须围绕着评估目的层层展开,使最后的评估结论切实地反映出用户的真实意图。评估的目的不是单纯评出名次及优劣的程度,更重要的是引导和鼓励被评估对象向正确的方向和目标发展。

2）层次性原则

具有层次结构的成熟度模型与评估方法可为进一步的因素分析创造条件,以使评估模型及方法更加具有可行性与针对性。

3）科学性原则

科学性原则主要体现在理论和实践相结合,以及所采用的科学方法等方面。在理论上要站得住脚,同时又能反映评估对象的客观实际情况。建立模型和评估方法时,要有科学的理论作指导,使评估方法能在基本概念和逻辑结构上严谨、合理,抓住评估对象的实质,并具有针对性。

4）可行性原则

首先,成熟度模型中所选取的具体评估要素不管是定性的还是定量的,都要便于采集数据,能与企业现有的数据衔接,否则难以进行评估工作或者代价会太大;其次,选取的评估要素要简化,计算评估方法要简便,即模型及评估方法的设计不能过于烦琐,在能基本保证评估结果的客观性、全面性的条件下,评估要素尽可能简化,减少或去掉一些对评估结果影响甚微的要素。

5）可比性原则

可比性原则指的是不同时期、不同对象间的比较,这就要求所设计的模型和方法不仅在时间上延续,而且可以在内容上拓展。当同一对象的不同时期作比时,成熟度模型的各个要素、各种参数等的内涵和外延保持稳定,用以计算各要素相对值的各个参照值不变;当不同对象进行比较时,要按共同点来设计,对于具体情况要采取调整权重的方法,综合评估各对象的状况来加以比较。

6）全面性原则

评估工作必须反映被评估问题的各个侧面,绝对不能"扬长避短",需综合地考虑影响评估结果的方方面面,正视自己的优势与劣势。

8.2.2　成熟度模型

1. 研究综述

关于成熟度模型的研究是由业界较早开启的。企业的新技术、项目等的实施成果如何需通过评估来展现,以便企业及时掌握该技术或者项目的实施状况,并进行优化改进。业界知名公司对数字化转型的评估与研究,可以为企业数字化工厂评估提供一定的参考借鉴。

例如埃森哲与国家工业信息安全发展研究中心合作开发了中国企业数字转型指数模型,对中国传统行业进行了持续追踪,从智能运营、主营增长、商业创新三大价值维度评估2019年中国九大行业企业的数字化进程等。基于此,笔者在8.1.1节现有相关成熟度模型的基础上进一步剖析其中经典的成熟度模型,从研究维度、成熟度等级以及方法上仔细对比分析,以此为本节提供思路(如表8.9所示)。

表 8.9 国内外不同成熟度模型对比研究

成熟度模型	发布时间	发布方	研究维度	成熟度等级	评价方法
工业 4.0 就诸度模型	2015 年	VDMA	6 个：战略和组织、智能工厂、智能运营、智能产品、数据驱动服务、员工	5 级：门外汉、初学者、中级水平、经验者、专家、顶级玩家	平均数法、百分比法
制造企业评估工业 4.0 就绪和成熟度的成熟度模型	2016 年	SCHUMACHER 等	9 个：产品、客户、运营、技术、战略、领导力、治理、文化、人员	5 级：1~5 分分别代表工业 4.0 从未实现到完全实现	用 Likert scal 评价每个指标的重要程度，并采用加权平均法计算
SIMMI 4.0	2016 年	LEYHC 等	4 个：垂直整合、横向集成、数字化产品开发、横截面技术标准	5 级：基本数字化、跨部门数字化、横向和纵向数字化、完全数字化、已优化的完全数字化	仅构建出模型，尚未提出具体的评价方法
智能制造能力成熟度模型	2015 年	工业和信息化部	10 个：设计、生产、物流、销售、服务、资源要素、互联互通、系统集成、信息融合、新兴业态	5 级：已规划级、规范级、集成级、优化级、引领级	加权平均法
工业 4.0 成熟度指数：管理企业数字化转型	2017 年	ACATECH（德国国家科学与工程院）	4 个：资源、信息系统、组织架构、文化	6 级：计算机化、连接性、可见性、透明度、预测能力、自适应	针对每一个模块，采用雷达图进行分析
工业互联网成熟度模型	2017 年	工业互联网产业联盟	3 个：互联互通、综合集成、数据分析利用	5 级：分别代表着每项能力从未规划未实现到完全实现	加权平均法

通过表 8.9 对不同成熟度模型的对比不难发现其中的异同点。

（1）在研究维度上，每种成熟度模型都在试图覆盖整个企业的所有业务活动，侧重于模型的普适性与通用性。

（2）在成熟度等级上都是五级标准，这也与其他领域成熟度模型的等级划分有着共同之处。尽管它们创建了具有不同特征的框架，但在其中可以识别出构建成熟度模型所必须遵循的相同准则。事实上，通过比较这些框架，可以归纳确定出五个共同的等级：初始级、规范级、集成级、优化级和标杆级。

（3）在评估方法上，多以较基本的平均数法、简单加权法为主，也有相关学者认为这样的方法缺乏理论支撑。

近年来，我国学者也对制造企业的数字化工厂评估、数字化转型进行了研究。2014 年，崔森等在总结分析的基础上提出了五类最为重要的数字化转型影响因素，分别为数字化技术因素、组织内部环境因素、组织结构因素、宏观行业环境因素和微观行业环境因素；2016年，蔡敏等从数字化工程技术、数字化管理技术和数字化支撑技术三个模块，基于 AHP 法建立了三层评估指标体系,对企业数字化工厂的建设现状进行评估;2017年,刘涛等总结出企业的数字化转型应关注组织结构、业务流程以及人员三个因素;2019年,王瑞等从战略、运营技术、文化组织能力、生态圈4个维度构建了制造型企业数字化成熟度评价模型,并深入阐述了基于层次分析——决策试验与评价实验室方法的某商用车企数字化成熟度评价的详细过程;2020年,陈畴镛等从技术变革、组织变革和管理变革三个维度构建了数字化转型能力评价指标体系,并运用层次分析法进行了评价。

2. 数字化工厂成熟度模型

1) 成熟度模型的构建

基于已有相关评估研究和成熟度模型研究等,结合对数字化工厂及其评估研究的归纳提炼,构建出数字化工厂成熟度模型(见表8.10),以"过程+能力"两个维度描述数字化工厂成熟度模型,进一步分解为规划、实施、运营、服务、业务、技术、管理、人才八类以及相应的成熟度等级和要求,并从数字化工厂基本内涵、相关领域的文献分析和企业数字化转型的原因三个方面分析该模型构建的依据。

表8.10 数字化工厂成熟度模型

维 度	类	域
过程	规划	规划标准
		规划流程
		产品规划
		工艺规划
	实施	数据采集
		信息集成
		项目管理
		交付
	运营	制造运营
		质量管理
		仓储物流
		设备运维
	服务	产品服务
		客户服务
能力	业务	协同
		个性化运作
		远程运维
		模块化集成
	技术	存储计算
		智能决策
		数字化维护
	管理	战略和组织文化
		销售
		能源
		安全
	人才	人才培养与储备

（1）基于数字化工厂的基本内涵。

第 2 章给出了数字化工厂的内涵。基于对其内涵的分析,可以得出数字化工厂是企业立足于产品的全生命周期,面向制造企业的业务过程,运用先进技术和管理方法,依托新型数字化人才所进行的一系列转型升级活动。数字化工厂的内涵基于组织变革的视角,强调变革的过程,同时依据制造企业的能力(技术、管理等)或快或慢地实现数字化转型。因此从这里可以得出该模型的两个维度:过程和能力。过程尽可能地涵盖企业业务的全生命周期;能力涉及业务、技术、管理和人才。

（2）基于相关领域的文献分析。

目前一些专家学者做了许多与成熟度相关的研究,本书也在前面列举了与数字化工厂成熟度相近的研究,这些都可作为数字化成熟度模型的参考。Anna De Carolis 和 Marco Macchi 等从过程、控制、组织和技术的角度来构建数字化成熟度指数;Andreas Schumachera 和 Selim Erol 从战略、技术、组织、文化、领导、人员、政策、运营、产品九个维度来描述工业 4.0 成熟度模型;Marco Macchi 和 Luca Fumajalli 从一般成熟度、技术成熟度、管理成熟度和组织成熟度来描述制造业维持成熟度指数指标等。从这些文献来看,面向制造企业描述其 4.0 程度或者成熟度时,都是从技术、管理(组织)、人才、业务过程进行阐述的,这代表了组织数字化成熟度的能力维,而且这些文献中也将涉及产品全生命周期的过程维纳入其中,正对应本书所构建的成熟度模型的维度与指标。

（3）基于企业数字化转型的原因分析。

企业数字化工厂的建设与实施过程也是企业的数字化转型的启动过程。数字化转型的本质是由内外部环境(如竞争的变化)引起的。首先,由于外部环境的变化,传统工业企业必须通过实施数字化转型扭转困局,引发企业建设和实施数字化工厂的需求动机。需要明确的是,数字化工厂此时是一项建设项目,从开始建设到完成都需要进行评估,以保证建设的效果与效益,需要结合环境的变化适时地评估,也需要适当地调整评估指标与体系,来更好地对数字化工厂建设成果进行评估。而评估指标与体系的构建既要有权威的成熟度理论为支撑,也要适当的考虑自身的现状。因此,在参考已有的经典成熟度模型的基础上,充分考虑企业数字化工厂建设和实施的现状,最终构建了表 8.10 所示的数字化工厂成熟度模型。

2）成熟度模型的内容

基于以上的分析,本书将从过程和能力两个维度出发,即第一层级;又划分为八类,即第二层级;进一步划分为 26 个要素域,即第三层级,试图以较为全面的视角来对企业的数字化工厂进行评估。下面将从维度、类、域、成熟度等级几方面来描述所构建模型的内容。

（1）维度。

过程和能力是本章构建数字化工厂成熟度模型的两个大的维度,这充分考虑了数字化工厂的定义,是从组织变革与转型的视角来理解数字化工厂的。就过程维而言,代表了数字化工厂的整个落实过程,即规划、实施、运营和服务。能力维是从数字化工厂的建设要求来分析的。数字化工厂在我国制造企业的建设与应用中参差不齐,建设的速度、规模、层次等各不相同,究其原因在于是否具备建设数字化工厂的条件,或者具备多少条件来建设数字化工厂。本章把这些条件称之为能力,因此从过程和能力两个维度是可行的。

（2）类和域。

维度是从总体的角度对数字化工厂评估的概括，类是对维度的细分，域是对类的进一步阐释。这八种要素之间是密不可分的，每一种过程都需要各种能力的支撑，每种能力都将在每个过程得到展示并发挥价值。能力是看不见的无形资源，过程是企业参与数字化工厂建设的实体化，将无形的能力诸要素与过程实体诸要素相结合，来检测和评估数字化工厂的成熟度，进而明确数字化工厂的建设状况。

（3）成熟度等级。

成熟度等级定义了数字化工厂的阶段水平，描述了一个组织逐步向数字化转型的过程，代表了当前数字化工厂的建设水平和程度，同时也是数字化工厂评估的结果。关于成熟度的等级，本章前面已经说明是由对相关成熟度评价模型的分析归纳基础上而来的，共分为五级：初始级、规范级、集成级、优化级和标杆级，如图8.22所示。

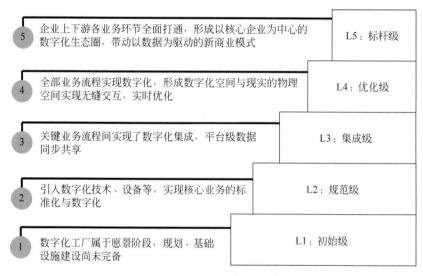

图8.22　数字化工厂成熟度等级

① L1：初始级。在这个级别下，企业仍停留在传统制造型企业范畴上，对数字化工厂有了初步的认识和了解，开始通过引入数字化的设备、技术等来解决生产制造中遇到的一些问题，但缺乏统一的规划与部署，对数字化工厂处在认知阶段。

② L2：规范级。在这个级别下，随着对数字化工厂的深入探索，企业结合自身实际进行了数字化工厂的规划，对支撑核心业务的设备和系统进行投资，通过技术改造，使得主要设备具备数据采集和通信的能力，实现了覆盖核心业务重要环节的自动化、数字化升级。通过制定标准化的接口和数据格式，部分支撑生产作业的信息系统能够实现内部集成，数据和信息在业务内部实现共享，企业开始迈进数字化工厂建设的门槛。

③ L3：集成级。在这个级别下，企业对数字化工厂的投资重点开始从对基础设施、生产装备和信息系统等的单项投入向集成实施转变，重要的制造业务、生产设备、生产单元完成数字化改造，能够实现设计、生产、销售、物流、服务等核心业务间信息系统的数字化、集成化，开始聚焦工厂范围内数据的共享，企业已完成了向数字化转型的准备工作。

④ L4：优化级。在这个级别下，企业内生产系统、运营管理系统以及其他支撑系统已完成全面集成，形成数字化工厂系统或者平台，实现了工厂级的数字空间建模；在物理世界开始对人员、装备、产品、环境所采集到的数据以及生产过程中所形成的数据进行分析，通过工业智能技术与软件等优化生产工艺和业务流程，能够实现数字世界与物理世界事物交互与共生。从L3到L4体现了量变到质变的过程，企业数字化转型的能力快速提升。

⑤ L5：标杆级。在这个级别下，数据驱动的工厂或者企业已形成，数据的分析使用已贯穿企业的方方面面，各类生产资源都得到了最优化的利用，人与人、人与设备、设备与设备实现了自治的反馈和优化，并且已具备了网络化、智能化的特性。企业已成为上下游产业链甚至生态圈中的重要角色，个性化定制、网络协同、远程运维已成为企业开展业务的主要模式，企业成为本行业数字化工厂的标杆。数据＋算法＋算力是决定企业数字化工厂的建设程度，也是标杆型数字化企业迈向智能工厂、智能制造的坚实基础。

8.2.3 成熟度要求

下面针对第三层级域进行成熟度要求的描述，等级越高，表示能力越强。

1. 规划

规划是指企业在具备数字化工厂建设的条件下，结合企业的目标与发展需求，为数字化转型成功所制定的整体性行动方案。规划是数字化工厂过程维的第一步，是从传统的、零散的规划到统一、整体的标准化、流程性规划，进而将标准和流程应用于产品和工艺上的规划与设计，体现出协同、标准、灵活的特性。规划工作包括制定统一的规划标准、形成规划流程、进行产品规划和工艺规划。

1）制定规划标准

标准是衡量事物的准则，是一种规范，体现出对于重复性事物所做的统一处理。规划标准的制定说明企业将摆脱无规划、零散规划以及规划混乱的局面，是后续工作迈向统一、标准的前提。规划标准的成熟度等级如下。

L1	L2	L3	L4	L5
企业几乎处于无规划的状态	企业进行了规划，并且统一了规划的要求，但规划较为零散，无法在企业实现协同	企业将整体规划和各部门规划统一于系统平台协同处理，实现规划信息的集成协同	企业基于数字化规划理念制定了统一的标准，并结合变化对规划标准进行优化	企业运用大数据、云计算等技术，将企业的规划标准与行业、国家、国际的标准接轨、同步

2）形成规划流程

规划流程体现出企业对于规划工作的战略考量，统一而又灵活的规划流程将有助于企业灵活快速地应对环境的变化。如今，面对个性化的、人性化的产品与服务要求以及管理方式的改变，规划工作已不单单是管理者的工作，它需要征集全体员工的意见和建议，集思广益，以便企业上下形成统一。常规性、基础性的流程一经制定就无须再关注，而用于应对新情况的流程则需要着重斟酌制定，以便管理者节省出时间来进行后续的工作，以此规划的流程亦需要形成规范。规范流程的等级如下。

L1	L2	L3	L4	L5
企业的规划仅由管理者制定,没有成文的流程	企业管理层制定了独立的规划流程,用于规范规划工作	企业在制定规划流程时要求上下级共同参与,充分考虑各业务的实际情况	企业应用业务软件系统,将规划流程纳入系统内,便于及时调整、优化和保存	企业将规划流程纳入企业的知识库,实现与其他工作的协同

3）产品规划

产品规划的目的是解决企业如何根据市场的需求利用数字化规划、设计软件与工具,结合已有的技术、知识、经验、模型等对客户需求的产品展开快速、契合满意度、节省成本的设计、优化以及与工艺规划的有效对接。产品规划的等级及其特征如下。

L1	L2	L3	L4	L5
借助计算机,基于传统的经验开展二维规划设计,并制定产品规划相关标准规范	实现计算机辅助三维规划设计及产品设计内部的协同	自主构建产品的三维模型,并可以进行部分的仿真优化与可视化,产品与工艺规划实现协同	基于企业的数字化工厂系统平台实现全维度仿真优化和可视化,基于数字孪生等技术实现全业务生命周期的协同	实现基于大数据、工业智能的产品规划设计云服务,实现产品个性化规划设计、协同化规划设计

4）工艺规划

工艺规划是指采用工艺知识积累、挖掘、推理的方法,利用先进的技术、理念、工具、平台系统等把设计设想转化为工艺流程来指导生产,并对工艺流程相关的工艺参数、流程等与物料、设备、能耗等进行优化匹配,实现工艺规划的绿色化、节能化、最优化。工艺规划的等级及特征如下。

L1	L2	L3	L4	L5
实现计算机辅助工艺规划和工艺设计,具备符合国家/行业/企业标准的工艺流程模型及参数	实现工艺规划关键环节的仿真以及工艺设计的内部协同,规划的模型应用于现场,能够满足场地、安全、环境、质量要求	实现计算机辅助三维工艺规划及仿真优化,实现工艺规划与产品设计的交互与协同,并且可以对模型进行优化	实现基于工艺模型与知识库的工艺设计与仿真,实现工艺规划与数字化车间制造的协同并实现全流程的工艺优化	实现基于数字化工厂平台的三维数字化工艺规划与模拟,基于企业的模型与知识库实现工艺规划的即时性与在线优化

2. 实施

1）数据采集

数据采集与应用是指应用数据采集设备与仪器、技术、方法等对企业全业务流程的数据进行采集与存储,并通过对数据的挖掘分析形成数据模型来优化指导业务的调整,最终达到在线优化、减少人工干预的目的。关注数据模型的应用,对业务的优化等。其等级如下。

L1	L2	L3	L4	L5
没有数据采集设备或者仅部分流程采用了数据采集设备	企业按照数字化工厂的建设要求与规划进行了数据采集设备的布置,并学习掌握数据采集技术与方法	在工厂或企业范围内,数据采集设备向下与底层设备层相连,上接数字化工厂运营平台/系统,实现数据的集成化采集与应用,并使用统一的接口来传输数据	企业在设备层建立起数据采集统一处理系统,实现数据的有效传输,并能够对异常数据进行优化	企业将云服务、信息物理系统、数字化工厂系统平台进行交互,实现以数据的采集、传输、分析利用、存储、优化为一体的平台,达到对数据的高效、快速获取与应用

2) 信息集成

信息集成是指对收集到的数据、模型、语言文字等进行加工处理,并将其融合集成在数字化工厂平台的过程,旨在充分挖掘和利用数据,体现出以数据为驱动的特点,这也符合数字化工厂的特征与要求。信息集成的目的是解决数据集成的问题,实现异构系统、不同数据库间数据的交换,体现了企业内部到企业外部数据交换的过程,同时经数据等信息集成与统一的平台管控,也有益于对于数据进行优化处理,保障信息的安全与稳定。信息集成的等级如下。

L1	L2	L3	L4	L5
未能实现信息集成	企业在数据采集的基础上,运用行业的软件与技术能够进行数据的处理与应用	企业建立起数字化模型,并可以将模型与数据进行关联,实现一定程度的集成	企业搭建数据统一模型,实现数据库间、与研发系统间的数据集成与传递,能够对研发设计、生产制造、产品服务等各种业务数据进行分析、建模,并输出企业相关策略	企业实现数据库的网络化集成与应用(云数据库),可根据数据的自适应传递构建多功能数据模型,实现数据的实时浮动传递,能够利用模型实现业务流程的在线优化

3) 项目管理

项目管理是指对把数字化工厂的实施建设看成一个建设项目,在项目的建设期完成数字化的要求,实现数字化项目管理。项目管理是一项系统复杂的工程,是对项目全生命周期的计划、组织、领导和控制。把数字化工厂的建设与实施看成项目管理,也体现出了数字化工厂中全生命周期的特点与要求。项目管理的等级特征如下。

L1	L2	L3	L4	L5
企业目前项目管理方式仍是传统的计算机＋纸质化＋人工相结合的方式	企业根据数字化工厂的规划统筹数字化工厂项目的建设，并对建设的成本、质量和周期进行了规划，明确了建造标准	企业运用数字化工厂软件与技术，如建筑信息模型、数字孪生等将数字化工厂建造涉及的人、财、物等进行系统地集成化处理，在虚拟空间进行模拟，使得建造过程得以控制与约束	企业在集成化的建造系统、设备监控下进行数字化工厂的建造，使得问题得以及时解决，并在线上进行优化处理	企业利用云服务系统、工业互联网、大数据等与企业的工业App、软件等交互，使得建造过程可以可视化、移动化，大大节省建造的周期、成本，并提高建造的质量

4）交付

交付表现为数字化交付，是指企业完成数字化工厂的建设后将最终成果进行检测、验收和交付，主要包括交付内容、深度要求、流程要求等数字化交付标准，即数字化工厂各环节、各系统及系统集成等竣工验收标准确保达到预定建设目标，交付数据资料满足数字化工厂的运营维护要求。交付的等级要求如下。

L1	L2	L3	L4	L5
尚未进行数字化	有完整的数字化交付模型，开始实现数据与模型的对接，以此来完成交付	数字化模型的集成化得到加强，与该模型有关的专业都参与到设计与交付中，可以直接替代成品，数据之间、数据与模型的关联性也可以很好地满足实际需求	企业建立数字化交付平台，能够收集各个专业的信息资料，并对收集的数据进行集中整合，然后将其以数据化的形式交给业主，并可以在线优化	企业利用工业云服务，将交付成果进行存储分析，并可以与建造标准对比，评估验收交付成果的可靠性，以及是否达到了预期的目标

3. 运营

1）制造运行

制造执行是指企业根据实际情况采用制造执行系统来管理企业的生产制造运行工作。制造执行系统是企业数字化转型的核心，企业首先根据数字化转型实际，对 MES 进行选型和应用。进入企业内后，MES 如何运用就体现出了企业在数字化转型的阶段与级别，其等级如下。

L1	L2	L3	L4	L5
尚无制造执行系统	企业结合自身需求，对 MES 进行选型和实施	企业对 MES 进行集成化，将质量管理、人力资源管理、数据采集等等纳入 MES 系统，建立起制造运行系统平台，通过数据接口来连接其他系统	企业在 MES 的基础上，优化处理接入制造运营系统，将物流管理、MES、数字建模等系统纳入 MOM 系统，形成数字化工厂运营系统，实现实时在线交互和优化处理	应用数字孪生、信息物理系统、云服务等将制造运营在数字世界与物理世界完全对接，建立起所有产品的数字孪生模型，实现全流程的可视化、智能化、人性化、可移动、可协同

2）质量管理

质量管理是生产过程中稳定提高产品质量的关键环节,是生产过程中为确保产品质量而进行的各种活动。质量管理是指通过信息技术手段实现工序状态的在线检测,借助于数理统计方法的过程控制系统,把产品的质量控制从"事后检验"演变为"事前控制",做到预防为主,防检结合,达到全面质量管理的目的。质量管理的等级如下。

L1	L2	L3	L4	L5
建立质量检验规范,能通过满足要求的计量器具进行检验并形成检验数据	建立质量控制系统,采用信息技术手段辅助质量检验,通过对检验数据的分析、统计实现质量控制图	实现关键工序质量的在线检测,通过检验规程与数字化检验设备/系统的集成,自动对检验结果进行判断和预警,形成集成的数字化管理系统	建立产品质量问题处置知识库,依据产品质量在线检测结果预测未来产品质量可能出现的异常,基于数字化质量管理系统自动给出生产过程的纠正措施	通过在线监测的质量数据分析和基于数据模型的预判,自动修复和调校相关的生产参数,保证产品质量的持续稳定

3）仓储物流

仓储物流包含企业内的物料存储和内部物流和企业外部的物流配送两部分。企业内的仓储物流是指利用标识与识别技术、自动化的传输线、信息化管理手段等,实现对原材料、半成品等的标识与分类、数据采集、运输以及库位管理,自动完成零部件的取送任务。

企业外的物流配送是将产品运送到下游企业或用户的过程,利用条形码、射频识别、传感器以及全球定位系统等先进的物联网技术,通过信息处理和网络通信技术平台实现运输过程的自动化运作、可视化监控和对车辆、路径的优化管理等,以提高运输效率,减少能源消耗。物流能力成熟度的提升是从订单、计划调度、信息跟踪的信息化管理开始,通过多种策略进行管理,最终实现精益化管理和智能物流。仓储物流的等级如下。

L1	L2	L3	L4	L5
通过信息化手段管理物流、仓储、物流配送过程,对信息进行简单跟踪反馈	通过信息系统实现物流的数字化标识、自动化/自动化入库以及订单管理、计划调度、信息跟踪和运力资源管理	实现仓储配送与生产计划、制造执行、企业资源管理、出库和运输过程等业务过程的集成,实现多式联运,物流信息能够推送给客户	应用物流管控系统、供应链模型实现以实际生产情况拉动物料配送,能够以客户和产品需求调整目标库存水平,实现订单精益化管理、路径优化和实时定位跟踪	结合上层云服务、区块链等技术实现最优库存和即时供货,实现无人机运输、物联网跟踪、可视化运输与追踪等

4）设备运维

设备运维是指在生产过程中对设备进行的监控和养护以及定期对设备进行的维护。设备运维在数字化工厂环境下表现为使用数字化设备使得设备数字化和运维过程数字化。

数字化工厂

设备数字化是数字化转型的基础,设备管理是通过对设备的数字化改造以及全生命周期的管理,使物理实体能够融入信息世界,并达到对设备远程在线管理、预警等。运维过程的数字化是指运用数字化技术与工具对设备进行标识,并实时对使用中的设备进行在线监控和预警。设备运维的关注点在于设备数字化、全生命周期管理等,其等级及特征如下。

L1	L2	L3	L4	L5
能够采用信息化手段实现部分设备的日常管理,开始考虑设备的数字化改造	持续进行设备数字化改造,能够采用信息化手段实现设备的状态管理	能够采用设备管理系统实现设备的生命周期管理,能够远程实时监控关键设备	设备数字化改造基本完成,能够实现专家远程对设备进行在线诊断,已建立关键设备运行模型	能够基于知识库、大数据分析对设备开展预测性维修

4. 服务

服务是通过对客户满意度调查和使用情况跟踪,对产品的运维情况进行统计分析,然后反馈给相关部门,以维护客户关系,提升产品过程,从纵向挖掘客户对产品功能和性能的要求发展到横向拓展客户群。服务能力成熟度的提升是指服务方式从线下到线上、云平台和移动客户端、客服机器人/现场、线上线下远程指导、远程工具、远程平台、AR/VR 的转变,最终能够提供个性化客户服务和基于知识挖掘的创新性产品服务。

1) 产品服务

产品服务是指借助云服务、数据挖掘和智能分析等技术,捕捉、分析用户信息,更加主动、精准、高效地给用户提供服务,向按需和主动服务的方向发展,其关注点在于产品的智能化、远程服务平台的建立、数据挖掘和分析等。产品服务的等级如下。

L1	L2	L3	L4	L5
设立产品服务部门,通过信息化手段管理产品运维信息,并能够将服务信息进行反馈处理	具有规范的产品服务制度,通过信息系统进行产品服务管理,并把产品服务信息反馈给相关部门,指导产品过程提升	产品具有存储、网络通信等功能,建立产品故障知识库,可通过网络和远程工具提供产品服务,并把产品故障分析结果反馈给相关部门;持续改进产品的设计生产,并为新产品设计生产提供基础	产品具有数据采集、通信和远程控制等功能,通过远程运维服务平台,提供在线检测、故障预警、预测性维护、运行优化、远程升级等服务;通过与其他系统的集成,把信息反馈给相关部门;持续改进老产品的设计生产,并为新产品设计生产提供基础	通过物联网技术、增强现实/虚拟现实技术和云计算、大数据分析技术,实现智能运维和创新性应用服务

2）客户服务

客户服务是借助云平台、移动客户端、知识模型和智能客服机器人等技术,多维度地对客户知识进行挖掘,为客户提供智能服务和个性化服务,其关注点在于客户知识的统计和分析、客服渠道的多样性和智能客服机器人的投用情况等。客户服务的等级如下。

L1	L2	L3	L4	L5
设立客户服务部门,通过信息化手段管理客户服务信息,并把客户服务信息反馈给相关部门,维护客户关系	具有规范的服务体系和客户服务制度,通过信息系统进行客户服务管理,并把客户服务信息反馈给相关部门,维护客户关系	建立客户服务知识库,可通过云平台提供客户服务,并与客户关系管理系统进行集成,提升服务质量和客户关系	实现面向客户的精细化知识管理,提供移动客服方式,为产品的设计生产提供基础	通过智能客服机器人,提供智能服务、个性化服务等

5. 业务

1）协同

业务协同能力是通过建立网络化制造资源协同云平台,实现企业间研发系统、生产管理系统、运营管理系统的协同与集成,实现资源共享、协作创新的目标。协同的等级及其特征如下。

L1	L2	L3	L4	L5
尚未达成协同	能够将设计、生产制造等环节进行简单的协同	采用 ERP、MES 等系统实现研发、生产、物流等环节的集成与系统化,通过数据的交互形成协同	在企业内打通各业务环节,实现数字化企业的虚拟空间与物理空间的协同优化	能够实现企业间、部门间创新资源、设计能力、生产能力等的共享以及上下游企业在设计、供应、制造和服务等环节的并行组织和协同优化

2）个性化运作

个性化定制是在当前个性化需求日益旺盛的环境下,将用户提前引入到产品的生产过程中,通过差异化的定制参数、柔性化的生产,使个性化需求得到快速实现。个性化运作的等级及其特征如下。

L1	L2	L3	L4	L5
尚未实现个性化定制	企业在业务集成的基础上着手实施小批量个性化定制服务	企业通过引入数字化技术,与客户的个性化服务进行对接	企业通过个性化定制让客户参与到产品的设计、生产、物流等环节,并建立起个性化运作系统	能够通过个性化定制平台实现与用户的个性化需求对接;能够运用数字化技术挖掘和分析客户的个性化需求;定制平台能够实现与企业研发设计、计划排产、销售管理、供应链管理等信息系统的协同与集成

3）模块化集成

模块化集成是数字化时代对商业运作模式的要求,表现为各业务的独立性与交互性,业务形成模块并独立运行,但最终各业务模块的数据等信息通过系统进行集成。模块化集成通过统一平台、实时数据库、云服务等技术,将不同的业务应用系统有效集成,达到信息流、数据流无缝传递的效果,其等级如下。

L1	L2	L3	L4	L5
应用于数字化转型的业务模块尚未完全建立	企业建立起数字化转型所需的业务系统	能够围绕核心生产流程,部分实现生产、资源调度、供应链、研发设计等不同业务系统间的模块化与交互	能够全面实现生产、资源调度、供应链、研发设计等不同系统间的互操作	能够基于云服务、数字化工厂运营平台实现企业间业务的模块化与集成

6. 技术

1）计算存储

计算存储是指企业将采集到的信息通过存储工具与技术进行保存,并借助工业智能进行计算、分析再存储的能力。计算存储能力是企业的硬性能力之一,对于企业高效、快速的运作起着重要作用,其能力等级如下。

L1	L2	L3	L4	L5
企业能够借助计算机等工具实现简单的、计算难度小的数据分析与处理	企业能够对各业务系统的数据进行计算分析,但尚未能达到对数据的集成化处理	企业能够在集成系统内对采集来的数据进行辅助化的计算与分析,存储能力限于企业的计算设备	企业利用工业软件、工业智能、知识库等对数据进行计算,能够实现半自动化;计算结果较快,且便于存储	企业能够利用机器识别、光线识别等技术做到完全自动化采集与存储,存储实现云化;在云平台进行智能计算,快速地出结果用于企业的决策

2）智能决策

智能决策是指通过企业数据库、模型库和知识库的建立,利用工业智能,将行业领域专家水平的知识与经验积累固化到计算机系统中,进而充分应用人类专家的知识和解决问题的方法来帮助企业解决在运营管理中遇到的复杂决策问题。智能决策的能力等级如下。

L1	L2	L3	L4	L5
传统型的人为决策	企业开始建立智能决策支持系统,但实际决策尚未达到智能化	建立了决策支持系统的基础关键数据库,即用于检索问题、能够解决方案的模型库和知识库	建立了决策支持系统,在模型和知识管理的基础上,增加了专家系统、数据挖掘技术、知识发现技术	建立了工业云、工业互联网的智能决策支持系统,充分调用企业内外部的数据资源、辅助决策

3）数字化维护

数字化维护是指数字化设备、产品具备数据采集、通信和远程控制等功能,能够通过网络与平台进行远程监控、故障预警、运行优化等,是制造企业服务模式的创新。数字化维护的等级及其特征如下。

L1	L2	L3	L4	L5
尚未实现数字化维护	企业开始引入数字化设备,部署建立数字化维护系统	企业建立了数字化的维护系统/平台,将设备等与系统连接,能够在企业内实现可视化的运维	企业将数字化运维系统与数字化工厂运营系统连接,实现企业内全流程的维护过程及时性、可预警、准确化	能够实现远程数据采集、在线监控等,借助工业云、工业App,实现维护过程的移动化,并通过数据挖掘和建模实现预警及优化等

7. 管理

1）战略和组织文化

战略和组织文化是企业决策层对实现数字化转型目标而进行的方案策划、组织优化和管理制度的建立、文化氛围的形成等。通过战略制定、方案策划和实施、资金投入和使用、组织优化和调整、数字化战略知识的普及,企业的发展始终保持与企业发展战略相匹配。战略和组织文化的等级及特征如下。

L1	L2	L3	L4	L5
企业有数字化转型的愿景,开始规划和部署建设数字化工厂	企业已经形成发展智能制造的战略规划,并建立明确的人员、组织、资金管理制度	企业按照发展规划实施数字化工厂,已有资金投入;企业为顺利进行数字化转型,进行组织结构的重构和文化氛围的重塑	数字化工厂已成为组织的核心竞争力,企业的人、设备、信息等都向数字化的生产方式转变	数字化工厂的建立为企业创造了更高的经济效益,创新管理战略为组织带来了新的业务机会,产生了新的商业模式

2）销售

销售服务是以客户需求为核心,利用大数据、云计算等技术,对销售数据、行为进行分析和预测,带动生产计划、仓储、采购、供应商管理等业务的优化调整。销售能力成熟度的提升从销售计划、销售订单、销售价格、分销计划、客户关系的信息化管理开始,到通过客户需求预测/客户实际需求来拉动生产、采购和物流计划,最终实现通过更加准确的销售预测对企业客户管理、供应链管理与生产管理进行优化以及个性化营销等。销售的等级及其特征如下。

L1	L2	L3	L4	L5
通过信息系统对销售业务进行简单管理	通过信息系统实现销售全过程管理，强化客户关系管理	把销售和生产、仓储等业务进行集成，实现以产品需求预测/实际需求来拉动生产、采购和物流计划	应用知识模型优化销售预测，制定更为准确的销售计划；通过电子商务平台整合所有销售方式，实现根据客户需求变化自动调整采购、生产、物流计划	实现对电子商务平台的大数据分析和个性化营销等功能

3）能源

能源管理是指通过信息化手段对能源计划、能源运行调度、能源统计以及碳资产管理等能源管理因素，进行规范、优化和使用，旨在降低组织的能源消耗，提高能源利用效率，其能力等级如下。

L1	L2	L3	L4	L5
尚未对能源管理进行信息化管理	能够通过信息化管理系统对主要能源数据进行采集、统计	能够对能源生产、存储、转换、输送、消耗等各环节进行监控，能够将能源计划与生产计划等进行融合	能够实现能源动态监控和精细化管理，分析能源生产、输送、消耗的薄弱环节	能够基于能源数据信息的采集和存储，对耗能和产能调度提供优化策略和优化方案，优化能源运行方式

4）安全

安全是指通过建立有效的管理平台，对涉及人、物、网络、环境等的管理过程标准化，对数据进行收集、监控以及分析利用，最终能建立知识库对安全作业、环境治理等方面进行优化。企业的生产活动中有人员安全、网络安全、环境安全、能源安全等，都需要有统一而又有效的平台进行管控。安全的等级如下。

L1	L2	L3	L4	L5
未完全建立起企业的安全管理信息化	能够实现对人、物、环境、网络的全过程信息化管理	实现对人、物、环境能源、网络的安全管理平台，实现集成化管理	支持现场多源的信息融合，建立应急指挥中心，通过专家库开展应急处置；建立环保治理模型并实时优化，在线生成环保优化方案	基于知识库和模型库，支持安全作业分析与决策，实现安全作业与风险管控的一体化管理；利用大数据自动预测所有污染源的整体环境状况，根据实时的治理设施、生产、设备等数据，自动制定治理方案

8. 人才——人才培养与储备

人才是实现数字化转型的关键因素。对人才的培养和人才数字化能力与技术的提升，使企业的人才具备与组织数字化水平相匹配的能力与技术，同时通过激励、企业文化等建立人才的储备制度，保证企业的数字化转型之路持续、稳步、较快进行，同时也要关注人才的技能获取和提升以及员工的持续教育等。人才的等级及其特征如下。

L1	L2	L3	L4	L5
能够明确进行数字化转型所需要的人才类型、人才技能等	企业能够提供人才获取数字化转型所需技能的途径和方法	企业能够基于数字化转型发展需要，对人才进行持续的教育或培训，通过激励等满足人才的需求，使员工获得归属感和对企业的认同感	能够通过信息化系统分析现有员工的能力水平，使员工技能水平与数字化转型发展水平保持同步提升，并且可以使人才的能力在数字化转型的道路上得到优化提升	能够持续激励员工，使其在更多领域获取数字化转型所需要的技能，持续提升自身能力，使人才的发展与企业的发展相融合

8.2.4　评估方法

基于所建立的数字化工厂成熟度模型，接下来制定相应的评估方法以指导评估工作的有效开展。本部分将从成熟度评估内容、评估过程和确定成熟度等级三个部分予以介绍。

1. 评估内容

8.2.2节和8.2.3节给出了成熟度模型和要求，在此基础上明确评估的内容，包括确定模型和确定评估域两部分。

1）确定模型

8.2.2节构建的数字化工厂成熟度模型是在归纳总结提炼已有研究的基础上而来，并不一定适合被评估对象。被评估方应结合自身基础、发展现状等对所用的成熟度模型加以优化改进，形成适合被评估方当前所需的成熟度模型。

2）确定评估域

GB/T 39117—2020《智能制造能力成熟度评估方法》认为应基于成熟度模型，根据评估对象的业务特点确定评估域。实质上是对成熟度模型中第二级层和第三级层的进一步调整，形成适合评估对象（行业或企业）的评估域。

2. 评估过程

在数字化工厂成熟度等级划分和评估指标体系构建的基础上，为支撑评估工作的具体实施，需进一步明确评估过程，通用步骤如下。

（1）建立评估专家组。评估需要先成立专家小组，为保障评估的客观性、有效性，评估小组由来自IT界、工业界的专家和学者，以及直接从事数字化工厂建设或者数字化转型评估工作的资深专业人员组成。

（2）细化采集项，建立评判标准。根据平台的特性，在通用成熟度等级划分、评估指标体系的基础上进行细化，确立指标、采集项及权重分配；同时明确各项一级指标在不同成熟度等级下的特征及相关采集项应满足的条件,建立不同成熟度等级划分的标准。

（3）专家组现场测评。与数字化成熟度评估相关的指标可分为定量指标和定性指标,因此专家组现场测评主要采用技术测试、功能演示和交流访谈等形式,采集评价指标各项的当前数据。

（4）指标测算。基于采集的数据,根据评估标准对各个采集项进行赋分,通过逐级加权确定评估总得分以及各项一级指标的得分值。

（5）评估能力成熟度。根据评估总得分以及各项一级指标的得分值,对照评判规则确定平台所处的成熟度水平等级。

（6）提出需要改进的内容。根据成熟度等级以及关键指标项的情况,从中找出薄弱的环节,作为下一阶段重点改进的工作内容。

3. 确定成熟度等级

1）评分方法

针对每项成熟度要求,评估小组应将事先采集的能够真实反映评估对象现状的信息与各项成熟度要求比对,按照信息对成熟度要求的满足程度来进行评判,进而给出相应的评分,也即对成熟度要求的评分。根据对要求的满足程度,设置 1、0.8、0.5、0 共四档打分原则。若得分为 0,视为该等级不通过。成熟度要求满足程度与得分对应表如表 8.11 所示。

表 8.11 成熟度要求满足程度与得分对应表

成熟度要求满足程度	得 分
全部满足	1
大部分满足	0.8
部分满足	0.5
不满足	0

2）计算方法

对成熟度要求打分后,加权平均形成域的得分,进而计算类的得分,最终得到组织的总分值,并给予等级。其中,本部分打分计算权重环节,采用的是专家打分法,可能存在一定的主观性。为了尽可能降低或避免评估的主观性,有效提高评估的准确性,这里采用综合评价法完成评估过程中的打分与计算问题。

本书采用的综合评价法是整合了层次分析法、多元统计中的主成分分析法和模糊综合评判等方法来进行评估,如图 8.23 所示。

3）建立评估层级结构

评价方法的运用往往需要建立层级结构。为了便于操作,依据 8.2.2 节建立的成熟度模型,建立数字化工厂评估层级结构(如图 8.24 所示),其中按照维度(第一层级)、类(第二层级)、域(第三层级)来构建评估层级结构,每一层级包含若干不同指标。此外,对工业企业数字化工厂的评估,是一项涉及面较广的任务,故建立的指标应尽可能地涵盖企业的数字化工厂全过程,也要体现出导致数字化成熟度差异的关键因素,即企业自身的能力。

首先运用层次分析法建立分层评估结构。层次分析法,又称 AHP 法,是美国运筹学家 T. L. Saaty 在 20 世纪 70 年代提出的一种决策分析方法。这种方法的本质就是模仿大脑决

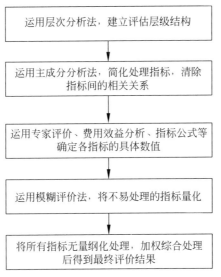

图 8.23　综合评价法示意图

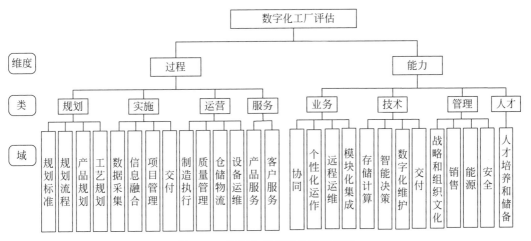

图 8.24　数字化工厂评估层级结构

策的思维过程,其思维逻辑是把人处理复杂系统的定性分析,转为定性与定量相结合的系统分析,即把一个复杂问题简化为有序的递阶层次结构,通过人们的判断对决策方案的优劣进行排序。其次运用主成分分析法,将层次分析法下建立的众多指标进行简化和标准化处理,清除指标间的相关关系,便于进行综合评价;再次,采用专家评估、费用效益分析等方法确定各指标的具体数值;然后采用模糊综合评价法,将一些边界模糊、不易量化的指标进行量化处理;最后,将所有指标做无量纲化处理,得到综合评价结果。

4）确定成熟度等级

当被评估对象在某一等级下的成熟度得分超过评分区间的最低分视为满足该等级要求,反之,则视为不满足。在计算总体分数时,已满足等级的成熟度得分取值为1,不满足等级的成熟度得分取值为该等级的实际得分。数字化工厂成熟度总分,为各等级评分结果的累计求和。评分结果与能力成熟度对应关系如表8.12所示。根据表8.12给出的分数与等级的对应关系表,结合实际得分 G,可以直接判断出企业当前所处的成熟度等级。

表 8.12　成熟度等级与对应评分区间关系

成熟度等级	对应评分区间
标杆级	$4.8 \leqslant G \leqslant 5$
优化级	$3.8 \leqslant G < 4.8$
集成级	$2.8 \leqslant G < 3.8$
规范级	$1.8 \leqslant G < 2.8$
初始级	$0.8 \leqslant G < 1.8$

8.3　本章小结

　　数字化工厂评估是对数字化工厂阶段性建设成果的检验与评价有助于企业厘清现状,发现问题,找出差距,从一定程度上来讲评估也起到了管理学中控制的作用。数字化工厂评估是数字化工厂规划、建设、实施及运营的后续环节,但并不是企业数字化转型的终点,通过评估,量化建设实施成果,找出薄弱环节,为下一阶段的建设提供参照。数字化工厂建设是一项阶段性、系统性的工程,每进行一个阶段都要进行评估,以保证建设质量和效益。当达到数字化工厂要求时,应当就评估结果继续推进企业数字化转型,使企业向智能工厂、智能制造更高一级的阶段发展。这也是当下工业企业数字化转型的应有之义。

参 考 文 献

[1] 雷万云,姚峻.工业 4.0:概念、技术及演进案例[M].北京:清华大学出版社,2019.

[2] 蔡敏,崔剑,叶凡波.数字化工厂:建模、实施与评估[M].北京:科学出版社,2014.

[3] 李廉水,石喜爱,刘军.中国制造业 40 年:智能化进程与展望[J].中国软科学,2019,34(1):1-9.

[4] 胡成飞,姜勇,张旋.智能制造体系构建:面向中国制造 2025 的实施路线[M].北京:机械工业出版社,2017.

[5] ROLSTADAS A,HENRIKSEN B,O'SULLIVAN D. Manufacturing Outsourcing[M]. London: Springer,2012.

[6] 何成奎,郎朋飞,康敏.我国智能制造的发展展望[J].机床与液压,2018,46(16):126-129.

[7] 彭瑜,王健,刘亚威.智慧工厂:中国制造业探索实践[M].北京:机械工业出版社,2015.

[8] 周济,周艳红,王柏村,等.面向新一代智能制造的人-信息-物理系统(HCPS)[J].Engineering,2019,5(4):71-97.

[9] 周济,李培根,周艳红,等.走向新一代智能制造[J].Engineering,2018,4(1):28-47.

[10] CHEN Y. Integrated and intelligent manufacturing:perspectives and enablers[J]. Engineering,2017,3(5):588-595.

[11] 伏琳.智能制造新模式下"中国制造"面临的机遇和挑战[J].机床与液压,2016,44(9):161-164.

[12] 刘强.智能制造理论体系架构研究[J].中国机械工程,2020,31(1):24-36.

[13] 刘胜勇.智能制造实施中的问题及对策[J].金属加工(冷加工),2017,68(20):1-6.

[14] 王喜文.智能制造:新一轮工业革命的主攻方向[J].人民论坛·学术前沿,2015,4(19):68-79.

[15] 李坚.德国新工业革命及其对我国的影响和启示[J].中国塑料,2014,28(7):1-5.

[16] 汪彬.工业 4.0 时代的发展态势及企业的应对策略[J].现代管理科学,2017,36(5): 112-114.

[17] "新一代人工智能引领下的智能制造研究"课题组.中国智能制造发展战略研究[J].中国工程科学,2018,20(4):1-8.

[18] 张合伟,段国林.基于微笑曲线理论视角下的工业 4.0[J].制造技术与机床,2016,66(9):21-23.

[19] 陶剑.实践"工业 4.0"的关键技术与思考[J].航空制造技术,2014,57(18):41-43.

[20] 师慧丽.工业 4.0 时代技术技能型人才:内涵、能力与培养[J].职业技术教育,2017,38(16):29-33.

[21] 夏晓峰,朱正伟,李茂国.工业 4.0 及适应其价值链的工程人才培养模式关联性分析[J].高等工程教育研究,2019,37(4):96-100.

[22] 曹院平,宋颖.面向工业 4.0 背景下的高等教育人才培养模式变革[J].教育观察,2018,7(15):53-56.

[23] 程晓蕾,张平华.智能制造工业 4.0 体系下的高层次人才培养模式分析[J].科教文汇,2015,12(3):50-51.

[24] 陈志强,陈旭东.基于学院立方体模式的智能制造工程人才培养[J].科技视界,2018,8(16):135-137.

[25] 中国信息通信研究院.中国数字经济发展白皮书[R/OL].(2021-04-23)[2021-10-06].http://www.caict.ac.cn/kxyj/qwfb/bps/202104/t20210423_374626.html.

[26] BLOOMBERG J. Digitization,digitalization and digital transformation:confuse them at your peril[R/OL].(2018-04-29)[2021-10-06].https://www.forbes.com/sites/jasonbloomberg/2018/04/29/digitization-digitalization-and-digital-transformation-confuse-them-at-your-peril/?sh=792b64312f2c.

[27] BRACHT U,GECKLEAR D,WENZEL S. Digitale fabrik:methoden and praxisbeispiele[M].

Berlin：Springer-Verlag，2018.

[28] 王秋实.渐开线直齿轮接触动态特性有限元分析[D].杭州：浙江大学，2015.

[29] HIMMLER F，AMBERG M. Die digitale fabrik-eine literaturanalyse[J]. Business and Information Systems Engineering：The International Journal of Wirtschaftsinformatik，2013，20(11)：165-179.

[30] 赵升吨，贾先.智能制造及其核心信息设备的研究进展及趋势[J].机械科学与技术，2017，36(1)：1-16.

[31] JENSEN K B，CRAIG R T. The international encyclopedia of communication theory and philosophy[M]. New Jersey：John Wiley & Sons，2016.

[32] MATT C，HESS T，BENLIAN A. Digital transformation strategies[J]. Business & Information Systems Engineering，2015，57(5)：339-343.

[33] BRECKLE T，KIESEL M，KIEFER J，et al. The evolving digital factory-new chances for a consistent information flow[J]. Procedia CIRP，2019，79(6)：251-256.

[34] KIM G Y，LEE J Y，KANG H S，et al. Digital factory wizard：an integrated system for concurrent digital engineering in product lifecycle management[J]. International Journal of Computer Integrated Manufacturing，2010，23(11)：1028-1045.

[35] QIN W，CHEN S，PENG M. Recent advances in industrial internet：insights and challenges[J]. Digital Communications and Networks，2020，6(1)：1-13.

[36] MAROPOULOS P G. Digital enterprise technology：defining perspectives and research priorities[J]. International Journal of Computer Integrated Manufacturing. 2003，16(7-8)：467-78.

[37] MAROPOULOS P G，BRAMALL D G，CHAPMAN P，et al. Digital enterprise technology in production networks[J]. International Journal of Advanced Manufacturing Technology，2006，30(9-10)：911-916.

[38] 施战备，秦成，张锦存，等.数物融合：工业互联网重构数字企业[M].北京：人民邮电出版社，2020.

[39] 艾瑞咨询研究院.企业数字化转型的加速引擎——2019中国数字中台行业研究报告[R/OL]. (2019-11-04)[2021-10-06]. https://www.iresearch.com.cn/m/Detail/report? id=3465&isfree=0.

[40] 安筱鹏.工业互联网：通向知识分工2.0之路[R/OL].(2019-02-11)[2021-10-06].http://www.aliresearch.com/ch/information/informationdetails? articleCode=21702&type=%E6%96%B0%E9%97%BB.

[41] 安筱鹏.数字化转型的十个关键词[R/OL].(2019-05-01)[2021-10-06].http://www.aliresearch.com/ch/information/informationdetails? articleCode=21789&type=%E6%96%B0%E9%97%BB.

[42] 赵敏.基于RAMI 4.0解读新一代智能制造[J].中国工程科学，2018，20(4)：90-96.

[43] 工业和信息化部、国家标准化管理委员会.国家智能制造标准体系建设指南(2018)[R/OL].(2018-10-14)[2021-10-06].http://www.gov.cn/xinwen/2018-10/16/content_5331149.htm.

[44] 殷毅.智能传感器技术发展综述[J].微电子学，2018，48(4)：504-507.

[45] 李冠成.地面三维激光扫描技术应用研究[D].桂林：桂林理工大学，2015.

[46] 彭俊松.工业4.0驱动下的制造业数字化转型[M].北京：机械工业出版社，2016.

[47] 中华人民共和国工业和信息化部."十四五"智能制造发展规划(征求意见稿)[R/OL].(2021-04-14)[2021-10-06]. https://www.miit.gov.cn/ztzl/rdzt/znzzxggz/xwdt/art/2021/art_49d431def846422390920c391912fd5f.html.

[48] 张国军，黄刚.数字化工厂技术的应用现状与趋势[J].航空制造技术，2013，56(8)：34-37.

[49] 吕佑龙，张洁.基于大数据的智慧工厂技术框架[J].计算机集成制造系统，2016，22(11)：2691-2697.

[50] 张建超，王峰年，杨少霞，等.关于制造业数字化车间的建设思路[J].制造业自动化，2012，34(16)：

4-7.

[51] 张浩,樊留群,马玉敏.数字化工厂技术与应用[M].北京:机械工业出版社,2006.

[52] 施宇锋,徐宁.数字化工厂及其实现技术综述[J].可编程控制器与工厂自动化,2011,17(11):37-39.

[53] 焦洪硕,鲁建厦.智能工厂及其关键技术研究现状综述[J].机电工程,2018,35(12):1249-1258.

[54] 中国电子技术标准化研究院.工业大数据白皮书(2019年版)[R/OL].(2019-04-01)[2021-10-06].http://www.cesi.cn/201904/4955.html.

[55] 中国电子技术标准化研究院.工业大数据白皮书(2017年版)[R/OL].(2017-02-17)[2021-10-06].http://www.cesi.cn/201703/2250.html

[56] 中国电子技术标准化研究院.工业物联网白皮书[R/OL].(2017-09-13)[2021-10-06].http://www.cesi.cn/201709/2919.html.

[57] EVANS P C,ANNUNZIATA M. Industrial internet:pushing the boundaries of minds and machines[R/OL].(2012-11-26)[2021-10-06].https://www.researchgate.net/publication/271524319.

[58] LIN S D,MILLER D. The industrial internet of things,volume G1:reference architecture[R/OL].(2019-06-19)[2021-10-06].https://www.iiconsortium.org/pdf/IIRA-v1.9.pdf.

[59] 工业互联网产业联盟.工业互联网体系架构(版本1.0)[R/OL].(2016-09-07)[2021-10-06].http://www.aii-alliance.org/index/c145/n100.html.

[60] 工业互联网产业联盟.工业互联网体系架构(版本2.0)[R/OL].(2019-08-27)[2021-10-06].http://www.aii-alliance.org/index/c189/n1126.html.

[61] 杨雷,胡亚.基于物联网的数字化制造车间信息采集技术研究[J].机械设计与制造工程,2017,46(12):63-66.

[62] 聂志,冷晟,叶文华,等.基于物联网技术的数字化车间制造数据采集与管理[J].机械制造与自动化,2015,44(4):98-101.

[63] 余晓晖,张恒升,彭炎,等.工业互联网网络连接架构和发展趋势[J].中国工程科学,2018,20(4):79-84.

[64] 余少华.工业互联网联网后的高级阶段:企业智能体[J].光通信研究,2019,45(1):1-8.

[65] 王海杰,宋姗姗.基于产业互联网的我国制造业全球价值链重构和升级[J].企业经济,2018,37(5):32-38.

[66] 中国电子技术标准化研究院.边缘云计算技术及标准化白皮书[R/OL].(2018-12-14)[2021-10-06].http://www.cesi.cn/201812/4591.html.

[67] 安世亚太科技股份有限公司数字孪生体实验室.数字孪生体技术白皮书[R/OL].(2019-12-30)[2021-10-06].http://www.peraglobal.com/content/details_155_20653.html.

[68] 中国电子信息产业发展研究院.数字孪生白皮书[R/OL].(2019-12-19)[2021-10-06].https://www.ccidgroup.com/info/1096/21685.htm.

[69] 中国电子技术与标准化委员会.信息物理系统建设指南2020[R/OL].(2020-08-28)[2021-10-06].http://www.cesi.cn/202008/6748.html.

[70] 全国信息安全标准化技术委员会.人工智能安全标准化白皮书[R/OL].(2019-10-31)[2021-10-06].https://www.tc260.org.cn/front/postDetail.html?id=20191031151659.

[71] 工业互联网产业联盟.工业智能白皮书(2019讨论稿)[R/OL].(2019-03-27)[2021-10-06].http://www.aii-alliance.org/index/c145/n65.html.

[72] 工业互联网产业联盟.工业智能白皮书[R/OL].(2020-04-22)[2021-10-06].http://www.aii-alliance.org/index/c145/n46.html.

[73] 蒋昕昊,张冠男.我国工业软件产业现状、发展趋势与基础分析[J].世界电信,2016,29(2):13-18.

[74] 李伟.数字化工厂规划与实施[R/OL].(2019-09-05)[2021-10-06].https://www.e-works.net.cn/report/dig/dig.html.

[75]　赵虎,赵宁,张赛朋.结合价值流程图与数字孪生技术的工厂设计[J].计算机集成制造系统,2019,25(6):1481-1490.

[76]　吴青.炼化企业数字化工厂建设及其关键技术研究[J].无机盐工业,2018,50(2):1-7.

[77]　LAUBIER R D,徐瑞廷,吴学霖.数字化战略路线图:企业冲破疫情迷雾之明灯[R/OL].(2020-04-27)[2021-10-06].https://mp.weixin.qq.com/s/LTDaPr0G3GfgvYSpSlzBtA.

[78]　任秀丽,敖洪峰,何月杰,等.航天数字化生产线中的自动化仓储物流建设研究[J].航天制造技术,2020,38(1):46-51.

[79]　田恺,孙元亮,张勤,等.数字化车间规划设计思路及要点浅析[J].自动化应用,2018,59(4):92-93.

[80]　乔运华,赵宏军,王啸,等.基于两化融合管理体系思想的智能工厂建设规划[J].制造业自动化,2017,39(6):77-80.

[81]　曹文钢,侯永康,何其昌,等.基于数字化工厂的车间布局规划研究[J].机床与液压,2012,40(5):40-42.

[82]　杨钰,吴健.ITIL 中 IT 基础架构管理模型设计与实现[J].计算机技术与发展,2007,17(4):250-253.

[83]　索寒生,闫雅琨,李鹏飞,等.流程行业智能工厂 IT 组织与治理架构设计研究[J].计算机与应用化学,2018,35(6):490-497.

[84]　国家市场管理监督总局,国家标准化管理委员会.数字化车间通用技术要求(GB/T 37393-2019)[EB/OL].(2019-05-10)[2021-10-06].http://openstd.samr.gov.cn/bzgk/gb/newGbInfo?hcno=6A3B78048AE1A481B0B606AF96D85457.

[85]　周剑,李君,邱君降,等.两化融合通用参考架构与标准体系[J].计算机集成制造系统,2019,25(10):2433-2445.

[86]　白景卉,陈忠贵,李愈馨.数字化制造车间标准体系研究[C]// 提高全民科学素质、建设创新型国家——2006 中国科协年会论文集.北京:中国科学技术协会学会学术部,2006:5817-5822.

[87]　张兆坤,邵珠峰,王立平,等.数字化车间信息模型及其建模与标准化[J].清华大学学报(自然科学版),2017,57(2):128-133.

[88]　张军涛,杨盛.数字化造船标准体系框架构建[J].舰船科学技术,2011,33(6):121-124.

[89]　赵贺,贾鑫.浅谈大型企业数字化车间系统集成技术[J].山东工业技术,2016,35(21):173-175.

[90]　张祖国.基于全制造服务周期的智能工厂系统结构模型[J].舰船科学技术,2016,38(9):121-128.

[91]　柏隽.数字化工厂的框架与落地实践[J].中国工业评论,2016,2(5):28-33.

[92]　秦峰.浅析数据集成在数字化工厂建设中定位与实现[J].信息系统工程,2017,30(10):138-139.

[93]　戴璨伟.基于数字化设计制造技术的数字化车间[J].安徽冶金科技职业学院学报,2013,23(1):34-37.

[94]　杜治强.制造业数字化车间的建设研究[J].无线互联科技,2017,14(24):19-20.

[95]　郝静,张凯.基于"工业 4.0"背景下的高校数字化工厂实践平台建设研究[J].价值工程,2016,35(30):115-117.

[96]　童群.数字化车间生产现场数据采集与智能管理研究[J].软件,2018,39(08):178-180.

[97]　康龙.数字化车间数据采集与应用分析[J].中国新通信,2018,20(19):107-109.

[98]　童世华.基于 ZigBee 技术的数字化车间环境监测无线控制终端系统的设计[J].机床与液压,2017,45(22):176-178.

[99]　马杰,姚波,李勇.智能制造工厂模型[J].制造业自动化,2019,41(6):24-26.

[100]　王麟琨,王春喜.智能工厂/数字化车间参考模型概述与分析[J].中国仪器仪表,2017,37(10):63-72.

[101]　里鹏,史海波,尚文利,等.基于 SP95 标准的工厂模型设计与建模方法研究[J].计算机集成制造系统,2009,15(3):458-462.

[102]　陈明,梁乃明,方志刚,等.智能制造之路:数字化工厂[M].北京:机械工业出版社 2016.

[103] 李守殿.数字化工厂建设方案探讨[J].制造业自动化,2018,40(4):109-114.

[104] 丁鹏飞,周世杰,王贺,等.面向航天制造企业的数字化工厂建设方案探讨[J].航空制造技术,2014,57(14):51-55.

[105] 马冬泉,徐德生,李海燕,等.炼化企业中数字化工厂的建设与应用[J].中国管理信息化,2015,18(19):86-88.

[106] 陈亚绒,周宏明.产品生命周期管理的数字化工厂实验系统建设探索[J].实验室研究与探索,2011,30(11):108-111.

[107] 曾辉龙.论制造业数字化车间的建设思路分析[J].现代经济信息,2012,27(24):134-138.

[108] 何玺,何波.数字化车间建设研究与实践[J].智能制造,2019,56(5):54-57.

[109] 金军,田士宝.探究制造业数字化车间的建设思路[J].科技视界,2018,8(30):30-31.

[110] 曹晓红,韩永立.两化融合环境下智能工厂探索与实践[J].无机盐工业,2019,51(5):1-5.

[111] 蒋捷峰,胡瑞飞,殷鸣,等.智能制造数字化车间信息模型[J].兵工自动化,2019,38(6):70-74.

[112] 孙勇,赵君鑫,代合平,等.基于ISA95标准的数字化锻造工厂模型[J].锻压技术,2016,41(5):8-13.

[113] 汪鸿鹏.数字化仓库的设计与研究[D].合肥:合肥工业大学,2011.

[114] 夷萍,黄敬义,REINHARD G,等.数字化工厂2020&塑造制造业的新未来[R/OL].(2018-02-02)[2021-10-06]. https://www. strategyand. pwc. com/cn/zh/reports-and-studies/2018/digital-factories2020. html.

[115] 何船.基于MES的数字化工厂构建[J].机械设计与制造工程,2019,48(2):77-81.

[116] 张根保.数字化质量管理系统及其关键技术[J].中国计量学院学报,2005,16(2):85-92.

[117] 陈大蓬,吉卫喜,刘烜鸣.基于数字化工厂下的集成质量管理系统研究[J].机械设计与制造,2009,47(10):251-253.

[118] 周阿维,邵伟,刘冲.基于物联网的数字化工厂中质量管理信息采集[J].制造技术与机床,2016,56(7):126-129.

[119] 国信院(北京国信数字化转型技术研究院)&中信联(中关村信息技术和实体经济融合发展联盟).数字化转型工作手册[R/OL].(2020-10-23)[2021-10-06]. https://mp. weixin. qq. com/s/ZWX7wrSgOFoc-sU6TzX9hw.

[120] 美国工业互联网联盟.工业企业数字化转型白皮书[R/OL].赛迪工业和信息化研究院,译.(2020-12-14)[2021-10-06]. http://www. ccidwise. com/plus/list. php? tid=349&id=1.

[121] 卢阳光.AMDQ公司数字化工厂实施管理案例研究[D].大连:大连理工大学,2012.

[122] 赵红卫.TB公司数字化工厂运营管理系统方案设计[D].西安:西北大学,2018.

[123] 潘美俊,饶运清.MES现状与发展趋势[J].中国制造业信息化,2008,45(9):47-50.

[124] 武汉制信科技有限公司组编,黄培.MES选型与实施指南[M].北京:机械工业出版社,2020.

[125] 肖力墉,苏宏业,褚健.基于IEC/ISO62264标准的制造运行管理系统[J].计算机集成制造系统,2011,17(7):1420-1429.

[126] 苏宏业,肖力墉,苗宇,等.制造运行管理(MOM)研究与应用综述[J].制造业自动化,2010,32(4):8-13.

[127] 王晋.制造执行系统的研究现状和发展趋势[J].兵器装备工程学报,2016,37(2):92-96.

[128] 肖力墉,苏宏业,苗宇,等.制造执行系统功能体系结构[J].化工学报,2010,61(2):359-364.

[129] 罗凤,石宇强.智能工厂MES关键技术研究[J].制造业自动化,2017,39(4):45-49.

[130] 戚宝运,许自力,毛勤俭.数字化车间MES系统构建[J].指挥信息系统与技术,2013,4(1):25-29.

[131] 赵璧.软件能力成熟度模型(SW-CMM)分析[J].电信快报,2009,46(01):36-41.

[132] 马宽,王崑声,刘瑜,等.制造成熟度及其在我国航天的应用研究[J].航天器工程,2014,23(2):132-137.

[133] SCHUH G, ANDERL R, GAUSEMEIER J, et al. Industrie 4. 0 maturity index—managing the

digital transformation of companies[R/OL]. (2017-04-25) [2021-10-06]. https://www. acatech. de/publikation/industrie-4-0-maturity-index-die-digitale-transformation-von-unternehmen-gestalten/.

[134]　LICHTBLAU K, STICH V, BERTENRATH R, et al. Industrie 4. 0-Readiness[M]. Aachen: Publikationsserver der RWTH Aachen University, 2015.

[135]　中国电子技术标准化研究院. 智能制造能力成熟度模型白皮书(1. 0 版)[R/OL]. (2016-09-22) [2021-10-06]. http://www. cesi. cn/201612/1701. html.

[136]　工业互联网联盟. 工业互联网成熟度白皮书(1. 0 版)[R/OL]. (2017-08-07)[2021-10-06]. http://www. aii-alliance. org/index/c145/n95. html.

[137]　于佳宁,孔祥琦,邓枫,等. 基于 CMM 的企业数据分析能力评估模型构建[J]. 福建电脑,2016,32 (8): 3-4.

[138]　彭张林,张强,杨善林. 综合评价理论与方法研究综述[J]. 中国管理科学,2015,23(S1): 245-256.

[139]　中国电子信息产业发展研究院. 工业大数据测试与评价技术[M]. 北京: 人民邮电出版社,2017.

[140]　蔡敏,汪挺,商滔. 面向制造企业的数字化工厂评估[J]. 科技管理研究,2016,36(15): 63-69.

[141]　柴雯,李君,马冬妍. 从工业 4.0 评估视角看我国两化融合发展[J]. 科技管理研究,2018,38(18): 202-208.

[142]　陈畴镛,许敬涵. 制造企业数字化转型能力评价体系及应用[J]. 科技管理研究,2020,40(11): 46-51.

[143]　李君,邱君降,窦克勤,等. 基于成熟度视角的工业互联网平台评价研究[J]. 科技管理研究,2019, 39(2): 43-47.

[144]　任伟,崔学森,卢继平,等. 航天数字化车间评价指标体系研究[J]. 江汉大学学报(自然科学版), 2019,47(4): 306-313.

[145]　任岗,索寒生,招庚,等. 石化行业智能工厂能力成熟度模型研究[J]. 计算机与应用化学,2019,36 (3): 247-254.

[146]　王瑞,董明,侯文皓. 制造型企业数字化成熟度评价模型及方法研究[J]. 科技管理研究,2019,39 (19): 57-64.